碳中和能力提升系列丛书

Carbon Emission Management System for Digital Transformation: Theory, Standards and Applications

面向数字化转型碳排放管理体系：理论、标准与应用

刘 华 著

·广州·

图书在版编目（CIP）数据

面向数字化转型碳排放管理体系：理论、标准与应用/刘华著．—广州：中山大学出版社，2023.3

（碳中和能力提升系列丛书）

ISBN 978－7－306－07713－4

Ⅰ.①面…　Ⅱ.①刘…　Ⅲ.①二氧化碳—废气排放量—管理体系—研究　Ⅳ.①X510.6

中国国家版本馆 CIP 数据核字（2023）第 023172 号

出 版 人：王天琪
策划编辑：曾育林
责任编辑：曾育林
封面设计：曾　斌
责任校对：刘　丽
责任技编：靳晓虹
出版发行：中山大学出版社
电　　话：编辑部 020－84113349，84110776，84111997，84110779，84110283
　　　　　发行部 020－84111998，84111981，84111160
地　　址：广州市新港西路 135 号
邮　　编：510275　　传　　真：020－84036565
网　　址：http：//www.zsup.com.cn　E-mail：zdcbs@mail.sysu.edu.cn
印 刷 者：佛山市浩文彩色印刷有限公司
规　　格：787mm×1092mm　1/16　22.25 印张　527 千字
版次印次：2023 年 3 月第 1 版　2023 年 3 月第 1 次印刷
定　　价：96.00 元

如发现本书因印装质量影响阅读，请与出版社发行部联系调换

内 容 简 介

《面向数字化转型碳排放管理体系：理论、标准和应用》（*Carbon Emission Management System for Digital Transformation*：*Theory*，*Standards and Applications*）主要包括企业碳中和、数字化转型和管理体系的理论、T/GDES 2030—2021《碳排放管理体系要求》标准、企业管理体系整合和统一模型的应用；涉及碳中和、管理体系、数字化转型的思想和理论，面向企业的低碳化、数字化的标准化方法和案例等内容。本书适用于企业低碳化和数字化转型，可供组织和个人碳中和能力的学习提升，也可供高等院校的本科生和研究生作为教材参考使用。该书是“碳中和能力提升系列丛书”的第二本著作，已出版的有《碳中和知识学》，即将出版的有《碳中和声明理论和实践》《碳战略和碳预算》《企业碳目标设定理论和方法》《碳金融和碳资产》《行业碳中和示范场景》等。

作 者 简 介

刘华，广东财经大学教授，博士，标准化教授级高级工程师。

2016年研制和发布了广东省第一份团体标准《企业碳排放权交易会计信息处理规范》T/GDES 1—2016。2017年按照国际标准搭建了国内首个“绿色报告声明平台”（http://www.environdec.cn），为企业提供环境产品声明报告、碳足迹和碳标签、水足迹和碳中和声明报告的服务。科研成果《环境产品声明、碳足迹和水足迹认证体系建设及其在家用洗涤剂产品应用》获2019年度中国轻工业联合会科技进步二等奖，《绿色发展背景下产品环境足迹标准化及其应用》获2020年度教育部科学技术进步二等奖。

2019年牵头成立了粤港澳大湾区绿色发展联盟质量和品牌标准化委员会并担任主任委员，2021年牵头成立了广东财经大学粤港澳大湾区质量和品牌标准化实验室并担任负责人，面向粤港澳大湾区高质量绿色发展，搭建了“质量品牌网”（http://www.perfectquality.cn/），为企业提供“粤港澳优质产品”“质量信用”和“先进标准”评价服务。

2021年10月，在第18届中国标准化论坛上，牵头成立了国内首个“碳中和领跑行动联盟”并任理事长。发起了“科学领跑者碳目标”倡议（SBTi-Forerunner），帮助企业在符合联合国政府间气候变化专门委员会（IPCC）第五次评估报告中2℃脱碳水平的条件下，综合考虑国家和地区的自主贡献情况，在共同但有区别责任的原则下，确定组织自主贡献，设定基于循证决策的减排目标。基于以上基础，面向当今“双碳”目标和数字经济的发展，提出了碳中和促进“速达”模式（标准，联盟，宣言，领跑；standard，union，declaration，action：SUDA），促进区域、行业、组织、项目、服务、产品等方面的碳中和。

研究领域：高质量发展与碳中和、质量和品牌管理、智能制造与标准化、绿色制造与数字经济。

丛书名称：碳中和能力提升系列丛书

《碳中和知识学》

《面向数字化转型碳排放管理体系：理论、标准和应用》

《碳中和声明理论和实践》

《碳战略和碳预算》

《企业碳目标设定理论和方法》

《碳金融和碳资产》

《行业碳中和示范场景》

前　言

受疫情影响，存量博弈加剧，在这个充满不确定性的时代，“碳中和”和“元宇宙”成为2021年“年度热词”，为企业制定战略规划和实施经营策略指明了新的方向。

碳中和是一场广泛而深刻的经济社会系统性变革，更是新一轮的产业革命。碳中和推动了能源的低碳化，代表着可持续发展技术，从而成为全球新秩序和国家重点布局产业的方向。

元宇宙是人类向更多维度探索和创造的新空间，是区块链、物联网、人工智能、虚拟现实等技术在产业领域内的融合。元宇宙提升了产业数字化能力，推动着数字经济新形态的不断涌现，赋能了实体产业的可持续发展。

技术之所以能改变世界，其本质是促进了成本的降低和生产力、效率以及用户体验的提升。碳中和与元宇宙必将交汇于高质量发展，对人类社会的未来产生变革性影响。

在参与第六届广东省政府质量奖评审期间，本人对企业的“管理驾驶舱”展示印象深刻。而在第七届广东省政府质量奖评审现场，企业的展示已是“碳中和”和“元宇宙”。本人对以下几点感触颇深：

第一，在组织评价方面，评分要点中首次纳入了碳排放指标和绿色效益指标。

第二，在组织生态方面，市场需求拉动了企业的快速发展。发展过程表现出“早期探索阶段→一体化发展阶段→多元化发展阶段”的过程；组织结构表现出“职能型→事业部型→超事业部型→平台型”的演化路径；按照“小总部、强平台、大产业”的发展思路，划分为战略职能层、协同平台层和经营单位层三大类，表现出“总部+区域+事业部/子公司”的组织形式。

第三，在管理一体化方面，主要表现为“基于文档的管理一体化→基于流程的管理一体化→基于管理要素模型的管理一体化”3个不同阶段的形式。目前大部分企业仍处于第一阶段，第二阶段的企业相对较少，第三阶段的企业仍没有看到。

第四，在数字化方面，大部分企业处在基于ERP和MES系统进行工业互联网建设的阶段，也有少部分企业已建成智能研发链、智能生产链和智能供应链。在智能研发链上，实现了PLM、MES、ERP、TDMS、QMS等数字化系统的数据交互管理，应用“仿真+AR/VR”技术，实现了沉浸式虚拟体验。在智能生产链上，基于“5G+工业互联网技术+数字孪生+边缘计算”建成5G+工业互联网智能制造车间。在智能供应链上，采用区块链等技术，打通了供应商、银行、税务等系统，实现了数据交互、业务在线对接。这些都充分展现了工业元宇宙的发展趋势。

第五，在碳中和方面，在传统制造业领域，大部分企业不同程度地参与了《中国制造2025》绿色制造工程所开展的绿色设计产品、绿色工厂、绿色供应链等示范

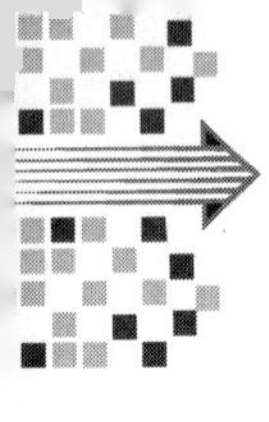

建设，但仍处于了解碳中和政策及其发展的阶段。而在新兴产业领域，部分企业深入参与国际协作，并建立了相应的碳排放管理体系，开展了编制和发布碳中和战略规划等工作。

未来已至，碳中和是时代使命，元宇宙是最大的想象空间。史诗级时代，需要我们脚踏实地、仰望星空，更要行稳致远、进而有为。

2021 年 10 月 22 日，在第 18 届中国标准化论坛上，本人组织发起成立了“碳中和领跑行动联盟”，发布了“碳中和领跑行动路线图”和“碳中和领跑行动宣言”，工业领域陶瓷行业、交通领域充电桩行业、建筑领域、金融领域共 26 家代表企业签署并公开发布了“碳中和领跑行动承诺书”，建立了碳中和领跑行动平台（碳中和声明平台）（http：//www. environdec. cn/tzhsmpt），开设了微信公众号“碳中和领跑联盟”。

为了帮助企业开展碳中和领跑行动，联盟发起了“科学领跑者碳目标”倡议（SBTi-Forerunner），帮助企业在符合联合国政府间气候变化专门委员会 IPCC 第五次评估报告中 2 ℃脱碳水平的条件下，综合考虑国家和地区的自主贡献情况，在共同但有区别责任的原则下，确定组织自主贡献，设定基于循证决策的减排目标。基于以上基础，面向当今“双碳”目标和数字经济的发展，提出了碳中和促进“速达”模式（标准，联盟，宣言，领跑；standard，union，declaration，action：SUDA），促进区域、行业、组织、项目、服务、产品等方面的碳中和。

本书是“碳中和能力提升系列丛书”的第二本，已出版的有《碳中和知识学》。

本书由粤港澳大湾区创新绿色低碳发展模式研究（项目编号：GD20SQ15，广东省哲学社会科学规划“建设粤港澳大湾区”和“支持深圳建设中国特色社会主义先行示范区”专项）、大数据背景下农产品区域品牌价值评价理论和方法及标准化推广（项目编号：2020ZDZX1012，广东省教育厅科研项目）和佛山实施“十百千万企业家成长工程”对策研究（项目编号：2021-ZDB03，佛山市哲学社会科学研究项目）资助。

本书主要包括企业碳中和、数字化转型和管理体系的理论，《碳排放管理体系要求》的标准（T/GDES 2030—2021），企业管理体系整合和统一模型的应用。

本书适用于组织和个人碳中和能力的学习提升，也可供高等院校的本科生和研究生作为参考教材使用。

本书在编写过程中，广泛汲取了国内外众多专家学者的研究成果，在此向他们致以诚挚的谢意。由于本书内容涉及领域较广，著者水平有限，难免有疏漏和错误之处，敬请批评指正。联系电话：13826175499；邮箱：381508408@ qq. com。

2022 年 7 月 2 日

目 录

第一编 理论：低碳化和数字化融合

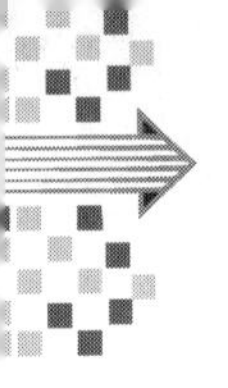

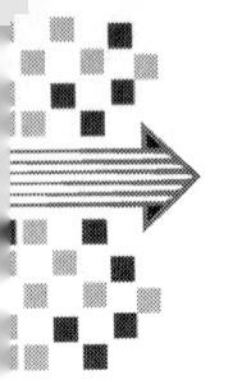

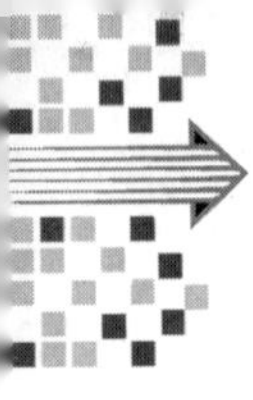
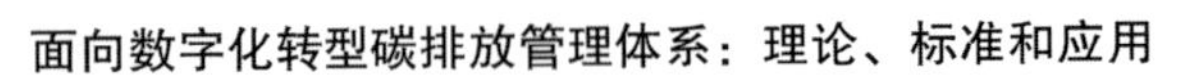

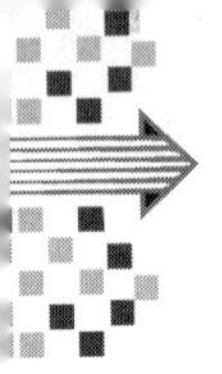

第三编 应用：体系整合和统一模型

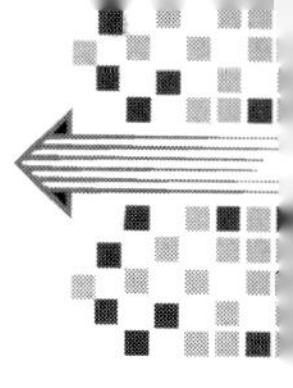

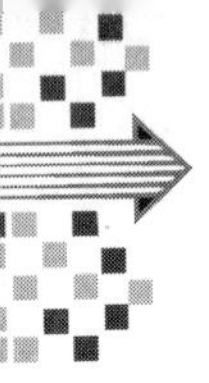
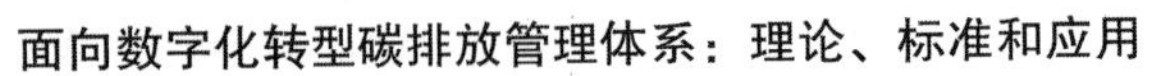

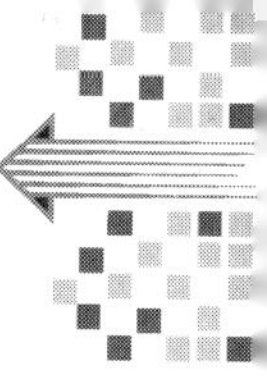

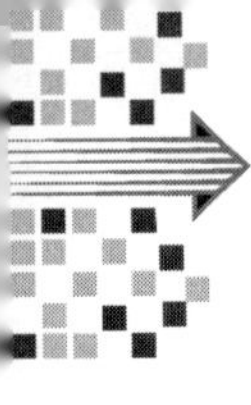
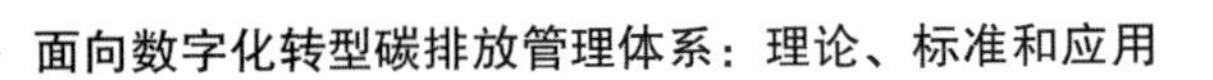

第一编

理论：低碳化和数字化融合

1 高质量绿色发展

1.1 企业碳中和的发展及其意义

1.1.1 企业碳中和的发展

1.1.1.1 我国碳达峰、碳中和目标的提出

2021 年是中国碳中和元年，也是推进全球气候治理、落实《巴黎协定》的关键年。2021 年 3 月，习近平总书记强调：实现碳达峰、碳中和是一场广泛而深刻的经济社会系统性变革，要把碳达峰、碳中和纳入生态文明建设整体布局，构建起碳达峰、碳中和“1 + N”的政策体系。随着 2021 年 10 月印发的《中共中央 国务院关于完整准确全面贯彻新发展理念做好碳达峰碳中和工作的意见》和《2030 年前碳达峰行动方案》的发布，各地政府部门也开展了碳达峰和碳中和建设规划，一些企业纷纷发布了碳达峰碳中和战略规划，如国家电网、美的集团、中国节能环保集团等企业，有关碳中和的联盟和团体也纷纷成立。

1.1.1.2 《巴黎协定》气候治理机制的建立及其发展

在联合国框架下，以《联合国气候变化框架公约》《京都议定书》和《巴黎协定》为核心的国际条约构成了气候治理的机制复合体，也是当前全球气候治理的基础性合作机制。由于各国所处的发展阶段不同，所面临的问题也不同，对全球气候治理的诉求也就不同，国家行为主体在全球气候治理中面临着深刻的“集体行动的困境”，比如在“适应、损失和危害”议题方面，是否应该对适应气候变化提出目标和行动承诺，各国就存在较大的分歧。

在《巴黎协定》签署后，全球气候治理主体日益多元化，治理权力呈现出下沉和东移的趋势：从国家转移到非国家行为体，从西方转移到非西方国家。气候治理的利益相关方包括主权国家、国际组织、跨国行为体、次国家行为体、市民社会、行业机构等。随着多边主义在气候治理领域垄断地位的逐渐丧失，非国家行为体开始积极进行气候治理创新。非国家行为体主要包括跨国公司、企业、政府间国家组织、非政府间国际组织等，它们的活动范围涉及国际社会的各个领域。

当今的全球气候治理体系由多边气候治理实践和多边气候谈判共同组成。在联合国框架和国家行为体之外，以非政府组织、社会团体、市场机构和城市为代表的、公有部门和私有部门交织的非国家行为体等发挥着日益重要的作用。这些非国家行为体构成了机制集群和机制联结效应，使得联合国框架外的气候治理制度复杂化和多样化，同时也造成了全球气候治理机制的碎片化趋势。

多边气候治理主体力量的增长有利于发挥市场在减排中的驱动作用，寻求“去

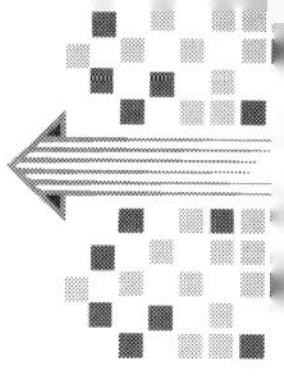

碳化”与经济利益相协调，为市场主体的减排行动提供内在动力。从技术层面来看，多边气候治理主体，尤其是一些跨国公司，掌握着人工智能、超级计算机、大规模分布式计算等现代科技，通过商业合作，这些技术可以在气候灾难监测、天气预报、气候难民流动、绿色经济改革分析等领域得到充分的应用。例如，中国已经位于新低碳技术的开发前沿，电池、电动汽车、太阳能产业均走在前列。同时，中国近年来也在推动“无废社会”、“无废城市”、绿色制造等生态文明体系的建立。因此，全球气候治理需要多边气候治理主体，特别是企业参与，来创新绿色发展的生产和生活模式。

1.1.1.3　非国家行为体的气候治理进展

应对全球气候变化是一个较为典型的全球公共产品问题，其范围跨越国界、代际和民族，具有非竞争性和非排他性。全球气候治理是一个在全球层次上如何通过多元主体合作来供给全球气候公共产品的问题，也是一个集体行动难题。全球化进程的加速推动着国际治理形式的转型，使得参与全球气候治理的主体逐渐多元化。

从1997年《京都议定书》签署到2005年生效的这一过程中，围绕《联合国气候变化框架公约》的周边治理机制数量猛增，包括小俱乐部型的国家集团、双边倡议、（非）气候类环境法律制度及相关贸易机制大量涌现。这一过程分为横向和纵向两个维度。横向而言，气候变化议题不断外溢到其他国际组织，通过议题嵌入方式成为世界贸易组织、世界银行、七国集团及二十国集团等机制平台中所讨论的政治议程，且相关的低碳原则日益融入全球金融市场规则、知识产权与投资规则以及国际贸易体制中。纵向而言，超越联合国框架的地方区域性气候机制不断涌现，在一定程度上补充但也冲击了联合国治理框架。

《巴黎协定》在正文第五部分“非缔约方利害关系方”中明确指出：“欢迎所有非缔约利害关系方，包括民间社会、私营部门、金融机构、城市和其他次国家级主管部门努力处理和应对气候变化。”

全球气候治理是一个重要的主权行为，是国家作为主权利益攸关方来主导的。政府和非国家行为体作为权力资源的拥有者，必须在既有权力关系中，利用自身掌握的权力资源施展自己的策略，来获取影响他者的能力。由于全球化和全球治理在一定程度上打破了国家的壁垒，增加了全球互动的层次，并使得多元行为体的能力获得了空前的提高，非国家行为体对全球规则和交往方式的塑造能力也大大增强。非国家行为体通过建构跨国价值观来构建应对气候变化的响应范式，定义应对气候变化的行动，影响国家行动和国际气候谈判。因此，全球治理除了主权国家之间的合作之外，还要靠企业、社会组织和民间跨国联盟来实现。由于治理关乎规则的制定和对行为的管制，其权力性不可忽视。总之，非国家行为体力量对政府在全球治理中的行为产生了深刻的影响。

关于国家向非国家行为体开放参与全球治理权力的动机，Peter（2006）提出了三种观点：第一种是功能主义，由于非国家行为体可以为国家在国际问题决策过程中提供资源和技术支撑，因此国家授权非国家行为体参与国际论坛；第二种是新协作主义，把非国家行为体看作代表特定利益的利益相关者；第三种是多元民主主义。

非国家行为体参与全球治理的理论主要有多层治理理论、平行外交理论、分级协

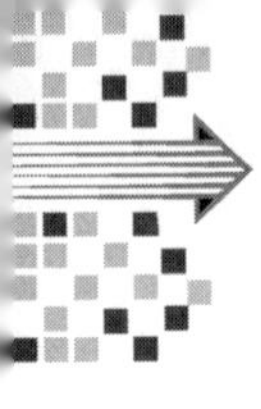

调理论和社会资本理论。多层治理理论侧重政策制定与落实过程中不同层级行为体之间的相互博弈和互动，平行外交理论侧重非国家行为体参与气候治理的独立性和自发性，分级协调理论侧重中央集权政府在下达命令时的流畅性，而社会资本理论则侧重从社会正式制度与社会各个成员之间的关系层面来分析非国家行为体参与气候治理的动力。当然，各种理论的适用性取决于各国的政治经济环境。

非国家行为体凭借其组织形式的弹性和应对战略的灵活性等优势，通过网络合作模式将其行动影响力嵌入全球、地区、国家和次国家等多个层面，提升了治理机制的密度和治理形式的多样性，其体现为组织内拓展、组织间协作和跨组织伙伴关系3 种模式。以跨国企业为代表的某些商业行为体在气候治理中逐步从污染者的角色转变为推动治理的正面角色，依靠自身雄厚的资金技术实力和跨国商业联系成为气候治理中不可或缺的跨国行为体。以企业为代表的大量非国家行为体不仅在历次缔约方会议上积极组织边会，并且提出比国家层面更为雄心勃勃的减排方案。

1.1.1.4 能效“领跑者”制度的发展

能效“领跑者”制度源自20 世纪90 年代的日本。1992 年美国环境保护局启动的自愿性认证项目“能源之星”，是世界公认成效显著的领跑政策。在我国，能效“领跑者”制度是指以激励性措施为主要手段，在特定领域通过树立标杆的方式激励该领域内其他用能主体及用能产品提升节能目标指数，并通过不断更新能效“领跑者”目录和转化为相关强制性标准等方式逐步提高全领域节能目标标准的激励性制度。与日本类似，目前我国能效“领跑者”制度适用于终端用能产品、高耗能行业和公共机构。

目前，我国涉及企业领跑行动的政策制度文件主要有：《大气污染防治行动计划》（国发〔2013〕37 号），提出“建立企业‘领跑者’制度，对能效、排污强度达到更高标准的先进企业给予鼓励”；《水污染防治行动计划》（国发〔2015〕17 号），提出“健全节水环保‘领跑者’制度，鼓励节能减排先进企业和工业集聚区用水效率、排污强度等达到更高标准，支持开展清洁生产、节约用水和污染治理等示范”；《中共中央和国务院关于加快推进生态文明建设的意见》（2015 年），提出“实施能效和排污强度‘领跑者’制度，加快标准升级步伐”；《环保“领跑者”制度实施方案》（财建〔2015〕501 号），提出“实施环保‘领跑者’制度对激发市场主体节能减排内生动力、促进环境绩效持续改善、加快生态文明制度体系建设具有重要意义”；2021 年10 月发布的《国家标准化发展纲要》，提出了“实施企业标准领跑者制度”。

在低碳经济语境下，能源节约是应对气候变化从而实现低碳经济目标的重要手段之一。而能效“领跑者”制度的主旨，正是通过提高用能单位及产品的能效水平实现能源节约，与“双碳”目标具有手段和功能上的一致性。在气候变化国际合作领域，中国政府作为全球生态文明建设的重要参与者、贡献者、引领者，在企业推动全球气候治理进程方面却鲜有研究。

企业碳中和领跑行动属于非国家行为体的这一研究范畴，目前有关非国家行为体的研究案例主要针对次国家行为体这一领域，如城市、国际组织和区域组织等，对于

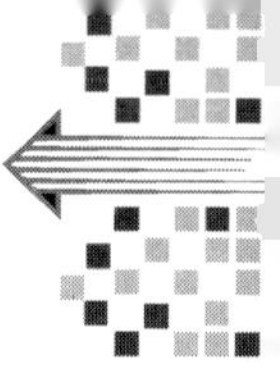

企业在全球治理方面主要是通过案例报道，如微软、苹果等跨国公司的碳中和做法。但是对于中国企业，需要遵循《联合国气候变化框架公约》和《巴黎协定》，特别是“共同但有区别的责任 + 不同能力 + 不同国情”的原则、国家自主贡献机制、透明框架和全球盘点制度以及遵约机制等理论，基于生态文明建设，推动企业碳中和理论和方法的发展。

1.1.2　企业碳中和的意义

1.1.2.1　国际公约的规定

《京都议定书》基于发达国家的历史责任，进行了发达国家和发展中国家身份的二元划分，以“自上而下”强制量化减排的方式为发达国家制定了强制减排目标，总体呈现出机械、静态的特征，被以美国为首的发达国家所拒绝和抵制。

《巴黎协定》确立的“国家自主贡献”改变了以往减排责任的承担方式，实现了气候治理模式“自下而上”的转变。这意味着缔约国可以从本国国情出发，制定符合本国实际的减排目标和行动方案，具有复合性和动态性的双重特征。

《联合国气候变化框架公约》第 1/CP. 21 号决定规定：欢迎所有非缔约方利害关系方，包括民间社会组织、私营部门、金融机构、城市、其他次国家级主管部门、地方社区和土著人民参与处理和应对气候变化。《巴黎协定》第 6 条第 4 款（b）项提出：奖励和便利缔约方授权下的公私实体参与减缓温室气体；第 8 款（b）项提出：加强公私部门参与执行国家自主贡献。

从哥本哈根气候大会后，越来越多的非国家行为体参与到全球气候治理中来。与国家行为体相比，非国家行为体在参与气候治理上具有更大的包容性与灵活性。主权国家除了要考虑经济因素外，还受到政治、文化、外交等多种因素的限制，这也使得其不能全方位地参与温室气体减排。应对气候变化不仅仅是某几个国家的事情，还需要政府、企业以及个人等多方参与。纵向上，非国家行为体可在国内与国家实施的相关政策措施进行对接，实施减排行动；横向上，可通过各种跨国界的国际平台参与气候治理，加强国际合作。

1.1.2.2　非国家行为体自主贡献的意义

非国家行为体参与到国家自主贡献减排行动中的优点主要表现在以下几个方面：首先，非国家行为体并不以国家的利益至上，可以跳出政治因素的约束，从人类命运共同体的角度出发参与到减排行动中来，这在一定程度上也可以解决集体行动的困境。同时，非国家行为体之间的互动频率较高且合作方式日益多元化，能够使社会资本得到最大化的利用。其次，非国家行为体在气候治理方面有着不可低估的动员能力，在基层群众中的话语权较高，能够开展最符合实际情况的减排行动，通过自下而上的方式直接调动公众参与进来。最后，非国家行为体能够有力监督各国是否落实国家自主贡献，可以反向推动国家间应对气候变化的行动，保障国内减排政策的贯彻落实。

因此，国际社会需要鼓励并引导非国家行为体加入到减排行动中来，使其独立地做出贡献，并改变以往全球气候治理中以国家为中心的模式，形成国家和非国家行为

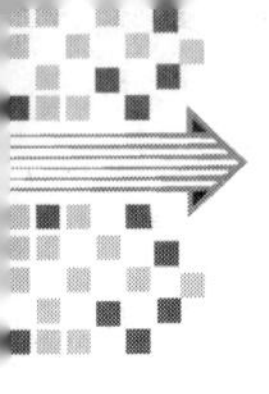

体的多元治理格局。从国际层面来看，国际社会应当明确非国家行为体既是减排行动的参与方，同时也是自主贡献的提交方，在全球盘点及透明度框架中为其设定专门的程序指南，避免重复计算，将它们的减排成果也包含到整体贡献当中，以填补目前国家自主贡献与全球气温升幅之间的差距。从国内层面来看，国家应当鼓励非国家行为体的减排行动，拓宽其参与气候治理的渠道，完善当前的气候法律政策框架并不断健全气候治理体系，发挥组织和协调作用，将非国家行为体的减排成效纳入到本国的自主贡献中来。

越来越多的非国家行为体在“后巴黎时代”气候治理的指标和标准设立以及自主贡献履约情况监督等方面正发挥着日益积极的作用，例如世界资源研究所和世界可持续发展工商理事会等。

相比国外非国家行为体，我国本土社会组织和企业在气候治理谈判的主动参与和积极发声方面较少。习近平总书记在十九大报告中指出，中国应“引导应对气候变化国际合作，成为全球生态文明建设的重要参与者、贡献者、引领者”。

随着我国双碳目标的提出，一些社会组织和联盟积极参与到碳中和的工作中，例如碳中和领跑行动联盟（详见网站 http：//www. environdec. cn/tzhsmpt）。

1.2　高质量发展特征

1.2.1　百年大变局

当今世界正在经历百年未有之大变局，2020 年年初暴发的新冠疫情的全球大流行加速了这个变局，使我国面临的外部环境更加复杂严峻；新一轮科技革命和产业变革重塑了各国竞争力消长和全球竞争格局，是影响大变局的重要变量；经济全球化退潮和全球产业链供应链调整推动了全球经济治理体系的重构，是推动大变局的深层因素；国际力量对比的变化和大国博弈的加剧是我国外部环境最大的不确定因素，是大变局的最大变量。

1.2.1.1　新一轮科技革命和产业变革是影响大变局的重要变量

在科技革命方面，新一轮科技革命正在从导入期转向拓展期。新科技革命的核心是数字化、网络化和智能化，大数据技术促进人类生产生活方式的全面数字化，以及经济社会活动的数字化。

在产业革命方面，人力资本、技术和数据正在成为重塑各国竞争力消长和全球竞争格局的重要因素。数据规模、数据采集存储加工能力和数据基础设施正在成为大国竞争的制高点，其对简单脑力劳动和程序化工作的替代加快，使收入分配差距进一步扩大。

在世界经济史上的三次工业革命中，我国都处于接受技术扩散和辐射的外围地带。新一轮科技革命为我国打开了进入国际科技前沿地带的机会窗口，尽管我国面临美国科技封锁的挑战。得益于改革开放 40 多年的快速发展，我国的科技创新能力大幅提升，在一些领域实现了“并跑”和“领跑”，为跻身创新型国家行列创造了条件。

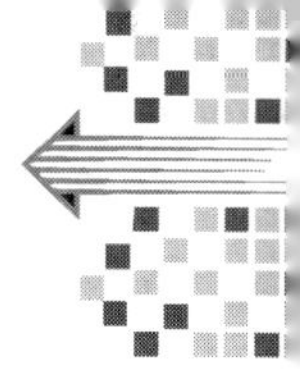

1.2.1.2　经济全球化退潮和全球产业链供应链调整是推动大变局的深层因素

2008 年国际金融危机后，经济全球化从高潮转向低潮，国际贸易和跨境投资增速放缓，全球产业链、供应链在持续了近 30 年的扩张后出现收缩。北美、欧洲、东亚三大生产网络的内部循环更加强化，以东亚地区为例，2020 年以来，东盟已经超过欧盟成为中国最大的贸易伙伴，占中国对外贸易的份额提升到 15% 左右。

全球产业链布局从以成本为主导转向成本、市场、技术多因素共同作用，国际经贸规则和全球治理体系加快重构。受一致同意原则的制约，世界贸易组织（World Trade Organization，WTO）在电子商务、竞争中立、环境和劳工保护等方面的谈判进展迟缓。

在多边贸易谈判受阻的情况下，美欧自贸协定和全面与进步跨太平洋伙伴关系协定（Comprehensive and Progressive Agreement for Trans-Pacific Partnership，CPTPP）等加快推进，推出了一系列新的贸易规则，正在深刻影响着全球经济治理体系变革的走向。

全球产业链供应链调整为我国提升在全球价值链中的地位创造了条件。受益于潜力巨大的国内市场并积极参与全球分工，我国已成为亚洲的生产组织中心。据经济合作与发展组织（Organization for Economic Co-operation and Development，OECD）测算，1995 年亚洲 6 个重要经济体——中国、印度、韩国、马来西亚、菲律宾和泰国的中间品出口主要目的地均为日本；2005 年之后，包括日本在内的亚洲重要经济体中间品出口的主要目的地转向中国。我国拥有全球最完整的产业体系和上中下游产业链，制造业占全球比重达到 27%，2019 年世界 500 强上榜企业数（含中国香港、中国台湾）超过美国，已是 120 多个国家的最大贸易伙伴国，超大规模经济体的优势日益显现，参与全球的产业分工日趋深入，又能控制产业链的节点位置，这些变化将大幅提升我国整合国际生产资源的能力。

我国面临全球产业链供应链调整带来的挑战。近年来，随着国内要素成本特别是劳动力成本的大幅上升，加之中美经贸摩擦造成的关税成本上升，以及国内本土企业崛起带来的外商投资企业市场份额的缩小，产业外移的压力增大。新冠疫情后，主要经济体重新审视供应链安全的问题，在经济利益和国家安全之间寻求新的平衡，并提出所谓供应链“去中国化”的问题，采取措施把涉及国家安全的产业重新转回国内，推动全球产业链供应链进一步收缩，区域化、近岸化、在岸化的特征更趋明显，我国产业外移的压力进一步增大。

美国为维护其在全球经济中的主导地位，遏制打压我国的快速崛起，边缘化我国在全球经济体系中的地位，并联合欧盟、日本提出世界贸易组织改革声明，要求我国放弃发展中国家的差别待遇，承担超越发展阶段的国际义务，还在产业补贴、知识产权保护、强制性技术转让、国有企业、网络安全、市场开放等领域提出一系列要求，试图以“规则”挤压我国的发展空间，增加我国参与全球分工和分享全球化红利的难度。

1.2.1.3　国际力量对比变化和大国博弈加剧是大变局的最大变量

21 世纪以来，新兴市场和发展中国家的力量群体性崛起，部分新兴国家成为全

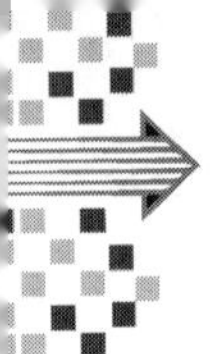

球经济增长的领跑者，国际经济力量对比发生了重大变化。预计到2035年，新兴市场和发展中国家的经济总规模将超过发达经济体，在全球经济和投资中的比重接近60%。

“十四五”时期，中美经济总量的差距将继续缩小，我国经济总量有望在2035年前超过美国，这将有利于改变中美博弈的不对称局面。

1.2.1.4 新冠疫情的全球大流行使百年大变局加速演变

新冠疫情暴发后，全球经济深度衰退，收缩幅度超过了2008年全球金融危机，国际贸易和投资大幅萎缩，国际金融市场动荡，经济全球化遭遇逆流，保护主义和单边主义上升。

相对于劳动密集型产业的下滑，新兴科技公司的营业额和利润大幅上升，其技术和数据的优势更加凸显，市场集中度进一步提高。

疫情对低收入群体造成了更大冲击，加之宽松货币政策推升了金融资产价格，实际上推高了高收入群体的财富水平。疫情后的“K型复苏”，进一步加剧了社会不平等，有可能强化本已上升的保护主义、民粹主义倾向。

1.2.2 我国转向高质量发展阶段的主要特征

1.2.2.1 从“数量追赶”转向“质量追赶”

1979—2019年，我国国内生产总值年均增长9.4%，社会生产力水平大幅提升。2010年制造业增加值超过了美国，220多种工业产品的生产能力跃居世界第一，传统产业领域还出现了产能过剩，“有没有”的矛盾基本缓解。

填补“数量缺口”是高速增长阶段经济增长的动力源泉，主要任务是实现“数量追赶”。

随着居民收入水平的提高和中等收入群体的扩大，消费结构加快向高端化、服务化、多样化、个性化方向升级，居民对产品质量、品质、品牌的要求日益提高，“质量缺口”仍然较大，“好不好”的矛盾更趋突出。

进入高质量发展阶段，填补“质量缺口”将成为经济发展的动力所在，主要任务是实现“质量追赶”，以显著增强我国经济发展的质量优势为主攻方向。

推动高质量发展的核心任务之一是提高全要素生产率。在经济增速放缓和要素成本提高的背景下，只有提高全要素生产率，才能实现对冲劳动力成本上升，稳定增长投资的边际产出，提高企业盈利水平，有效释放积累的风险，逐步减缓资源环境的压力。

提高全要素生产率，实现向高效增长的跃升，是转向高质量发展的主旋律。2009年以来，我国全要素生产率与美国的比值基本稳定在40%左右。日本和韩国处在基本完成工业化和经济增速“下台阶”的阶段，全要素生产率分别达到美国的80%和60%左右。日本和韩国的阶段性峰值分别出现在1980年和1991年，此后便长期停滞不前。显然，全要素生产率达到韩国和日本的水平，是我国现代化进程中需要迈上的两个台阶。主要国家全要素生产率与美国的比值如表1所示。

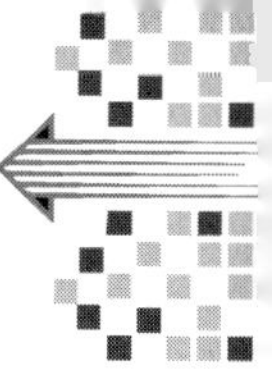

表1　主要国家全要素生产率与美国的比值

项目	中国	日本	英国	法国	德国	加拿大	澳大利亚
全要素生产率与美国的比值/%	38.4	75.2	80.1	97.4	99.2	84.0	85.2

我国预计到2035年基本实现现代化时，全要素生产率将达到韩国的水平，也就是达到美国的60%左右，这意味着2015—2035年期间我国的全要素生产率年均增速要分别达到2.5%和2.7%。

国际金融危机后，我国的全要素生产率增速明显放缓，近年来增速虽有所回升，但仍不足2%。由于人口年龄结构和消费行为变化、传统制造业进入平台期、房地产需求趋于饱和、大型基础设施投资空间收窄等，资本形成对经济增长的贡献将不断下降。

1.2.2.2　从“规模扩张”转向“结构升级”

在高速增长阶段，经济发展主要依靠生产能力的规模扩张。

传统纺织和食品行业已达峰值；钢铁、煤炭等行业的比重在2015年左右就已达到峰值；有色、化工、机械行业达峰时间大约在2020年，之后增速和占比不断下降。发展模式必须从“铺摊子”为主转向“上台阶”为主，着力提升产业价值链和产品附加值，推动产业由加工制造向研发、设计、标准、品牌、供应链管理等高附加值区段转移，迈向全球价值链中高端。“上台阶”不仅要从生产低技术含量、低附加值产品转向生产高技术含量和先进智能产品，满足市场对产品品质和质量的需求，更重要的是实现生产要素从产能过剩领域向有市场需求的领域转移，从低效领域向高效领域转移，进而提高资源的配置效率。

2019年我国3次产业增加值比例为7.1：39：53.9，到2025年将调整为5：30：65，到2035年将进一步调整为4：26：70。

1.2.2.3　从“要素驱动”转向“创新驱动”

随着我国劳动年龄人口的逐年减少，土地、资源供需形势变化，生态环境硬约束强化，“数量红利”正在消失，依靠生产要素大规模高强度投入的“要素驱动”模式已难以为继。支撑经济发展的主要驱动力已由生产要素大规模高强度投入，转向科技创新、人力资本提升带来的“乘数效应”。

由于创新能力和人力资本不足，必须把创新作为第一动力，依靠科技创新和人力资本投资，不断增强经济创新力和竞争力。

2019年我国的基础研究占研发总投入的比重为6%，远低于美国、英国、法国、日本等发达国家15%～25%的水平，原创技术和战略高技术供给不足，高端芯片、基础软件、工业母机、基础材料等关键核心技术受制于人的局面尚未得到根本改变。

1.2.2.4　从“分配失衡”转向“共同富裕”

高质量发展的最终目的是满足人民日益增长的美好生活需要，促进人的全面发

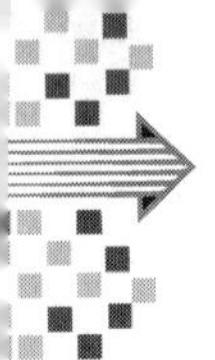

展，实现全体人民的共同富裕，这是中国特色社会主义的本质要求。

高质量发展不仅要有高效率的生产体系，更要形成共享包容的分配体系，建设高品质生活。这就要求创造更为充分的就业机会，形成基本合理的收入分配结构，努力使居民的收入增长快于经济增长，不断扩大中等收入群体，逐步实现教育、医疗、养老、社会保障等基本公共服务的均等化。

1.2.2.5 从“高碳增长”转向“绿色发展”

改革开放后，我国的经济高速增长，同时也带来了资源、能源的消耗和环境排放迅速增加等问题，形成了巨大的环境压力。

党的十八大以来，我国把生态文明建设作为统筹推进“五位一体”总体布局的重要内容，确立了绿色发展是新发展理念的五大理念之一，加快推进了顶层设计和制度体系建设，并推动绿色转型取得了重大进展。

2019 年煤炭消费量占能源消费总量的比重下降至 57.7%，天然气、水电、核电、风电等清洁能源的消费量占能源消费总量的比重提高到 23.4%。

2019 年我国单位 GDP 能耗较 2005 年下降了 42.6%，单位 GDP 二氧化碳排放下降了 48.1%，提前完成了 2009 年我国向国际社会承诺的 2020 年碳排放强度比 2005 年下降 40%～45% 的目标，相当于减少了约 56.2 亿吨二氧化碳排放量。

我国总体上仍处在“环境库兹涅茨曲线”拐点期，能源需求和主要常规污染排放将陆续达峰，随后进入峰值平台期，生态环境的压力依然很大。

我国能源需求峰值预期在 2030—2040 年之间出现，但化石能源消耗有望在 2030 年左右达峰。从能源结构来看，2014 年后我国的煤炭消费进入了平台期，但煤炭仍将长期扮演主要能源供应品种的角色，预期到 2030 年，煤炭在我国一次能源消费总量中的占比仍将在 50% 以上。

我国已向世界作出“二氧化碳排放力争于 2030 年前达到峰值，努力争取 2060 年前实现碳中和”的承诺。我国单位 GDP 的能耗仍为世界平均水平的 1.5 倍、发达国家的 2～3 倍，单位能源的二氧化碳排放强度比世界平均水平高约 30%。

1.2.3 新发展格局

新发展格局是应对变局、开拓新局的战略选择，我国要构建以国内大循环为主体、国内国际双循环相互促进、全国统一大市场的新发展格局，核心是“循环”，打通生产、分配、流通、消费的堵点和梗阻；关键在改革，促进生产要素的自由流动和资源的优化配置，提高国民经济循环效率，增强经济发展的内生动力。以畅通国民经济循环为主构建新发展格局，生产环节重在畅通创新链、产业链和供应链；分配环节重在解决居民收入分配和城乡收入差距问题；流通环节重在加强流通体系建设和畅通金融与实体经济循环；消费环节重在扩大居民消费和推动消费升级，建立全国统一大市场。

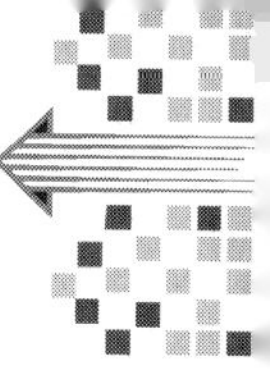

1.3 企业碳中和

1.3.1 企业碳中和的概念

碳中和是指实施减少温室气体排放措施后，将不可避免的排放量通过购买碳配额、碳信用等方式或通过新建林业项目产生碳汇量或减排项目产生的减排量等方式抵消的温室气体排放量。

碳中和承诺声明是要求企业确定声明对象的碳足迹，并文件化碳中和实施计划，从而描述企业如何实现关于声明对象的碳中和。

碳中和实现声明要求企业实现所选定声明对象碳足迹的减少，并抵消剩余温室气体排放量。因此，碳中和实现声明只适用于已审定的范围和周期。若企业将该宣言扩展至未来周期，则需要进行进一步的审定。

企业碳中和的思想来源于巴黎协议提出的建立自主减排机制，倡导国家自主贡献，实行"自下而上"的减排，企业作为非国家行为体参与气候治理，提出企业的自主贡献。

"共同但有区别的责任"（common but differentiated responsibility）原则不仅是《联合国气候变化框架公约》和《京都议定书》所明确确立的一项基本法律原则，而且也在《人类环境宣言》《里约环境与发展宣言》《保护臭氧层维也纳公约》以及《生物多样性公约》等各类国际法律文件中得到了明示或默示，该原则已经成为国际环境法中公认的一项基本原则。

目前，企业碳中和是基于自主减排机制，提出企业的自主贡献，设定碳中和目标，通过碳中和承诺声明，落实碳中和实现声明，实质是在行业内开展碳中和领跑行动。在考虑企业所处区域和环境时，需要考虑"共同但有区别的责任"原则，例如中国提出了2030年碳达峰和2060年碳中和的目标，我国企业在设定碳中和目标时，需要考虑在中国的自主贡献和双碳目标下，设定企业碳中和目标，以体现"共同但有区别的责任"的原则，如企业"范围2"的排放必然囿于我国的能源体系的碳中和发展进程。

1.3.2 企业实施碳中和的风险和机遇分析

企业实施碳中和可以从融资、拓展、产品、供应、销售、项目方面进行风险和机遇分析，表2为对企业各行业实施碳中和所进行的分析。

第一，融资端。机遇是ESG（关注企业环境、社会、治理绩效而非财务绩效的投资理念和企业评价标准）投资、绿色债券，有助于拓宽企业融资渠道；挑战是融资门槛提高，融资成本可能不降反升。企业要做好融资利率研究，争取绿色低碳红利。

第二，拓展端。机遇是碳中和未来会成为运营的基本要求，碳中和项目有助于企业提高运营竞争力；挑战是可能导致运营门槛提高，投资测算增加。企业要将碳预算

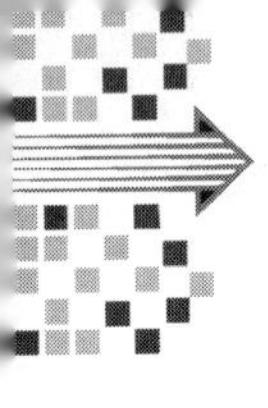

纳入到投资测算中，碳预算可参考标准《碳预算管理规范》T/GDES 2033—2022。

第三，产品端。机遇是绿色、智慧、健康产品有助于企业提升溢价能力；挑战是可能导致运营成本增加。企业要制定碳限额标准，严格控制碳排放强度，开展产品碳足迹和碳标签。

第四，供应端。机遇是上下游供应商的绿色转型有助于打造企业绿色供应链，控制供应链风险；挑战是可能导致一定时期企业的选择空间压缩，合同额增加。企业要建立绿色供应商库，积极参与碳中和领跑行动，推动行业绿色发展。

第五，销售端。机遇是绿色产品和服务更有利于企业吸引高价值客户群；挑战是可能会导致运营成本上涨，价格优势减弱。企业要做好客户群体研究。

第六，项目端。机遇是企业可以通过参与碳交易获利；挑战是可能因追逐碳利润而入不敷出。因此，企业要做好 CER（核证自愿减排量）研究。

表 2　企业实施碳中和行动的机遇与风险

维度	机遇	风险
融资	拓宽融资渠道 （ESG 投资、绿色债券）	融资门槛提高，融资成本不降反升 （融资利率研究）
拓展	提高运营竞争力 （碳中和是企业未来运营的基本要求）	运营门槛提高，投资测算增加 （制定碳的影子价格）
产品	打造高溢价产品 （绿色、智慧、健康）	新增碳支出，增加开发成本 （制定碳限额标准）
供应	打造企业绿色供应链 （控制供应链风险）	选择空间压缩，合同额增加 （建立绿色供应商库）
销售	吸引高价值客户群 （绿色产品和服务）	运营成本上涨，价格优势减弱 （客户群体研究）
项目	参与碳交易获利 （碳配额、CER）	追逐碳利润，却入不敷出 （CER 研究）

1.3.3　企业碳中和的实施步骤

实施企业碳中和是挑战也是机遇，抓住机遇的前提条件是实现减碳。实现企业碳中和的 3 个步骤为：一是评估自身碳排放量，二是设定基于现实的合理可行的碳目标，三是匹配相应的减碳路径和措施，如图 1 所示。

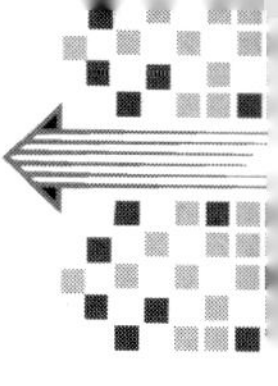

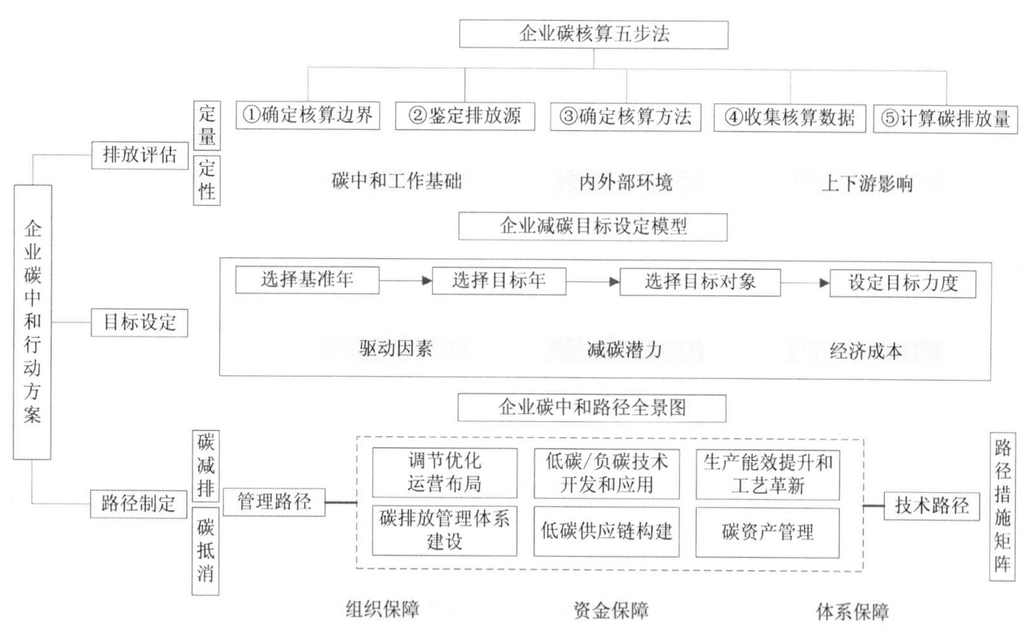

图 1　企业碳中和的实施路径

资料来源：碳中和领跑行动联盟，http：//www. environdec. cn/tzhsmpt。

1.3.3.1　评估自身碳排放量

评估自身碳排放量可以分为定量评估和定性评估。定量评估在于做好碳核算，分析碳排放的结构和主要碳排放源；定性评估在于做好企业减碳工作的基础评估、内外部环境与政策分析、上下游影响分析。

（1）定量评估。

第一，确定核算边界。企业应结合公司业务活动，选择满足当地政策要求的边界确定方法。为避免重复计算，各单位的边界确定方法应尽量保持一致。

按组织边界可分为股权比例法和控制权法，控制权法分为财务控制权法和运营控制权法，如表 3 所示。组织边界与碳排放的核算示例如图 2 所示。

表 3　企业边界确定方法

组织边界	定义
股权比例法	公司根据其在业务中的股权比例核算碳排放量，股权比例反映经济利益，代表公司对业务风险与回报享有多大的权利
控制权法（财务）	如果一家公司可以对一项业务做出财务和运营政策方面的指示以从其活动中获取经济利益，前者即对后者享有财务上的控制权
控制权法（运营）	如果一家公司或其子公司享有提出和执行一项业务的运营政策的完全权力，这家公司便对这项业务享有运营控制权

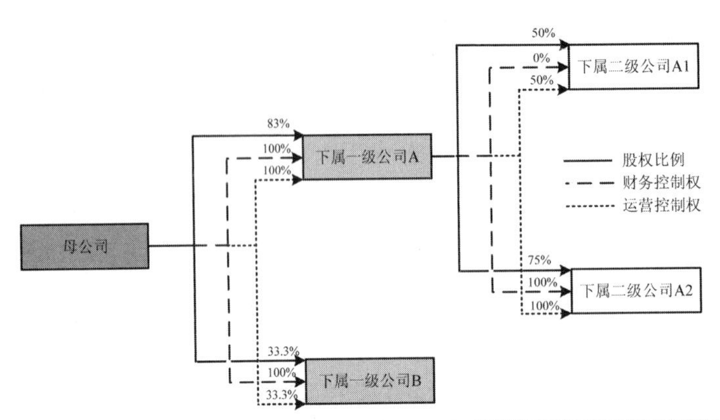

归母碳排放量	股权比例法	控制权法（财务）	控制权法（运营）
下属二级公司A1	41.5% （83%×50%）	0%	50% （100%×50%）
下属二级公司A2	62.25% （83%×75%）	100%	100%

图2　组织边界与碳排放的核算示例

按运营边界，可定义不同的碳排放范围，如表4所示。

表4　组织运营边界

运营边界	定义
范围1	指企业拥有或控制的排放源所产生的直接排放
范围2	指企业消耗的外购能源产生的间接排放
范围3	指企业价值链中发生的所有间接排放

第二，鉴定排放源。企业应结合公司业务，按照排放源分类和编号，形成企业碳排放源清单，如表5所示。

表5　企业碳排放源分类示例

运营边界	排放源分类（编号）
范围1	生产电力/热力/蒸汽（1-1）、物理/化学工艺（1-2）、运输原料/产品/废物/雇员（1-3）、无组织排放（1-4）
范围2	外购电力（2-1）、外购热力（2-2）、外购蒸汽（2-3）、外购燃气（2-4）
范围3	外购商品和服务（3-1）、资本商品（3-2）、燃料和能源相关活动（3-3）、上游运输和配送（3-4）、运营中产生的废物（3-5）、商务旅行（3-6）、雇员通勤（3-7）、上游租赁资产（3-8）、下游运输和配送（3-9）、售出产品的加工（3-10）、售出产品的使用（3-11）、处理寿命终止的售出产品（3-12）、下游租赁资产（3-13）、特许经营权（3-14）、投资（3-15）

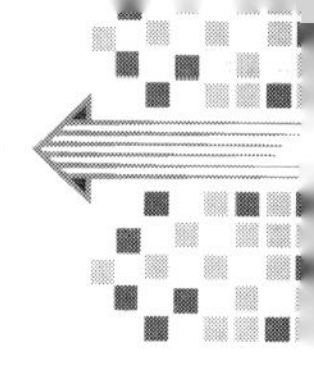

第三，确定核算方法。碳排放量 = Σ（活动数据 × 排放系数）。

第四，收集核算数据。企业碳排放核算数据的来源主要有 4 个途径：①基于供应商披露的排放数据；②基于公认的产品碳足迹数据库；③基于企业所处行业的经济活动数据；④基于企业自身运营过程中的活动水平。

第五，计算碳排放量。企业应根据排放源的复杂程度，结合总部和各单位的碳排放核算水平，综合使用集中法和分散法，获得准确的企业碳排放量，如表 6 所示。

表 6　碳排放计算的集中法和分散法

计算方法	定义	适用范围
集中法	各单位提供活动数据，总部统一计算碳排放量	单一排放源或计算标准相同的排放源
分散法	各单位分别计算碳排放量，总部统一汇总，审计配合核查	复杂排放源或计算标准差异大的排放源

（2）定性评估。

第一，企业减碳工作基础评估。企业要对自身的减碳工作基础，包括绿色产业布局、碳排放管理体系搭建、绿色低碳项目实践等工作开展情况进行评估，分析企业减碳优劣势，总结经验教训，提炼核心竞争力。

第二，内外部环境和政策分析。企业要对减碳工作的内部资源支持、内部协同效率等进行分析，对标外部企业优秀减碳举措，同时对当地政府的碳中和行动方案及相关政策进行分析，识别企业减碳机遇和挑战。

第三，上下游碳排放影响分析。企业要对上下游供应商、业主、租户、顾客等利益相关方的碳排放行为和特征进行分析，评估利益相关方对企业自身的减碳影响，总结上下游协同减碳、行业协作减碳重点。

1.3.3.2　设定科学合理的减碳目标

第一，识别主要驱动因素。企业要根据碳排放评估结果，识别主要碳排放源的驱动因素，包括产业布局、管理体系、能源结构、技术应用、供应链、资产管理等。

第二，梳理各类减碳措施。企业减碳措施分为技术和管理两大类。结合企业开发价值链，每类减碳措施分为 6 种，包括产业布局调整优化、碳排放管理体系建设、低碳/负碳技术应用、低碳供应链建设、生产能效提升、碳资产运营和管理。

第三，分析减碳潜力及经济成本。企业应根据企业减碳工作基础评估、内外部环境和政策分析以及上下游碳排放影响分析，评估各项减碳措施的减碳潜力，同时测算其实施成本，对减碳措施的可行性和经济性进行评估，确定优先次序，并制订落地计划。

第四，设定基于现实的合理可行的减碳目标。一个科学合理的减碳目标由基准年、目标年、目标对象和目标力度 4 个要素组成。例如：至 2030 年，“范围 1”的碳排放总量比 2022 年降低 45%。

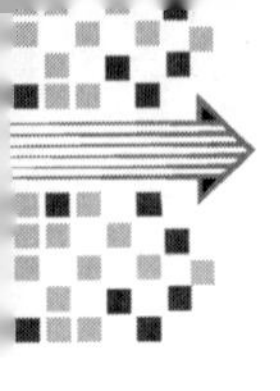

首先，选择基准年。企业应选择有可用数据的最近年份作为基准年，同时基准年要能够充分代表企业的典型碳排放情况，以消除碳排放量的波动影响。

其次，选择目标年。企业应设定一个减碳长期目标，并每隔 5 年设定中期目标，减碳目标应与企业的中长期战略规划相匹配。

再次，选择目标对象。目标对象由覆盖范围和具体指标两部分组成。覆盖范围分为 3 种：覆盖全部范围、覆盖具体某范围、覆盖某范围具体类别，如表 7 所示。

表 7　碳排放管理覆盖范围分类

项目	覆盖全部范围	覆盖具体某范围	覆盖某范围具体类别
特点	碳排放管理更全面、灵活，与利益相关方的沟通更容易，但范围、类别均不透明	碳排放管理相对全面，范围内减碳规划灵活，与利益相关方的沟通相对容易，但类别不透明	碳排放管理更透明，更容易跟踪具体活动的绩效达成，但与利益相关方的沟通复杂
适用	碳排放量小的企业	不同范围差异大的企业	主要排放源凸显的企业

具体指标分为 3 种：绝对排放量、物理排放强度、经济排放强度，如表 8 所示。

表 8　碳排放具体指标分类

项目	绝对排放量	物理排放强度	经济排放强度
示例	英国楼宇企业 Landsec 承诺至 2030 年覆盖范围 1、2、3 温室气体排放总量比 2013 年减少 70%	德国楼宇企业 Covivio 承诺至 2030 年覆盖范围 1、2 每平方米的温室气体排放量比 2017 年减少 35%	日本楼宇企业大和房屋承诺至 2055 年单位销售额的温室气体排放量比 2015 年减少 70%
特点	环境稳定性强，但无法跟踪效率改进情况	利于跟踪绩效和效率改进，但环境稳定性较差	环境稳定性较差
适用	规模稳定的企业	单一业务的企业	多元业务的企业

最后，选择目标力度。企业制定的减碳目标力度要满足碳中和的情景要求。碳中和的情景可划分为以下 3 个层次：《巴黎协定》设定情景、中国应对气候变化的政策情景和行业情景。

基于此，企业要同时满足内部驱动和外部政策的要求，要同步考虑模式调整与成本增加的关系。

1.3.3.3　匹配相应的减碳路径和措施

企业碳中和的途径包括碳减排和碳抵消两种。碳减排指减少温室气体的排放量，碳抵消指通过购买碳补偿额度来抵消剩余的碳排放量。

为了改善企业内部环境从而真正实现可持续发展，对企业来说，碳减排应优先于

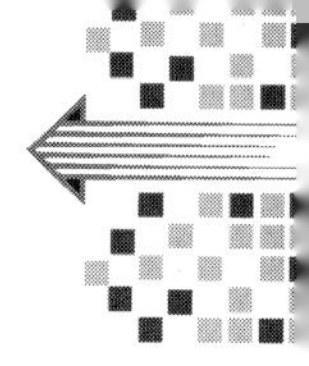

碳抵消。表 9 为企业碳中和减碳路径和措施的示例。

表 9　楼宇碳中和路径 - 措施矩阵示例

范围	路径分类	实施路径	减碳措施					
			调整优化运营布局	碳排放管理体系建设	低碳/负碳技术应用	低碳供应链建设	生产能效提升	碳资产管理
途径一：碳减排								
范围 1	技术	能源设备设施电气化	—	—	□	—	□	□
	技术	办公环境智慧运行	—	—	□	—	—	□
	技术	数字化办公	—	—	□	—	—	□
	技术	电动车代替燃油车	—	—	□	—	—	□
	管理	鼓励员工行为低碳	—	□	—	—	—	—
范围 2	技术	采用可再生能源电力	□	—	□	□	—	□
	技术	提高能源利用效率	—	□	□	—	□	□
	管理	鼓励员工节约用电	—	□	—	—	—	—
范围 3	技术	低碳建筑设计	—	□	□	—	—	—
	技术	低碳材料设计	—	□	□	□	—	—
	技术	简化设计	—	□	□	—	—	—
	技术	低碳技术应用	—	—	□	—	—	—
	管理	碳限额设计	□	□	□	□	□	□
	技术	采购可再生材料	—	—	□	□	—	—
	管理	供应链碳管理	—	□	—	□	—	—
	技术	使用低碳建造技术	—	—	□	—	□	—
	技术	使用智能建造技术	—	—	□	—	□	—
	技术	可再生能源利用	—	—	□	—	□	—
	管理	科学施工管理	—	□	□	—	□	—
	管理	材料回收利用	—	□	—	□	—	—
	技术	智慧化运营	—	—	□	—	—	□
	管理	精细化运营	—	□	—	—	—	□
范围 3 +	管理	推动供应链绿色发展	□	□	—	□	—	—
	管理	打造低碳社区	—	□	□	—	—	—

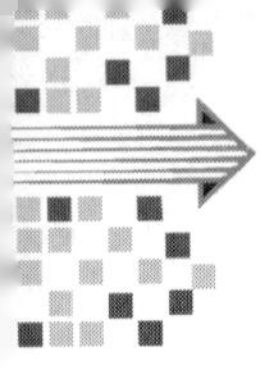

续表

范围	路径分类	实施路径	减碳措施					
			调整优化运营布局	碳排放管理体系建设	低碳/负碳技术应用	低碳供应链建设	生产能效提升	碳资产管理
途径二：碳抵消								
范围1、2、3	技术	使用碳的负排放技术	□	—	□	—	—	—
	管理	投资碳抵消工程	□	□	—	—	—	—
	管理	购买生态碳汇	□	□	—	—	—	—

1.3.3.4 碳中和战略规划

企业开展碳中和战略规划可参考标准《碳战略管理规划实施指南》T/GDES 2031—2022。

企业的碳中和战略规划应包括指导思想、规划原则、目标指标、主要行动举措等内容。

指导思想主要以中国2030年碳达峰和2060年碳中和的目标为指导，深入贯彻生态文明思想，立足企业发展阶段，贯彻新发展理念，构建新发展格局，坚持系统观念，处理好发展和减排、整体和局部、短期和中长期的关系，统筹稳增长和调结构，把碳达峰、碳中和纳入企业发展全局。要坚持企业总方针，有力有序有效地做好碳达峰、碳中和工作。

以合规性、普适性、前瞻性、专业性和可实施性等作为规划原则，在运营管理、排放结构、产业优化、减污降碳、品牌建设等领域设置目标指标，如表10所示。

表10　某企业碳中和战略规划目标

序号	目标	类别	指标	单位	现状值	目标值				指标属性
					2021年	2025年	2029年（达峰）	2040年	2050年	
1	运营管理	组织管理	成立“双碳”战略委员会	—	未开展	完成	优化	优化	优化	预期性
2		体系建设	建立碳排放管理体系	—	未开展	完成	优化	优化	优化	预期性
3		“三体系”融合运行	能源、环境、碳排放“三体系”融合	—	未开展	开展	优化	优化	优化	预期性
4		碳资产管理	成立碳资产管理部门或委托第三方机构托管集团碳资产	—	未开展	开展	优化	优化	优化	预期性
5		平台建设	构建双碳管理平台	—	未开展	完成	优化	优化	优化	预期性

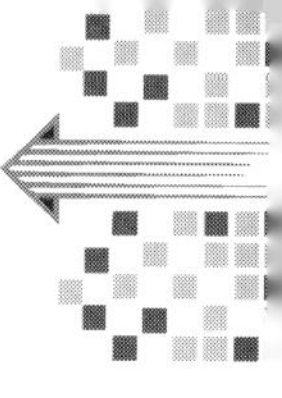

续表

序号	目标	类别	指标	单位	现状值	目标值				指标属性
					2021年	2025年	2029年（达峰）	2040年	2050年	
6	排放结构	碳排放	集团公司总碳排放	万 tCO_2	—	—	—	—	—	约束性
7			板块1碳排放	万 tCO_2	—	—	—	—	—	约束性
8			板块2碳排放	万 tCO_2	—	—	—	—	—	约束性
9			板块3碳排放	万 tCO_2	—	—	—	—	—	约束性
10			板块4碳排放	万 tCO_2	—	—	—	—	—	约束性
11			板块5碳排放	万 tCO_2	—	—	—	—	—	约束性
12			板块6碳排放	万 tCO_2	—	—	—	—	—	约束性
13			地区1碳排放	万 tCO_2	—	—	—	—	—	约束性
14			地区2碳排放	万 tCO_2	—	—	—	—	—	约束性
15			地区3碳排放	万 tCO_2	—	—	—	—	—	约束性
16			地区4碳排放	万 tCO_2	—	—	—	—	—	约束性
17			地区5碳排放	万 tCO_2	—	—	—	—	—	约束性
18			地区6碳排放	万 tCO_2	—	—	—	—	—	约束性
19			地区7碳排放	万 tCO_2	—	—	—	—	—	约束性
20		新能源	太阳能光伏装机	MW	—	—	—	—	—	预期性
21			新能源叉车占比	%	—	—	—	—	—	预期性
22	产业优化	数字转型	自动化生产线占比	%	—	80	95	100	100	预期性
23			工业互联网应用覆盖	%	—	60	90	100	100	预期性
24			数字孪生平台	—	未开展	开展	优化	优化	优化	预期性
25	减污降碳	固废污染控制	垃圾无害化处理率	%	100	100	100	100	100	预期性
26			一般工业垃圾回收利用率	%	73	95	99	99	99	预期性
27		电池回收利用	动力电池梯次利用	—	未开展	完成	优化	优化	优化	预期性
28			退役电池智能化回收体系	—	未开展	完成	优化	优化	优化	预期性
29		废水污染控制	污水排放达标率	%	100	100	100	100	100	约束性
30		绿色供应链	全生命周期绿色供应链	—	未开展	完成	优化	优化	优化	预期性
31	品牌建设	行业影响	国家级绿色低碳奖项申报	个	—	≥1	≥1	≥1	≥1	预期性
32			国际级绿色低碳奖项申报	个	—	≥1	≥1	≥1	≥1	预期性
33			双碳产业公司	—	—	成立	—	—	—	预期性

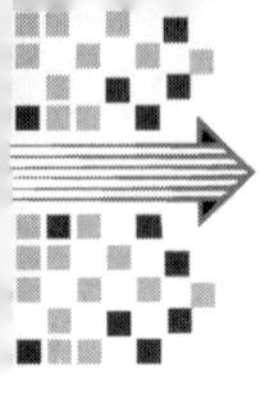

主要行动举措分为直接减排和间接减排两种类型，如表 11 所示。

表 11　某企业碳中和主要行动举措

类型	领域	数量	目标
直接减排	产业布局	3	企业发展
	结构调整	4	绿色供给
	节能减排	5	降本增效
	交易抵消	2	减碳中和
间接减排	运营管理	5	合规合法
	数字转型	2	市场竞争
	减污降碳	6	提质增效
	能力建设	3	专业队伍

1.3.4　企业碳中和声明

1.3.4.1　自主贡献发展

1992 年通过的《联合国气候变化框架公约》是世界上第一个为全面控制二氧化碳等温室气体的排放，以应对全球气候变暖给人类经济和社会带来不利影响问题的国际公约，也是国际社会在应对全球气候变化问题上进行国际合作的一个基本框架。

1997 年通过的《京都议定书》是气候变化国际谈判中里程碑式的协议，自 2005 年 2 月 16 日起正式生效。它的主要内容是限制和减少温室气体的排放，规定了 2008—2012 年的减排义务。在随后的实施过程中，美国、日本、加拿大等发达国家纷纷退出《京都议定书》。

2015 年通过的《巴黎协定》建立了自主减排机制，形成了 2020 年后全球气候治理的格局。《巴黎协定》灵活务实地创造了全球治理的新范例，通过国家自主决定贡献的方式实行减排义务，在体现各国主权的基础上，充分地提升了各国减排的积极性。

在国家自主决定贡献方式履行减排义务的机制下，各国国内纷纷批准了《巴黎协定》，宣布本国的国家自主贡献。2020 年 9 月，中国向世界宣布了国家自主贡献。在这种机制的影响下，一些公司也纷纷宣布了自己的碳中和目标。

1.3.4.2　基本原则

①开展碳中和工作的企业，应结合实际情况，优先实施自身碳减排策略，再通过碳抵消的方式中和其不可避免的最终温室气体排放量，实现碳中和；②历史的温室气体减排比任何正式发布的声明最多提前 3 年；③开展碳中和工作的企业，宜结合实际

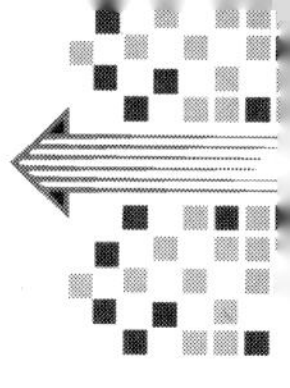

情况，开展企业、产品和服务的碳足迹核算并公开声明报告；④开展碳中和工作的企业，宜结合实际情况，按照 T/GDES 2030—2021 建立企业碳排放管理体系；⑤核算企业温室气体排放应遵循完整性和准确性原则，并做到公开透明。

1.3.4.3　企业碳中和声明的类型和流程

企业碳中和声明的类型分为碳中和承诺声明、碳中和实现声明、碳中和承诺和实现声明。

企业碳中和实施流程分为 4 个阶段：策划阶段、实施阶段、评价阶段、声明阶段。

证明碳中和的基本要求如图 3 所示。

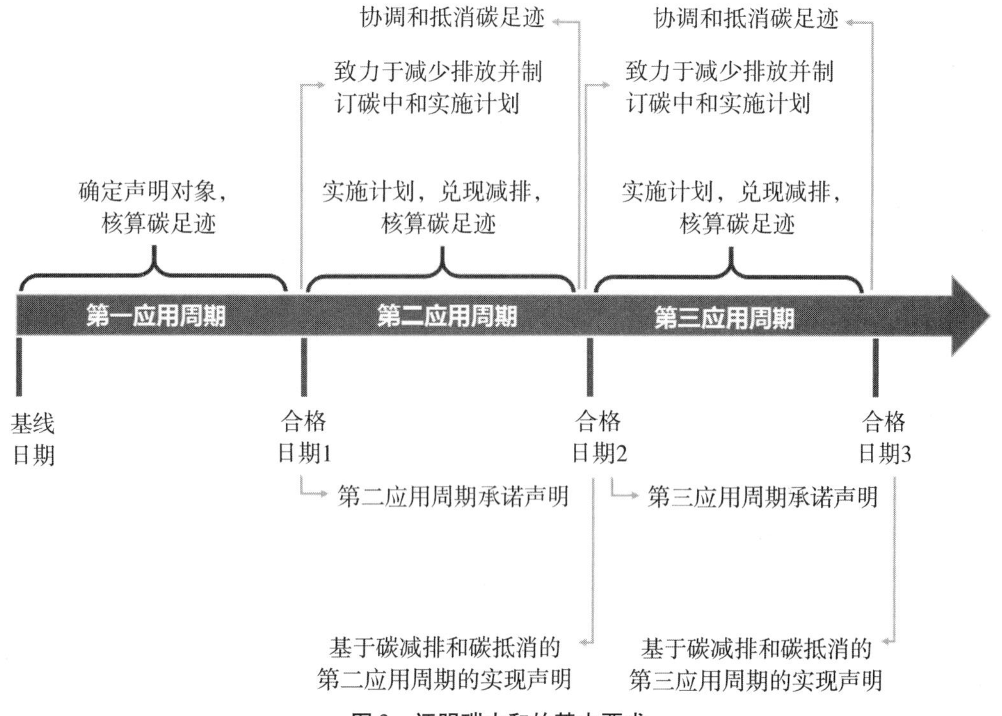

图 3　证明碳中和的基本要求

（1）策划阶段。企业应依据战略目标，在开展企业碳中和声明对象的碳足迹核算和声明的基础上，制订碳中和实施计划，形成文件化信息。碳中和实施计划应包括以下事项：①碳中和承诺的陈述。②实现碳中和的时间表，如基线日期、合格日期和应用周期。③计划碳减排策略，包括具体内容与选用理由，碳减排基准年以及逐年减排目标。④计划实现碳中和并保持碳中和的碳抵消策略，包括具体内容与选用理由。

（2）实施阶段。实施阶段主要包括碳减排策略实施、碳足迹核算和声明实施、碳中和实施 3 个阶段，主要内容如表 12 所示。

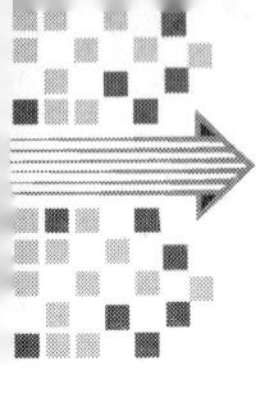

表 12　碳中和的实施阶段

阶段	具体要求和工作	主要内容
碳减排策略实施	—	企业应落实碳中和实施计划，施行碳减排策略
碳足迹核算和声明实施	—	按照年度或者依据应用周期的需要，定期开展企业碳中和声明对象的碳足迹核算和声明
碳中和实施	碳中和实现基本要求	（1）企业碳中和声明对象的碳足迹小于等于用以抵消的碳配额、碳信用或（和）碳汇数量时，即可判定达成碳中和；反之，则不能判定达成碳中和。 （2）企业应承诺用于碳中和的碳配额、碳信用或（和）碳汇不作为其他任何用途使用
	获取碳配额或碳信用（额度）抵消	企业主要采用本地碳排放权交易市场的碳配额的抵消方式，不足部分可用碳信用的抵消方式，且宜按照优先顺序使用以下类型项目的碳信用： （1）购买国家温室气体自愿减排项目产生的“核证自愿减排量”（CCER），优先选择林业碳汇类项目及本地区温室气体自愿减排项目。 （2）购买政府批准、备案或者认可的碳普惠项目减排量，优先选择本地低碳出行抵消产品。 （3）购买政府核证节能项目碳减排量，优先选择本地区节能项目。 （4）推荐使用依据《企业自愿减排项目（ECER）开发指南》T/GDES 2061—2022 开发的区块链碳信用
	自主开发项目抵消	企业采用自主开发项目的抵消方式，可包括但不限于以下两种方式： （1）边界外自主开发减排项目所产生的经核证的减排量； （2）企业采用开发碳汇的抵消方式，可在边界外自主建设经核证的碳汇，优先考虑在本地区自主建设碳汇。 企业的自主开发项目用于碳中和之后，不得再作为温室气体自愿减排项目或者其他减排机制项目重复开发，也不可再用于开展其他活动或项目的碳中和

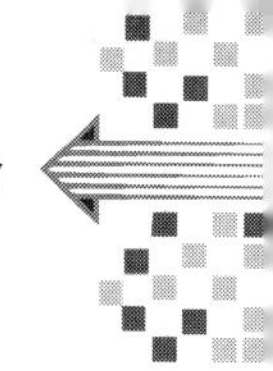

（3）评价和声明阶段。开展碳中和评价，确认企业碳中和实施过程，实现碳中和实施计划中确定的减排目标，在承诺的时间表内实现碳中和。

参考标准为《企业碳中和声明规范》T/GDES 2060—2021，做出的所有声明应以适当形式进行披露，并应包括：①企业和企业声明对象的基本信息。②时间表，如基线日期、合格日期和应用周期。③碳减排策略、阶段性减排目标或碳中和实现情况。④碳抵消方式及抵消量。⑤评价方式、第三方评价机构基本信息（如有）以及评价结论。

2 管理体系通用框架

2.1 企业管理模式

2.1.1 企业管理模式的概念

模式，是指某种事物的结构特征与存在形式，具有一般性、稳定性、可操作性等特征，是一种事物的标准规范样式。

模式也是解决某一类问题的方法论，把解决某类问题的方法总结归纳到理论高度，就是模式。它是从生产经验和生活经验中经过抽象和升华提炼出来的核心知识体系。模式与模块和模型的区别如表13所示。

表13 模式与模块和模型的区别

概念	特征
模式	解决某一类问题的方法论，把解决某类问题的方法总结归纳到理论高度，就是模式。它是从生产经验和生活经验中经过抽象和升华提炼出来的核心知识体系，如管理模式、安全模式等
模块	模块是指半自律性的子系统，是通过和其他同样的子系统按照一定规则相互联系而构成更加复杂的系统或过程，如模块化思想、模块化设计等
模型	由元素、关系、操作以及控制其相互作用的规则组成的概念系统，如思维模型、数字模型等

管理模式是指在管理思想和管理理念的指导下，一种成型的、能供人们直接参考运用的完整的管理结构，用来分析和解决管理过程中存在的问题，具有管理手段规范、管理机制完善的特征。

尽管“管理模式”一词已经广泛使用，但仍需与时俱进，不断丰富其内涵。管理模式可以表述为从特定的管理理念出发，在管理过程中固化下来的一套操作系统，用公式表述为IOS模型：

管理模式(MS:management system) = 理念/思想(I:idea/ideology) +

运作/组织(O:operation/organization) + 方法/战略(S:stratagem/strategy)

管理模式与经营模式和商业模式的区别如表14所示。

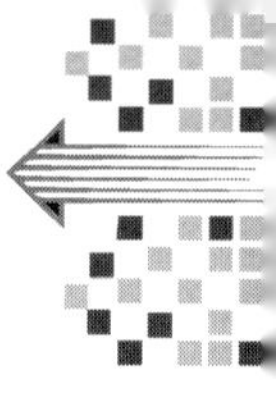

表 14　管理模式与经营模式和商业模式的区别

概念	定义	特征
管理模式	从特定的管理理念出发，在管理过程中固化下来的一套操作系统	发现和解决管理过程中存在的问题，具有管理手段规范、管理机制完善的特征
经营模式	企业根据其经营宗旨，为实现企业所确认的价值定位所采取的某一类方式方法的总称	根据对产业链位置的不同选择，可分为 8 种不同的经营模式：销售型、生产（代工）（纺锤型）型、设计型、销售 + 设计（哑铃型）型、生产 + 销售型、设计 + 生产型、设计 + 生产 + 销售（全方位）型和信息服务型
商业模式	企业与企业之间、企业的部门之间，乃至与顾客之间、与渠道之间都存在各种各样的交易关系和连接方式，这种连接方式称为商业模式	包含 9 个要素的参考模型：价值主张、消费者目标群体、分销渠道、客户关系、价值配置、核心能力、价值链、成本结构、收入等模型

企业管理模式是指企业为实现其战略目标而组织经营管理活动、提升企业竞争力的基本框架和方式。它是在较长的实践过程中逐步形成、并在一定时期内基本固定下来的一系列企业管理制度、程序、结构和方法。

企业管理模式可以是一种管理结构体系（如卓越绩效模式、ISO 9001），或是质量管理的一种管理程序（如 DMAIC 方法、PDCA 循环），或是一种管理方法手段（如 5S 现场管理、服务补救），或是一种质量管理理念（如预防性原则、零缺陷管理等），或是一种定量分析管理工具（如 KANO 模型、田口方法），或是企业的一项质量管理制度，或是一种质量文化，或是以上几个方面的有机集成。

企业管理模式的主要特征如下：①在企业长期实践中逐步形成，并在实践中不断被证明是科学的、有生命力的且具有示范意义的；②包含一系列的管理理论和思想方法，并形成了独特的管理理念；③能实现价值最大化的目标；④是特定环境下质量要素的选择与组合；⑤在适应经济、社会及企业发展的过程中不断调整和完善。

2.1.2　企业管理模式的分类

企业管理模式包含传统管理模式的理念、运作以及方法 3 个核心要素，结合企业的行业特色、核心竞争力、发展历程等企业“基因”，最终形成企业独特的管理模式。

按照理念、运作、方法 3 个核心要素的侧重不同，企业管理模式可分为理念型管理模式、程序型管理模式、方法型管理模式、体系型管理模式 4 种类型。

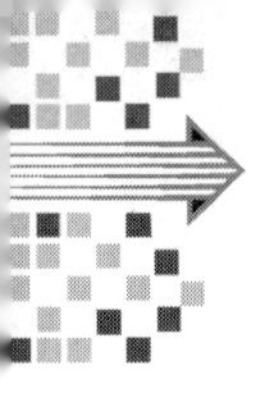

2.1.2.1 理念型管理模式

在企业管理实践过程中，企业形成了一些具有普遍意义和示范价值的管理理念、管理制度、质量文化等，通过管理标准、作业流程、知识管理不断进行优化、固化，指导管理水平的提升和改进，并在实践中丰富和完善，形成了管理体系和模式。其中典型的模式有精益生产、零缺陷管理、服务补救等。

2.1.2.2 程序型管理模式

程序型管理模式的主要特征是，首先确定实现管理有机联系的几个阶段，其次确定每个阶段的大致工作内容、作业程序和关键要点，然后明确每个阶段相衔接的要领、运作方向，最后形成一个有效闭环。最常见的管理程序模式有戴明环（PDCA 循环）、六西格玛改进方法（DMAIC 方法）等。

2.1.2.3 方法型管理模式

方法型管理模式主要有工具类管理模式和量化分析类管理模式。

工具类管理模式，是指企业综合运用一些有效的、易于掌握的质量控制、质量改进的方法、工具，形成特殊的工具箱或方法库，来解决工具和方法类管理模式的问题，达到提升管理水平的目的。常见的管理模式有 5S 现场管理、流程管理等。

量化分析类管理模式是在对影响质量的若干要素进行逻辑分析的基础上，建立一个数学模型，通过模型的运算、优化分析，得到一个最佳的优化结果的管理模式。比较著名的管理模式有卡诺（KANO）模型、田口方法等。

2.1.2.4 体系型管理模式

体系型管理模式也称为结构体系管理模式、管理结构体系模式。

体系型管理模式采用系统思维方式，首先，在明确结构功能的情况下，梳理实现系统功能的构成要素；其次，研究要素之间的逻辑关系；最后，研究系统的运作方式。管理结构体系包括构成要素、要素间逻辑关系及系统运作方式。

体系型管理模式的基本逻辑为：结构功能→构成要素→要素之间逻辑关系→体系运作方式。

运用最广泛的体系型管理模式有 ISO 管理体系、卓越绩效模式等。

2.2 管理体系

2.2.1 管理体系的起源

管理体系是从质量管理的概念发展起来的，并传承了质量管理的精华。质量管理经历了质量检验、统计质量管理和全面质量管理 3 个阶段，直到国际标准化组织（ISO）提出管理体系的概念，目前已进入智能质量管理阶段。

管理体系以质量管理体系发布为起点，在几十年的发展过程中，带动了环境、质量、职业健康安全、能源、食品安全、信息安全、碳排放等几十个领域的管理体系标准的诞生，一些领域的管理体系标准已经发展为系列化标准。这些领域的管理体系标

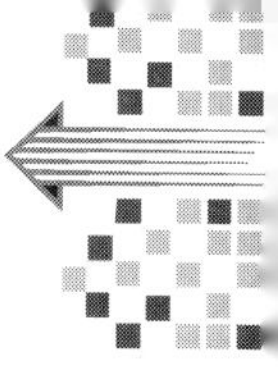

准在世界上被各国广泛应用。

2.2.1.1 质量检验阶段

20 世纪之前，产品质量基本上依靠操作者的技艺和经验来保证，称为“操作者的质量管理”。

工业革命之后，机器工业生产逐步取代了手工作坊式的生产，科学管理的奠基人泰勒提出了在生产中应该将计划与执行、生产与检验分开的主张。后来，在一些工厂中开始设立专职的检验部门，对生产出来的产品进行质量检验，鉴别合格品或废次品，形成了“检验员（部门）的质量管理”。质量检验阶段的开始，是现代意义上的质量管理概念的诞生。

专职检验的特点是“三权分立”：检验活动与其他职能分离，出现了专职的检验员和独立的检验部门，即有人专职制定标准、有人负责生产制造、有人专职按照标准检验产品质量。专职检验既是从产成品中挑出废品，以保证出厂产品的质量，又是一道重要的生产工序——通过检验反馈质量信息，从而避免今后出现同类废品。

这种检验属于“事后检验”，无法在生产过程中完全起到预防、控制的作用，废品一经发现，就是“既成事实”，一般很难补救。其缺点是出现质量问题时由于缺乏系统优化的观念，容易出现扯皮、推诿现象。

2.2.1.2 统计质量管理阶段

由于“事后把关”的检验不能预防不合格品的发生，其对于大批量生产和破坏性检验难以适用。20 世纪 20 年代，人们开始探寻质量管理的新思路和新方法，英国、美国、德国、苏联等国家相继制定并发布了公差标准，以保证批量产品的互换性和质量的一致性。与此同时，人们开始研究概率和数理统计在质量管理中的应用。

1926 年美国贝尔电话研究室的工程师休哈特（W. A. Shewhart）提出了“事先控制，预防废品”的质量管理新思路，并应用概率论和数理统计理论，发明了具有可操作性的“质量控制图”，解决了质量检验事后把关的不足。

后来，美国人道奇（H. F. Dodge）和罗米格（H. G. Romig）又提出了抽样检验法，并设计了可实际使用的“抽样检验表”，解决了全数检验和破坏性检验在应用中的困难。

第二次世界大战期间，为了提高军工产品的质量和可靠性，美国先后制定了 3 个战时质量控制标准，即 AWSZ 1.1—1941《质量管理指南》、AWSZ 1.2—1941《数据分析用控制图法》、AWSZ 1.3—1942《工序控制图法》，并要求军工产品承制厂商普遍应用这些统计质量控制方法。

20 世纪 50 年代，美国著名的质量管理专家戴明（W. E. Deming）在休哈特之后系统且科学地提出了用统计学的方法进行持续改进的观点，指出大多数质量问题是生产和经营系统的问题，强调最高管理层对质量管理的责任。此后，戴明不断完善他的理论，最终形成了对质量管理产生重大影响的“戴明十四法”。1958 年，美国军方制定了 MIL-Q－8958A 等一系列军用质量管理标准，并在标准中提出了“质量保证”的概念。

利用数理统计原理，将事后检验变为事前控制的方法，使质量管理的职能由专职

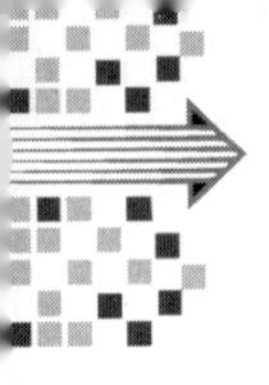

检验人员承担转移到由专业的质量控制工程师来承担。这标志着将事后检验的观念改变为预测质量事故的发生并事先加以预防的观念。

2.2.1.3 全面质量管理阶段

20世纪50年代起，科学技术加速发展，使产品的复杂程度和技术含量不断提高，人们对产品质量、品种和服务的要求越来越高，特别是随着服务业的迅猛发展，人们进一步提出了关于服务质量及服务质量管理的新问题。

20世纪50年代末，美国通用电气公司的费根堡姆（A. V. Feigenbaum）和质量管理专家朱兰提出了“全面质量管理”（total quality management，TQM）的概念，20世纪60年代初，美国的一些企业根据行为管理科学的理论，在企业的质量管理中开展了依靠职工“自我控制”的“零缺陷运动”（zero defects），日本在工业企业中开展了质量管理小组（Q. C. circle/quality control circle）活动，使全面质量管理活动迅速发展起来。

全面质量管理（total quality management，TQM）是针对一个组织的，以质量为中心，以全员参与为基础，以让顾客满意和本组织所有成员及社会受益进而取得长期成功为目的的管理途径。其核心是“三全”管理，即全面质量，不限于产品质量，还包括服务质量和工作质量等在内的广义的质量；全过程，不限于生产过程，还包括市场调研、产品开发设计、生产技术准备、制造、检验、销售和售后服务等质量环节；全员参与，不限于领导和管理干部，而是全体工作人员都要参加。

2.2.1.4 智能质量管理阶段

智能质量管理是指随着经济社会的数字化转型的发展，以大数据为代表的新一代信息技术与质量管理深度融合，产生质量大数据，提升全生命周期、全要素、全价值链、全产业链质量管理活动数字化、网络化、智能化水平，提高品牌竞争力的先进质量管理模式。数据、信息和知识是该阶段质量管理的重要资源。

在技术方面，数据采集的时间、频率、范围从“定时、抽检、单一环节”发展到“实时、全面监测、全环节”；在质量分析方面，从“单域、单物理场、单时空”发展到“多领域、多物理场、多时空”整合和耦合分析；强调质量改进、风险预防和质量评价的业务闭环。

2.2.2 管理体系的发展

国际标准化组织ISO（International Organization for Standardization）的前身是国际标准化协会（ISA），成立于1926年，1942年因第二次世界大战而解体。1946年10月14日，中国、美国、英国、法国、苏联等25个国家的代表在伦敦召开会议，决定成立新的标准化机构——ISO。1947年2月23日ISO正式成立。ISO的中央秘书处设在瑞士。

国际标准化组织按专业性质设立技术委员会（technical committee，TC）、分技术委员会（sub committee，SC）及工作组（working group，WG）。国际电工委员会（International Electrotechnical Commission，IEC）是世界上最早的国际性电工标准化专门

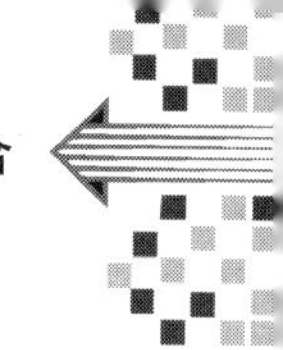

机构，IEC 也设有 TC、SC 和 WG。国际标准主要是指 ISO、IEC、ITU（国际电信联盟）及被 ISO 认可的其他国际组织所制定的标准，目前，大约 60% 的国际标准是 ISO 制定的，20% 是 IEC 制定的，剩余 20% 是其他国际组织制定的。

ISO/TC 176 质量管理和质量保证技术委员会于 1979 年成立后，制定了一系列关于质量管理的正式国际标准、技术规范、技术报告、手册和网络文件，统称为 ISO 9000 族标准。

随着国际标准化组织 ISO 9000 质量体系系列标准的发布，质量管理和质量保证的理念在全世界得到了广泛的传播和应用。20 世纪 90 年代开始，世界各国围绕 ISO 9001 标准的认证认可机构蜂拥而起，培训、咨询、认证、认可等业务快速地形成了产业链。

ISO 9000 质量体系系列标准之所以被各个国家和组织认可，其主要原因为：一是提出了一套科学系统的管理模式，把 PDCA 和过程方法充分地应用到组织的供应链管理、整体管理和具体的过程管理之中；二是第三方认证的方式可以证实组织质量体系的符合性和有效性。因此，ISO 9000 质量体系管理模式成为不同国家、不同行业、不同规模的组织之间的通用管理语言，它的应用不但可以全面地提升组织内部的管理水平，而且组织可以通过认证证书的方式高度地吸引顾客关注，同时还可以消除国际贸易壁垒，极大地促进国际贸易往来。

自 1987 年 ISO 发布 1987 版 ISO 9000 系列标准以来，ISO 9000 系列标准经过了 4 次修订，分别是在 1994 年、2000 年、2008 年、2015 年。

ISO 9001:2015 是 ISO 9001 的第 5 版。2016 年，我国将该标准等同转化为 GB/T 19001—2016。

随着 ISO 9000 系列标准在全世界的成功应用，一些国际组织开始效仿 ISO/TC 176，不断地推出其他特定领域的管理体系系列标准。

1996 年，ISO/TC 207 正式发布了 ISO 14000 环境管理体系系列标准。ISO/TC 207 于 2004 年对 ISO 14001 进行了修订，2015 年再次对其修订后发布了 ISO 14001:2015《环境管理体系　要求及使用指南》。2016 年，我国将该标准等同转化为 GB/T 24001—2016。

1999 年，英国标准协会（BSI）、挪威船级社（DNV）等 13 个组织联合推出了国际性标准 OHSAS 18000 职业健康安全管理体系系列标准。2013 年，ISO 成立了制定职业健康安全管理体系国际标准项目委员会，开始着手对 OHSAS 18001 标准进行修订。2018 年，ISO 45001《职业健康安全管理体系　要求及使用指南》标准正式发布。2020 年，我国将该标准等同转化为 GB/T 45001—2020 国家标准。

2011 年，ISO 发布了 ISO 50000 能源管理体系系列标准。2012 年，我国将 ISO 50001：2011《能源管理体系　要求及使用指南》等同转化为国家标准 GB/T 23331—2012。2018 年，ISO/TC 301 对 ISO 50001 修订后发布了 ISO 50001:2018 标准。2020 年，我国将该标准等同转化为 GB/T 23331—2020 国家标准。

2012 年，为加强各管理体系标准的一致性、协调性和兼容性，ISO/IEC 在其导则第 1 部分的附录中，规定了适用于所有管理体系国际标准的通用框架：高层结构、相

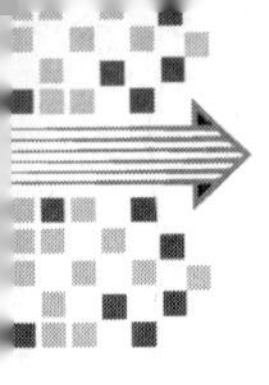

同的核心文本、通用术语和核心定义。在认证行业中，常常把通用框架称为高层结构。

2012 年之后，国际组织发布了多个符合高层结构的管理体系标准。

2.2.3 管理体系的核心理念

对应质量模式 IOS 模型的理念/思想（I：idea/ideology）方面，如 ISO 9001:2015 的 7 项质量管理原则、GB/T 19580—2012 的 9 项基本理念，它们相互关联、共同构成了管理体系的哲学理念体系。要推行质量管理体系就要理解 7 项质量管理原则，推行卓越绩效模式就要理解 9 项基本理念，并付诸实践。

2.2.3.1 质量管理原则

ISO 9001:2015 质量管理原则为 7 项：以顾客为关注焦点、领导作用、全员积极参与、过程方法、改进、循证决策、关系管理。

ISO 9001:2015 质量管理原则与 ISO 9001:2008 质量管理原则的变化对比如表 15 所示，主要是将 ISO 9001:2008 标准中的 8 项质量管理原则减少到 7 项。

表 15　ISO 9001:2015 与 ISO 9001:2008 质量管理原则对比

ISO 9001:2015 质量管理原则	ISO 9001:2008 质量管理原则
（1）以顾客为关注焦点（customer focus）	（1）以顾客为关注焦点（customer focus）
（2）领导作用（leadership）	（2）领导作用（leadership）
（3）全员积极参与（engagement of people）	（3）全员参与（involvement of people）
（4）过程方法（process approach）	（4）过程方法（process approach） （5）管理的系统方法（system approach to management）
（5）改进（improvement）	（6）持续改进（continual improvement）
（6）循证决策（基于证据的决策方法）（evidence-based decision making）	（7）基于事实的决策方法（factual approach to decision making）
（7）关系管理（relationship management）	（8）与供方互利的关系（mutually beneficial supplier relationship）

将原来 8 项质量管理原则中的“全员参与”修改成“全员积极参与”，强调了乐于工作、善于思考的精髓。

将“过程方法”和“管理的系统方法”合并成“过程方法”。新的过程方法指涵盖所有过程，包括所有方法，也包括“管理的系统方法”。

将“持续改进”修改为“改进”。“改进”的要求完全包括了“持续改进”的要求。

将“基于事实的决策方法”修改为“循证决策（基于证据的决策方法）”。相对

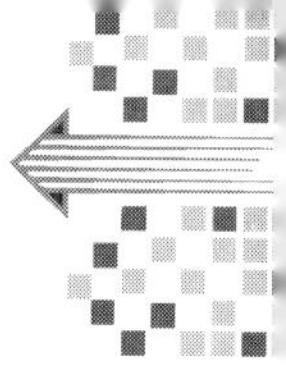

“事实”而言，“证据”则是客观的、具体的，并具有唯一性。所以将“基于事实的决策方法”调整为“循证决策”，既体现了ISO在标准制定方面的严谨态度，又紧扣社会发展和科技进步的脉搏。当今世界已进入工业4.0，是基于高度标准化的大数据时代，以大数据作为判定的依据，以大数据作为决策的证据。

将“与供方互利的关系”修改为“关系管理”。在组织的经营过程中，除了顾客和供方，还有合作伙伴、投资者、雇员和整个社会任何相关的其他组织或个人等相关方，这些相关方都会以特定的方式直接或间接地影响着组织的发展和进步，在旧版的质量管理原则中，除了“以顾客为关注焦点”，只提到了“与供方互利的关系”，对相关方的识别与管理显得狭隘，不能有效地指导组织尽最大可能去获得内外部的资源和支持。关系管理是一门科学，组织需要正确地认识自身的优势和劣势，通过建立系统的相关方管理方法，逐步改善与相关方的关系。

7项质量管理原则之间的逻辑关系如表16所示。

表16　7项质量管理原则之间的逻辑关系

序号	原则	以顾客为关注焦点	领导作用	全员积极参与	过程方法	改进	循证决策	关系管理
1	以顾客为关注焦点	—	矢志不渝	马首是瞻	终极追求	正道坦途	指路明灯	合作共赢
2	领导作用	高瞻远瞩	—	良师益友	指点迷津	坚强后盾	相辅相成	定海神针
3	全员积极参与	深根固柢	忠实拥趸	—	日臻完善	百折不挠	身体力行	百举百全
4	过程方法	蓄势而发	鼎力相助	令行禁止	—	步步为营	理论实际	日新月盛
5	改进	蒸蒸日上	风生水起	动力源泉	长久之计	—	有的放矢	精益求精
6	循证决策	保驾护航	制胜法宝	同舟共济	切中肯綮	英明果断	—	发展导向
7	关系管理	水到渠成	护花使者	桴鼓相应	相得益彰	如虎添翼	左辅右弼	—

2.2.3.2　过程方法

“过程方法”就是通常讲的“流程管理”。在质量管理体系标准中，“process”表示“过程”，而不是“流程”，“流程”只是我们口头或习惯上的说法。相对而言，流程含义要窄得多。

任何将所接受的输入转化为输出的活动都可以视为过程。过程方法将相关的资源和活动作为过程，并将质量管理体系看成过程和过程网络（相互关联的过程）；通过采用PDCA循环以及基于风险的思维，对过程和体系进行整体管理，从而有效利用机遇并防止发生非预期的结果，进而达到与组织的质量方针和战略方向一致的预期结果。

系统是相互关联或相互作用的一组要素，一个组织的管理统称为管理体系，在管理领域一般称“系统”为“体系”。在组织整体的管理体系下，可以包括多个子管理

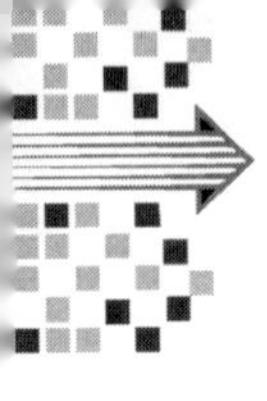

体系：从管理领域角度，可涉及质量、环境、能源、碳排放、资产、信息、健康安全等子管理体系；从管理流程角度，可涉及供方（相关方）、运行及支持、顾客（相关方）等子管理体系。在组织各子管理体系下，又有相关过程和活动的支撑。

因此，就组织的整体管理体系而言，无论从哪个管理角度，这些体系以及体系下的过程和活动都是相互关联和相互作用的，而且，往往由领导作用、职责权限、管理策划、资源配置、运行实现、监视测量、持续改进等要素构成。对这些要素及其相互关联和相互作用的管理，就形成了对组织体系的管理。

过程是利用输入实现预期结果的相互关联或相互作用的一组活动。这里的“预期结果”可以理解为“过程输出”；“活动”可以理解为过程中涉及的任何管理事项；“相互关联或相互作用”可以理解为“一个过程的输入通常是其他过程的输出，而一个过程的输出又通常是其他过程的输入，过程之间存在往返顺序和作用”。过程要素如图4所示。①输入源：前序过程，如内部或外部供方、顾客或其他相关方的过程。也可以理解为供方，即提供输入的组织和个人。②输入：物质、能量、信息，例如以人员、机器、材料、方法、环境或要求的形式。③活动：将输入转化为输出的活动，也就是过程。过程是使输入发生改变的一组步骤，理论上，这个过程（由这些步骤组成的过程）将增加输入的价值。要设立对过程绩效进行监视和测量的监控点（风险点），确保过程的活动得到管理和控制。④输出：物质、能量、信息，例如以产品和服务或决策的形式。⑤输出接收方：后续过程，如内部或外部顾客或其他相关方的过程。也可以理解为顾客，即接受输出的人、组织或过程。

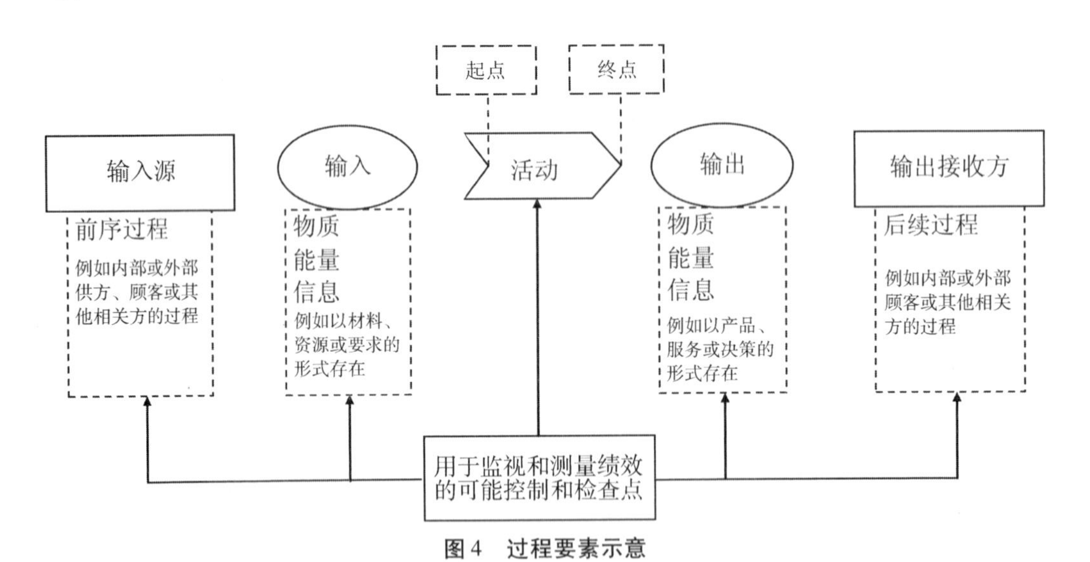

图4　过程要素示意

基于过程的概念，也可以把组织的管理体系及其子管理体系理解为过程。过程方法就是系统地识别和管理组织所应用的过程及其活动，将活动作为相互关联、功能连贯的过程组成的系统来理解和管理时，可更加有效和高效地得到一致的、可预知的结果。也就是说，为了产生期望的结果，由过程组成的系统在组织内的应用，连同这些过程的识别和相互作用，以及对这些过程的管理，可称为过程方法，如图5所示。

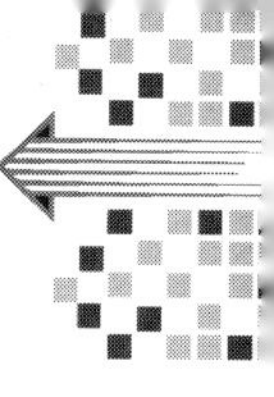

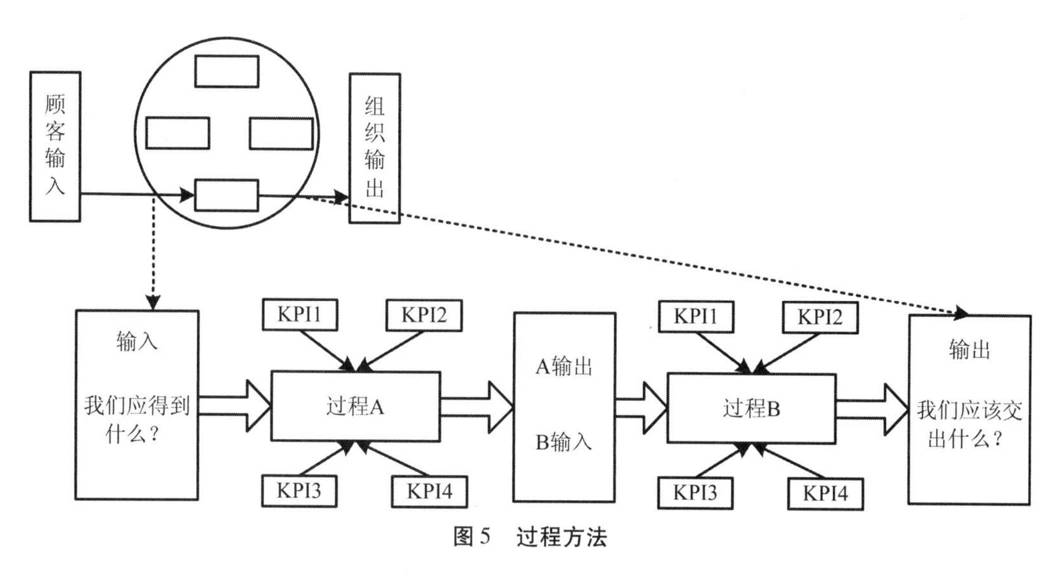

图5　过程方法

过程方法的优点是对系统中单个过程之间的联系以及过程的组合和相互作用进行连续的控制。在应用过程方法时，需要强调以下方面的重要性。

（1）理解并满足要求。任何一个过程，开始前必须要了解这个过程的作用是什么，为顾客提供什么样的价值，也就是必须先准确了解顾客的要求，根据其要求设计所需的过程，否则这样的过程是无用的。

（2）需要从增值的角度来考虑过程。对于一个过程，除了要明确顾客的要求以外，要以顾客的要求为出发点，同时必须要考虑过程本身是否是增值的。不增值的过程就是浪费，要杜绝不增值的过程运行而耗费资源。

（3）获得过程绩效和有效性的结果。对于一个过程除了要有效果还要有效率，也就是说，如果花很大的成本满足了顾客要求，虽然达到了效果，但是投入和产出比很差，其效率也很差，这样的过程是需要改善的过程。

（4）基于客观测量的基础，持续改进过程。过程的表现，需要进行监视和测量，一方面以确保过程的输出满足顾客的要求，另一方面，监视和测量过程的关键绩效指标（KPI），以确保过程的效率。对于监视和测量的结果，要进行持续的改进，以增强顾客的满意度，以及不断提高过程的效率。

在过程方法的持续改进模式中，确定的每一个过程并不是一成不变的，而是随着客户要求或管理要求的变化而变化的。所以，对每一个过程必须进行持续改进。持续改进的过程可以用PDCA循环的方法来实现。

国际汽车工作小组（International Automotive Task Force，IATF）要求在整个汽车供应链推行过程方法，IATF16949：2016《汽车生产件及相关服务件组织的质量管理体系要求》根据功能不同将过程分为如下3种类型，推荐了SIPOC图（如图6所示）和乌龟图（如图7所示）用于汽车供应链的过程分析。

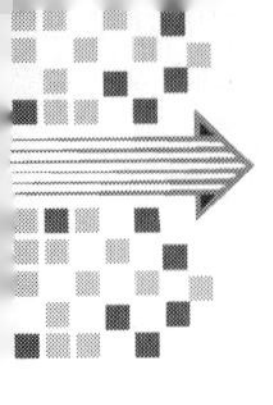

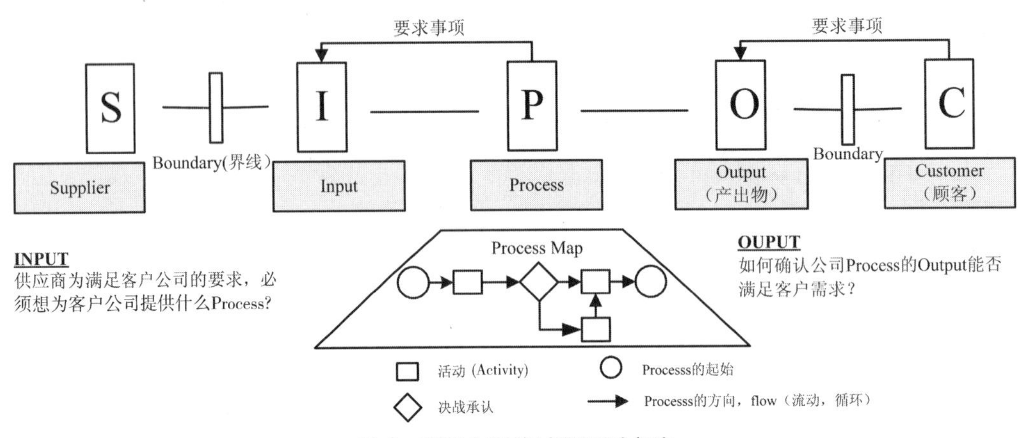

图 6　SIPOC 图的过程识别方法

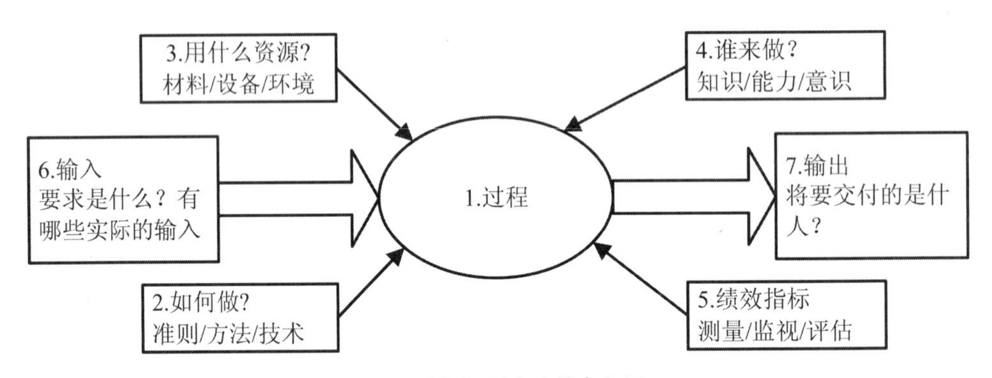

图 7　过程识别方法的乌龟图

（1）以顾客为导向的过程（customer oriented process，COP）。COP 是一个企业的核心过程（即企业实现价值、实现增值的过程），包括产品设计开发、生产以及服务等过程。

（2）支持性过程（support oriented process，SOP）。SOP 是为价值创造活动提供资源或原材料的过程，这些过程虽然不直接向顾客提供价值，但是对核心过程的实现至关重要，包括采购、供应商管理、工具管理及仓库管理等过程。

（3）管理过程（management process，MP）。MP 包括质量目标管理、管理评审、绩效考核、内审审核以及数据分析等过程。

管理体系倡导在建立、实施管理体系以及提高其有效性时采用过程方法，在实现其预期结果的过程中，系统地理解和管理相互关联的过程有助于提高组织的有效性和效率。此种方法使组织能够对体系中相互关联和相互依赖的过程进行有效的控制，以增强组织整体绩效。

过程方法的优点是对过程及其系统进行连续的控制，并监视和测量过程的有效性和效率，如图 8 所示。

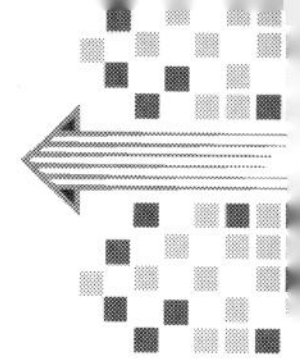

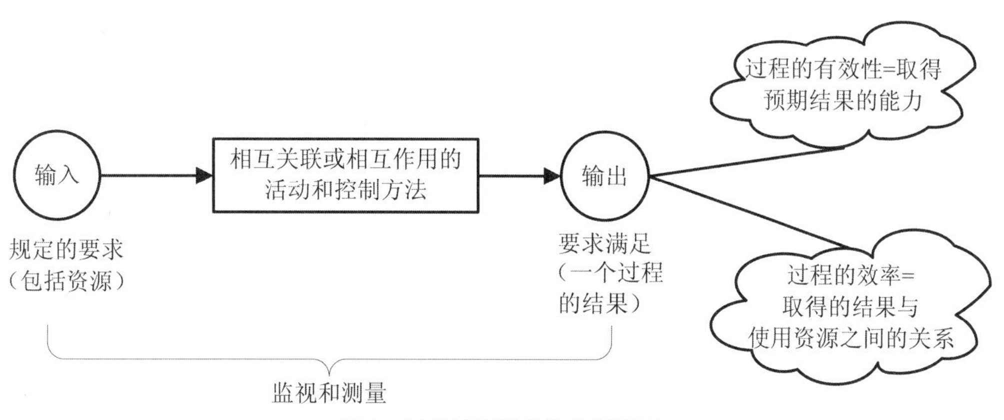

图8　过程的有效性和效率模式

2.2.3.3　PDCA 循环

PDCA 循环又称戴明环，是由美国质量管理专家休哈特首先提出，并由戴明博士改进推广的，是管理学中的一个通用方法，反映了质量改进和其他管理工作必须经过的4个阶段。这4个阶段不断循环下去，故称之为PDCA循环。

PDCA 循环是将管理过程分为4个阶段：①P（plan）策划：包括方针和目标的确定，以及活动规划的制订。②D（do）实施：根据已知的信息，设计具体的方法、方案和计划布局；再根据设计和布局，进行具体运作，实现计划中的内容。③C（check）检查：总结执行计划的结果，分清哪些对了、哪些错了，明确效果，找出问题。④A（act）处置：对总结检查的结果进行处理，对成功的经验加以肯定，并予以标准化；对于失败的教训也要总结，引起重视；对于没有解决的问题，应提交给下一个PDCA循环去解决。

PDCA 循环可分为4个阶段8个步骤，如图9所示。4个阶段反映了人们的认识过程，是必须遵循的；8个步骤则是具体的工作程序，不应强求任何一次循环都要有8个步骤。具体工作程序可增可减，视所要解决问题的具体情况而定，详见表17。

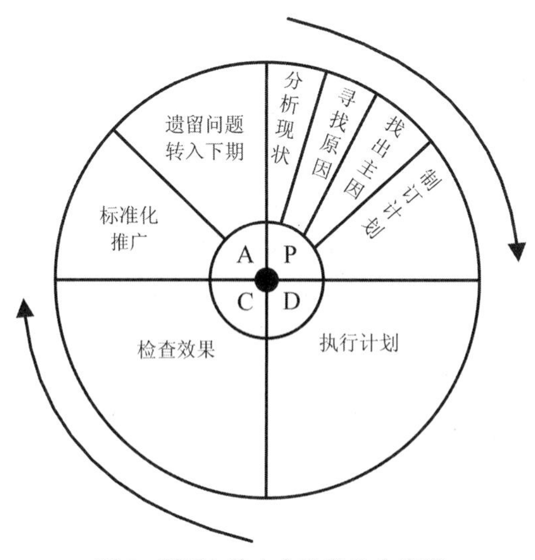

图9　PDCA 的4个阶段8个步骤

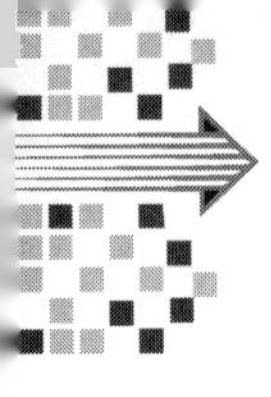

表 17　PDCA 循环的 8 个步骤

阶段	步骤	工作内容
P 阶段：策划阶段	第 1 步：分析现状	（1）确认问题； （2）收集和组织数据； （3）设定目标和测量方法
	第 2 步：寻找原因	分析产生问题的各种影响因素
	第 3 步：找出主因	找出影响问题的主要因素
	第 4 步：制订计划	（1）寻找可能的解决方法； （2）测试并选择； （3）提出行动计划和相应的资源。 计划和对策的制订过程必须明确以下几个问题： ①Why（为什么），说明为什么要制订这些计划和措施。②What（干到什么程度），预计要达到的目标。③Where（哪里干），在什么地点执行这些计划和措施。④Who（谁来干），由哪个部门、哪个人来执行。⑤When（什么时候干），说明工作的进度，何时开始、何时完成。⑥How（怎样干），说明如何完成此项任务，即对策措施的内容。以上 6 点，称为“5W1H”技术
D 阶段：实施阶段	第 5 步：执行计划	实施行动计划
C 阶段：检查阶段	第 6 步：检查效果	检查效果，即根据计划的要求，检查实际执行的结果，看是否达到预期的目的
A 阶段：处置（总结）阶段	第 7 步：标准化推广	总结经验，巩固成绩。根据检查的结果进行总结，把成功的经验和失败的教训纳入有关的标准、规定和制度之中，巩固已经取得的成绩，同时防止重蹈覆辙
	第 8 步：遗留问题转入下期	这一循环尚未解决的问题，转入下一个循环去解决

PDCA 循环具有以下 3 个特点：①闭环管理。PDCA 循环是综合性循环，4 个阶段是相对的，它们之间不能分开。②环中有环。PDCA 是大环套小环，相互衔接、互相促进。PDCA 作为管理的一种科学方法，适用于各系统、过程和活动。系统中存在整体性的一个大的 PDCA 循环，各过程又有各自的小的 PDCA 循环，形成大环套小环，各个环之间相互衔接、相互联系。③螺旋上升。PDCA 是周而复始的循环，每循环一次就上升一个台阶。每次循环都有新的内容与目标，不断提高。

PDCA 循环不但适用于管理体系的所有过程，也适用于作为一个整体的管理体系，管理体系高层结构清晰地用 PDCA 的方式排列相关章节，如高层结构的第 6 章主

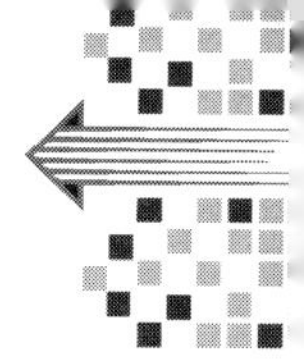

要提出策划（P）的要求，第7～8章提出执行（D）的要求，第9章提出检查（C）的要求，第10章提出处理（A）的要求。管理体系高层结构对PDCA的应用如图10所示。

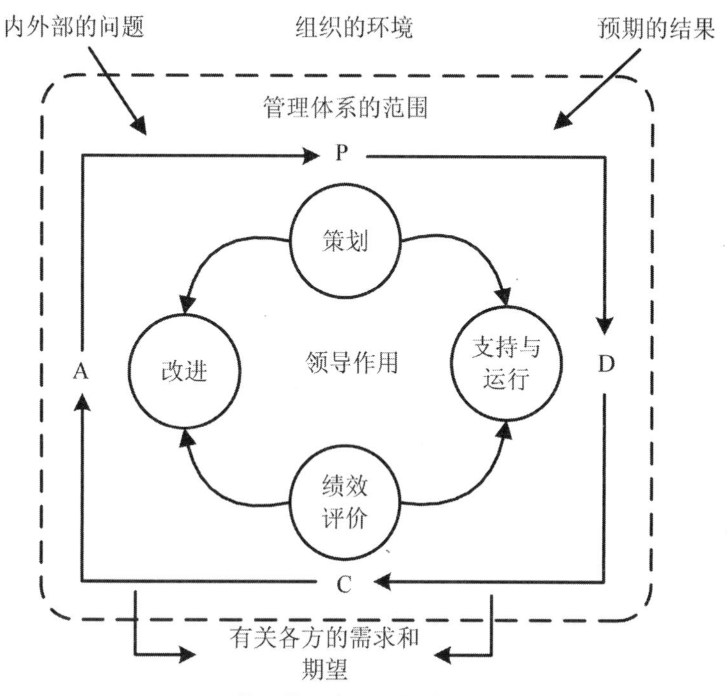

图10　管理体系高层结构的PDCA示意

2.2.3.4　基于风险的思维

ISO早期发布的管理体系标准，引入了“预防措施”的概念，却没有明确引入风险概念。预防措施指的是“为消除潜在不合格或其他潜在不期望情况的原因所采取的措施”。预防措施更关注“潜在不合格或其他潜在不期望情况的原因”，注重于运行层面，并没有在战略层面从组织的风险高度考虑组织的持续成功问题。

2012年，ISO发布了ISO/IEC导则附录1，规定所有ISO管理体系标准的高层结构包含了应对风险和机遇的要求。

管理体系引入风险思维的总体目的在于确保组织能够实现其特定管理体系的预期结果，预防或减少非预期影响以实现持续成功。基于风险的思维使得组织能确定可能导致其过程和管理体系偏离策划结果的各种因素，采取预防控制，可最大限度地降低不利影响，并最大限度地利用出现的机遇。

管理体系高层结构主要从组织的战略层面考虑组织的风险，但并不要求组织进行正式的风险管理或文件化的风险管理过程。如何利用风险思维取决于组织所处的环境，组织可自行选择确定风险和机遇的方法。组织需要确定其应对的风险和机遇，这些风险和机遇可能与特定领域的管理事项、合规义务、内外部因素及相关方的需求和期望有关。通过对风险措施的策划，将措施应用到管理体系运行过程中，确保预期结

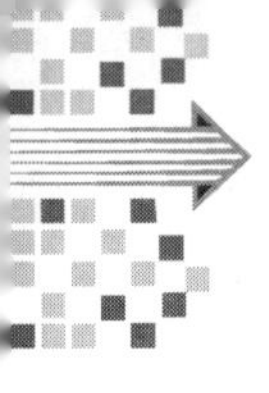

果的实现。

2.2.3.5 卓越绩效模式的基本理念

美国波多里奇国家质量奖标准《卓越绩效准则》建立在一组相互关联的核心价值观和概念基础之上，包括如下内容：系统的视野、远见卓识的领导、顾客驱动的卓越、组织和个人的学习、重视人员和合作伙伴、组织学习和敏捷性、关注成功、创新管理、基于事实的管理、社会责任、道德和透明性、传递价值和结果。

EFQM 卓越模型基于以下 8 项基本理念：实现平衡的结果；增加顾客价值；以愿景、激励和正直的方式领导；基于过程的管理；以人为本的成功；培育创造与创新的能力；建立合作伙伴关系；为可持续发展承担责任。

GB/T 19580—2012《卓越绩效评价准则》建立在以下 9 条相互关联的基本理念的基础之上：远见卓识的领导；战略导向；顾客驱动；社会责任；以人为本；合作共赢；重视过程与关注结果；学习、改进与创新；系统管理。

这些基本理念反映了国际上最先进的经营管理理念和方法，也是许多世界级成功企业的经验总结，它们贯穿于卓越绩效模式的各项要求之中，应成为企业全体员工，尤其是企业高层经营管理人员的理念和行为准则。

2.2.4 管理体系通用术语

术语（term）是在特定专业领域中一般概念的词语指称。概念（concept）是通过对特征的独特组合而形成的知识单元。概念不受语种限制，但受社会或文化背景的影响。首先术语指某一概念诸术语中作为第一选择的术语（GB/T 19100—2003《术语工作　概念体系的建立》）。

概念体系是根据概念间相互关系建立的结构化的概念的集合（GB/T 15237.1—2000《术语工作　词汇　第 1 部分：理论与应用》）。

概念体系是建立术语体系的基础，一个概念只对应一个术语。现有术语的分析、定义和新术语的确立都应在概念体系的指导下进行。建立完备的概念体系是一件复杂且费时的工作，应在术语体系建设的同时，结合领域的特点，有针对性地选取概念间的关系，逐步建设该领域的概念体系。

概念体系建设的目标是确立该领域概念体系的基本框架，明确概念之间的关系，从而进一步达到为术语的一致化与标准化提供基础，为跨语种的概念对应和术语定义提供帮助，为术语规范化和新术语的定名提供依据。

概念之间的关系一般分为层级关系和非层级关系两大类型。层级关系包含属种关系和整体部分关系两种类型。具体到不同的应用领域，依据不同的分类标准又可以派生出多种不同的分类方式，定义出不同类型的关系。例如，ISO 9000 概念之间的关系分为种属、从属和关联关系。

概念之间的关系可以用形式化或图示的方法来表示，图 11、图 12、图 13、图 14、图 15 为概念之间关系的图解表示，图 16 为概念之间关系的形式化表示。

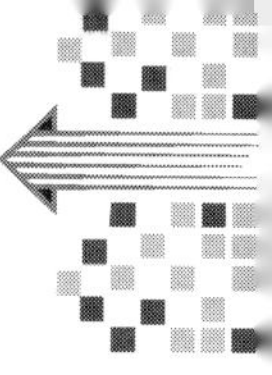

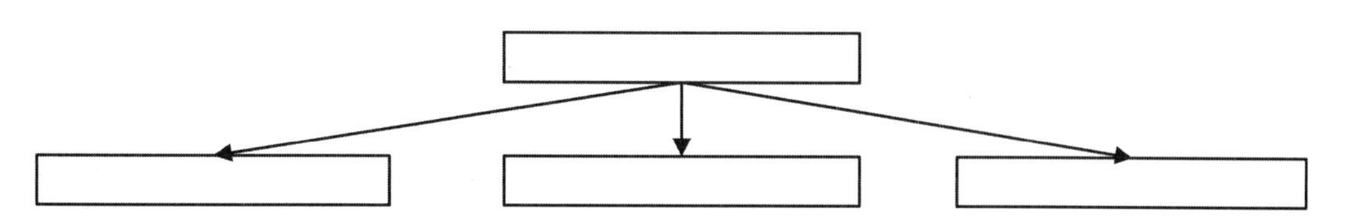

其中，箭头所指的代表属概念（小概念），发出箭头的概念为种概念（大概念）

图 11　概念的属种关系

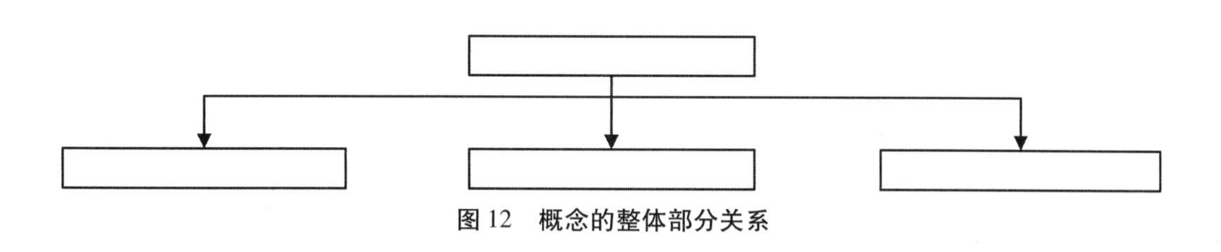

图 12　概念的整体部分关系

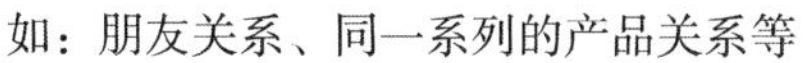

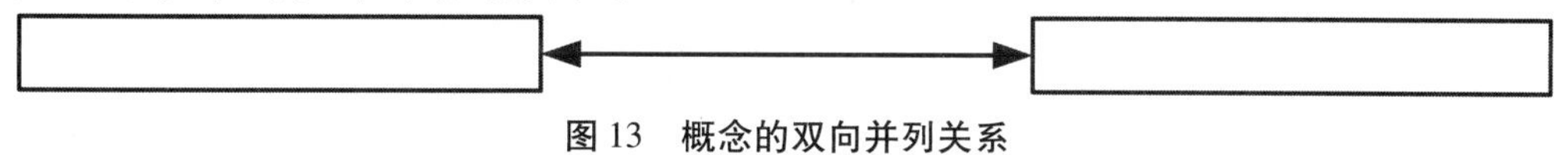

图 13　概念的双向并列关系

如：春、夏、秋、冬等
单向非循环关系可认为是层级关系的一种特例

图 14　概念的单项非循环关系

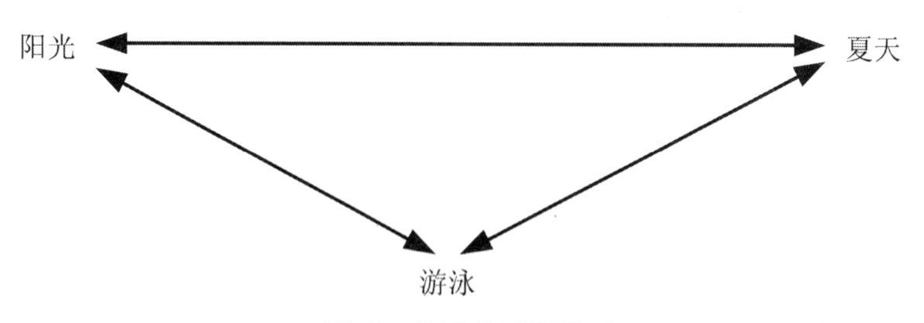

图 15　概念的关联关系

在某一概念体系中，关联关系不能像属种关系和从属关系那样简单地表示，但是它有助于识别概念体系中一个概念与另一个概念之间关系的性质，如：原因和效果，活动和结果、工具和功能、材料和产品。

A.3.1 层级关系的形式化表示

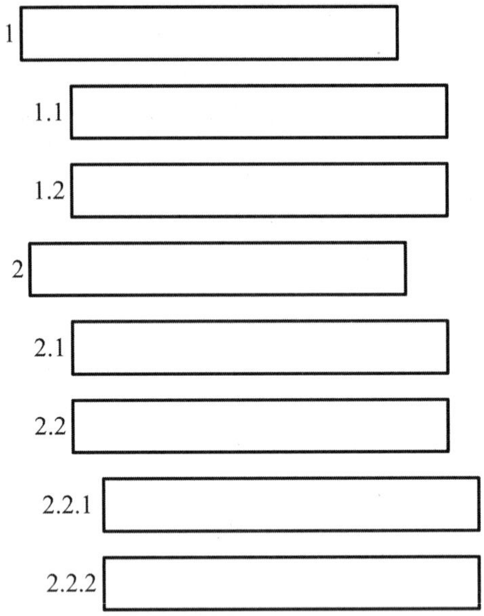

其中，概念标号从右至左每一层加点前的概念标号都表示本概念的上位概念。如：概念 2. 2 就是 2. 2. 1、2. 2. 2 的上位概念；概念 2 就是 2. 1、2. 2 的上位概念。

图 16　概念的层级关系的形式化表示

2. 2. 4. 1　高层结构通用术语和核心定义

ISO/IEC 导则附录 1 规定了适用于所有 ISO 管理体系标准高层结构的 22 个通用术语和核心定义，如表 18 所示。

表 18　管理体系标准高层结构中的通用术语

序号	主题	术语
1	人员	最高管理者（top management）
2	组织	组织（organization），相关方（interested party/stakeholder）
3	活动	持续改进（continual improvement）
4	过程	过程（process），外包（outsource）
5	体系	管理体系（management system），方针（policy）
6	要求	要求（requirement），合格/符合（conformity），不合格/不符合（nonconformity）
7	结果	有效性（effectiveness），目标（objective），风险（risk），绩效（performance）
8	数据、信息、文件	成文信息（documented information）
9	顾客	—

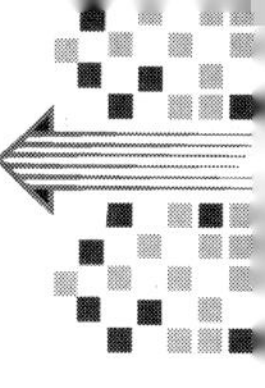

续表

序号	主题	术语
10	特性	能力（competence）
11	确认	监视（monitoring），测量（measurement）
12	措施	纠正（correction），纠正措施（corrective action）
13	审核	审核（audit）

2.2.4.2　管理体系常用术语

除了 ISO 管理体系标准高层结构中的 22 个通用术语外，管理体系常用的术语如表 19 所示。

表 19　管理体系常用术语

序号	主题	术语
1	人员	—
2	组织	组织环境（context of the organization），供方（provider/supplier）
3	活动	—
4	过程	程序（procedure）
5	体系	基础设施（infrastructure）
6	要求	客体［object（entity，item）］，可追溯性（traceability），质量（quality）
7	结果	输出（output），产品（product），服务（service）
8	数据、信息、文件	文件（document），规范（specification），记录（record），验证（verification），确认（validation）
9	顾客	顾客（customer）
10	特性	特性（characteristic）
11	确认	检验（inspection），测量设备（measuring equipment）
12	措施	—
13	审核	审核方案（audit programme），审核范围（audit scope），审核计划（audit plan），审核准则（audit criteria），审核证据（audit evidence），审核发现（audit findings），审核结论（audit conclusion），认证（certification），认可（accreditation），获证客户（certified client），公正性（impartiality），管理体系咨询（management system consultancy），认证审核（certification audit），认证方案（certification scheme），管理体系认证审核时间（duration of management system certification audits）

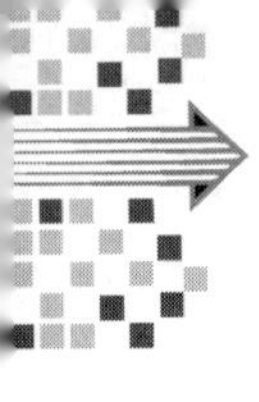

2.2.5 管理体系实现过程

组织需要对一个特定领域，如质量、环境、能源、碳排放等实施系统化管理时，组织可按照一个特定管理体系标准的要求，如 ISO 9001、ISO 14001、ISO 50001、T/GDES 2030 等标准实施管理，是一种全面的、有效的和高效的选择。

一个组织针对某个特定领域管理的深度和广度，会依据自身的需求来确定。无论组织依据哪个领域的管理体系标准来建立其管理体系，组织所使用的方法和过程是基本一样的。

管理体系运用先进的 PDCA 循环管理模式，提供一种系统化、制度化、规范化、标准化的管理机制。管理体系建设的基本步骤可以按照 PDCA 循环管理模式的思路来开展。

2.2.5.1 策划：管理体系的建立

管理体系的建立包括管理体系的策划启动、策划信息及内容、创建体系文件。

1）管理体系的策划启动。

（1）统一思想，领导决策。管理体系建设应成为最高管理者的战略决策，组织的最高领导应对管理体系的作用有足够的认识，管理体系策划的科学性、系统性和适宜性，直接关系到管理体系的建立、实施、保持和改进的有效性。企业建立管理体系，可以充分利用体系的自我检查和自我完善功能，不断发现和解决管理中的问题，并巩固其管理成果，在企业内部建立一个可持续提高管理水平的长效机制。

最高管理者应将管理体系的策划活动纳入其议事日程，并使全体员工达成统一认识，运用全员参与的概念，让员工尽可能参与到管理体系策划的过程中去。

最高管理者做出最终决策，应明确管理体系建设的范围和边界，各相关中、高层管理人员对管理体系建设工作的重要性有足够认识，统一思想，积极参与，相互配合，才能保证管理体系的顺利建成和实施。

能源管理体系的建立是一项综合性很强的工作，涉及企业的各个部门。随着体系建立工作的不断深入，体系的工作重点也会发生变化，需要必要的人力、物力、财力等资源的投入，这就需要最高管理者对管理体系的建立、实施、保持和持续改进做出承诺，从而使管理体系的运行得到充足的资源支持。

最高管理者对管理体系建设的支持不能体现为一句口头承诺，建议以书面承诺书的形式，将承诺向全体员工及相关方公布，以表明本企业建立并有效运行管理体系的决心和信心。

（2）组建领导小组和工作小组。企业的最高管理者决定建立管理体系后，首先要从人力资源上给予落实和保证。通常情况下需要成立体系建设领导小组和工作小组，并任命具有相应技术和能力的人担任管理者代表，来具体负责体系建设过程中的组织领导、上传下达、协调沟通、监督落实等工作，确保各项决策落实到位。

首先，领导小组负责体系建立实施的决策和协调，通常由企业最高管理者、管理者代表及相关部门负责人组成，最高管理者任组长。该小组的主要任务是审议有关体

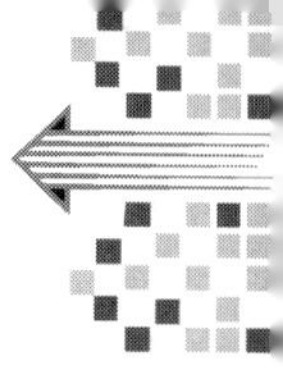

系建立和实施的重大决策，以及对体系建立和实施过程中出现的重大问题进行协调。其次，工作小组负责管理体系策划阶段的组织和实施工作。工作小组通常由具有一定企业管理经验、掌握制度、了解技术、有较强文字水平的管理人员组成，并由管理者代表任组长。工作小组成员来自各相关职能部门，他们既是建立管理体系的策划者，也是开展评审工作的核心团队、落实策划阶段各项方案的主要执行者、体系文件的主要起草人员。

（3）制订工作计划。工作小组成立后，需及时编制管理体系建设工作计划，以保证管理体系建设工作按一定的程序和步骤进行。工作计划应上报领导小组，经领导层审批后实施。此计划应按管理体系建设的先后顺序，列入策划、实施、检查和改进等过程及子过程，应具体规定每个过程的责任人及完成期限，确保管理体系建设有序进行。工作计划至少包括工作内容、负责人、工作进度、成果产出、参与部门等。该工作计划可根据实际执行情况做适当的调整。

（4）召开动员大会、组织贯标培训。评审计划编制完成后，企业应组织召开动员大会，将评审计划以正式文件形式下发至所有评审涉及的部门、车间，详细介绍评审工作的具体安排和工作要求，强调该项工作的重要性，充分调动各部门、车间参与评审的积极性。动员大会由工作小组负责组织，各相关部门、车间配合。

动员大会后，企业组织管理体系相关培训，重点进行管理体系标准及相关法律法规、政策、标准等知识的培训。宣传培训应重点考虑以下两个方面：①通过宣传教育将建立体系的决策和意图传达到全体员工，在企业内形成良好的氛围，以取得全体人员的重视和配合。在体系建立和实施初期，宣传的主要内容是体系建立、实施的目的和意义以及执行体系文件的重要性等。②培训内容应侧重于管理体系标准、初始评审内容、本企业建立管理体系的目的和初步计划等。应设立培训效果考核环节，对管理体系建设核心成员与普通岗位职工制定不同的考核标准。

2）管理体系的策划信息及内容。

管理体系的策划是组织对拟建立的管理体系的统筹规划、系统分析和整体设计。

管理体系的策划信息和内容主要包括以下几个方面：

（1）理解组织所处的生存环境与相关方的需求和期望。组织应确定与其目标和战略方向相关并影响其实现管理体系预期结果的各种外部和内部因素。这些因素可能涉及国际、国内、地区和当地的各种法律法规、技术、竞争、市场、文化、社会、经济因素，以及组织的价值观、文化、知识和绩效等相关因素。

（2）确定管理体系的范围。不同的管理体系有不同的体系范围，管理体系范围要考虑内外部因素和相关方的要求，确定组织的哪些管理职能、运行单元和物理边界纳入管理体系的范围。如果组织以认证为目的来建立管理体系，那么管理体系范围应不影响组织的法律责任。

（3）在管理体系范围内确定管理过程及过程之间的相互关系。在组织的管理中，有些过程及过程的顺序是客观存在、无法改变的，如生产型组织的生产过程。而有些过程是主观的，组织可以对其增加、减少、合并及改变顺序，如检验验证过程、培训过程。策划和确定管理体系过程及过程之间的相互关系非常重要，这关系到组织结构

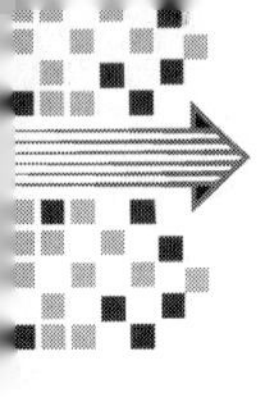

的设置和体系文件的复杂程度，关系到管理体系运行的有效性和生产率。

（4）确定岗位、职责和权限。根据管理过程及其相互关系的因素，组织可考虑增加、减少和重组相关的管理岗位，并对岗位赋予职责和权限，以满足管理体系标准的要求。

（5）策划应对风险和机遇的措施。根据内外部因素和相关方的要求，组织应确定需要应对的风险和机遇，提出应对这些风险和机遇的措施，在管理体系过程中整合并实施这些措施，以便确保管理体系能够实现其预期结果，增强有利影响，避免或减少不利影响，实现持续改进。

（6）评审管理体系所在领域的初始状况。管理体系的所在领域不同，其管理基础和状况是不同的，组织对初始状况的评审将更加有利于采取应对风险和机遇的措施。比如，通过对质量管理的初始评审，可以清楚组织的过程能力、产品和服务质量水平；对环境管理的初始评审，可以识别那些能够控制和能够施加影响的环境因素；对能源管理的初始评审，可以清楚设备、设施、过程和系统的能源消耗、能源使用和能源效率的状况；对碳排放管理体系的初始评审，可以了解碳排放源和碳排放的状况。

（7）制定方针和目标。组织应按照相关领域的管理体系标准要求，制定适合于组织的宗旨和环境并支持其战略方向的方针，方针内容要包括管理体系标准要求的承诺和持续改进的承诺，要为制定目标提供框架，要在组织内得到沟通和理解。组织制定的目标应与方针保持一致，并在相关职能、层次和过程设定目标。

3）创建体系文件。

（1）创建体系文件的前提条件。管理体系的所有过程和活动不是都需要以文件化信息的方式加以规定的，但是，在以下情况中，组织应当形成文件化信息：①管理体系标准要求的内容需要形成文件化信息。②在没有文件化信息的支持下，无法确保过程结果的有效实现。③组织为持续改进、经验传递、积累知识、提供证据或其他原因而需形成文件化信息。

（2）体系文件的详略程度。对于不同组织，管理体系形成文件化信息的多少与详略程度可以不同，这取决于：①组织的规模，以及活动、过程、产品和服务的类型。②过程的复杂程度及其相互作用。③人员的能力。

（3）创建体系文件的原则。创建体系需要遵循以下 3 个原则：①系统协调原则。管理体系文件是按照系统原理建立的，用来表述、规定和证实该体系全部结构和活动的文件。这些管理体系文件是相互关联和协调一致的，不能存在有矛盾的描述。②融合优化原则。创建管理体系文件的过程既不是对原有组织管理制度的照搬照抄，也不是撇开组织的管理实际、不管原有管理制度重新创建一套体系文件。而是应当将管理体系标准要求融入组织的实际管理过程，对原有管理文件进行增加、减少、合并和优化。要避免造成管理体系文件与组织的实际运行不相符的结果。③可操作原则。创建文件化信息要切忌照搬其他组织的文件，由于不同组织的战略、方针、内外部因素和相关方的要求不尽相同，即使提供同类产品和服务的组织，他们的体系文件的内容也是不同的。文件化信息的可操作性的基本特征是：适合组织自身、内容表述清楚、按

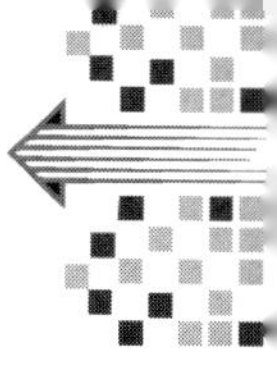

照规定操作可以实现结果。

4）体系文件的类型。只要适用于组织运作，体系文件可以用任何的方式进行表达，管理体系标准没有对体系文件的类型和内容予以规定。通过归纳组织的管理体系运行状况，可知大部分组织的体系文件基本由下述类型构成。①纲领性文件化信息。如战略方向、方针、目标、管理手册。②程序性文件化信息，如流程图。这类文件主要是针对一个系统或过程间关系的管理规定，主要内容包括：做什么，谁来做，何时、何地、如何做，应使用什么方法和资源，如何对活动进行控制和记录。③作业性文件化信息。这类文件主要是对具体的某个作业过程的规定，文件中往往规定了作业方法及过程指标的要求性信息，如加工图、设备操作规定、服务规范、检验方法。④记录性文件化信息。这类文件是对上述文件的执行过程及结果、预期变更等信息的保留，包括项目计划、合同协议、原始记录、统计报表、分析评价报告等。

不管是以什么类型创建的文件化信息，文件在发布前，组织都应组织相关部门和人员对文件进行评审，在评审中对发现的问题进行合理化修订。文件发布后，组织应当在全员范围内进行学习、培训和宣传贯彻，尤其是与文件要求直接相关的岗位人员，应清楚和理解文件的要求。

2.2.5.2　管理体系的运行

管理体系建立阶段完成后，体系将进入试运行阶段。试运行的目的是验证管理体系文件的有效性和协调性，并对暴露的问题采取纠正和改进措施，从而进一步完善管理体系。

在管理体系运行的初期，各项活动及其结果不可避免地会发生偏离标准的现象，组织要通过过程的协调、沟通等方式，对过程、产品和服务进行连续监视，一旦发现偏离现象，及时采取纠正措施，这些措施包括对体系文件的进一步修订。

按照运行文件执行，是管理体系稳定运行的保障。在管理体系运行过程中，主要的管理事项有：①过程内和过程间的信息沟通；②组织与外部的信息沟通与协调；③员工的能力管理与提高；④基础设施的配置与运行；⑤供方、顾客及其他相关方的关系管理；⑥特定领域的控制，如产品质量、环境因素、危险源、能源使用；⑦外包方的管理；⑧运行过程中的变更控制；⑨其他。

2.2.5.3　绩效评价

过程结果和管理体系结果可以通过过程绩效评价、合规性评价和管理体系评价的方法进行验证。过程绩效评价主要通过对过程的监视、测量和分析的结果进行评价；合规性评价是对组织应遵守的法律法规和其他要求进行评价；管理体系评价主要通过内部审核、管理评审、自我评价等方式来实现。

（1）对过程监视、测量、分析结果的评价。对过程的监视和测量的方式主要体现在：①各层次的工作制度执行情况。②设备、设施、工程、系统的运行情况，包括对外包过程的监控、对应急系统的测试。③目标实施及完成情况，包括管理目标和管理体系所在领域的预期目标。

通过对过程的监视和测量，可获得并分析过程运行的数据和信息，运用对比法和统计理论可以判定过程结果的符合性，分析导致结果有利和不利的原因，判断将来的

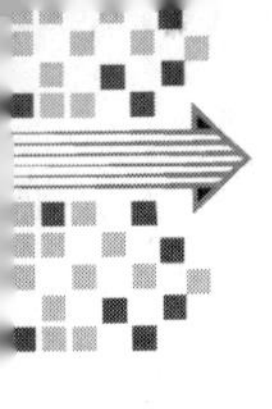

发展趋势，完成对过程绩效的综合评价。

（2）合规性评价。在实施合规性评价之前，首先应当识别、获取那些组织应当遵守的合规义务，并在以下方面评价合规义务的执行情况：①建立方针时考虑的合规义务的内容；②涉及合规义务的过程绩效和特定领域绩效的输出；③合规义务的变化情况；④在组织控制下的工作人员履行合规义务的过程，以及不履行合规义务的后果；⑤合规义务可能带来的风险和机遇。

合规性评价的方法主要通过对相关信息和数据收集分析的方式开展，包括：巡视、检查、观察、访谈；项目或工作评审；样本分析或测试结果与限定性要求的对比；合规义务文件化信息评审；等等。

合规性评价可以与过程绩效评价及内部审核一并开展。合规性评价的频次和时机依据合规义务的要求设定。合规性评价结果是管理评审的输入。

（3）内部审核。内部审核是指以组织自己的名义进行的审核，又称为第一方审核。组织可以通过内部审核收集管理体系运行中的相关信息和客观证据，评价管理体系运行的符合性和有效性，以便识别改进管理体系的机会，进一步采取应对风险和机遇的措施，包括纠正和纠正措施等，使管理体系的绩效达到更高的水平。

内部审核是由一组活动组成，包括审核方案的管理、实施审核及内审员的能力要求和评价，它是一个系统的、独立的并形成文件的过程。组织应当基于管理体系领域运行的性质、管理的重要事项、过程的薄弱环节、以往的内外部审核结果，以及其他相关因素，制订审核方案的内容和频次。审核方案可以由一次或多次审核组成，虽然每次审核不一定覆盖整个管理体系，但审核方案应确保覆盖管理体系范围内的所有组织单元、职能、体系要素。

（4）管理评审。管理评审是组织为了确保管理体系的适宜性、充分性、有效性，并与其战略方向保持一致所开展的管理体系评审活动。管理评审应由最高管理者按照规定的时间间隔主持实施。时间间隔可以和组织的整体计划及预算周期保持一致，以便使管理体系的优先事项和资源需求的决策与组织的整体业务相平衡。管理评审的输入信息可包括：①合规性评价结果；②内外部审核结果；③顾客及其他外部相关方的反馈信息；④过程业绩；⑤特定领域绩效业绩，包括目标实现的程度；⑥纠正、纠正措施、应对风险措施的执行情况；⑦以往管理评审的跟踪措施；⑧变更信息，包括内外部因素和相关方信息的变化、合规义务的变化、应对风险和机遇措施的变化；⑨资源的充分性；⑩对管理体系的改进建议。

管理评审的输出应当包括对下述事项的决定或措施：①持续改进的机会；②资源的需求；③管理体系变更的需求，即需要改进的领域和措施建议。

（5）自我评价。组织可利用自我评价来识别改进和创新的机会，确定优先次序并制订以持续成功为目标的行动计划。自我评价的输出能够显示组织的优势、劣势和成熟度等级。组织如果持续开展自我评价，则能显示组织在一段时间内的进展状况。ISO 9004 标准的附录 A 为组织提供了对其优势、劣势、关键要素和具体要素的自我评价方法及工具。

2.2.5.4 管理体系的持续改进

改进是 PDCA 一个循环的结束，改进的措施又成为下一个 PDCA 的输入，这样使

得管理体系处于螺旋上升的状态。

改进的驱动力来自内部的主动追求与外部的要求和期望。绩效评价信息是改进的主要输入。实施改进的两条基本途径是:①渐进性改进。渐进性持续改进是由组织内人员对现有过程进行的程度较小的持续改进活动。渐进性改进可以根据过程绩效的评价、合规性评价、内外部审核、自我评价和管理评审的相关信息,对不符合的过程采取纠正或纠正措施,分析未来绩效结果的趋势,结合组织的资源和能力,采取应对风险和机遇的措施。②突破性改进。突破性改进主要是对现有过程进行改进,或实施新过程。突破性改进通常包含对现有过程进行的重大再设计。突破性改进一般包括以下活动:确定改进项目的目标和框架;对现有的过程进行分析,并认清变更的机会;确定并策划改进过程、实施改进;对过程的改进进行验证、确认和评价。

2.3 管理体系标准的高层结构

2.3.1 高层结构理论基础

质量管理体系带动了多个领域的管理体系的出现,各种管理体系的发展过程中遇到的问题,又促进了国际标准化组织开始致力于管理体系标准共同性的研究。不同领域的管理体系标准尽管管理的对象有所不同,但其管理的原理和基本要求是类似的。如果一个组织同时使用几个不同领域的管理体系标准,不同标准可能就会出现大量的重复。

高层结构理论产生的动机就是要减少这种重复性,提高管理体系的运行效率。高层结构是国际标准化组织对管理体系相互融合提出的集约化理念,是管理体系标准需要遵守的原则。

管理体系标准高层结构具有相同的通用术语和核心定义、相同的标准核心条款、相同条款核心文本的特点。

2.3.1.1 高层结构的产生

美国在1959年就发布了质量保证大纲,北大西洋组织于1968年发布了质量保证标准,英国于1979年发布了质量体系标准,国际标准化组织于1987年发布了第一版质量管理体系ISO 9000系列标准。之后,由于国际社会发展的需要,相应的标准化组织及行业组织相继在环境、职业健康安全、能源等方面发布了众多管理体系标准。这些管理体系标准虽然管理的对象有所不同,但其管理的原理和基本要求是相同的。

因此,ISO开始致力于管理体系标准共同性的研究,并于2012年发布了ISO/IEC导则附录1,规定了适用于所有ISO管理体系标准的高层结构。随后,ISO 9001:2015、ISO 14001:2015、ISO 45001:2018、ISO 50001:2018、ISO 22000:2018、T/GDES 2030—2021等全部采用了这种高层结构(high level structure,HLS)。

2.3.1.2 高层结构的作用

由于管理体系标准高层结构具有相同的通用术语和核心定义、相同的标准核心条款、相同条款核心文本的特点,因此,高层结构可以起到以下作用。

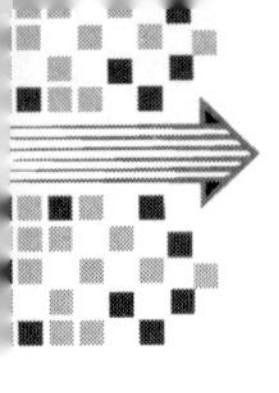

（1）提高相关方之间的沟通效率。一个组织如果通过一种方式证实其满足某个高层结构的管理体系要求，那么，该组织的供方、顾客、投资方等相关方就会对其管理体系的框架有一个共同的理解，基本可以实现对其管理体系理解的一致性。当然，这种对高层结构理解的一致性并不代表组织的管理体系绩效水平的高低。

（2）帮助组织实现其预期结果。组织可将高层结构中的管理思维和核心条款，积极地应用于特定的管理体系中，这不但可以提升组织的管理绩效，还可以帮助组织追求持续成功。

（3）提高管理体系运行的兼容性。一个组织按照高层结构建立、实施、保持和改进一个或多个管理体系时，不但要与组织本身的业务相融合，更重要的是减少多个管理体系之间的重复，这可以使得管理体系的运行更加简洁和便利，同时也为合格评定提供了便利。

（4）鼓励管理体系标准的创新。虽然高层结构规定了核心内容，但是特定管理体系标准可以在规定核心框架的基础上增加内容。

（5）鼓励全球贸易自由。高层结构管理体系标准本身并不涉及具体的产品种类、检测方法、质量指标等技术性内容，无论组织的规模大小，不同国家、不同地区、不同文化的地域都可以使用，这有利于减少技术性贸易壁垒。

2.3.1.3 高层结构的核心内容

根据 ISO 指南 72—2001《管理体系标准的论证和制定指南》中的规定，管理体系标准分为 3 类：①A 类管理体系要求标准。向市场提供有关组织的管理体系的相关规范，以证明组织的管理体系符合内部和外部要求（如通过内部和外部各方予以评定）的标准。例如管理体系要求标准（规范）、专业管理体系要求标准。②B 类管理体系指南标准。通过对管理体系要求标准各要素提供附加指导或提供不同于管理体系要求标准的独立指导，以帮助组织实施和（或）完善管理体系的标准。例如关于使用管理体系要求标准的指南、关于建立管理体系的指南、关于改进和完善管理体系的指导、专业管理体系指南标准。③C 类管理体系相关标准。就管理体系的特定部分提供详细信息或就管理体系的相关支持技术提供指导的标准。例如管理体系术语文件，评审、文件提供、培训、监督、测量绩效评价标准，标记和生命周期评定标准。

现行 ISO 9000 系列标准的构成见表 20。

表 20　现行 ISO 9000 系列标准的构成

类别	代号	名称	说明
A 类	ISO 9001	质量管理体系　要求	ISO 9001 规定了质量管理体系的要求，可用于内部质量管理，也可作为认证的依据
	ISO/TS 16949	质量管理体系　汽车生产件及相关维修零件组织应用 ISO 9001 的特殊要求	—

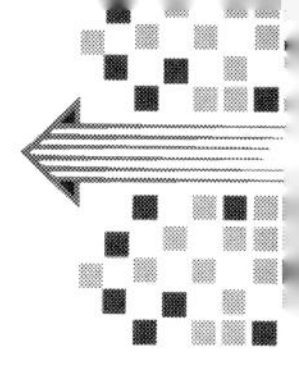

续表

类别	代号	名 称	说 明
B类	ISO 9004	追求组织的持续成功 质量管理方法	① ISO 9004 为超越 ISO 9001 的要求、提高组织总体绩效提供指南；② ISO 9001 与 ISO 9004 可以一起使用也可以单独使用，ISO 9004 提供了超出 ISO 9001 要求的指南和建议，但 ISO 9004 不是 ISO 9001 的实施指南
	ISO 10006	质量管理体系　项目质量管理指南	—
	ISO 10012	测量管理体系　测量过程和测量设备的要求	—
	ISO 10014	质量管理　实现财务和经济效益的指南	—
	ISO 手册	ISO 9001 在中小型组织中的应用指南	—
C类	ISO 9000	质量管理体系　基础和术语	ISO 9000 标准描述了质量管理体系的基本原理，并规定了质量管理体系术语
	ISO 10001	质量管理　顾客满意　组织行为规范指南	—
C类	ISO 10002	质量管理　顾客满意　组织处理投诉指南	—
	ISO 10003	质量管理　顾客满意　组织外部争议解决指南	—
	ISO 10004	质量管理　顾客满意　监视和测量指南	—
	ISO 10005	质量管理体系　质量计划指南	—
	ISO 10007	质量管理体系　技术状态管理指南	—
	ISO 10008	质量管理　顾客满意　B2C 电子商务交易指南	—
	ISO/TR 10013	质量管理体系文件指南	—
	ISO 10015	质量管理　培训指南	—
	ISO/TR 10017	统计技术指南	—
	ISO 10018	质量管理　人员参与和能力指南	—
	ISO 10019	质量管理体系咨询师的选择及其服务使用的指南	—
	ISO 19011	管理体系审核指南	—

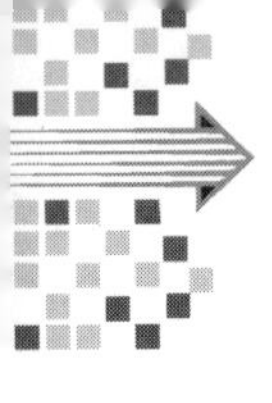

高层结构可应用于A类管理体系要求和B类管理体系指南这两类标准。“要求”性标准是指组织应满足标准中规定的内容，如ISO 9001；“指南”性标准是指组织可参考标准中给出的指南提示，选择适合组织特点的内容加以应用，如ISO 9004。为了更方便管理体系标准的使用，ISO 14001:2015、ISO 45001:2018、ISO 50001:2018等标准把“要求”性和“指南”性两类标准进行了适当的合并，把“要求”性内容列入正文，把“指南”性内容列入附录，附录中的条款与正文中的条款是对应的。

管理体系标准高层结构的核心内容是：①相同的标准框架和条款标题。在相同的标准条款标题下，可以在特定管理体系标准中增加二级条款和三级、四级条款。②相同的通用术语和核心定义。相同的通用术语和核心定义见2.2.4节相关内容，本节不再详述。在各管理体系标准中，这些术语和定义是通用的。如果通用术语和核心定义中与特定的管理体系标准中的术语和定义名称相同但内涵不同，则需要在特定管理体系加以说明。③相同的条款核心文本。高层结构给出了相同的条款核心文本的格式，在相同的条款核心文本的格式基础上，可依据特定管理体系标准增加相应的要求。

2.3.1.4 高层结构的框架和条款

（1）高层结构的框架和条款标题。管理体系标准高层结构相同的框架和条款标题见表21。

表21 管理体系标准高层结构的框架和条款标题

章节	章节题目	二级条款/说明
—	引言 introduction	—
第1章	范围 scope	—
第2章	规范性引用文件 normative references	—
第3章	术语和定义 terms and definitions	包括通用术语及核心定义
第4章	组织环境 context of the organization	包括4个二级条款：理解组织及其环境、理解相关需求和期望、确定管理体系范围、管理体系
第5章	领导作用 leadership	包括3个二级条款：领导作用和承诺，方针，组织的岗位、职责和权限
第6章	策划 planning	包括2个二级条款：应对风险和机遇的措施、目标及其实现的策划
第7章	支持 support	包括5个二级条款：资源、能力、意识、沟通、成文信息
第8章	运行 operation	特定管理体系在本章会有较大的不同
第9章	绩效评价 performance evaluation	包括3个二级条款：监视、测量、分析和评价，内部审核，管理评审
第10章	改进 improvement	包括2个二级条款：不合格和纠正措施、持续改进

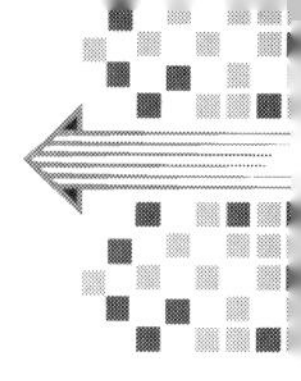

（2）引言、范围和引用文件。高层结构中的引言部分主要介绍具体管理体系标准的背景、目的、作用、运行模式及主要内容。

高层结构的“范围”部分主要提出使用特定管理体系标准所达到的预期结果和使用范围。如果由于特殊情况，特定管理体系标准中的某些要求不适用于组织，那么在范围中应要求组织对不适用部分予以说明，否则不能声称符合该管理体系标准要求。

高层结构的“规范性引用文件”部分是标准的书写格式，可按照实际的规范性引用情况进行描述。

（3）术语和定义。高层结构中给出了通用的术语和定义，这些术语和定义见本书的第2.2.4节“管理体系通用术语”相关内容。在特定的管理体系标准中，除了通用术语和定义外，可以添加特定管理体系标准的专用术语和定义。

（4）标准框架与PDCA循环的关系。在高层结构中，第4章至第10章被称为核心条款，这些条款基本上是按照PDCA循环的逻辑进行安排的。其中，第4章至第6章是策划部分，第7章至第8章是实施部分，第9章是检查部分，第10章是改进部分。管理体系标准框架与PDCA循环之间的关系如图10所示。

管理体系标准高层结构加上各类管理体系要求，即成为相应类别的管理体系标准，例如：

《附件SL》高层结构+质量管理体系要求→ISO 9001:2015；

《附件SL》高层结构+环境管理体系要求→ISO 14001:2015；

《附件SL》高层结构+能源管理体系要求→ISO 50001:2018；

《附件SL》高层结构+碳排放管理体系要求→T/GDES 2030—2021；

《附件SL》高层结构+碳资产管理体系要求→T/GDES 2034—2022。

2.3.1.5　高层结构的管理思维

管理体系可帮助组织实现其预期结果，并追求持续成功。为此，高层结构包含了管理体系标准的典型管理思维理念，这些思维贯穿于标准的始终。

（1）战略思维。宗旨和战略是组织发展的指导思想，战略决策关系到组织的发展方向，管理体系标准是在战略发展的基础上开展管理体系活动的。

（2）风险思维。来自内外部因素和相关方要求的变化状况，给组织管理体系的运行造成了不确定性，这些不确定性可能是正向的（机遇），也可能是负向的（风险）。高层结构中风险措施的深层含义就是要帮助组织创造更多的机遇，减少更多的风险。一个组织如果没有风险思维，它的管理体系可能在一定的时间段是稳定和有效的，但无法实现持续成功的目标。

（3）过程思维。管理体系标准管理的对象是组织的过程或活动，包括过程的输出——产品和服务。高层结构中的核心条款规定了组织管理的过程，组织按照特定管理体系的标准要求，结合组织自身的运作，确定和实施每个过程中的人、机、料、法、环、测的要求，将有助于管理体系整体绩效的提升。

（4）系统思维。高层结构中各条款的要求不是孤立的，而是保持着紧密的逻辑关系。一个过程管理的成功并不代表管理体系运行的成功，对过程和过程之间的相互

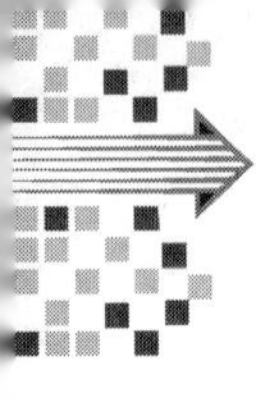

关系进行系统管理，不但可以减少风险，还可以提高效率。高层结构中的 PDCA 模式就是系统思维的体现。

2.3.1.6 核心条款文本描述方式

虽然不同的相关方都可以使用管理体系标准，但管理体系标准最大的使用方是“组织”。因此，高层结构的核心条款部分都是针对“组织”提出的。

在核心条款中，常使用一些助动词，表述形式如下：①“应”表示要求，对组织的要求。②“宜”表示建议，对组织的建议。③“可”表示允许，对组织的允许。④“能”表示可能性或能够，组织可能或能够产生的结果。⑤“考虑”表示认真思考，组织应思考的内容，但不一定要采纳。

核心条款中把“成文信息”表述为“保持形成文件的信息”或“保留形成文件的信息”。“保持形成文件的信息”，即要求组织形成文件；“保留形成文件的信息”，即要求组织形成记录并保存。

2.3.2 组织环境

组织环境位于高层结构的第 4 章，主要由理解组织及其环境、理解相关方的需求和期望、确定管理体系范围和管理体系 4 个条款构成。这 4 个条款是从组织的宗旨和战略层面对组织提出的管理体系总体要求，是组织建立、保持、实施和改进其管理体系的基石，高层结构的第 5 章到第 10 章的所有要求都可以溯源至第 4 章。

2.3.2.1 理解组织及其环境

任何特定的管理体系，组织的内部因素可能包括组织文化、资金、人力、运营、信息、制度、绩效、决策、技术、工艺、设备、材料、监测等；外部因素可能包括政治、文化、法律法规、财政金融、行业发展、市场环境、外部关系、地区状况等。这些内外部因素往往是动态的。

4.1 理解组织及其环境
组织应确定与其宗旨和战略方向相关并影响其实现 X 管理体系预期结果的能力的各种外部和内部因素。 注 1：本章有底纹的内容是高层结构的表述形式，引自 ISO/IEC 导则附录 1。后述相同，不再注释。 注 2：“X”表示特定管理体系的“领域”，如环境、质量、职业健康安全、能源。后述相同，不再注释

一个组织首先要清楚其发展宗旨和战略方向，发展宗旨和战略方向可能是组织自身确定的，也可能是更高一层的组织确定的。因此，标准并不要求组织自身必须确定其宗旨和战略方向。

不同组织的内外部因素都不尽相同，同一个组织不同的管理体系的内外部因素也不尽相同，因此，组织在一个特定管理体系中所处的环境也是不同的，这将导致组织建立、实施和改进管理体系时所采取的方法也不相同。标准要求组织清楚自身所处的

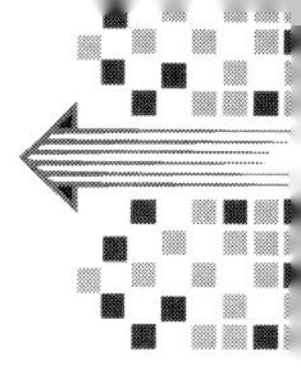

环境，至少要确定与其宗旨和战略方向相关，而且还会影响其实现特定管理体系预期结果能力的内外部因素。

理解组织的环境是一个过程。这个过程确定了对组织宗旨、目标和可持续性有影响的各种因素。它既需要考虑内部因素，还需要考虑外部因素。

2.3.2.2　理解相关方的需求和期望

4.2　理解相关方的需求和期望
组织应确定： —— 与 X 管理体系有关的相关方； —— 相关方的要求

组织不是生存在一个孤立的时空中的，相关方对组织的管理体系会产生重要影响。如顾客的需求会影响到组织的产品定位，政府监管会影响到组织的合规性，员工诉求会影响到管理体系运行的效率。因此，标准要求组织须确定与特定管理体系有关的相关方及相关方的要求。只有明确相关方的需求和期望，才能清楚组织的风险和机遇，才能策划和实施管理体系的方略。

相关方的需求和期望往往是动态的。

2.3.2.3　确定管理体系范围

4.3　确定 X 管理体系范围
组织应确定 X 管理体系的边界和适用性，以确定其范围。 在确定范围时，组织应考虑： —— 4.1 中提及的各种外部和内部因素； —— 4.2 中提及的要求。 范围应作为成文信息提供

不同的管理体系有不同的管理边界和适用性，如质量管理体系与职业健康安全管理体系在人员范围上可能是不同的。因此，针对一个特定的管理体系，组织应当明确其管理体系范围，本章后续内容都是在管理体系范围内开展的活动。

确定管理体系范围时，组织要考虑其确定的内外部因素和相关方的要求，管理体系范围是否适宜，其关系到组织的整体管理绩效和合规性风险。

基于组织的规模、复杂程度、活动领域以及所面临的风险和机遇的性质，管理体系标准中的相关要求可能不适用于组织，高层结构允许组织在经过评审后，且明确在规定的条件下不实施标准中的某项要求不会对其管理体系预期结果产生不利影响时，可以决定该要求不适用。

在合格评定过程中，管理体系范围是一项重要信息，因此，组织应将其作为文件化信息予以保持。

管理体系范围一经界定，该范围内组织的所有过程、产品和服务均需纳入管理体系。

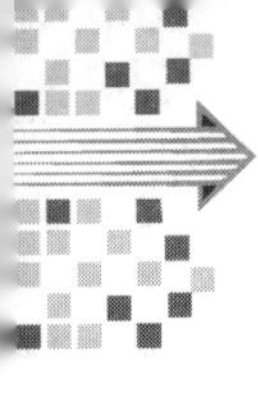

2.3.2.4 管理体系

4.4 X 管理体系
组织应按本标准的要求建立、实施、保持和持续改进 X 管理体系，包括所需过程及其相互作用。

这是对组织的任一管理体系的概括性要求。一方面，组织要满足特定管理体系标准的要求；另一方面，组织应满足一个建立、实施、保持和持续改进的螺旋上升管理体系的运行模式。

一个特定的管理体系都是由过程及其相互作用构成的，按照过程原理，在建立、实施、保持和持续改进一个特定的管理体系时，要实现其预期结果，必须考虑该管理体系所涉及的过程及其相互作用。

值得提出的是，无论组织是否对其特定的管理体系进行正式策划，每个组织都有其特定领域的管理活动，高层结构是对组织如何建立一个正规的特定管理体系提出的要求。

此外，质量管理体系所需过程及其相互作用是其他管理体系的基石。其他管理体系所需过程及其相互作用与质量管理体系存在着很大的关联度。当然，其他管理体系也会对质量管理体系过程及相互作用有影响。

一个组织满足特定管理体系的高层结构，并不意味着组织的管理水平达到了卓越模式。

2.3.3 领导作用

领导作用位于高层结构的第 5 章，主要由领导作用和承诺，方针，组织的岗位、职责和权限 3 个条款构成。最高管理者的承诺可通过组织的岗位、职责和权限，将特定管理体系融入组织的业务过程、战略方向和决策过程；其作用可创造具有战略和竞争性的机遇，有效地应对风险，使得特定管理体系得到成功实施。

2.3.3.1 领导作用和承诺

5.1 领导作用和承诺
最高管理者应通过下述方面证实其对 X 管理体系的领导作用和承诺： —— 确保制定 X 管理体系的方针和目标，并与组织环境相适应、与战略方向相一致； —— 确保 X 管理体系要求融入组织的业务过程； —— 确保 X 管理体系所需的资源是可获得的； —— 沟通有效的 X 管理和符合 X 管理体系要求的重要性； —— 确保 X 管理体系实现其预期的结果； —— 指导和支持员工为 X 管理体系的有效性做出贡献； —— 促进持续改进； —— 支持其他相关管理者在其职责范围内发挥领导作用。 注：使用的“业务”一词可广义地理解为组织的核心活动

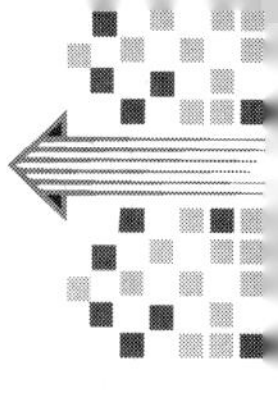

最高管理者的承诺是特定管理体系成功的关键因素，能够使组织的战略、宗旨、方针、过程和资源保持一致，以实现其预期结果。这些承诺将通过后续条款加以体现和落实，以证实对承诺的实现。

基于特定管理体系的管理宗旨和方向，确保制定其方针和目标。

基于组织的实际管理特征，确保管理体系要求融入组织的业务过程。

基于过程理论及有效性，确保为管理体系配置资源，确保管理体系实现其预期结果。

基于全员参与的原则，在各层次沟通有效的管理体系要求的重要性，指导和支持员工为管理体系的有效性做出贡献，支持其他相关管理者在其职责范围内发挥领导作用。

基于 PDCA 循环，促进持续改进。

2.3.3.2 方针

5.2 X 方针
最高管理者应制定 X 方针，X 方针应： —— 适应组织的宗旨； —— 为建立的 X 目标提供框架； —— 包括满足适用要求的承诺； —— 包括持续改进 X 管理体系的承诺。 X 方针应： —— 可获取并保持成文信息； —— 在组织内部沟通； —— 适宜时，可为相关方所获取

方针是管理体系的重要组成部分，是对特定管理体系意图和方向的文件化表达。方针必须与组织的宗旨一致，其作用是为建立目标提供框架，也是对特定管理体系运行过程提出的纲领性要求。内容应包括领导的承诺，在组织内部应保持正确的理解，并可向相关方公开。

2.3.3.3 组织的岗位、职责和权限

5.3 组织的岗位、职责和权限
最高管理者应确保组织相关岗位的职责、权限得到分配和沟通。 最高管理者应分配职责和权限，以： ——确保 X 管理体系符合本国际标准要求； ——向最高管理者报告 X 管理体系的绩效

下述是“组织的岗位、职责和权限”的原理及内涵。

基于管理体系是由过程或活动组成的原理，为使管理体系更加有效地运行，需要对所有过程进行必要的客观且有序的组合，对多个过程进行组合后，就形成岗位或部门。即使这样，仍然存在岗位之间、部门之间的相互关系。因此，最高管理者要依据

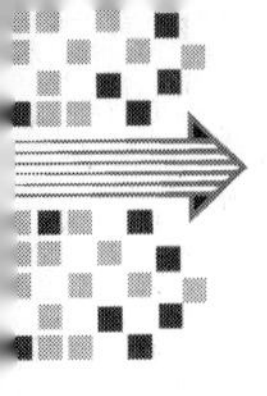

过程组合的适宜性确定与特定管理体系有关的岗位分配，依据岗位要求确定职责，依据岗位职责及其相互关系确定权限，包括向最高管理者报告管理体系绩效的岗位、职责和权限。这些岗位、职责和权限应覆盖管理体系要求的所有过程。

2.3.4 策划

策划位于高层结构的第6章，主要由应对风险和机遇的措施、目标及其实现的策划两个二级条款构成，在管理体系的PDCA循环中属于P的环节，在管理体系的建立、实施、保持和持续改进中属于建立环节。基于风险思维和系统思维，策划是在组织环境和领导作用的基础上，提出应对风险和机遇的措施及目标实现的要求，这为后续条款的落实提供了准则。特定管理体系可在二级条款的基础上，增加与特定管理体系相关的三级条款。

2.3.4.1 应对风险和机遇的措施

6.1 应对风险和机遇的措施
在策划X管理体系时，组织应考虑到4.1提及的因素和4.2提及的要求，并确定需要应对的风险和机遇，以： —— 确保X管理体系能够实现预期结果； —— 预防或减少不利影响； —— 实现持续改进。 组织应策划： （1）应对这些风险和机遇的措施。 （2）如何： —— 在X管理体系过程中整合并实施这些措施； —— 评估这些措施的有效性

下述是“应对风险和机遇的措施”的原理及内涵。

基于组织的内外部因素与相关方的需求和期望，高层结构要求组织应确定需要应对的风险和机遇。确定风险和机遇并不是目的，目的是通过策划应对这些风险和机遇的措施，确保组织能够实现管理体系的预期结果，预防或减少非预期影响，并实现持续改进。

应对风险和机遇的策划可能输出多个措施。按照系统思维，还要将这些措施进行整合后予以实施，以减少措施之间的接口，也可以避免重复。依据PDCA理论，还要对措施的有效性进行评价。

由于特定管理体系有其明显的领域特征，因此，特定管理体系往往在二级条款的基础上，增加与特定管理体系相关的三级和四级条款。

由于风险管理是一个系统的管理过程，所以高层结构并不要求组织针对一个特定管理体系专门再建立风险管理体系，除非组织主动建立风险管理体系。

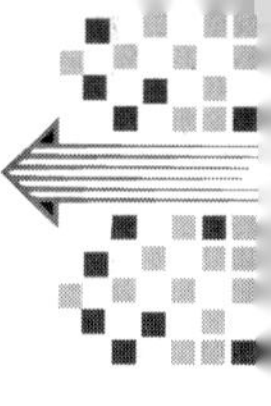

2.3.4.2　目标及其实现的策划

6.2　X 目标及其实现的策划
组织应针对相关职能和层次建立 X 目标。 X 目标应： —— 与 X 方针保持一致； —— 可测量（如果可实现）； —— 考虑适用的要求； —— 予以监视； —— 予以沟通； —— 适时更新。 组织应保持 X 目标的成文信息。 策划如何实现 X 目标时，组织应确定： —— 要做什么； —— 需要什么资源； —— 由谁负责； —— 何时完成； —— 如何评价结果

下述是“目标及其实现的策划”的原理及内涵。

组织的宗旨和战略、内外部因素及相关方的期望和需求、最高管理者的承诺、方针、应对风险和机遇的措施、目标等，这是管理体系高层结构设计的一组相互关联的纲领性要素，它们的外延由大变小，逐步使其内涵接近管理体系的实施层面。实现目标往往是一个特定管理体系的预期结果。

高层结构要求组织在相应职能和层次建立目标。从时间角度，组织可建立远期目标、中期目标和近期目标；从层次角度，组织可建立战略层面目标、战术层面目标和运行层面目标。基于组织的职能分配和过程管理，员工能够直接感受的是近期的运行层面目标。

高层结构要求组织建立的目标应与特定管理体系的方针保持一致、可测量、适用、对其监视和沟通、适时更新；应明确要做什么、需要什么资源、由谁负责、何时完成、如何评价结果。

目标管理已经被广泛地应用于管理实践中，其理论依据是心理学与组织行为学中的目标论。任何一个组织系统层层制定目标并强调目标结果的评价，都可以提升组织的业绩、工作效率和员工的满意程度。

2.3.5　支持

支持位于高层结构的第 7 章，主要由资源、能力、意识、沟通和成文信息 5 个二级条款构成，在管理体系的 PDCA 循环中属于 D 的环节，支持意味着对管理体系的建立、实施、保持和持续改进的支持。高层结构主要从资源、人的能力意识、内外部沟

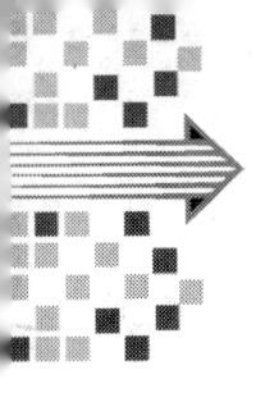

通和文件系统提出了要求。在过程管理中，支持基本属于资源配置环节。特定领域的管理体系可根据其所在领域，增加与特定领域相关的管理体系条款。

2.3.5.1 资源

7.1 资源
组织应确定并提供所需的资源，以建立、实施、保持和持续改进 X 管理体系

下述是“资源”的原理及内涵。

资源是管理体系有效运行和改进，以及实现管理体系预期结果所必需的。在管理体系的策划阶段，为应对风险和机遇及实现目标，资源显然是策划措施的一项输出。高层结构在该条款中要求组织在建立、实施、保持和持续改进管理体系的过程中，要确定并提供所需的资源，这同时也是最高管理者承诺内容的一项体现。

资源可能包括自然资源、社会资源、人力资源、基础设施、技术资源、账务资源、信息资源等，由于不同特定管理体系所处的领域不同，其所需的资源也不尽相同。

2.3.5.2 能力

7.2 能力
组织应： —— 确定在其控制下的人员所需具备的能力，这些能力影响 X 绩效； —— 基于适当的教育、培训或经验，确保这些人员是胜任的； —— 适用时，采取措施以获得所需的能力，并评价措施的有效性； —— 保留适当的成文信息，作为人员能力的证据。 注：适用措施可包括对在职人员进行培训、辅导或重新分配工作，或者聘用、外包胜任的人员

下述是“能力”的原理及内涵。

该条款仅指人的能力，不包括过程能力等。过程能力是过程实现不可或缺的内容。人的能力是过程能力的一部分，因此，人的能力需求来自过程能力的需求。

能力是运用知识和技能实现预期结果的本领。只要对组织的特定领域绩效有影响的人员，组织都应确定他们的能力。在组织内部，员工的能力要求与岗位或过程直接相关。

能力可以用众多要素予以表述，但教育、培训或经验是能力的最基本表述。当员工的能力不能达到能力要求时，组织可采取措施，通过评价手段确定其是否满足能力要求。保留成文信息作为证实员工能力的证据，这在涉及合规性时尤为重要。

2.3.5.3 意识

7.3 意识
组织应确保在其控制下工作的人员意识到： —— X 方针； —— 他们对 X 管理体系有效性的贡献，包括改进 X 绩效的益处； —— 不符合 X 管理体系要求的后果

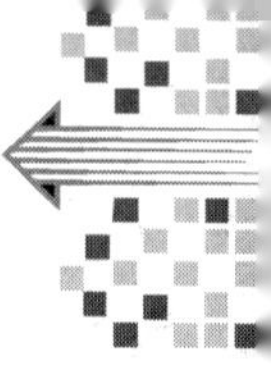

下述是“意识”的原理及内涵。

意识可以反映客观事物，这种反映可以是正确的，也可以是错误的，意识可以转化为人的行为，从而引起客观事物的变化。高层结构要求组织应确保员工意识到方针的内涵、他们对管理体系有效性的贡献以及发生不符合情况后的后果。

2.3.5.4　沟通

7.4　沟通
组织应确定与 X 管理体系相关的内部和外部沟通，包括： —— 沟通什么； —— 何时沟通； —— 与谁沟通

下述是“沟通”的原理及内涵。

基于过程思维和系统思维，过程内部的活动及过程之间的相互接口都存在信息输入与输出，其中部分信息的传递是由人来完成的，因此沟通既是过程的需要，同时也可以提高系统的效率。

特定管理体系涉及过程的输入和输出，信息既可以来自内部，也可以来自外部，因此高层结构要求组织应确定内外部沟通的内容、时机和对象。

2.3.5.5　成文信息

7.5　成文信息
7.5.1　总则 组织的 X 管理体系应包括： —— 本标准要求的成文信息； —— 组织所确定的、为确保 X 管理体系有效性所需的成文信息。 注：对于不同组织，X 管理体系成文信息的多少与详略程度可以不同，取决于： —— 组织的规模，以及活动、过程、产品和服务的类型； —— 过程及其相互作用的复杂程度； —— 人员的能力。 7.5.2　创建和更新 在创建和更新成文信息时，组织应确保适当的： —— 标识和说明（例如：标题、日期、作者、索引编号）； —— 形式（例如：语音、软件版本、图表）和载体（例如：纸质的、电子的）； —— 评审和批准，以保持适宜性和充分性。 7.5.3　成文信息的控制 应控制 X 管理体系和本国际标准所要求的成文信息，以确保： —— 在需要的场合和时机，均可获得并适用； —— 予以妥善保护（如防止泄密、不当使用或损失）。 为控制成文信息，适用时，组织应进行以下活动： —— 分发、访问、检索和使用；

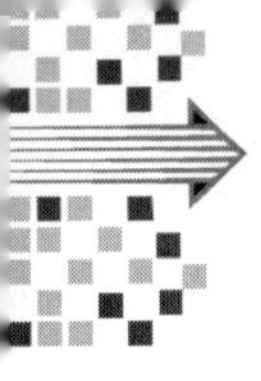

续

<table><tr><td>
——存储和防护，包括保持可读性；
——更改控制（如版本控制）；
——保留和处置。
对于组织确定的策划和运行 X 管理体系所必需的来自外部的成文信息，组织应进行适当识别，并予以控制。
注：对成文信息的访问可能意味着仅允许查阅，或者意味着允许查阅并授权修改
</td></tr></table>

下述是“成文信息”的原理及内涵。

成文信息是管理体系的重要支持部分，它可以使管理体系更加稳定，能够起到知识积累和信息沟通的作用，也是过程运行的准则和证据。成文信息指的是组织需要控制和保持的信息及其载体。承载信息的载体可能是纸张的，也可能是电子的。高层结构的核心条款中把“成文信息”表述为“保持形成文件的信息”或“保留形成文件的信息”。“保持形成文件的信息”，即要求组织形成文件；“保留形成文件的信息”，即要求组织形成记录并保存。

该条款又下设了总则、创建和更新、成文信息的控制 3 个三级条款。

（1）总则。该条款规定了特定管理体系标准要求的成文信息、组织自己所需的成文信息和相关方的成文信息。由于组织的规模、活动、过程、产品和服务的类型、复杂程度、人员的能力等因素不同，因此，只要能确保管理体系有效，成文信息的多少与详略程度可以由组织自身决定。

（2）创建和更新。受内外部因素的影响，组织的管理体系是稳定且动态的，因此，组织在管理体系的运行过程中，会不断地创建新的文件和更新旧的文件。在创建和更新成文信息时，通过评审和批准，组织应确保成文信息的标识、说明、形式和载体的适宜性和充分性。

（3）成文信息的控制。组织应在需要的场合和时机获得适用的成文信息，包括外部成文信息，并对其妥善保护。通常情况下，组织对成文信息的控制方式包括：分发、访问、检索、使用、存储、防护、可读、更改控制、保留、处置。

2.3.6 运行

运行位于高层结构的第 8 章，在 PDCA 的运行模式中属于 D 的环节，在管理体系的建立、实施、保持和持续改进中属于实施和保持环节，前述条款的很多要求都在这个条款中予以实现。虽然高层结构没有针对运行给出更多的二级核心条款，但是不同的特定管理体系在其所在领域的运行特征是有差异的。因此，特定领域的管理体系可根据其所在的领域，增加与特定领域相关的管理体系条款。

8.1　运行策划和控制
为满足要求，并实施 6.1 所确定的措施，组织应通过以下措施对所需的过程进行策划、实施和控制： ——建立过程准则； ——按照准则实施过程控制；

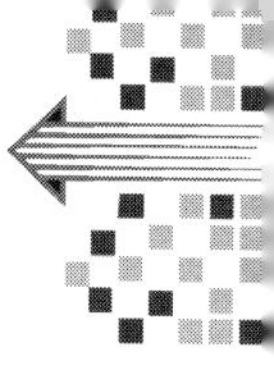

续

—— 在必要的范围和程度上，保留成文信息以确信过程已经按策划进行。 组织应控制策划的变更，评审非预期变更的后果，必要时，采取措施减轻不利影响。 组织应确保外包过程受控

下述是“运行”的原理及内涵。

高层结构中，从整体的管理体系角度策划了应对风险和机遇的措施，这些输入成为运行过程策划和控制的原则。

运行策划和控制在高层结构中的作用至关重要，它关系到风险和机遇措施的实现程度和有效性。组织应依据应对风险和机遇的措施对运行过程的策划和控制进行细化。

不同的组织及其不同的管理体系领域，其运行过程是有差异的。一方面，不同的组织有着不同的管理机制，如组织规模和性质；另一方面，不同的管理体系领域有着不同的管理重点，如质量、环境、职业健康安全。因此，组织首先要对运行过程进行策划，依据特定管理体系所需的过程及其相互作用，细化运行过程中的分过程及小过程，并对这些过程建立运行准则。这些分过程和小过程有些是客观存在的，有些是主观设置的。对客观存在的过程，运行准则的内容要科学合规；对主观设置的过程，运行准则的内容要适合组织自身的管理方式。

组织应按照运行准则实施并控制实施的过程。组织可根据自身的需求，保留实施和控制的相关成文信息。这些信息将成为绩效评价和改进的重要输入。

运行过程不是一成不变的。运行过程的输入出现预期和非预期变化时，都可能导致运行过程的变化，因此，组织还要对变更内容进行策划，尤其是在对非预期变更进行策划时，应评审非预期变更对其他过程的相互作用及结果，必要时，采取措施减轻不利影响。产品种类、工艺技术、过程方法、应急响应等是组织经常遇到的变更对象。

在组织运行过程中，部分过程可能是外包的，对外包的控制类型和程度取决于外包的性质、风险和机遇。

2.3.7　绩效评价

绩效评价位于高层结构的第 9 章，主要由监视、测量、分析和评价，内部审核，管理评审 3 个二级条款构成，在 PDCA 循环中属于 C 的环节。绩效评价既包含对管理体系整体预期结果的绩效评价，也包含对管理体系建立、实施、保持和持续改进的具体过程结果的绩效评价。该条款是改进的重要输入信息。特定管理体系可根据其特定的领域，增加与特定领域相关的管理体系条款。

2.3.7.1 监视、测量、分析和评价

9.1 监视、测量、分析和评价
组织应确定： —— 需要监视和测量什么； —— 需要用什么方法进行监视、测量、分析和评价，以确保结果有效； —— 何时实施监视和测量； —— 何时对监视和测量的结果进行分析和评价。 组织应保留适当的成文信息以作为结果的证据。 组织应评价 X 管理体系的绩效和有效性

下述是“监视、测量、分析和评价”的原理及内涵。

高层结构用“监视、测量、分析和评价”的机理和方式对管理体系的预期结果进行衡量，包括目标、过程的实施及其结果是否有效和它们的实现程度。衡量的依据是管理体系的所有要求，尤其是管理体系的预期目的、运行准则和过程目标。显然，运行策划和控制是该条款最重要的衡量对象。由于管理体系的领域和过程特性不同，监视、测量、分析和评价结果既可以是定量的，也可以是定性的。

对于管理体系的预期结果，监视是在不同阶段或不同时间的情况下，通过检查、监督、观察等方式确定其状态的过程。测量是确定数值的过程，是一种定量表达。分析是利用监视、测量或其他信息，有时还需要进行信息再加工，确定其原因或判定其趋势的过程。评价是判定其适宜性、充分性和有效性是否达到规定要求的过程。

基于 PDCA 理论，要实现监视、测量、分析和评价，首先要对这个过程进行策划，要求组织应确定需要监视和测量什么、需要用什么方法、实施监视和测量的时机以及对监视和测量的结果进行分析和评价的时机。策划这些过程时，可以考虑使用外部资源。

在实施监视、测量、分析和评价过程中，会使用输入信息，也会输出信息，组织应适当地保留这些信息。这些信息既可以作为符合性的证据，也可以作为改进的输入。在涉及合规性时，这些成文信息尤其重要。

2.3.7.2 内部审核

9.2 内部审核
组织应按照策划的时间间隔进行内部审核、以提供有关 X 管理体系的下列信息： （1）是否符合： —— 组织自身的 X 管理体系要求； —— 本国际标准的要求。 （2）是否得到有效的实施和保持。 组织应： （1）依据有关过程的重要性、对组织产生影响的变化和以往的审核结果，策划、制订、实施和保持审核方案，审核方案包括频次、方法、职责、策划要求和报告等。 （2）规定每次审核的审核准则和范围。

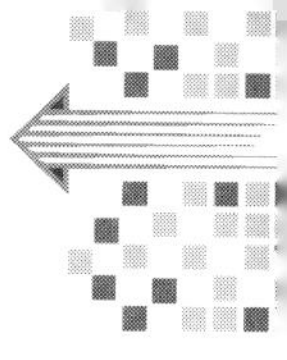

续

(3) 选择审核员并确保实施审核过程的客观性和公正性。 (4) 及时采取适当的纠正和纠正措施。 (5) 保留成文信息，作为实施审核方案和审核结果的证据

下述是“内部审核”的原理及内涵。

内部审核是组织对其管理体系评价的一种方式。产品和服务的检验，以及过程能力评定等专项检验和评价活动不能代替内部审核。内部审核是一个系统的、独立的并形成文件的过程，是对组织的特定管理体系的建立、实施、保持和改进的全面评价过程。组织可以通过内部审核收集相关信息和客观证据，来评价管理体系运行的符合性和有效性，从而识别改进的机会，并进一步采取应对风险和机遇的措施，包括对管理体系策划结果的变更，使组织的特定管理体系绩效达到更高的水平。

内部审核的审核目标、审核频次、审核范围、审核准则、审核内容、审核进度、审核方、审核证据、审核发现、审核结论、审核报告、内审员管理等是审核方案要考虑的主要内容。有关内部审核的原理及审核方案的策划与实施，可参考《管理体系审核指南》（GB/T 19011—2021、ISO 19011:2018）。

2.3.7.3 管理评审

9.3 管理评审
最高管理者应按照策划的时间间隔对组织的 X 管理体系进行评审，以确保其持续的适宜性、充分性和有效性，并与组织的战略方向保持一致。 管理评审应包括并考虑以下内容： (1) 以往管理评审所采取措施的情况。 (2) 与 X 管理体系相关的内外部因素的变化。 (3) X 管理绩效的信息，包括其趋势： —— 不合格及纠正措施； —— 监视和测量结果； —— 审核结果。 (4) 持续改进的机会。 管理评审的输出应包括与持续改进机会和 X 管理体系变更的需求相关的决定。 组织应保留成文信息，作为管理评审结果的证据

下述是“管理评审”的原理及内涵。

管理评审也是组织对其管理体系评价的一种方式。内部审核不能代替管理评审。管理评审是组织最高管理者的活动，目的是确保管理体系的持续适宜性、充分性和有效性，并且不偏离战略方向，从而识别改进的机会，并进一步采取应对风险和机遇的新措施，包括对方针和目标的变更，使组织的特定管理体系按照组织的战略方向运行。

基于组织所处内外部因素的不断变化，包括法律法规、市场、相关方要求、新技术、产品、过程、资源等的变化，组织的管理体系应保持其适宜性；同时，基于应对风险和机遇的措施及管理体系标准的其他要求，组织的管理体系在策划、实施、检查和改进过程中所采取的措施要保持其充分性。此外，目标管理原理要求组织的管理体系的预期目标，包括特定目标和过程结果保持其有效性。

高层结构要求组织对以往管理评审所采取措施、内外部因素的变化、管理绩效的信息，包括不合格及纠正措施、监视和测量结果、审核结果等进行评审。特定管理体系可能还会对涉及支持系统、合规性等信息进行评审。这些内容构成了管理评审的主要输入。

显然，通过评审，组织会发现其管理体系在保持自身适宜性、充分性和有效性方面存在一定的不足，这将促使组织采取进一步的改进措施，使其管理体系呈现一个螺旋上升的状态。

管理评审活动不要求一次解决所有的输入，评审的时机可与组织的业务活动相协调。组织可将管理评审作为单独的活动来开展或与相关的活动一起开展。

管理评审结论及改进措施是管理评审的重要输出，也是下个周期管理评审的输入。

组织保留管理评审的相关文件化信息是必要的。

2.3.8 改进

改进位于高层结构的第 10 章，主要由不合格和纠正措施、持续改进两个二级条款构成，在 PDCA 循环中属于 A 的环节。前述条款绩效评价是本条款的主要输入。改进既可以针对管理体系的整体，也可以针对一个过程或活动；既可以是宏观的，也可以是微观的。

因此，通过改进，可使组织的某个过程或管理体系进入螺旋上升的状态。

2.3.8.1 不合格和纠正措施

10.1 不合格和纠正措施
当发生不合格时，组织应： （1）对不合格做出应对，适用时： —— 采取措施以控制和纠正不合格； —— 处置后果。 （2）通过下列活动，评价是否需要采取措施，以消除产生不合格的原因，避免其再次发生或者在其他场合发生： —— 评审和分析不合格； —— 确定不合格的原因； —— 确定是否存在或可能发生类似的不合格。 （3）实施所需的措施。 （4）评审所采取的纠正措施的有效性。 （5）需要时，变更 X 管理体系。 纠正措施应与不合格所产生的影响相适应。

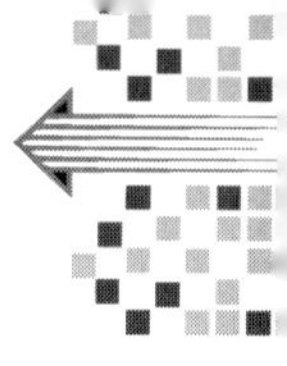

续

组织应保留成文信息，作为下列事项的证据： —— 不合格的性质以及随后采取的措施； —— 纠正措施的结果

下述是“不合格和纠正措施”的原理及内涵。

管理体系运行过程中难免会出现不合格，问题在于如何对待不合格，对待不合格应遵循的原理是：一是对不合格做出响应，决定处置不合格的层级；二是评价处置的结果。

不合格是未能满足要求。体系、过程、产品和服务都可能存在不合格。处置不合格的层级是：控制不合格，包括允许不合格的存在；纠正不合格，包括对不合格后果的处置；对不合格采取纠正措施。控制不合格是为了防止其继续向不利方向发展；纠正是为消除已发现的不合格所采取的措施；纠正措施是为消除不合格的原因并防止再发生所采取的措施。

对不合格采取措施的层级取决于不合格所产生的影响与组织可承担的风险和创造的机遇。

基于过程之间相互作用的原理，对待不符合无论采取任何措施，高层结构都要求组织对措施实施结果的有效性进行评价。对拟采取的纠正措施，还要在措施实施前，评价措施可能带来的后果，并提出应对风险的后续措施，包括对管理体系变更的措施。

保留不合格的性质以及采取措施的结果的成文信息，是组织管理体系自我修正和完善的证据，这些信息对合规性尤其重要。

2.3.8.2　持续改进

10.2　持续改进
组织应持续改进 X 管理体系的适宜性、充分性和有效性

下述是“持续改进”的原理及内涵。

持续改进是提高绩效的循环活动。无论是组织还是其他相关方，组织的持续改进将有利于各方的共同发展需求。

组织的高层管理者对改进的推动是极其重要的，但它无法替代众多过程的内在的主动性改进。持续改进机制的建立就是使改进工作辐射到组织的方方面面。当然，这些改进不一定同时开展。

基于 PDCA 理论和相关的实践，持续改进机制主要关注 3 个维度：①把控制重点前置至控制过程，利用对各过程的控制来保证结果，当过程控制存在不确定性时，把控制重点再转向结果；②把改进的授权下达到过程，让过程的管理者主动地实施自我改进；③掌握改进的方法，如变异分析、标杆比对。高层结构组织应对其特定管理体系的适宜性、充分性和有效性实施持续改进，更强调的是组织应建立起管理体系持续改进的机制。在该条款中对管理体系的适宜性、充分性和有效性的要求比管理评审中的要求更进一步。

3　企业数字化转型

3.1　企业数字化转型的发展

3.1.1　企业信息化到数字化的升级

过去20年，企业“信息化”取得了很大的进步，企业从PC互联网时代进入移动互联网时代，现逐步进入数字化时代，建立了财务系统、客户关系系统、供应链系统、办公系统、ERP系统等，大规模提升了企业的运营效率并降低了成本。

信息化建设的特点有：①以企业内部的需求为主，目的是提高企业内部运营的效率，但还不是“以客户为中心”；②以内部流程优化和局部自动化为主，但还没有互联网化和平台化；③能够提供数据分析和决策支持，但还需要人工决策，而不是人工智能决策。

信息化的普及造就了IBM、惠普、微软、Oracle、SAP等行业巨头，它们为企业提供软件和硬件服务并获得了巨大的商业成功。但未来的数字化时代出现的一批新行业领导者，将会是谷歌、亚马逊、阿里巴巴、百度、腾讯、华为这样的创新型公司。

信息化时代的主要理念和技术都是从国外传入中国的，包括信息化使用的硬件和软件系统大部分都需要外国企业提供。国内企业只能满足中小企业和低端的一些信息化需求，对信息化要求高的银行、保险、石油石化、航空等大型企业都采购了IBM、Oracle、HP、EMC、微软等外国公司的技术和服务。麦肯锡、埃森哲、安永、普华永道、毕马威等国外咨询公司也帮助很多大型企业规划和设计了企业业务架构和IT架构。国内的IT公司基本只能做最底层的代码开发和实施工作，整体的设计思路和整体架构还是靠上述的跨国公司。

信息化技术更关注企业内部生产效率和管理效率的提升，但数字化时代更要注重对客户的洞察和提供贴心的服务体验。随着中国互联网（特别是移动互联网）的爆发式发展，以及新时代“四大发明”——“电商、高铁、电子支付、共享单车”的出现，中国在互联网商业模式和技术应用方面已经追上发达国家。阿里巴巴、腾讯、百度、京东等互联网巨头不再满足于自身的快速发展，而是通过平台赋能和技术输出，建立更高维度的生态体系。互联网行业最佳实践的缔造者和创新者开始帮助中国传统企业实现数字化转型，成为技术服务行业新的挑战者。信息化时代和数字化时代的对比如表22所示。

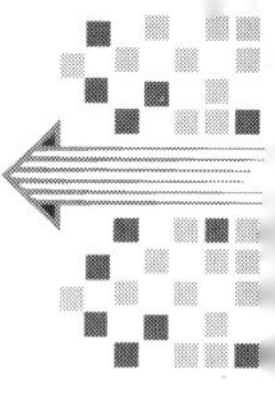

表 22　信息化时代和数字化时代的对比

特点	信息化时代	数字化时代
时间	国外：20 世纪 60—70 年代开始 国内：20 世纪 80 年代开始至今	国内外：21 世纪 10 年代
理念	以满足企业管理功能需求为主，提高运营效率	“以客户为中心”，优化客户体验和历程，全业务数字化
应用技术	硬件：大型机、小型机、网络设备 软件：业务系统、财务系统、ERP、办公软件等	云计算（SaaS、PaaS、IaaS）、互联网、大数据、AI、IOT、5G 等
领先服务商	IBM、Oracle、EMC、惠普、微软等	阿里巴巴、华为、腾讯、京东、微软、谷歌、亚马逊

企业面临着商业模式、新技术、全球化的挑战，要具备 3 个方面的核心能力：差异化、快速反应、高效运营。在差异化方面，企业需要商业模式创新和运营模式变革，对客户/市场具备快速反应能力，具有敏锐的市场洞察力，能够对市场机会、客户需求和竞争对手做出快速反应。应用新的技术和创新，实现低成本、高效的运营，才能持续优化。

企业的业务将采用双模开发：稳态加敏态。可预见性的业务使用的是传统瀑布式开发，也就是稳态；探索性的业务使用的是敏捷开发，也就是敏态。

敏捷开发素来以“不重视”文档闻名，但其实敏捷开发并非不需要文档，而是不需要那么详尽的文档。过于详尽的文档会消耗大量不必要的精力，而其用途又非常有限。对于开发人员而言，在软件维护方面，高质量的需求文档远不如整洁的代码加上详尽的注释那样更让人清楚软件的结构，所以敏捷开发在这方面进行了大胆的改动：个体和互动优于流程和工具、工作的软件优于详尽的文档、客户合作优于合同谈判、响应变化优于遵循计划。

非正宗的敏捷指的是不按套路出牌的“特事特办”。这种敏捷的本质就是“临时事项”，因事而立，事过则废。其实这种方式会对企业整体的架构管理带来一定的破坏性，其往往会直接要求一些违反“架构”整体安排的改动，而事后通常也会无人负责，做完之后，一般直接交给运维团队去维护。有些的确有长期价值的系统可能会持续使用，这样的还算比较好的，但是做完之后再也无人问津的系统也屡见不鲜。

企业信息化这个概念的重点在于将企业生产和管理的各项流程电子化，替代原有的纸质的信息记录和通信方式，转而使用更高效率的计算机管理方式。

然而，在现如今的企业当中，计算机的应用早已普及，从纸面转向电子的过程已基本完成，信息化不再是企业管理和运营当中的挑战。这时候新的问题是如何高效地管理企业内外部多种多样的信息系统。这些信息系统最初是为了满足个别部门当时的需要而各自开发建成的，最后可能会因为缺乏互操作性而成为一个个信息孤岛。企业

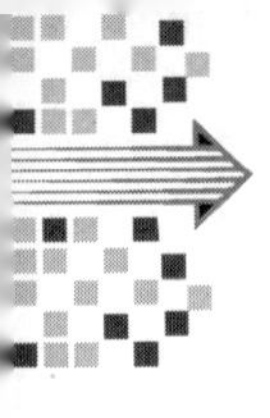

或许还存在相同功能的重复建设，导致 IT 运营成本居高不下。

企业在不断自我发展和满足市场需要的同时，调整各项生产及管理的任务和流程，随之而来的是要求支撑这些流程的信息系统能够实现和满足这些变更的需求。在这个过程当中，对企业 IT 环境的全盘把握和管理，以及合理运用和调整相关的 IT 技术和系统以实现企业的管理和经营战略是当前多数企业面临的挑战。面对激烈的商业竞争和瞬息万变的市场情况，柔性是诸多企业急需的一种能力。在这样的时代背景下，企业架构的概念更适合我们学习并运用到实际的生产管理当中去。

3.1.2 数字化对企业的作用

在新一轮科技革命和产业变革的背景下，国际百年变局和世纪疫情交织叠加，经济全球化遭遇逆流。应对新冠疫情常态化而催生的“云上生活”，逐渐成为大众的习惯。疫情改变了商业发展的节奏，人类非传统的沟通方式极大地影响了市场竞争的格局。面对充满不确定性的未来，数字化转型是产业发展的确定性选择。不管是基于防疫的环境需要，还是企业与企业之间的商业协作需要，抑或企业自身主动的转型发展需要，企业都已走在数字化的路上。

互联网和数字化没有改变管理的本质，数字化转型是强化企业管理能力的有力帮手。数字化管理的底层逻辑从来没有发生变化，那就是促进企业可持续地有效增长、提升效益和降低成本，构建长期竞争优势。

企业数字化转型是产业数字化转型的主题，不仅关乎企业本身的未来，也与企业所在产业链上下游密切相关，它既受限于产业链上下游的数字化转型程度，也会深刻地影响其上下游的联动。因此，企业数字化将助力我国产业数字化转型。

生产线装备的数字化改造是企业数字化转型的应有之义，但这仅仅是切入点之一。从生产过程看，企业数字化转型包括研发、设计、供应、生产、装配、质检、销售、市场、服务等环节，从产品创意到支撑客户使用服务的全生命周期。从管理维度看，企业数字化转型覆盖企业使命、发展战略、组织架构、人力资源、财务管理、营销服务等方面。

企业数字化转型是一个系统工程，各环节和各层次同步推进是最理想的，但这往往不现实，实际上某些环节先行或某一层面重点发力，也能取得一定的效果。有很多实例说明了企业数字化转型在创新能力加强、生产效率提升、产品质量改进、生产成本下降、能效环保优化等方面的贡献，从更深层次看是通过对客户更优质的服务实现企业的可持续发展。但是也要清楚地认识到，数字化转型成效的取得并非一帆风顺，企业数字化转型之路面临不少挑战。数字化转型常见问题如表 23 所示。

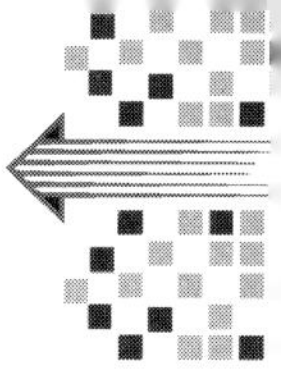

表 23　数字化转型常见问题

序号	类型	现象	原因
1	技术类型	花钱买得到数字化转型所需的生产线装备的软硬件，但并不等于买到了数字化转型	因为企业是个性化的，买来的软硬件需要针对企业需要来适配和调试。另外，先进的装备与软硬件有可能被禁运和断供
2		企业现场装备的异构性和标准多样化，不利于对底层数据的采集，即便配置了企业大脑和工业互联网平台，也是头重脚轻，难以发挥作用	现在到了基于新一代信息技术开发工业互联网标准和工控产品的时候了，以便以新的架构开拓数字化转型的新格局
3	管理类型	数字化转型需要信息技术与运营技术相融合	需要精通信息技术的人才、熟悉企业生产流程的人才或者两者兼备的人才的紧密合作，而人才短缺是目前的普遍现象
4		用自动化替代生产线的工人，导致生产岗位结构性调整；用人工智能决策取代企业高管的作用，如果处理不好反而会成为数字化转型的阻力	事实上，企业数字化转型要避免见物不见人，工匠精神和工程师的经验仍然是不可替代的
5		关于网络与信息安全方面的挑战，数字化转型并非将企业生产线装备联到外网，企业现场及生产线的数据不应传到企业之外	需要有更多的信创产品来支撑企业的数字化转型

3.1.3　企业数字化转型的本质

企业的很多业务从线下发展到线上，手工替换成自动，基于数据模型对物理世界进行建模、数据挖掘、数据分析以及智能推理预测等，使人们对企业运营的未来有更深刻、更准确的认知，以指导经营管理行动。数字化转型的目的不是数字化本身，而是企业的业务战略和企业自身的卓越运营。

以规则的确定性应对结果的不确定性。数字化转型也遵循这个基础逻辑，企业需要构建一个不依赖个人、不依赖技术的管理框架（规则的确定），以应对外部环境动荡、企业竞争变化和技术更新发展带来的不确定性（结果的不确定）。用任正非的话说，“即使有黑天鹅，也让黑天鹅在咖啡杯中飞”。咖啡杯就是被稳稳地端在企业家手中的确定的规则。

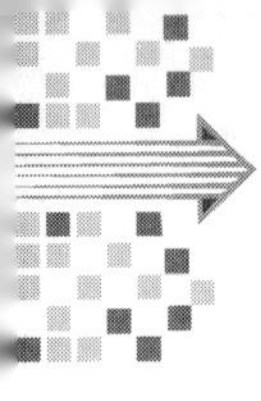

不应该以企业内部应用了多少种新技术来衡量企业数字化转型的成功与否，而应该以数字化给业务和管理带来了多少价值作为准绳。讨论数字化转型的目的不是介绍新技术、新系统，而是探讨如何建立基于数字化技术的企业管理模式，讨论的重点是技术背后的方法和实践中的经验与教训，本质是管理体系的构建。

数字化与信息化最大的不同在于，数字化服务于业务价值链的重塑和管理变革。以前建设信息化时，信息技术就是一个简单的技术工具，要么为了替代手工操作，要么出于外部合规和商务合作的需要。其与企业战略、企业业务模式的关联不够紧密，所以企业领导者把信息化交给 IT 部门，从技术角度完成即可。

3.1.4 数字化企业的特征

数字化企业是具备连接、在线、共享、智能四大关键特征的企业。除了“连接”是数字化基础和使能的共性手段，其他特征的实现都依赖于流程驱动、数据驱动和智能驱动。

流程驱动聚焦“在线”特征，通过业务流程化和流程数字化，实现业务在线、组织在线。

数据驱动聚焦“共享”特征，实现共性业务的平台化和服务化，以及数据的资产化和业务的可视化。

智能驱动聚焦“智能”特征，实现业务流程场景智能和业务管理决策智能，支撑企业在不确定的多场景中保有可持续增长的态势。

业务在线是数字化企业的底座。企业通过流程数字化实现业务流程化。流程从手工模式转变为在线自动化模式，使企业的业务流与数据流实现同步和共生；推动以客户为中心的全业务从线下走向线上，通过数字化打通线下线上，创新商业模式。

组织在线是指利用数字化技术建立承载企业文化、员工与组织互动、团队协作、组织赋能、知识探索、员工服务的企业在线协作平台，实现组织的 24 小时在线服务。

共性业务的平台化和服务化，数据的资产化和业务的可视化，推动着企业在管理上朝着平台型组织转变。共性业务的平台化和服务化，是通过数字化聚合业务职能，这些业务通过平台化共享之后，以服务包的方式提供给业务单元，各业务单元不再在常规性业务活动中重复耗费时间，这样更能聚焦新的价值创造，使得企业全局敏捷应变能力大大增强，提升了企业的协同效率。

数据的资产化和业务的可视化，就是实现全域、端到端拉通的数据共享，实现数据业务视角的可视化，实现数字化经营。

企业智能主要体现在 3 个方面：业务流程场景智能、业务管理决策智能、人机协作智能。

数字化转型不是技术转型，而是业务转型、管理变革工程，是价值链的全面数字化，必须要坚持以业务变革为主导的管理体系建设。业务全面数字化的目标是全面赋能“以客户为中心”的管理变革和企业的长期有效增长，突破数字化困局的方法只能是坚持长期主义的战略方针。坚持 IT 基础设施建设适度超前思维，流程变革的目

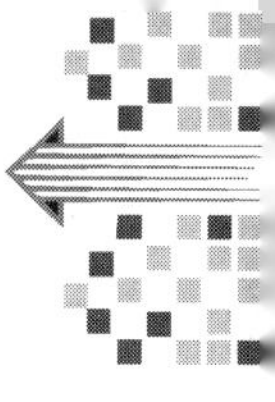

标应该是简化管理、提高效率，从而建设高效、敏捷、共享的平台型组织。

3.1.5　企业数字化转型的路线

企业处在数字化转型的空谈阶段、混沌阶段或初始阶段，表现为数字化只是应对外部法律法规，满足对接商业环境需要，即网上办公平台。管理者缺乏紧迫感和行动力，表现为反应迟缓。各业务板块、各分公司各自为政，ERP 的主要作用以记账为主，IT 人员支持维护工作，没有统一的数字化平台。抛弃以往点状式 IT 化、功能部门驱动的信息化模式，转而采用由战略驱动，前瞻性规划、价值链全链条数字化的模式，才能在激烈的竞争中真正打造企业的数字化能力。因此，数字化转型升级应为企业核心战略，从企业战略方向和业务发展目标出发推动数字化转型。

业务全面数字化的目标是全面使能“以客户为中心”的管理变革和企业的长期有效增长。企业必须抓住核心业务当下及未来的客户关键需求，围绕业务收入增长、经营效率提升、客户体验优化等方面，进行系统性的业务重塑、全价值链的重塑。用管理软件将业务流程程序化，实现管理网络化、数据化。

数字化转型是一场不可逆的征程，是一项以业务价值为度量指标的投资行为，需要持续性投入，需要系统性思考和方法，需要构筑支撑其长期转型的组织能力。其不追求利润最大化，而是追求成长最大化。

数字化转型之道可被归纳为：有了正确的方向和定位（战略力），有了企业领导者拥抱时代的新型领导力（数字领导力），有了变革管理机制的有效运作（变革力），企业就掌握了数字化转型的基本规律。不管数字技术如何演进，不管外部环境如何不确定，企业都能以确定的“道”，从容应对数字化转型，以事半功倍的能效，稳步实现企业数字化转型的目标。

成为数字化企业已经不再是这个时代的选做题，而是必做题。数字化转型的本质是技术赋能的业务变革和价值链创新，而不是技术本身；数字化转型应从数字化整体规划入手，以流程域为维度，将快速见效与系统拉通相结合，持续进行管理改进和数字化落地。

对数字化转型“行动三问”：企业应客观评估自身现有的数字化水平，搞明白“我是谁”；企业应了解本行业的数字化发展脉络，搞清楚数字化“从哪里来”；企业应统一数字化转型的愿景和战略目标，知道在数字化这条路上“到哪里去”。

3.2　企业数字化转型的动力机制

3.2.1　流程驱动数字化转型

3.2.1.1　流程驱动数字化转型的目标

数字化转型必须从端到端的流程化变革和企业业务在线开始，端到端的流程化变革就是开展流程重构，实现业务流程化；企业业务在线即实现流程数字化，把企业

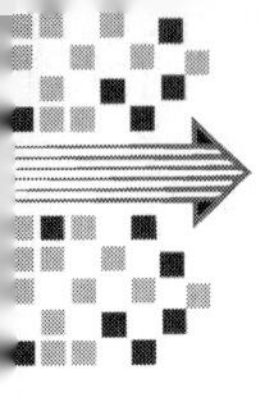

“搬”到线上。而这个“搬”，不是简单的复制，而是从业务需求出发，融合流程和IT的最佳实践，再造业务流程、优化组织、建设IT，这一过程被归纳为“流程驱动数字化转型”。也就是通过聚焦业务，以客户为中心的全局视角，实现端到端的业务管理体系变革。

实施流程驱动数字化转型需要考虑以下几点：①适度超前的IT基础设施建设，这是数字化转型顺利开展的重要基础保障。也就是“要想富，先修路”。②流程驱动要抓主要矛盾和矛盾的主要方面，优先从主航道的主干流程开始，端到端打通主干流程，坚持“主干简洁、末端灵活”的建设思路。③变革要坚持“先僵化、后优化、再固化”的变革思想。“削足适履”是斩断变革摇摆主义者的利器。④以数字化使能业务变革，要选择承载优秀管理实践的软件包，聚焦主干应用平台建设，尽量原汁原味地使用标准化软件包，先易后难地推行。在IT建设系统的推行上要有足够的耐心和定力。⑤流程驱动数字化转型成功的关键是建立完善的流程管理长效机制，建立流程的责任体系，推行闭环的流程管理和运营制度，实行产品化、版本化的流程和IT应用管理。

综上所述，流程驱动数字化转型的目标为：一是流程更短、更快，促进业务有效增长；二是提升基础平台服务能力，使企业运行更为敏捷。

3.2.1.2 流程化的作用和存在的问题

数字化具有固化流程、减少人工、简化管理等作用。没有数字化的流程驱动也能取得成功，但依赖于执行流程的主管和员工自觉担责，其效率相对较低；有了数字化之后，企业可以用数字技术驱动流程变革，使其常态化，推动公司走向无为而治。

流程化的主要作用有以下4点：①更简单、标准的管理；②更准确、及时的交付；③更有效益的增长；④更少的内部腐败。

实施流程化后，可能突出存在以下问题：

问题一：流程功能部门化；

问题二：流程导向管控，而不是导向价值创造；

问题三：为建流程而建流程，为上系统而上系统，没有变革思维。

3.2.1.3 流程管理的长效机制

流程管理的长效机制如下：

（1）建立流程责任体系。确定端到端的流程责任人，组建一线/末端流程质量组织。

（2）推行闭环的流程管理和运营制度。在流程责任机制落实后，流程责任人和流程质量组织要对流程进行闭环管理。闭环的流程管理包括以下4个环节：流程规划、设计验证、发布推行和运营改进。

第一，通过流程规划识别基于业务战略和数字化转型战略的流程变革需求，规划关键流程的版本路标和变革路径，设定流程变革的愿景和目标，以愿景推动各个流程领域系统性的变革和优化。

第二，通过转型变革项目，进行流程优化与数字化的变革方案集成设计、验证和试点。

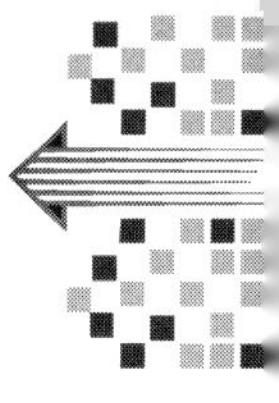

第三，转型变革推行组织制订推行计划，实现流程的发布、推行和系统上线，确保流程能够顺利落地。

第四，流程上线后，需要持续的流程运营。流程运营的重心是管好流程绩效，根据不同时期的业务战略，抓住相关流程的关键绩效指标，对标业务最佳实践识别差距，将差距和改进目标作为下一阶段流程规划的输入，纳入变革和优化计划，如此反复，促进流程持续保持高绩效运营状态。

（3）实施产品化、版本化的 IT 应用优化模式。设置产品版本团队，包括流程版本团队、IT 应用产品团队，对产品的需求、产品路标、版本规划、方案实施和产品质量负责。业务的发展、外部市场环境的变化、技术的演进，都会产生新的流程优化需求，每一次的流程或应用版本，都有明确的业务需求和业务目标，流程版本团队像产品需求规划那样，需要主动对需求进行优先级管理和排序。流程和 IT 应用的产品化、版本化管理是实现流程数字化运营和持续改进的基础。

3.2.1.4　流程管控和流程效率的平衡

流程的本质是为创造价值服务。流程反映的是业务的价值创造和服务过程，主要由两类活动构成：价值创造类活动和审核管控类活动。企业要想让流程真正支撑业务发展而不是阻碍业务发展，一个始终绕不开的焦点问题是：如何处理好流程管控与流程效率的平衡。

管控过度，不仅束缚了一线员工的手脚，而且容易形成“横向不协作、纵向官本位、四周都是墙”的困局，让那些想做事的干部和员工无法把事做成，影响流程设立的初衷，损害“以客户为中心”的企业文化。

管控不足，流程效率看似提高了，却只是局部的灵活，“一花独放不是春”，拉通来看，这样的流程质量差、漏洞多，同样会给公司业务带来失控的风险，终将损害公司的长期利益。

很多企业的流程是沿着功能部门组织或部门层级设计的，导致流程非常复杂、流程效率低，“跑流程”往往成了一线员工最头疼、抱怨最多的问题。

流程效率低下的原因可能有很多，但一个非常普遍的关键原因是基于管理职能组织的评审、风控等审核管控类活动，严重阻碍了流程的活力或效率，即第一类活动所创造的价值被第二类活动中和了。于是，简化流程成为流程建设与数字化转型过程中的一项非常基础且非常重要的任务。

3.2.2　数据驱动数字化转型

数据驱动数字化转型的本质是实现基于数据和事实的科学管理。

基于数据和事实进行管理的基础是实现全流程业务数据的完整、实时、准确、共享、可视，能够支撑业务的基本决策分析和业务洞察。

打造业务的共享服务平台，实现业务服务化和数据共享化，走向平台型企业管理模式，是数据驱动数字化转型的关键价值所在，是数字化升华的必然结果。

数据驱动数字化转型的主要路径有两条：一是主数据和交易数据，二是数据标

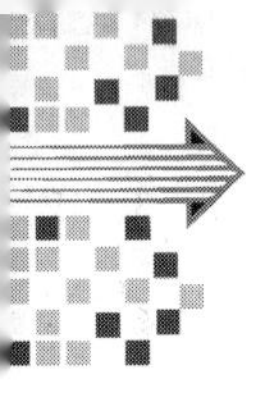

准化。

建立数据治理体系（数据政策、数据标准、数据管理流程、数据管理组织等），提升数据质量，是数据驱动数字化转型的落地保障。

数据安全与企业的生存和发展密切相关，要从防泄密、防攻击、防特权和安全运营例行化四位一体的需求出发，从云、管、端建立立体的数据安全体系，铸造数字化护城河。

“数据驱动”的核心目标是数据驱动决策，即基于事实和实际数据进行科学管理的变革，改变原有的凭直觉或个人灵感进行决策管理的模式，从定性管理转变为定量管理。

在流程驱动数字化转型阶段，流程拉通解决了业务运作效率的问题，通过业务的重构和流程数字化实现了业务在线，使企业管理更为扁平化、流程化。然而，流程驱动数字化转型只解决了以客户为中心的业务转型和业务在线问题，仍然有许多涉及跨领域、结合部的复杂问题需要进一步解决。

数据驱动数字化转型阶段的任务是，以企业内外部全链条数据为主线，更广泛地拉通业务流程，构筑全流程共享服务平台，消除数据孤岛，建立数据治理体系，确保数据在全流程中的高质量、安全、共享和有序流动，对数据资产进行有效的管理和价值挖掘，提升业务的数字经营能力，构筑企业的战略竞争优势。

平台化管理模式就是把企业共性的资源、流程、业务能力整合起来，以共享服务的方式让前端面向外部客户或者更靠近外部客户的内部客服，使用起来更为灵活，更专注为客户创造价值。在使用这种管理模式时，通过数字化实现了共性能力平台化、专业业务共享化。

3.2.3　智能驱动数字化转型

企业数字化转型的终极目标，是成为万物互联的智能化企业。人工智能、5G、云计算、物联网等前沿数字化技术获得了广泛应用，数字化不再是点状数字化，而是逐步变成全面感知的“数字孪生”。

在数据驱动阶段，企业重点解决了数据从“无”到“有”、从“有”到“可信”、从“可信”到“可视”的问题，但大量数据产生后，企业也将面临数据过剩的严峻局面。

传统数字化的 IT 应用模式，经过数字化转型和流程变革，在流程拉通、数据拉通的业务流程和数据集成层面得到了极大的完善，但从员工和用户的角度，这些 IT 应用依然等同于一个个“孤岛”，用户需要通过不同的入口完成相关的业务，获得的用户体验很不一致，在移动互联网时代，这样的体验感很难满足用户的需求。

企业智能化是数字化转型的高阶目标。智能的存在是为了支撑企业的运营效率，也体现在流程效率、决策效率和人的效率 3 个方面。

第一，流程效率。企业主要关注生产制造、业务服务、作业流程的流程拉通与简化，主要聚焦在端到端的流程效率而非局部效率。比如，企业全球财务月结时间如何

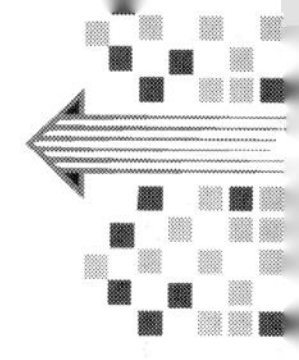

从12天缩短至5天甚至缩短至3天，客户在华为商城购买华为手机，从下单到客户收货的时间如何优化等。

第二，决策效率。企业主要依靠智能决策提升决策的前瞻性和准确性，提升经营管理水平和战略决断力。

第三，人的效率。流程效率通过流程驱动转型变革得到了较大的提升；决策效率通过数据驱动和智能驱动的持续改进得到提高；在人的效率方面，也应该通过数字化转型得到持续关注。尤其是在智能驱动阶段，企业应该基于人与人之间、人与组织之间、组织与组织之间、人与知识之间的协同、交流沟通等，聚焦人的数字化办公、群组的数字化协同，从个体和团队维度改善数字化体验，提高人的工作效率。

例如，华为智能驱动数字化转型实践主要聚焦在3个方面：业务流程场景智能、业务管理决策智能、人际协作智能。

业务流程场景智能的两个抓手为：一是基于局部业务场景的特定作业无人化、智能化；二是基于全场景的智能制造。

业务管理决策智能为：建立并运营智能运营中心，实现基于运营和预测的决策智能化，让企业拥有一个智慧大脑。

人际协作智能为：企业需要构筑一站式智能协同办公平台，在提升流程效率、决策效率的同时，更加关注提升人的效率。

第二编

标准：碳排放管理体系

T/GDES 2030—2021

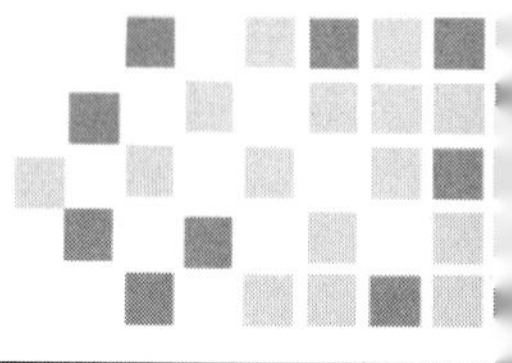

4　前言和引言

4.1　概述

按照《标准化工作导则　第1部分：标准化文件的结构和起草规则》（GB/T 1.1—2020），前言和引言虽不属于标准的正文内容，但却是一项完整标准的重要组成部分，为资料性要素。另外，前言是必备要素，引言是可选要素。

前言中给出了标准制修订的原则、方法、主要技术性变化、附录及其所替代标准的历次版本发布情况，同时列出了标准的起草单位和主要起草人员。

引言部分等同采用了国际标准的引言内容，从宏观层面明确了建立和实施碳排放管理体系的意义和要求，提供了碳排放管理体系的理论依据，能够指导标准使用者按照正确的思路和方法理解和运用标准。

前言和引言是标准的资料性要素，不属于标准"要求"的内容，即：不作为组织建立和实施碳排放管理体系的必要条件，也不作为判断组织的碳排放管理体系是否符合要求的依据。

4.2　企业管理体系的现状

随着ISO质量管理体系在组织中的成功应用，环境、能源、信息、资产、风险等管理体系也得到了快速发展，但同时也出现了各管理体系独自运行而与业务无法整合的问题，从而造成了制度、体系的僵化，不能适应企业内外部环境变化，特别是数字化转型的需要。主要表现为以下几点：①在整体方面。各管理体系的构建相对独立，体系间发展又相对不均衡，造成管理体系复杂多样。且各管理体系多聚焦于单一目标，目标分解以纵向为主，缺少横向协同和资源配置，表现为管理体系全局性、系统性不足，难以发挥系统化管理的优势和整体效能。②在组织方面。不同管理体系可能由不同的领导和部门组织实施、不同的机构协助建立，造成融合性不足，使得企业经营活动中的制度、资源、人员、动作等要素产生冗余或不协调，甚至产生很多矛盾和问题，这样多体系整合就成为企业面临的一项重要工作。③在运行方面。各体系管理文件修订不同步，造成相同要素或过程在不同体系中要求深浅不一，增加了执行的复杂度。同时各体系都有一套完整记录表单和检查审核方法，造成记录表单重叠交叉，加重了执行层面的工作量和管理负担。各管理体系间存在交叉重叠，造成管理的重复和浪费，运行过程中表现为有效性不足。④在外延方面。在总部企业和下属企业之间，由于分别构建管理体系，体系间衔接不充分，体现出总部企业管理体系对外包管控的延伸不足，造成下属企业之间和供应商之间的管理接口和界面不够清晰，管控重点和策略不明确，纵向很难贯通，下属企业管理难以同总部企业保持协调一致，总部

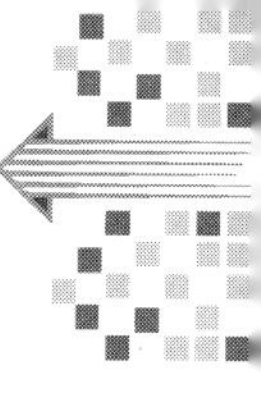

企业相关要求在供应商间难以有效传递和闭环落实。⑤在发展方面。随着我国高质量发展以及生态文明建设的推进，当下人工智能、大数据和工业互联网发展迅速，新任务和新项目不断增加，呈现出多领域、多用户、多竞争的新常态，特别是在当前疫情的情况下，管理模式与任务需求匹配性不足。传统的“传、帮、带”式的知识和经验传承模式，以及制度林立、体系林立、各自为政的管理模式难以满足当前任务需求和企业“高污染，高耗能，高耗水”的三高转型要求。

4.3 标准内容

前言

本文件按照 GB/T 1.1—2020《标准化工作导则 第1部分：标准化文件的结构和起草规则》的规定起草。

本文件由广东省节能减排标准化促进会提出。

本文件由广东省节能减排标准化促进会归口。

本文件的起草单位：广东财经大学、广东质高标准化服务有限公司、广东省粤科标准化研究院、佛山市顺德区产品质量协会、佛山市银河兰晶科技股份有限公司、广东超算绿色科技有限公司、广东奥马冰箱有限公司、日丰企业集团有限公司、广州立白企业集团有限公司、中航美丽城乡环卫集团有限公司、阳江十八子集团有限公司、广州龙沙制药有限公司、蒙娜丽莎集团股份有限公司、广州王老吉大健康产业有限公司、新明珠集团股份有限公司、中科（广东）炼化有限公司、保利商业地产投资管理有限公司、广东粤海天河城（集团）股份有限公司、广州越秀商业地产投资管理公司、广州双碳科创产业园有限公司、广东东鹏控股股份有限公司、广州市番禺环境科学研究所有限公司、东莞大数据协会、广东省节能中心、广东产品质量监督检验研究院、广东新悦环保科技有限公司、广东顶益质量管理技术有限公司。

本文件的主要起草人：刘华、伍文虹、陈鸿韬、王炜、梁嘉敏、李英旺、林嘉斌、陈志勤、杨兴刚、杨作毅、刘庆刚、程东允、李积回、黄远清、陈红、孙保钧、张丰源、李萍、黄开亮、赵振国、陈世清、燕艳、田爱军、徐新鹏、丁晟、万衡、简龙州、林琳、潘婷、卢淑怡、黄旭光、史宇峰、曾兴禄、黎诗琪、陈湘郴、魏佩珊。

0.1 总则

本文件的目的是指导碳排放单位建立碳排放管理体系，不断改进碳排放绩效，包括碳排放量、碳排放强度和碳资产。碳排放管理体系的成功实施支持碳排放绩效改进的低碳文化。建立低碳文化取决于组织各层级，尤其是最高管理者的承诺，并与企业文化相融合。

碳排放管理体系的建立和实施，包括碳排放方针、目标、碳排放指标，以及与碳排放量、碳排放强度和碳资产相关的措施计划，需同时符合满足适用的法律法规及其他要求。碳排放管理体系能够帮助组织设定并实现目标和碳排放指标，采取所需的措施以改进其碳排放绩效，并证实其体系符合本文件要求。

0.2 碳排放绩效方法

本文件提供了系统化、数据导向和基于事实过程的要求，聚焦于持续改进碳排放绩效。碳排放绩效是本文件所提出概念中的一个关键要素，目的是确保持续获得有效且可测量的结果。碳排放绩效是与碳排放量、碳排放强度和碳资产相关的概念。碳排放绩效参数和碳排放基准是本文件提出的两个互相关联的要素，用于证实组织碳排放绩效的改进。

续

0.3 策划－实施－检查－改进（PDCA）循环

本文件描述的碳排放管理体系是以策划－实施－检查－改进（PDCA）的持续改进为基础的，并将碳排放管理融入现有的组织实践中，如图1所示。在碳排放管理方面，PDCA方法可简述如下：

——策划：理解组织所处的环境，建立碳排放方针和碳排放管理团队，考虑应对风险和机遇的措施，进行碳排放评审，识别主要碳排放源并建立碳排放绩效参数、碳排放基准、目标和碳排放指标以及必要的措施计划，该计划应与组织的碳排放方针一致，用以实现碳排放绩效改进的结果。

——实施：实施措施计划、运行和维护控制、信息交流，确保人员能力，并在设计和采购时考虑碳排放绩效。

——检查：对碳排放绩效和碳排放管理体系进行监视、测量、分析、评价、审核及管理评审。

——改进：采取措施处理不符合项，并持续改进碳排放绩效和碳排放管理体系。

0.4 与其他管理体系标准的兼容性

本文件符合ISO对管理体系标准的要求，包括高阶结构、相同的核心文本以及通用术语和定义，从而确保与其他管理体系标准高度兼容。本文件可单独使用，建议组织也可将其碳排放管理体系和其他管理体系结合，或整合到实现其他业务、环境或社会目标的过程中。对组织建立、实施、保持和改进一体化管理体系的要求如下：

——关注组织环境，兼顾内外部因素影响问题；

——立足市场经济，考虑相关方的需求和期望；

——着眼战略格局，方针目标与战略方向一致；

——基于风险思维，强调应对风险和把握机遇；

——融入业务活动，通过过程控制获预期成果；

——注重应用效果，强调体系的适宜充分有效。

本文件包含了评价符合性所需的要求。任何有意愿的组织均能够通过以下方式证实其符合本文件：

——进行评价和自我声明；

——寻求组织的相关方（例如：顾客），对其符合性或自我声明进行确认；

——寻求外部组织对其碳排放管理体系进行认证。

0.5 本文件的益处

本文件的有效实施提供了改进碳排放绩效的系统方法，以使组织转变管理碳排放的方式。通过将碳排放管理融入业务过程，组织能够建立持续改进碳排放绩效的过程。通过改进碳排放绩效，减少温室气体排放，使组织为满足减缓气候变化的总体目标做出贡献，组织能够更具竞争力

5 范围

5.1 概述

在标准中，范围是标准的规范性一般要素，同时也是一个必备要素。每一项标准都应有范围，并且应位于每项标准正文的起始位置，它永远是标准的“第1章”。如果确有必要，该要素可以进一步细分为条。

范围的功能是在文件名称之外提供进一步的信息，并起到内容提要的作用。为了实现这项功能，范围通常由两方面的内容构成：第一，文件的标准化对象和所覆盖的各个方面，也就是概括文件的主要技术内容，阐述标准中“有什么”；第二，文件中的内容在哪用、给谁用、有什么用，也就是要界定文件的“适用界限”，阐述标准能“有什么用”。

在范围的主要技术内容，“有什么”方面，应明确标准化对象，要说明“对什么”制定标准。这里要用非常简洁的语言对标准的主要内容做出提要式的说明，具体编写时要前后照应。“前”是指范围之前的标准名称。对于标准名称，范围中的内容一是要“不拆台”，也就是标准名称中有的内容，在范围中一定要有；二是要“补台”，也就是标准名称中写不下的内容，在范围中一定要补全。“后”是指范围之后的规范性要素。对于标准中的规范性要素，要按照章的顺序将章的标题恰当地、有机地组织到“有什么”的条款中去。

在界定文件的适用界限时，陈述的内容通常包含3个方面：其一，在哪儿用，指出文件的适用领域；其二，给谁用，确认文件的使用者；其三，有什么用，阐述文件中的规定有什么用，诸如用于规划设计、产品生产、服务提供、供需双方贸易、合格评定、管理活动、交流与合作等。必要时，还可补充陈述文件不适用的界限。这些内容通常在“适用界限”之后编写，如果需要，也可另起一段编写。

对于管理体系标准，注意标准应用范围，不应与组织的碳排放管理体系范围相混淆。

5.2 相关管理体系的范围

ISO 9001:2015 在范围中提出了证实持续稳定能力和增强顾客满意度。组织证实其具有持续提供满足顾客要求和适用法律法规要求的产品和服务的能力，通过体系的有效应用，在保证符合顾客要求和适用法律法规要求的情况下，提高顾客满意度。标准为通用标准，适用于各种不同类型、不同规模和提供不同产品和服务的组织。

ISO 14001:2015 在范围中提出了以系统方式管理组织的环境责任，提升环境绩效，面向可持续发展中的环境主题，预期提升环境绩效、履行合规义务和实现环境目标，未提出具体的环境绩效准则。标准为通用标准，适用于任何规模、类型和性质的组织。

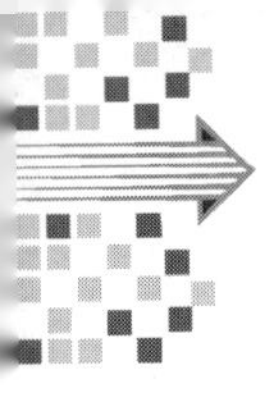

ISO 50001:2018 在范围中提出了证实持续的能源绩效改进，以系统方式实现能源绩效和能源管理体系的持续改进，适用于组织管理和控制的影响能源绩效的活动，以及任何数量、用途或种类的能源消耗。标准为通用标准，适用于各种类型，不同规模、复杂程度、地理位置、组织文化或提供不同产品和服务的组织。

5.3 范围的特征

采用管理体系是组织的一项战略性决策。建立 ISO 9001:2015 质量管理体系的目的：一是证实组织有能力、能稳定地提供满足顾客要求和法律法规要求的产品；二是通过体系的有效应用，持续地改进过程，提高顾客满意度。建立 ISO 14001:2015 环境管理体系的目的是证实组织持续的环境绩效改进。建立 ISO 50001:2015 能源管理体系的目的是证实组织持续的能源绩效改进。建立 T/GDES 2030—2021 碳排放管理体系的目的是证实组织持续的碳排放绩效改进。

组织按 ISO 9001:2015 的要求建立质量管理体系，可用于内部和外部评定组织满足顾客要求、产品和服务的法定和监管要求以及组织自身的能力，并作为第一方审核、第二方认定和第三方认证注册的依据。组织按 ISO 14001:2015、ISO 50001:2018 和 T/GDES 2030—2021 的要求建立、实施、保持和改进环境、能源和碳排放管理体系，自我评价和声明，认证注册。

由于 ISO 9001:2015、ISO 14001:2015、ISO 50001:2018 和 T/GDES 2030—2021 均采用了 ISO 开发的“高层结构”，故与其他管理体系标准相容性较强，易于为组织将多标准整合为一体化管理体系。

在建立管理体系时，大多数组织面临着各种挑战，特别是小型组织，主要如下：①很少的可获得的资源；②建立和保证管理体系的成本；③理解并应用标准中的一些概念，如“基于风险的思维”。

小型组织不仅仅是员工少，而且管理方式也有所不同。对于仅有几个员工的小型组织，通常采取简单和直接的沟通方式。每个人可能需要承担多种类型的工作，通常由少数人甚至一个人来做决定。相比大型组织，小型组织建立管理体系的效果不太明显。

大型组织有很多优势，通常更善于采用技术进行改进。值得注意的是，并不是所有大型组织都具备这些优势，但是大型组织通常更需要建立管理体系。

5.4 标准内容

1　范围
本文件规定了建立、实施、保持和改进碳排放管理体系的要求，旨在使组织通过系统方法实现碳排放绩效和碳排放管理体系的持续改进。 本文件适用于任何组织，无论其类型、规模、复杂程度、地理位置、组织文化或其提供的是何种产品和服务；适用于由组织管理和控制的影响碳排放绩效的活动

6　术语

6.1　通用术语和常用术语

ISO/IEC 导则附录 1 规定了适用于所有 ISO 管理体系标准高层结构中的 22 个通用术语和核心定义，如表 18 所示。除了 ISO 管理体系标准高层结构中的 22 个通用术语外，管理体系常用术语见表 19 所示的 34 个常用术语。

6.2　ISO 9001:2015 术语特征

ISO 9001:2015 采用了 ISO 9000:2015《质量管理体系　基础和术语》界定的 138 个术语和定义。ISO 9001:2015 术语如表 24 所示。

在人员方面，有 6 个术语，其中有 1 个是通用术语。

在组织方面，有 9 个术语，其中有 2 个通用术语、2 个常用术语。另外，外部供方、调解过程提供方和供方是属种关系。

在活动方面，有 13 个术语，其中有 1 个通用术语。

在过程方面，有 8 个术语，其中有 2 个通用术语、1 个常用术语。

在体系方面，有 12 个术语，其中有 2 个通用术语、1 个常用术语。另外，体系、管理体系、质量管理体系和测量管理体系是属种关系。

在要求方面，有 15 个术语，其中有 3 个通用术语、3 个常用术语。另外，要求、质量要求、法律要求、法规要求是属种关系。

在结果方面，有 11 个术语，其中有 4 个通用术语、3 个常用术语。另外，目标和质量目标是属种关系。

在数据、信息、文件方面，有 15 个术语，其中有 1 个通用术语、5 个常用术语。另外，外部供方、调解过程提供方和供方是属种关系。

在顾客方面，有 6 个术语，其中有 1 个常用术语。

在特性方面，有 7 个术语，其中有 1 个通用术语、1 个常用术语。另外，特性和质量特性是属种关系。

在确认方面，有 9 个术语，其中有 2 个通用术语、2 个常用术语。另外，测量过程、测量设备和测量是属种关系。

在措施方面，有 10 个术语，其中有 2 个通用术语。另外，纠正措施和纠正是属种关系。

在审核方面，有 17 个术语，其中有 1 个通用术语、7 个常用术语。另外，多体系审核、联合审核和审核是属种关系。审核方案、审核范围、审核计划、审核准则、审核证据、审核发现、审核结论和审核是属种关系。

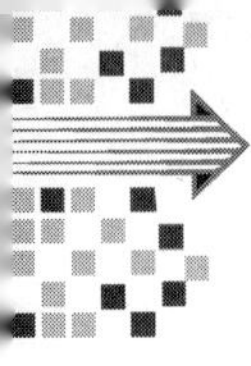

表 24　ISO 9001:2015 术语

序号	主题	术语数	术语名称
1	人员	6 (1)	最高管理者（top management）、质量管理体系咨询师（quality management system consultant）、参与（involvement）、积极参与（engagement）、技术状态管理机构（configuration authority; configuration control board; dispositioning authority）、调解人（dispute resolver）
2	组织	9 (2) (2)	组织（organization）、组织环境（context of the organization）、相关方（interested party; stakeholder）、顾客（customer）、供方（provider; supplier）、外部供方（external provider; external supplier）、调解过程提供方（DRP-provider; dispute resulotion process provider）、协会（association）、计量职能（metrological function）
3	活动	13 (1)	改进（improvement）、持续改进（continual improvement）、管理（management）、质量管理（quality management）、质量策划（quality planning）、质量保证（quality assurance）、质量控制（quality control）、质量改进（quality improvement）、技术状态管理（configuration management）、更改控制（change control）、活动（activity）、项目管理（project management）、技术状态项（configuration object）
4	过程	8 (2) (1)	过程（process）、项目（project）、质量管理体系实现（quality management system realization）、能力获得（competence acquisition）、程序（procedure）、外包（outsource）、合同（contract）、设计和开发（design and development）
5	体系	12 (2) (1)	体系（系统）（system）、基础设施（infrastructure）、管理体系（management system）、质量管理体系（quality management system）、工作环境（work environment）、计量确认（metrological confirmation）、测量管理体系（measurement management system）、方针（policy）、质量方针（quality policy）、愿景（vision）、使命（mission）、战略（strategy）
6	要求	15 (3) (3)	实体（客体）[object（entity, item）]、质量（quality）、等级（grade）、要求（requirement）、质量要求（quality requirement）、法律要求（statutory requirement）、法规要求（regulatory requirement）、产品技术状态信息（product configuration information）、不合格（不符合）（nonconformity）、缺陷（defect）、合格（符合）（conformity）、能力（capability）、可追溯性（traceability）、可靠性（dependability）、创新（innovation）
7	结果	11 (4) (3)	目标（objective）、质量目标（quality objective）、成功（success）、持续成功（sustained success）、输出（output）、产品（product）、服务（service）、绩效（performance）、风险（risk）、效率（efficiency）、有效性（effectiveness）

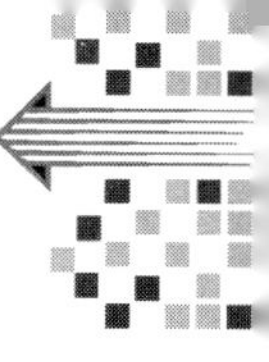

续表

序号	主题	术语数	术语名称
8	数据、信息、文件	15 (1) (5)	数据（data）、信息（information）、客观证据（objective evidence）、信息系统（information system）、文件（document）、成文信息（documented information）、规范（specification）、质量手册（quality manual）、质量计划（quality plan）、记录（record）、项目管理计划（project management plan）、验证（verification）、确认（validation）、技术状态纪实（configuration status accounting）、特定情况（specific case）
9	顾客	6 (1)	反馈（feedback）、顾客满意（customer satisfaction）、投诉（complaint）、顾客服务（customer service）、顾客满意行为规范（customer satisfaction code of conduct）、争议（dispute）
10	特性	7 (1) (1)	特性（characteristic）、质量特性（quality characteristic）、人为因素（human factor）、能力（competence）、计量特性（metrological characteristic）、技术状态（configuration）、技术状态基线（configuration baseline）
11	确认	9 (2) (2)	确定（determination）、评审（review）、监视（monitoring）、测量（measurement）、测量过程（measurement process）、测量设备（measuring equipment）、检验（inspection）、试验（test）、进展评价（progress evaluation）
12	措施	10 (2)	预防措施（preventive action）、纠正措施（corrective action）、纠正（correction）、降级（regrade）、让步（concession）、偏离许可（deviation permit）、放行（release）、返工（rework）、返修（repair）、报废（scrap）
13	审核	17 (1) (7)	审核（audit）、多体系审核（combined audit）、联合审核（joint audit）、审核方案（audit programme）、审核范围（audit scope）、审核计划（audit plan）、审核准则（audit criteria）、审核证据（audit evidence）、审核发现（audit findings）、审核结论（audit conclusion）、审核委托方（audit client）、受审核方（auditee）、向导（guide）、审核组（audit team）、审核员（auditor）、技术专家（technical expert）、观察员（observer）

6.3　ISO 14001:2015 术语特征

ISO 14001:2015 界定了 33 条术语和定义，其中有 20 条通用术语，如表 25 所示。

在组织和领导作用方面，有 6 个术语，其中有 4 个通用术语。另外，环境管理体系和管理体系是属种关系。

在策划方面，有 11 个术语，其中有 3 个通用术语。另外，环境因素、环境状况、环境影响、环境目标和环境是属种关系。

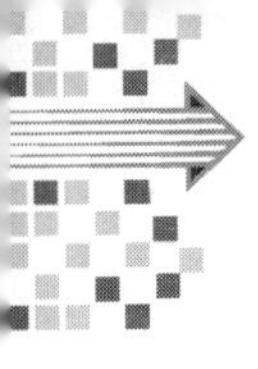

在支持和运行方面，有5个术语，其中有4个通用术语。

在绩效评价和改进方面，有11个术语，其中有9个通用术语。另外，环境绩效和绩效是属种关系。

综上所述，在ISO 14001:2015界定的33个术语和定义中，特有的术语是：环境状况、环境影响、污染预防、合规义务、风险和机遇、生命周期、参数。在ISO 14001:2015中界定的documented information转化为GB/T 24001—2016时翻译为“文件化信息”，而在ISO 9000:2015中界定的documented information转化为GB/T 19000—2016时翻译为“成文信息”。

表25　ISO 14001:2015 环境管理体系要求及使用指南术语

序号	主题	术语数	术语名称
1	组织和领导作用	6 (4)	管理体系（management system），环境管理体系（environmental management system），环境方针（environmental policy），组织（organization），最高管理者（top management），相关方（interested party；stakeholder）
2	策划	11 (3)	环境（environment），环境因素（environmental aspect），环境状况（environmental condition），环境影响（environmental impact），目标（objective），环境目标（environmental objective），污染预防（prevention of pollution），要求（requirement），合规义务（法律法规和其他要求）（compliance obligations，legal requirements and other requirements），风险（risk），风险和机遇（risk and opportunity）
3	支持和运行	5 (4)	能力（competence），文件化信息（documented information），生命周期（life cycle），外包（outsource），过程（process）
4	绩效评价和改进	11 (9)	审核（audit），符合（conformity），不符合（nonconformity），纠正措施（corrective action），持续改进（continual improvement），有效性（effectiveness），参数（indicator），监视（monitoring），测量（measurement），绩效（performance），环境绩效（environmental performance）

6.4　ISO 50001:2018 术语特征

ISO 50001:2018界定了41个术语和定义，其中有21个通用术语，如表26所示。

在组织方面，有5个术语，其中有3个通用术语。

在管理体系方面，有5个术语，其中有2个通用术语。另外，能源管理体系和管理体系是属种关系，能源方针和方针是属种关系。

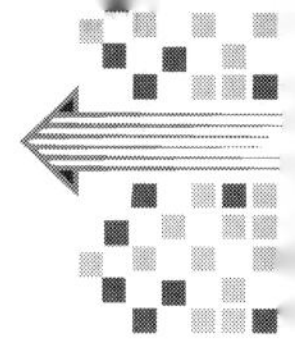

在要求方面，有 9 个术语，且均为通用术语。

在绩效方面，有 16 个术语，其中有 7 个通用术语。另外，能源绩效、能源绩效改进和绩效是属种关系。

在能源方面，有 6 个术语。

综上所述，在 ISO 50001:2018 界定的41 个术语和定义中，特有的术语是：边界、能源管理体系范围、能源绩效参数、能源绩效参数值、能源基准、静态因素、相关变量、归一化、能源指标。在 ISO 50001:2018 中界定的 documented information 转化为 GB/T 23331—2020 时翻译为“文件化信息”。

表 26　ISO 50001:2018 能源管理体系要求及使用指南术语

序号	主题	术语数	术语名称
1	组织	5 (3)	组织（organization），最高管理者（top management），边界（boundary），能源管理体系范围（EnMS 范围）（energy management system scope），相关方（interested party；stakeholder）
2	管理体系	5 (2)	管理体系（management system），能源管理体系（energy management system；EnMS），方针（policy），能源方针（energy policy），能源管理团队（energy management team）
3	要求	9 (9)	要求（requirement），符合（conformity），不符合（nonconformity），纠正措施（corrective action），文件化信息（documented information），过程（process），监视（monitoring），审核（audit），外包（outsource）
4	绩效	16 (7)	测量（measurement），绩效（performance），能源绩效（energy performance），能源绩效参数（energy performance indicator，EnPI），能源绩效参数值（EnPI 值）（energy performance indicator value），能源绩效改进（energy performance improvement），能源基准（energy baseline，EnB），静态因素（static factor），相关变量（relevant variable），归一化（normalization），风险（risk），能力（competence），目标（objective），有效性（effectiveness），能源指标（energy target），持续改进（continual improvement）
5	能源	6	能源（energy），能源消耗（energy consumption），能源效率（energy efficiency），能源使用（energy use），能源评审（energy review），主要能源使用（significant energy use，SEU）

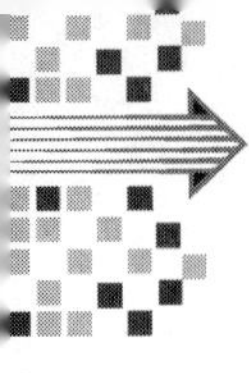

6.5 标准内容

3 术语和定义

GB/T 19001、GB/T 23331、GB/T 24001 界定的以及下列术语和定义适用于本文件。

3.1 碳排放（carbon emission）

组织在核算边界内生产、活动和服务过程中各个环节产生的所有温室气体排放量，以二氧化碳当量的形式表示。

3.2 温室气体（greenhouse gas）

大气层中自然存在的和由于人类活动产生的能够吸收和散发由地球表面、大气层和云层所产生的波长在红外光谱内辐射的气态成分。包括二氧化碳（CO_2）、甲烷（CH_4）、氧化亚氮（N_2O）、氢氟碳化物（HFCS）、全氟碳化物（PFCS）和六氟化硫（SF_6）。

3.3 碳排放管理体系（carbon emission management systems）

用以建立碳排放管理方针、目标、过程和程序以实现预期目的的一系列相互关联的要素的集合。

3.4 碳排放方针（carbon emission policy）

最高管理者发布的有关碳排放管理绩效的宗旨和方向。

注：碳排放方针为设定碳排放管理目标、指标及采取的实施方案提供框架。

3.5 碳排放目标（carbon emission objective）

为满足碳排放方针而设定的、与改进碳排放管理绩效相关的、明确的预期结果或成效。

3.6 碳排放源（carbon emission source）

碳排放的物理单元或过程，也称温室气体源。

3.7 碳排放强度（intensity of carbon emission）

单位产品产量（产值）或服务量的碳排放量。

3.8 碳资产（carbon asset）

在应对气候变化领域内，具有价值属性的有形或无形资产，如排放权或减排量额度。

3.9 碳排放绩效（carbon emission performance）

组织基于其碳排放方针和目标，对其碳排放进行控制所取得的可测量的碳排放管理的结果。与碳减排量、碳排放强度和碳资产变化有关的、可评估的结果。

3.10 基准年（base year）

用来将不同时期的温室气体排放，或其他温室气体相关信息进行参照比较的特定历史时段

7　组织环境

7.1　理解组织及其环境

7.1.1　组织的宗旨和战略方向

管理体系高层结构的内容见第 2.3.2 节，主要有 4 个条款。从组织的宗旨和战略方向层面对组织提出了与建立管理体系相关的 4 个方面的内容：第一个方面是影响实现管理体系预期结果的能力的各种外部和内部因素；第二个方面是相关方及其要求；第三个方面是确定管理体系的范围；第四个方面是管理体系所需的过程及其相互作用。

所谓组织宗旨（purpose），是指规定组织去执行或打算执行的活动，以及现在的或期望的组织类型。与宗旨有关的经常应用的是使命（mission）、愿景（vision）和价值观（values），体现了组织的文化特色。使命界定了组织的目的和范围；愿景关注未来，描述未来的状态或者始终努力要达到的伟大目标；价值观（有时称为“管理原则”“行为准则”“经营理念”和“企业精神”等）是描述组织运作的指导原则和行为准则。

战略（strategy）是一种从全局考虑谋划以实现全局目标的规划。从实施战略主题的角度来看，企业战略包括 3 个层次：公司层/集团战略、业务层/竞争战略、职能层战略/策略。

公司层战略包括 3 个战略类型，分别是成长型战略、稳定型战略和收缩型战略，如表 27 所示。

表 27　公司层战略的类型

序号	公司层战略	具体分类
1	成长型战略	一体化战略（分为纵向一体化战略和横向一体化战略）；多元化战略（分为同心多元化战略和离心多元化战略）；密集型成长战略（也称加强型战略，主要包括市场渗透战略、市场开发战略和产品开发战略）
2	稳定型战略（也称防御性战略或维持战略）	暂停战略；无变化战略；维持利润战略；谨慎前进战略
3	收缩型战略（也称撤退型战略）	转变战略；放弃战略；清算战略

业务层/竞争战略，是单一行业/产品/市场企业或集团下属子公司所采用的战略。

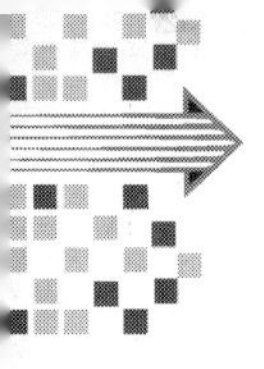

竞争战略的目的是通过集中于一个具体的行业，或者集中于一个产品/市场实现利润和市场占有率的最大化。

竞争战略由美国哈佛商学院著名的战略管理学家迈克尔·波特提出，是无论什么行业或什么企业都可以采用的竞争性战略。波特认为，一个企业只能拥有两种“基本的竞争优势，即低成本与产品差异化”，这二者与某一特定的业务范围相结合可以得出 3 个基本竞争战略，即成本领先战略、差异化战略和目标集聚战略。

2005 年，欧洲工商管理学院的 W. 钱·金和勒妮·莫博涅把通过降价、争取效率等手段进行竞争的现有市场称为“红海”，而将由价值创新开创的、无人争抢的市场空间称为“蓝海”，从而提出了著名的“蓝海战略”。蓝海战略的目的是摆脱竞争，通过创造和获得新的需求实施差异化和低成本，从而获得竞争优势和更高的利润率。蓝海战略的实质是波特的“成本领先”和“差异化”两种竞争战略的整合。4 种基本竞争战略类型如图 17 所示。

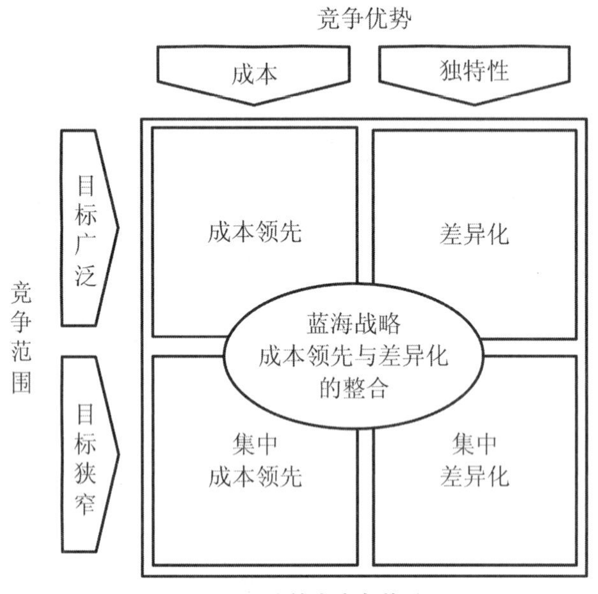

图 17　4 种基本竞争战略

职能层战略/策略是组织中各职能部门制定的指导职能活动的战略，描述了在执行组织战略和经营单位战略的过程中，组织中的每一职能部门所采用的方法和手段。职能战略一般可分为营销战略、人事战略、财务战略、生产战略、研究与开发战略和公关战略等。职能战略是为公司层战略和业务层战略服务的，所以必须与公司战略和业务战略相配合。比如，公司层战略确立了差异化的发展方向，要培养创新的核心能力，企业的人力资源战略就必须体现对创新的鼓励，要重视培训，鼓励学习，把创新贡献纳入考核指标体系，在薪酬方面加强对各种创新的奖励。

从战略实施的时间长短来看，组织战略可以划分为以下 3 种类型：短期战略，一般指时间跨度在一年以内的战略，有时也可以称为战略计划；中期战略，一般指时间跨度在一年以上、五年以内的战略；长期战略，一般指时间跨度在五年以上、十年以

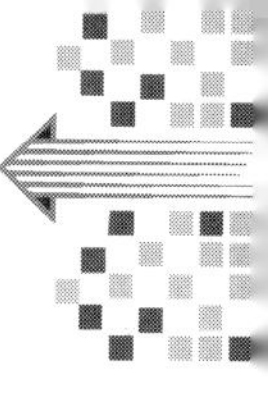

内的战略。随着市场竞争越来越激烈，产品生命周期越来越短，目前也有很多中小企业将一年以上、三年以内的战略定义为中期战略，将三年以上的战略定义为长期战略。一般来说，企业规模越大，所制定战略的时间跨度就越长。

7.1.2　内部因素和外部因素

7.1.2.1　相关管理体系的要求

ISO 9001:2015、ISO 14001:2015、ISO 50001:2018 和 T/GDES 2030—2021 均采纳了高层结构的条款"组织应确定与其宗旨和战略方向相关并影响其实现 X 管理体系预期结果的能力的各种外部和内部因素"，但是 ISO 14001:2015 和 ISO 50001:2018 的条款中没有了"战略方向"的内容。

ISO 9001:2015 增加了"组织应对这些内部和外部因素的相关信息进行监视和评审"条款，对内部因素和外部因素进行了注解，提出这些因素可能包括需要考虑的正面和负面要素和条件；考虑来自国际、国内、地区或当地的各种法律法规、技术、竞争、市场、文化、社会和经济环境因素，有助于理解外部环境；考虑与组织的价值观、文化、知识和绩效等相关的因素，有助于理解内部环境。

ISO 14001:2015 增加了"这些问题应包括受组织影响的或能够影响组织的环境状况"条款。

ISO 50001:2018 增加了"改进能源绩效的能力的外部和内部因素"条款。

7.1.2.2　分析方法和工具

对于组织确定与其宗旨和战略方向相关，并影响其实现质量、环境、能源、碳排放等管理体系预期结果和改进能源、碳排放绩效的能力的各种外部和内部因素，有简易清单法和分析工具方法。

简易清单法如表 28 所示，采用一种简单的表单，便于进行环境因素的识别、确认和分析。

表 28　组织环境识别

环境类别（内部/外部）	项目	内容	信息来源	具体现状描述	SWOT 分析 S（优势） W（劣势） O（机遇） T（风险）
外部环境	政治环境	属于中华人民共和国境内企业 社会制度：社会主义制度 执政党：中国共产党	政府网站	社会稳定、开放，目前中国正鼓励数字经济，国内国际双循环，大力发展技术转型升级，本公司属于高新技术企业，享受国家和当地政府的多重政策优惠	S

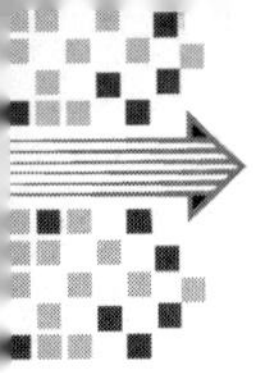

续表

环境类别（内部/外部）	项目	内容	信息来源	具体现状描述	SWOT分析 S（优势） W（劣势） O（机遇） T（风险）
外部环境	法律环境	中国目前法制建设很快，法律法规要求越来越完善	政府网站	《安全生产法》要求企业进行生产安全管理，企业可以加强管理，杜绝或减少工伤。 《产品质量法》要求企业生产质量合格的产品，企业可以加强管理，确保产品质量，提升竞争力。 本公司守法经营	O
	经济环境	经济周期：处于国家“十四五”经济规划周期，有疫情影响，国家经济增长稳定。 利率、通货膨胀、失业率在合理区间。 能源供给：水电等能源不限制使用。 成本：营业额的60%	政府网站及综合部	公司业务大部分为内销业务，以人民币结算，不受汇兑损益影响	T
	社会文化环境	居民受教育程度与文化水平：国家目前推行九年义务教育，居民最低文化程度为初中学历；本公司人员高中学历以上占85%；大学学历占40%。 宗教信仰、风俗习惯：本公司大部分人没有宗教信仰。 审美价值观念：社会主义价值观	政府网站及综合部	外来务工人员减少，招工难，用工成本增加	T
	技术环境	技术水平：技术成熟。 技术要求：完善。 技术进步：技术开发投资	国内外网站	公司从事座椅生产多年，加工技术在部分产品的生产销售中处于领先地位，可以加以利用	WT

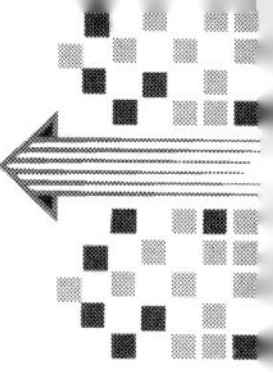

续表

环境类别（内部/外部）	项目	内容	信息来源	具体现状描述	SWOT 分析 S（优势）W（劣势）O（机遇）T（风险）
外部环境	自然环境	地理位置：本公司位于无锡市新区，离上海、南京、苏州近，本公司所在地陆路和铁路交通方便，物产丰富。 资源状况：属于制造业发达地区，产品所需原辅料在地区内供应充足，资源获取极其方便	建设项目环境影响报告及综合部	本公司所处的地理位置交通便利，气候适宜，资源获取极其便捷	S
	竞争力	产品类别：座椅生产和服务。 产能：订单式生产。 当前市场占有率：2%	综合部	本公司产品质量稳定，但市场同行较多，发展规模参差不齐，竞争压力大	ST
内部环境	企业文化	晨会、周例会、总结会。 就是在每天上班前和下班前用若干时间宣讲公司的价值观念。总结会是月度、季度、年度部门和全公司的例会，这些会议应该固定下来，成为公司的制度及公司企业文化的一部分	综合部	本公司产品有关的任何问题都能够在会议上得到解决	S
	公司价值观	诚信、务实、品质、创新	综合部	本公司在内部通过培训、张贴宣传等方式树立公司的价值观	S
	知识积累	本公司为了获取行业内先进的技术知识，为技术人员开通了互联网，便于其查询产品最新的发展方向和技术进步，以便及时吸收行业内技术和知识，并使之能够得到很好的积累和沉淀	综合部	建立了知识收集和宣导的渠道，确保能够获得必要的知识并在内部宣导	S

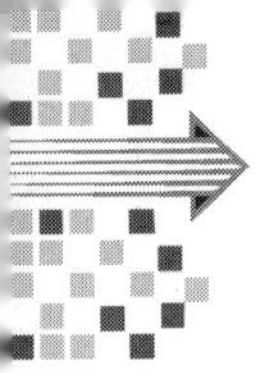

续表

环境类别（内部/外部）	项目	内容	信息来源	具体现状描述	SWOT 分析 S（优势）W（劣势）O（机遇）T（风险）
内部环境	绩效	绩效考核	综合部	本公司为订单式生产，绩效考核不完善，需要进行改进，要与体系紧密结合，确保质量管理体系的有效运行和持续改进	S
	财务因素	公司积极推行固定资产转化为负债，增强现金流。 积极融资，确保项目发展资金	综合部：财务年报	财务状况良好，资金充足	SO
	资源因素	厂房：符合座椅等产品的生产。 设备：公司目前配置的设备精度不高、设备逐渐老化，但产品质量受设备的影响不大。 检测仪器：公司只是配置了一些普通的检测设备，如部分可靠性测试的仪器	设备清单	本公司生产设备和检测设备的精度和性能只能确保产品最基本的质量控制要求，建议公司予以更新和替代	WT
	人力因素	男女比例：女性 14%；男性 86%。 年龄结构：25 岁以下占 4%；25～40 岁占 32%；40 岁以上占 64%。 文化程度比例：初中学历占 32%；中专、高中学历占 41%；大专、本科学历占 27%。 岗位配置比例：生产工人 54%；技术人员 21%；销售人员 7%；财务人员 4%；管理人员 14%	综合部	公司人员文化程度较高，接受先进技术的能力较强	WT
	运营因素	简化组织架构，减少办事流程	公司网站、组织架构	公司执行总经理负责制，管理人员太多，管理成本高，决策时间长	WT

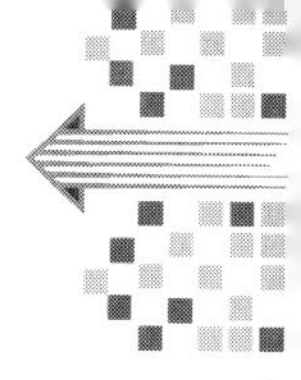

分析工具方法采用各种成熟的管理方法和工具进行环境因素的识别、确认和分析，常用的分析工具如表 29 所示。

表 29　内外部环境因素分析工具举例

序号	分析工具	特点	用途
1	宏观环境分析（PEST）	应用 PEST 模型进行政治法律环境、经济环境、社会文化及自然环境、技术环境分析，分析宏观环境对企业的现实和潜在影响，找出组织面临的现实的、潜在的机会和威胁，以及组织的可能对策	外部宏观环境因素分析
2	产业环境分析（五力模型）	从供应商、购买方、新进入者、替代品生产商、现产业中的竞争者 5 个方面进行分析，分析微观环境或产业竞争环境对企业的现实和潜在影响，找出组织面临的现实的、潜在的机会和威胁，以及组织的可能对策	外部微观环境因素分析
3	竞争对手分析	对现有竞争者和潜在竞争者的数据、情报、战略、职能、业务目标等进行分析，估计竞争对手对组织的竞争性行为可能采取的战略和反应，从而有效地制定组织的战略方向及战略措施	外部微观环境因素分析
4	价值链分析	将企业创造价值的活动分为基本活动和支持性活动，基本活动和支持性活动构成了企业的价值链，应用价值链分析法来确定核心竞争力	内部环境因素分析
5	核心竞争力分析	通过企业资源与能力分析进行行业关键成功因素识别，评估与关键成功因素相关的企业能力，识别企业核心竞争力	内部环境因素分析
6	态势分析（SWOT）	基于内外部竞争环境和竞争条件下的态势分析，就是将与研究对象密切相关的各种主要内部优势、劣势和外部的机会和威胁等，通过调查列举出来，并依照矩阵形式排列，然后用系统分析的思想，应用杠杆效应、抑制性、脆弱性和问题性 4 个基本概念进行相应的决策	外部、内部环境因素分析

7.2　理解相关方的需求和期望

组织离不开相关方，“共生”是永恒的自然生存法则。需要、需求、要求、偏好和期望的区别如图 18 所示。

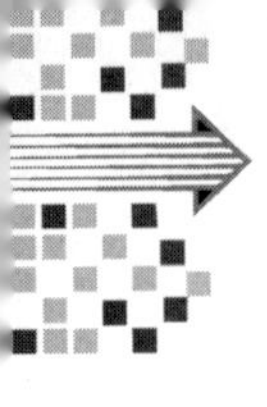

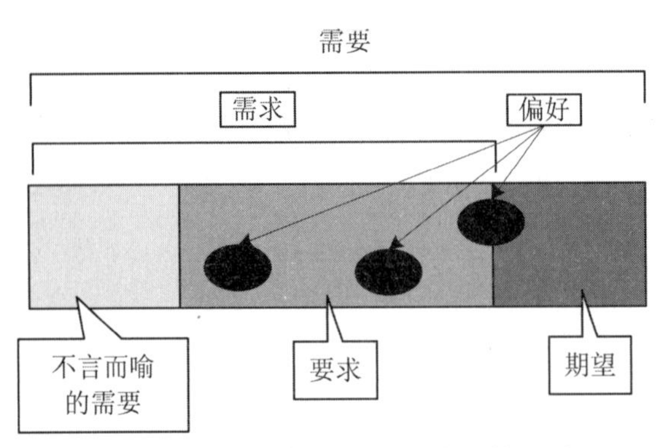

图 18　需求、要求、偏好和期望的区别

通常，外部相关方有顾客、供方、租赁方、承包方、协作方、银行、保险、社区、行业协会、政府部门等。内部相关方主要指所有者、股东、员工等。

相关方要求表现在很多方面。例如：顾客对产品符合性、安全性的需要；外部供应商对合同义务、按时付款的需要；政府对规划、法律法规、纳税的需要；社区对环境污染、就业、慈善资助的需要；员工对薪酬、福利、个人发展的需要等，如表 30 所示。

表 30　相关方及其需求和期望示例

关系	相关方示例	需求和期望示例
责任关系	投资者	期望组织妥善应付风险和机会，会影响投资
影响关系	非政府组织	需要组织的合作来实现非政府组织的环境目标
近邻关系	邻近居民	期望组织具有社会可接受的绩效，且诚实和正直
依存关系	员工（在组织的控制下工作的人）	期望在安全、健康的环境下工作
代表关系	行业协会组织	需要在环境事项上的合作
权力关系	监管或法定机构	期望组织证实守法

合规义务是法律法规要求和组织应遵守的其他要求，分为组织必须遵守的法律法规要求以及组织必须遵守或选择遵守的其他要求。合规义务可能来自于强制性要求，例如适用的法律和法规，可分为国家或国际、省部级和地方性法律法规要求；或来自于自愿性承诺，如组织的和行业的标准、合同规定、操作规程、与社团或非政府组织间的协议。

组织应对管理体系的相关方及这些相关方的需求和期望进行确定，同时还应确定其中哪些需求和期望须成为组织的合规义务。对外部相关方应建立相关方名录，制定沟通机制，监视和评审相关方的信息，处理好与相关方的关系。内部相关方则应纳入管理体系进行管理。

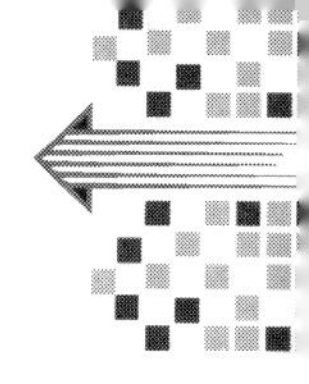

ISO 9001:2015 增加了“组织应对这些相关方及其要求的相关信息进行监测和评审”条款。ISO 14001:2015 增加了“这些需求和期望中哪些将成为其合规义务”条款。ISO 50001:2018 增加了“组织需通过能源管理体系落实的需求和期望”条款，进一步细化为“确保获取与其能源效率、能源使用和能源消耗有关的适用的法律法规及其他要求”“确定如何将这些要求应用于其能源效率、能源使用和能源消耗”“确保考虑到这些要求”“按规定的时间间隔对法律法规及其他要求进行评审”。

7.3　确定管理体系的范围

不同的管理体系有不同的管理边界和适用性。“边界”是指组织的地理位置、该位置所在的行政管理范围、场所（包括子现场）。组织边界可采用股权比例法和控制权法进行确定，控制权法分为财务控制权法和运营控制权法，如表 31 所示。

表 31　组织边界的确定方法

方法	定义
股权比例法	公司根据其在业务中的股权比例核算碳排放量，股权比例反映经济利益，代表公司对业务风险与回报享有多大的权利
控制权法（财务）	如果一家公司可以对一项业务做出财务和运营政策方面的指示以从其活动中获取经济利益，前者即对后者享有财务上的控制权
控制权法（运营）	如果一家公司或其子公司享有提出和执行一项业务的运营政策的完全权力，这家公司便对这项业务享有运营控制权

“适用性”指组织的产品、服务、活动所涉及的范围与管理体系的关系，即哪些产品、服务、活动应纳入体系之中。“范围”是指组织的管理体系的界限、限制。另外，管理体系的范围与审核范围和认证范围的区分如表 32 所示。

表 32　审核范围和认证范围

类型	目的和作用	内容	使用者
审核范围	界定一次具体审核的内容界限，用于指导一次具体审核活动的实施	一次具体审核应包括实际位置、组织单元、活动和过程及所覆盖的时期等更加全面与详细的表述	审核组
认证范围	界定受审核方的认证范围，用于认证注册的目的	认证所依据的管理体系标准和所覆盖的产品、过程、活动、场所的概述	认证机构和获证组织

文件化信息是组织需要控制并保持的信息，以及承载信息的载体。“文件化信息（documented information）”替代了前版标准中的名词“文件（documentation）”“文档

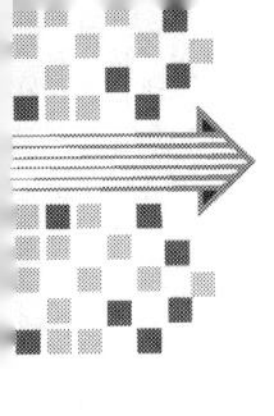

（documents）”和“记录（records）”。文件化信息可能以任何形式和承载载体存在，并可能来自任何来源。文件化信息可能涉及管理体系及相关过程，为组织运行而创建的信息（可能被称为文件），实现结果的证据（可能被称为记录）。为了区分“文件化信息（documented information）”这一通称术语的含义，标准现使用短语“保留（retain）文件化信息作为某某的证据（as evidence of...）”并非是满足法律证据的要求，而只是表明需要保留的客观证据。

ISO 9001:2015 增加了“在确定范围时，组织应考虑组织的产品和服务”条款。ISO 14001:2015 增加了“在确定范围时，组织应考虑其组织单元、职能和物理边界，其活动、产品和服务，其实施控制与施加影响的权利和能力”条款。ISO 50001:2018 增加了“组织应确保有权限控制其范围和边界内的能源效率、能源使用和能源消耗。组织不应排除其范围和边界内的任何一种能源”条款。

7.4 管理体系及其过程

7.4.1 概述

ISO 基于 PDCA 循环的运行模式建立管理体系框架。PDCA 是一个持续的、反复进行的过程，它使组织能够基于最高管理者的领导和对管理体系的承诺，建立、实施、保持并持续改进管理体系。

管理体系要与组织业务过程融合，其要求融入自身的工作流程、工艺过程和其他管理事项，并在职责权限、各种管理制度中体现。建立必要的流程可以运用过程方法原理并遵循 PDCA 循环来实现，同时基于风险的考虑，在流程中识别并建立必要的风险控制点。

将标准的要求转化为组织的自身要求是建立管理体系的必经过程。为保证管理体系的持续适宜和有效，大多数情况下，组织的自身要求是文件化的。一个文件化的要求可能包括产品质量、环境、安全、能源、计量等的全部内容或部分内容，不一定仅是对碳排放管理的要求。这是将碳排放管理融入组织的业务过程、战略方向和决策制定。

7.4.2 相关管理体系的标准内容

ISO 14001:2015 增加了“为实现组织的预期结果，包括提升其环境绩效”和“组织建设并保持环境管理体系时，应考虑理解组织及其所处的环境、理解相关方的需求和期望中获得的知识”条款。环境管理体系预期结果包括提升环境绩效、履行合规义务和实现环境目标。环境绩效是与环境因素的管理有关的绩效，对于一个环境管理体系而言，可以依据组织的环境方针、环境目标或其他准则，运用参数来测量结果。

ISO 50001:2018 增加了“持续改善能源绩效”条款。能源绩效是与能源效率、

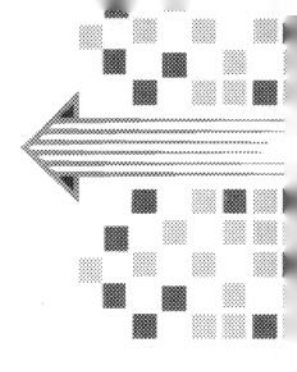

能源使用和能源消耗有关的、可测量的结果。能源绩效参数是对能源绩效所赋予的一个单位量纲、比率或模型，但未予以赋值。能源绩效参数能够体现出不同的行业和专业领域的能源绩效特点，如某单位产品能耗以 kgce/t 表示，电耗以 kW · h/t 表示，煤气转化率以 m^3/kg 表示，余热发电以 kW · h/t 表示。对能源绩效参数的进一步理解及系统应用，可参考 GB/T 36713—2018《能源管理体系　能源基准和能源绩效参数》。

ISO 9001:2015 增加了有关过程和形成文件信息的条款，提出过程的所需输入和期望输出、过程的顺序和相互作用、有效控制过程的准则和方法、过程所需的可用资源、过程的职责和权限、过程的风险和机遇、过程的评价和变更、改进过程和质量管理体系。

过程可以指从识别顾客的需求，到获得顾客满意的评价的大过程，如领导、策划、支持、运行、绩效评价、改进 6 个大过程。也可以指每一具体的质量活动的子过程，如采购控制过程、设计开发过程、产品检测过程等。

制造业通常的主要过程及其大概流程是：市场需求调查→接受合同或订单→产品设计开发→采购→生产制造→测量与监控→交付→服务。

服务业通常的主要过程及其大概流程是：顾客需求调查与识别→服务策划→服务项目设计→服务提供→服务结果评价→服务业绩分析与改进。

过程准则是过程应符合的要求或过程标准，它明确了过程预期应达到的结果；过程方法控制过程的规定或程序；过程绩效指标则用来衡量过程的有效性和效率。

确定过程的准则、方法以及过程绩效指标的原则是要确保过程的有效运行。组织应根据各个过程的需要制定相应的准则和方法，以及过程的绩效指标。

7.5　标准内容

4　组织环境
4.1　理解组织及其环境 组织应确定与其宗旨和战略方向相关并影响其实现碳排放管理体系预期结果和改进碳排放绩效的能力的各种外部和内部因素。 4.2　理解相关方的需求和期望 组织应确定： （1）碳排放绩效和碳排放管理体系的相关方； （2）相关方的有关需求； （3）组织需通过碳排放管理体系落实的需求和期望。 组织应： —— 确保获取与其碳排放绩效有关的适用的法律法规及其他要求； —— 确定如何将这些要求应用于其碳排放绩效； —— 确保考虑到这些要求； —— 按规定的时间间隔对法律法规及其他要求进行评审。

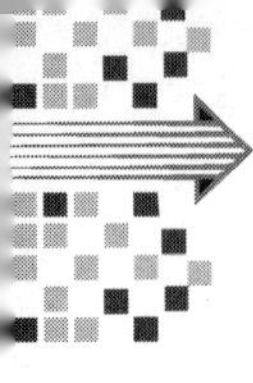

续

4.3　确定碳排放管理体系范围

组织应确定碳排放管理体系的边界和适用性，以确定其范围。

在确定范围时，组织应考虑：

——4.1 中提及的各种外部和内部因素；

——4.2 中提及的要求；

——其活动、产品和服务以及相应范围内影响碳排放绩效的控制权限。

范围应作为文件化信息提供和保持。

4.4　碳排放管理体系

组织应按本文件的要求建立、实施、保持和持续改进碳排放管理体系，包括所需过程及其相互作用

8　领导作用

8.1　领导作用和承诺

ISO 9000:2015 提出的 7 项质量管理原则的第 2 项是“领导作用”。领导作用是各级领导建立统一的宗旨和方向，并创造全员积极参与实现组织的质量目标的条件。依据是统一的宗旨和方向的建立，以及全员的积极参与，能够使组织将战略、方针、过程和资源协调一致。主要益处可能有实现质量目标的有效性和效率，提升过程协调、职能沟通和人员能力，获得期望的结果。开展的活动包括：使命、愿景、战略、方针和过程的沟通，共同价值观、公平和道德的行为模式创建和保持，诚信和正直文化的培育，质量承诺的履行，组织的榜样，资源、培训和权限的提供，员工贡献的激发、鼓励和表彰。

GB/T 19580—2012《卓越绩效评价准则》提出的 9 项基本理念中的第 1 项是“远见卓识的领导”。在 ISO 9000:2015 的 7 项质量管理原则中将“以顾客为关注焦点”列为第 1 项，是因为 ISO 9001 重在顾客满意；卓越绩效模式将“远见卓识的领导”列为第 1 项，是因为“领导”是企业兴衰成败的关键和追求卓越的首要动力。“远见卓识”意味着领导要以前瞻性的视野、敏锐的洞察力，确定组织的使命、愿景和价值观，平衡相关方的利益，建立组织追求卓越的战略、管理系统、方法和激励机制，营造诚信守法、改进创新、快速反应和学习的环境，带领全体员工实现组织的发展战略和目标。“远见卓识”还意味着领导要确保质量安全，推进品牌建设，强化风险意识和继任策划，完善组织治理和履行社会责任，致力于绩效评审和改进，以推动持续经营，实现战略目标和愿景。

本书第 2.3.3 节“领导作用”讲述了高层结构中的领导作用和承诺，有 4 项确保 X 管理体系的内容：X 管理体系方针和目标的适应性和一致性；X 管理体系要求融入业务过程；资源的可获得；实现预期结果。另外，涉及的还有：就有效的 X 管理的重要性和符合 X 管理体系要求的重要性进行沟通；指导和支持员工为管理体系的有效性做出贡献，促进持续改进；以及支持其他相关管理者在其职责范围内发挥领导作用。

ISO 9001:2015 增加了“对质量管理体系的有效性负责”“促进使用过程方法和基于风险的思维”和“5.1.2 以顾客为关注焦点”条款。ISO 14001:2015 增加了“对环境管理体系的有效性负责”条款。ISO 50001:2018 增加了“确保建立能源管理体系的范围和边界”“确保措施计划得以批准和实施”“确保组建能源管理团队”“确保能源绩效参数恰当地反映能源绩效”和“确保建立和实施过程，识别和应对能源管理体系范围和边界内影响能源管理体系和能源绩效的变化”条款。相互对比如表 33 所示。

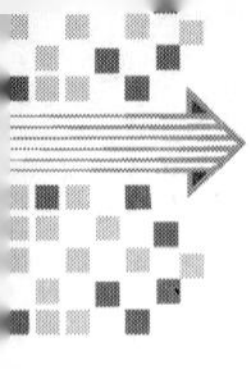

表 33　各管理体系领导作用和承诺的活动

活动	高层结构	ISO 9001:2015	ISO 14001:2015	ISO 50001:2018	T/GDES 2030—2021
承担责任	—	√	√	—	√
确定范围	—	—	—	√	—
指明方向	√	√	√	√	√
融入过程	√	√	√	√	√
措施计划	—	—	—	√	
提供资源	√	√	√	√	√
实施沟通	√	√	√	√	√
实现结果	√	√	√	√	√
组建团队	—	—	—	√	—
支持参与	√	√	√	√	√
促进改进	√	√	√	√	√
授权管理	√	√	√	√	√
绩效参数	—	—	—	√	—
应对机制	—	—	—	√	—

8.2　方针

在前面章节提到与方针有关的概念有理念、原则和策略。理念是理性的概念，是看法、观念、思想、理论、思维活动的成果。原则，原指本来、源泉；则指规则。策略，策指计策、计划；略指谋略。方针，方指方向；针指针对，或者指南针。

方针是指由组织的最高管理者正式发布的组织的意图和方向。质量方针、环境方针、能源方针和碳排放方针是组织分别关于质量、环境、能源和碳排放的方针。通常，这些方针与组织的总方针一致，可以与组织的愿景和使命相一致，并为制定质量目标提供框架。

高层结构、ISO 9001:2015、ISO 14001:2015、ISO 50001:2018 和 T/GDES 2030—2021 标准中有关方针的内容如表 34 所示。

表 34　各种管理体系中有关方针的内容

标准	方针名称	特点	主要内容
高层结构	X 方针	一适应 一框架 两承诺	适应组织宗旨； 提供制定 X 目标的框架； 对满足适用要求做出承诺； 对持续改进 X 管理体系做出承诺

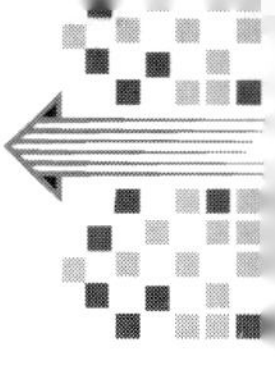

续表

标准	方针名称	特点	主要内容
ISO 9001:2015	质量方针	一适应 一支持 一框架 两承诺	适应组织宗旨和环境； 支持其战略方向； 提供制定质量目标的框架； 对满足适用要求的承诺； 对持续改进质量管理体系做出承诺
ISO 14001:2015	环境方针	一适应 一框架 三承诺	适应组织宗旨和环境； 提供制定环境目标的框架； 对保护环境的承诺； 履行合规义务的承诺； 对持续改进环境管理体系以提升环境绩效做出承诺
ISO 50001:2018	能源方针	一适应 一框架 三承诺 两支持	适应组织宗旨； 提供设定和评审目标、能源指标的框架； 确保获得信息和必要资源的承诺； 履行合规义务的承诺； 对持续改进能源绩效和能源管理体系做出承诺； 支持影响能源绩效的节能产品和服务的采购； 支持考虑能源绩效改进所涉及的活动
T/GDES 2030—2021	碳排放方针	一适应 一框架 三承诺 两支持	适应组织宗旨和环境； 提供制定碳排放目标的框架； 对应对气候变化做出承诺； 履行合规义务的承诺； 对持续改进碳排放管理体系以提升碳排放绩效做出承诺； 支持影响碳排放绩效的低碳产品和服务的采购； 支持考虑碳排放绩效改进所涉及的活动

8.3　组织的岗位、职责和权限

岗位是按规定担任的工作或为实现某一目的而从事的明确的工作行为。职责指任职者为履行一定的组织职能或完成工作使命，所负责的范围和承担的一系列工作任务，以及完成这些工作任务所需承担的相应责任。简单地说，就是你所在的职位应该承担的责任。权限指为了保证职责的有效履行，任职者必须具备的，对某事项进行决策的范围和程度。

ISO 9001:2015 增加了“确保各过程获得其预期输出”“确保在整个组织推动以顾客为关注焦点”和“确保在策划和实施质量管理体系变更时保持其完整性”条款。ISO 50001:2018 增加了“确保建立、实施、保持和持续改进能源管理体系”“实施措

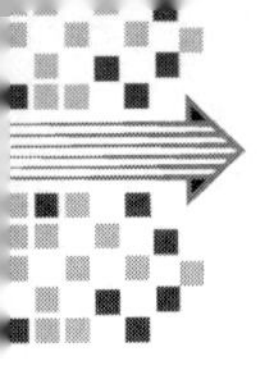

施计划以持续改进能源绩效”和“建立所需的准则和方法，以确保能源管理体系的有效运行和控制”条款。

在最高管理者的直接管理或授权下，组织应建立碳管理机制，明确相应的职责和权限。具有相应技术和能力的授权管理者代表，其职责至少包括：①确保按照本文件的要求建立、实施和持续改进碳排放管理体系；②明确规定和传达碳排放管理组织机构的职责和权限，以有效推动碳排放管理活动；③指定相关人员，并由相应的管理层授权，共同开展碳排放管理活动。

碳排放管理组织机构是碳排放管理的执行主体，其组成可以是以下形式：①集团组建的低碳节能减排领域的专业化公司；②成立特定的碳排放管理部门，统一负责组织碳排放管理工作；③与组织能源部门、环保部门、投资部门等机构融合，将碳排放管理融入其日常工作中；④必要时，可借助外部机构或力量参与组织碳排放管理体系。

碳排放管理组织机构的职责包括但不限于以下方面：①制定低碳发展规划及相关制度，如碳交易风险管理制度和信用管理制度；②开展组织碳排放管理体系评审工作；③实施组织碳排放管理体系内部审核；④与内外部相关方沟通组织碳排放管理情况；⑤制定碳排放报告和监测；⑥碳排放履约；⑦碳排放交易；⑧碳资产管理；⑨碳中和战略制定和实施；⑩减排项目开发；⑪掌握碳资讯并参与碳排放能力建设；⑫低碳节能技术开发与推广；⑬必要时，建立组织碳排放管理信息系统并维护运行。

8.4　标准内容

5　领导作用
5.1　领导作用和承诺 最高管理者应通过下述方面证实其在碳排放管理体系的领导作用和承诺： （1）确保制定碳排放方针、目标和指标，并与组织环境相适应、与战略方向相一致； （2）确保碳排放管理体系要求融入组织的业务过程； （3）确保获得碳排放管理体系所需的资源是可获得的； （4）沟通有效的碳排放管理和符合碳排放管理体系的重要性； （5）确保碳排放管理体系实现其预期结果； （6）指导和支持员工为碳排放管理体系的有效性做出贡献； （7）促进持续改进； （8）支持其他相关管理人员在其职责范围内发挥领导作用。 注：使用的“业务”一词可广义地理解为组织的核心活动。 5.2　碳排放方针 最高管理者应制定碳排放方针，碳排放方针应： （1）适合组织的宗旨； （2）为制定的碳排放目标提供框架； （3）包括应对气候变化的承诺； （4）包括履行合规义务的承诺；

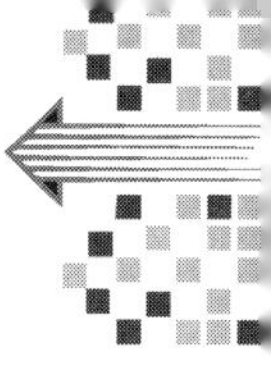

续

（5）包括持续改进碳排放管理体系和碳排放绩效的承诺； （6）支持影响碳排放绩效的低碳产品和服务的采购； （7）支持考虑碳排放绩效改进涉及的活动。 碳排放方针应： —— 可获取并保持文件化信息； —— 在组织内部沟通； —— 适宜时，可为相关方获取。 5.3　组织的岗位、职责和权限 最高管理者应确保组织相关岗位的职责、权限得到分配和沟通。 最高管理者应对下列事项分配职责和权限： （1）确保碳排放管理体系符合本文件的要求； （2）向最高管理者报告碳排放管理体系的绩效，包括碳排放绩效

9 策划

9.1 概述

在管理体系的PDCA循环中（如图10所示），策划属于P的环节。在管理体系的建立、实施、保持和持续改进中，策划属于建立环节。

在应对风险和机遇的措施方面，高层结构提出了确认和策划两个方面的要求。在确认方面，组织在策划X管理体系时应考虑到4.1节所提及的因素和4.2节所提及的要求，确认应对风险和机遇的措施，确保X管理体系能够实现预期结果，预防或减少不利影响，实现持续改进。在策划方面，首先是策划应对已确认的风险和机遇的措施；其次策划如何在X管理体系过程中整合并实施这些措施，以及策划如何评估这些措施的有效性。ISO 9001:2015设置了三级条款并增加了“增强有利影响”条款；ISO 14001:2015二级条款下同高层结构一样，设置了三级条款，增加了“环境因素”和“合规义务”三级条款。各管理体系应对风险和机遇的措施条款对照如表35所示。

表35 各管理体系应对风险和机遇的措施条款对照

应对风险和机遇的措施	高层结构	ISO 9001:2015	ISO 14001:2015	ISO 50001:2018	T/GDES 2030—2021
确认风险和机遇	√	√	√	√	√
策划应对措施	√	√	√	√	√
策划如何整合实施措施	√	√	√	√	√
策划如何评估措施有效	√	√	√	√	√
确定环境因素	—	—	√	—	—
确定合规义务	—	—	√	—	—
策划管理环境因素措施	—	—	√	—	—
策划管理合规义务措施	—	—	√	—	—

在目标及其实现的策划方面，高层结构提出了建立X目标和策划如何实现X目标两个方面。在建立X目标方面，应在职能和层次上建立X目标，该X目标应与X方针保持一致、可测量（如何可实现）、考虑适用的要求、予以监视、予以沟通和适时更新，且应保持X目标的文件化信息。在策划如何实现X目标方面，组织应从确定要做什么、需要什么资源、由谁负责、何时完成和如何评价结果5个方面进行目标管理。ISO 9001:2015增加了质量管理体系过程设定质量目标的内容，且质量目标的

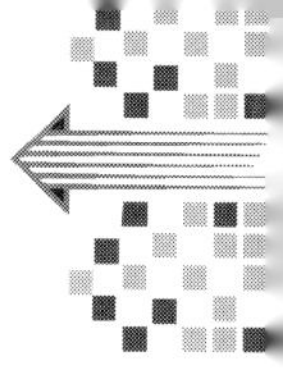

要求增加了与产品和服务合格以及提高顾客满意度相关的内容。ISO 14001:2015 对环境目标包括了除考虑适用的要求以外的 5 个方面的要求。ISO 50001:2018 增加了“能源评审”“能源绩效参数”“能源基准”和“能源数据收集的策划”二级条款。T/GDES 2030—2021 增加了“碳排放源评审”“碳排放绩效”“碳排放基准”“碳排放数据收集的策划”“碳排放核查策划”和“碳排放信息交流的策划”二级条款。各管理体系目标及其实现策划条款的对照如表 36 所示。

表 36　各管理体系目标及其实现策划条款的对照

目标及其实现策划	高层结构	ISO 9001:2015	ISO 14001:2015	ISO 50001:2018	T/GDES 2030—2021
在职能和层次建立 X 目标	√	√	√	√	√
X 目标的 6 个方面要求	√	√	√	√	√
保持 X 目标的文件化信息	√	√	√	√	√
策划如何实现对 X 目标的 5 个方面进行目标管理	√	√	√	√	√
在过程设立 X 目标	—	√	—	—	—
变更策划	—	√	—	—	—
X 评审	—	—	—	√	√
X 绩效参数	—	—	—	√	√
X 基准	—	—	—	√	√
X 数据收集的策划	—	—	—	√	√
X 核查策划	—	—	—	—	√
X 信息交流的策划	—	—	—	—	√

9.2　应对风险和机遇的措施

正规、大型或国际化的组织，可采用 GB/T 24353—2022《风险管理　指南》（该标准转化自国际标准 ISO 31000:2018）来确定和应对，包括质量、环境、能源、碳排放等管理相关在内的风险和机遇。组织可以选择适合自身需要的方法，IEC 31010《风险管理　风险评估技术》提供了一系列风险评估工具和技术。

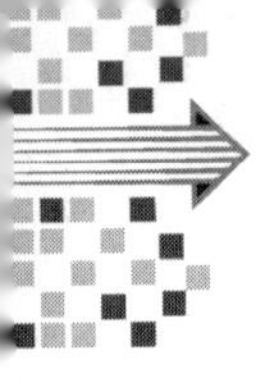

在确定风险和机遇的过程中，组织可考虑 SWOT（优势、劣势、机会与威胁的势态分析）、PESTLE（政治因素、经济因素、社会因素、技术因素、环境因素与法律因素的大环境因素分析），其他技术性评价方法有 FMEA（失效模式与影响分析）、FMECA（失效模式影响与危害度分析）等。

规模较小与国际化程度不高的组织可采用简洁实用的技术方法，例如头脑风暴、SWIFT（结构化假设分析）、概率（风险出现）与后果（严重程度）矩阵等评价方法。

另外，组织在满足“应对风险和机遇”条款标准要求时，只需编制一个“公司质量环境、能源、碳排放等管理风险与机遇识别，评估与应对措施确定及其评价信息一览表”即可，每年在管理评审之前由管理者代表召集相关人员对这些应对措施的有效性进行评价，并将结果作为输入提交管理评审，该评价及其评价结果可作为管理手册实施的记录。

组织质量、环境、能源、碳排放等管理相关的风险识别，评价与控制措施确定应由懂体系、过程管理以及风险管理方法的技术管理人员来实施，标准中没有强制要求的应用风险管理手段。

下列情形下，应当涉及组织与质量、环境、能源、碳排放管理相关风险和机遇管理的信息：战略会议，管理评审，内部审核，各类质量、环境、能源、碳排放会议，质量、环境、能源、碳排放目标制定会议，新产品和服务的设计与开发的策划阶段，生产与服务过程的策划阶段等。

在最终的管理评审之前，管理者代表应将针对所有风险和机遇的管理及其结果（即应对措施有效性评价结果及其改进性分析）作为输入提交给管理评审，以持续改进风险和机遇及其应对措施而管理整个过程。

9.3 碳排放目标

9.3.1 《巴黎协定》的碳排放目标

在第 21 届《联合国气候变化框架公约》缔约方会议上，近 200 个国家参加并签署了《巴黎协定》。该协定中提出“把全球平均气温升幅控制在工业化前水平以上低于 2 ℃之内，并努力将气温升幅限制在工业化前水平以上 1.5 ℃之内”（《联合国气候变化框架公约》，2015 年）。

虽然各国承诺采取各种措施，包括大幅度减少温室气体排放，但依旧存在巨大的缺口。按照当前的承诺，2030 年全球排放量将比“全球温升低于 1.5 ℃”的情景下需达到的排放量高出约 90%，截至 2100 年，即便各国做出最大努力，全球温升幅度仍将达到 2.4～3.8 ℃（Climate Action Tracker，2018 年）。

各国政府的承诺表明，全世界将向低碳经济转型，且这一趋势在长期内是势不可挡的，而企业在其中可以发挥关键作用，弥合国家承诺付出的努力与避免气候变化的最坏影响需要达到的力度水平之间的差距。

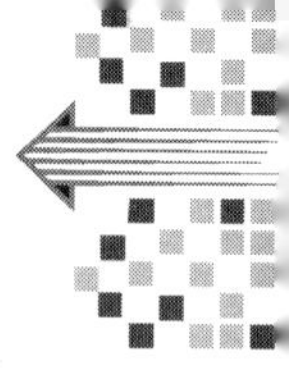

2018 年，根据《巴黎协定》的要求，联合国政府间气候变化专门委员会发布了《全球升温 1.5°C 特别报告》，强调了采取气候措施的紧迫性。该报告指出，与升温 2 ℃相比，将全球变暖限制在 1.5 ℃将明显惠及人类社会和自然生态系统。许多易受气候影响的脆弱国家的政府支持降低 1.5 ℃的下限，虽然将全球温升控制在 1.5 ℃意味着需要进一步减少排放并加快脱碳速度，但它同时也为全世界避免自然系统、水资源、农业生产以及经济、政治和社会稳定遭到毁灭性影响带来了希望。

根据国际能源署（IEA）二氧化碳排放量数据，2019 年，中国碳排放全球占比约 29%，排名第一，其后分别为美国（15%）、欧盟（10%）、印度（7%）、俄罗斯（4%）、日本（3%）。实现碳达峰及碳中和成为全球竞争的重要筹码。美国、欧盟等目前已基本实现碳达峰，中国一直积极应对气候变化，加快能源结构调整与产业结构升级，加强生态环境保护，在碳减排的基础上促进综合国力增强与大国地位巩固。

9.3.2　中国碳排放目标

2021 年 7 月 16 日，全国碳排放权交易市场正式启动，首批纳入 2162 家温室气体排放量达到 2.6 万吨二氧化碳当量的电力企业，其所产生的约 45 亿吨二氧化碳当量排放，占全国总排放量的 40% 以上，规模远大于试点碳市场，覆盖的排放量约为欧盟碳市场的 3 倍，是全球覆盖温室气体排放量规模最大的碳市场。

温室气体是大气中吸收和重新放出红外辐射的自然和人为的气态成分，包括二氧化碳（CO_2）、甲烷（CH_4）、氧化亚氮（N_2O）、氢氟碳化物（HFCs）、全氟化碳（PFCs）、六氟化硫（SF_6）和三氟化氮（NF_3）等。由于不同气体对温室效应的影响程度有所不同，联合国政府间气候变化专门委员会（Intergovernmental Panel on Climate Change，IPCC）提出了二氧化碳当量（CO_2e）这一概念，以统一衡量这些气体排放对环境的影响。而基于全球变暖潜能值，可以看到不同气体相对于二氧化碳而言对温室效应的影响程度。

另外，仅对于能源活动和工业生产过程而言，根据《省级温室气体清单编制指南》，HFCs、PFCs 和 SF_6 等主要涉及铝、镁等少数工业生产过程，而 N_2O 早已纳入空气污染监控范围，故对多数企业的碳核算主要对象是 CO_2 和 CH_4。又根据《2017 年中国温室气体公报》，二氧化碳（CO_2）和甲烷（CH_4）分别是影响地球辐射平衡的主要和次要长寿命温室气体，在全部长寿命温室气体浓度升高所产生的总辐射强迫中的贡献率分别约为 66% 和 17%。

中国于 1998 年 5 月签署并于 2002 年 8 月核准了《京都议定书》。2005 年 2 月 16 日，《京都议定书》正式生效，成为首个对温室气体排放具有法律约束力的国际公约。中国于 2016 年 4 月 22 日签署并于 2016 年 9 月 3 日批准加入《巴黎协定》。2016 年 11 月，《巴黎协定》正式生效，该协定期望在 2051 年至 2100 年间，全球达到碳中和。同时，把全球平均气温较工业化前水平升高控制在 2 ℃之内，并为把升温控制在 1.5 ℃之内努力。2020 年 9 月 22 日，我国在第 75 届联合国大会一般性辩论上宣布，将采取更加有力的政策和措施，让二氧化碳排放力争于 2030 年前达到峰值，努力争

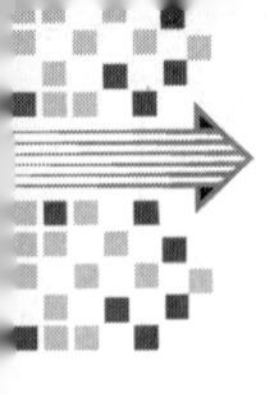

取于2060年前实现碳中和。随后，我国在国际会议上多次宣示，表明了实现承诺的决心和意志。

9.3.3 企业碳排放目标

9.3.3.1 企业碳减排的角色

全球的碳排放大部分来自主要经济部门的经营活动，包括电力和热力生产、农林和其他土地利用（AFOLU）、商业建筑、交通运输与工业等，如图19所示。

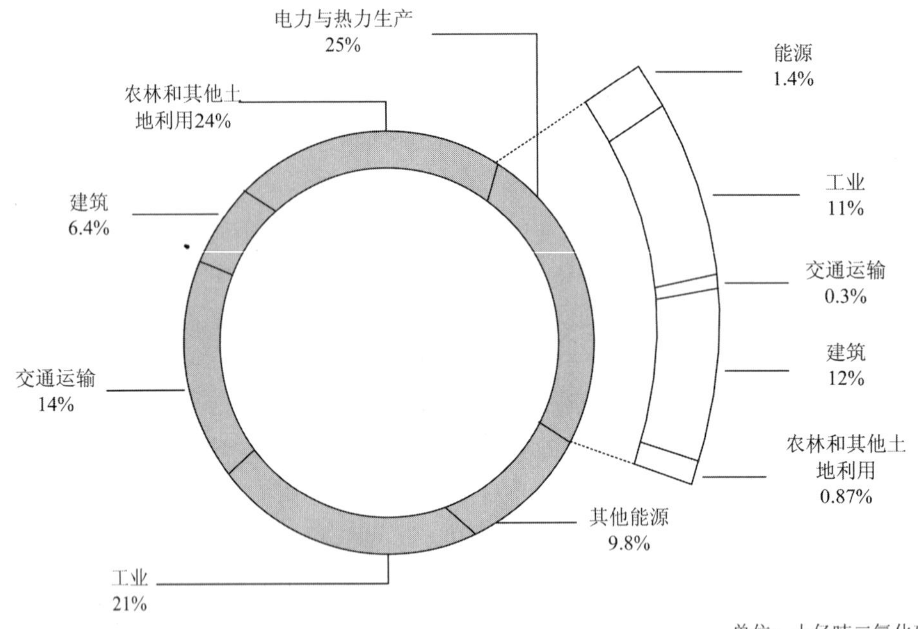

图19 主要经济部门在人为温室气体排放总量中占比

备注：其他能源包括除公共电力和热力生产以外的排放源，如炼焦炉和高炉的燃料燃烧。资料来源于IPCC 2014年年度数据。

在这些经济部门经营的企业，以及依赖这些企业提供的电力等服务的企业，能够发挥关键性作用，加快向低碳未来转型。现在许多企业已经意识到气候变化给其业务带来的风险，以及在领导力和创新方面创造的机会。许多企业已经承诺做出改变，包括设定减排目标、跟踪和公开报告温室气体排放量等。碳目标代表了设定温室气体减排目标的最佳实践，是企业应对气候变化策略的核心。

发电业务约占全球温室气体排放量的1/3，如图19所示。因此，电力企业采取有力的措施，对于实现将全球温升控制在2 ℃以内的目标至关重要。预计电力行业减少碳排放的措施包括从集中式发电转变为分布式发电、从化石燃料发电转变为可再生能源发电。除了电力部门所采取的措施以外，其他部门的企业也可以通过投资风电、太阳能发电和地热发电等，影响对低碳能源的使用。将碳排放与经济增长脱钩是可行

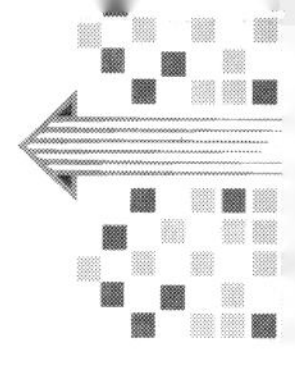

的，并且将是未来低碳经济的一个关键组成部分。例如，2008 年至 2013 年，美国百大发电企业在总发电量增加的同时，二氧化碳当量排放量却减少了 12%。为了实现脱钩，企业必须避免投资碳密集型基础设施，以免陷入高碳增长的模式，避免资产负债表中存在为实现将全球温升控制在 2 ℃以下的目标不得不提前报废的搁浅资产。

9.3.3.2 企业设立碳目标的优势

全球大部分温室气体排放受到企业部门的直接或间接影响。许多企业已经意识到气候变化给其业务带来的风险，特别是在领导力和创新方面可以为企业创造新的机会，企业纷纷关注并开展了相关的活动。

企业将可行的碳目标作为其弹性经营计划的一部分，以推动落实宏大的气候措施，能够产生商业效益，强化利益相关方的信心，降低监管风险，推动创新，提高领导力，增强盈利能力和竞争力。碳目标设定能够给企业带来战略优势：①增强业务应变能力，提高竞争力；②推动创新，转变商业实践；③树立可信度和信誉；④影响和提前准备公共政策转变。

9.3.3.3 企业设立碳目标的方法

碳目标从度量标准到力度水平有较大的差异，目前有多种碳目标设定方法，可用于进行目标计算。为了确保目标严谨可信，碳目标必须符合一系列标准，如目标期限、力度水平、对内部和价值链排放源的覆盖范围等，可信的碳目标的关键考虑因素包括目标的期限，以及是否覆盖内部运营（以下简称为“范围一和范围二排放”）和价值链（以下简称为“范围三排放”）产生的排放，如表 37 所示。企业必须进行仔细规划，在目标设定的各个阶段调动内部利益相关方参与。设定碳目标后，为了准确告知利益相关方，并建立目标的可信度，重要的是充分、简洁、清晰地转达企业设定的目标。

表 37 碳目标设定关键因素的要求

序号	项目	要求
1	碳目标期限	碳目标从对外公布之日起，其期限至少为 5 年，最多不超过 15 年。建议企业设定长期目标（如至 2050 年的目标）
2	碳目标边界	应该与其温室气体排放清单的边界一致
3	覆盖排放量	覆盖企业至少 95% 的范围一和范围二排放量
4	内部运营	使用一种特定的范围二核算方法（“基于地理位置”或“基于市场”），设定碳目标，并跟踪范围一和范围二排放量目标实现情况
5	价值链	①范围三目标通常不需要设定碳目标，但应该有雄心、可测量，能够明确证明一家企业如何根据当前的最佳实践，解决主要价值链温室气体排放源（树立低碳领袖形象）

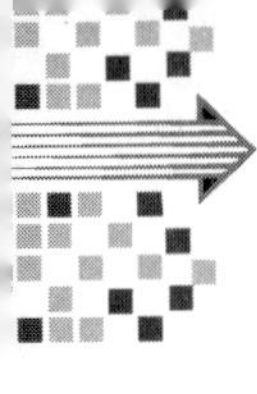

续表

序号	项目	要求
5	价值链	②如果企业的范围三排放量占比较大（超过范围一和范围二排放总量的40%），应该设定范围三目标； ③范围三目标的边界应该包括大部分价值链排放，例如，全部范围三排放中的前三类排放源或者范围三排放量的三分之二； ④范围三目标的性质取决于其所覆盖的排放源的类别，企业对其价值链合作伙伴的影响，以及合作伙伴提供的数据质量等因素
6	碳目标更新	碳目标应定期更新，以体现可能影响目标的适当性和一致性的重大变化

碳目标的设定和执行通常需要内部投资，因此目标应该与明显的战略优势相关联。目前可用的多种方法存在多方面的差异，包括将目标计算为减排量占绝对排放量的百分比，或者根据物理或经济指标计算为排放强度。这些方法还可能适用于不同行业，并且可能基于不同科学数据库和排放预测。

9.3.4　编制碳排放清单目标

企业碳排放清单是企业温室气体排放量和排放源的量化表，清单质量反映一份清单提供组织温室气体排放量的可信性、真实性和公正性的程度。清单边界由组织边界和运营边界确定，可分为范围一清单、范围二清单和范围三清单。

范围一清单是企业直接排放的温室气体；范围二清单是企业外购电力、供热/制冷，或蒸汽自用而产生的间接排放量；范围三是除了范围二以外的其他间接温室气体排放量。

编制温室气体排放清单可增进对企业温室气体排放情况的了解，具有重要的商业意义，主要体现在：管理碳排放风险和识别减排机会，公开报告和参与自愿性碳减排计划，参与强制性报告计划，参与碳交易市场，认可早期的自愿减排行动。

编制全面的碳排放清单可以增进企业对其排放状况以及潜在的碳排放负担或风险的了解。在目前的形势下，投资机构、保险业和股东对碳排放日益关注，旨在减少碳排放的环境法规和政策也不断出台，因此企业的碳排放风险正上升为一个管理问题。

在未来的碳排放监管下，即使一家企业自身并不直接受到这些法规的管制，企业价值链中的显著碳排放也可能导致（上游）成本增加，或（下游）销售额减少。这样，投资者可能会把企业上游或下游运营中显著的间接排放视为需要管理和减少的潜在负担。仅关注企业自身运营的直接排放，可能会漏掉重大的碳排放风险和机会，同时对企业的实际碳排放风险形成错误认识。

从更积极的角度讲，可以测量的东西才可以管理。核算排放有助于识别最有效的减排机会，从而促进提高原材料和能源的利用效率，并开发新产品和服务以减少客户或供货商受碳排放的影响。这些行动相应地降低了生产成本，并有助于在愈来愈重视环境保护的市场中展示企业特点。编制一份严谨的碳排放清单，也是设定内部或公开

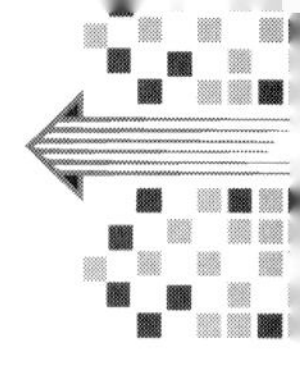

的碳减排目标以及此后监测与报告进展的前提。

气候变化日益受到关注，非政府组织、投资者和其他利益相关方越来越多地呼吁企业加大对其碳排放信息的披露力度。他们关注各企业正在采取什么样的行动，以及在新法规出台后，各企业与其竞争对手相比会处于怎样的地位。针对这种情况，越来越多的企业向利益相关方提供了包含碳排放信息的报告。有些报告只涉及温室气体排放信息，也有些是更广义的环境或可持续报告。例如，《中国制造 2025》实施的绿色制造工程，开展绿色设计产品、绿色工厂、绿色供应链和绿色园区等建设，以及绿色金融项目等，都要求披露碳排放信息。

随着各省市的碳市场试点建设，控排企业参与了碳排放交易市场，报告企业每年要向政府监管部门报告碳排放情况。去年全国碳市场开启时，一些企业需要参与强制性报告计划，一些企业需要参与碳排放交易市场。随着碳市场的逐步完善，越来越多的企业需要参与报告和碳排放市场交易。

碳排放清单不但是披露碳排放信息的基础，也是企业设定碳目标的依据。只有依据现有的碳排放清单，才能设定科学的碳目标，并且碳排放清单也是实现碳目标评价的依据。

9.4　碳排放源

9.4.1　组织边界和运营边界

第 7.3 节“确定管理体系的范围”中提出了组织边界可采用股权比例法和控制权法进行确定，控制权法分为财务控制权法和运营控制权法。

企业进行碳排放数据收集涉及组织边界及运营边界。首先要确定组织边界，温室气体排放量的计量与收集，即先确定企业的哪些业务与运营过程需要进行，通常企业需采取股权比例法、财务控制权法和运营控制权法中的一种进行组织边界的确定。然后确定运营边界，即确定企业运营过程中的直接温室气体排放和间接温室气体排放，如图 20 所示。

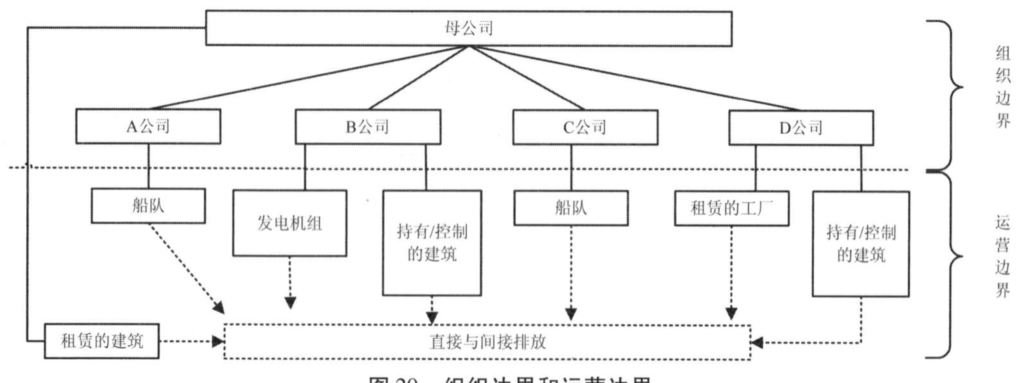

图 20　组织边界和运营边界

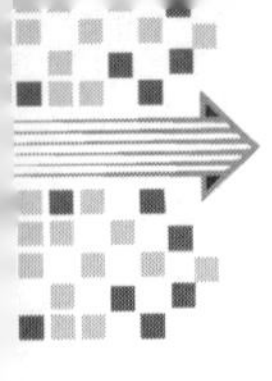

运营边界是指在一家企业设定的组织边界内，其运营产生的直接与间接温室气体排放的范围。在组织边界设定后，运营边界（范围一、范围二和范围三）在企业一级确定。然后在各运营层级，按选定的运营边界统一用于识别和区分直接与间接温室气体排放。设定的组织边界和运营边界共同构成了一家企业的排放清单边界。

例如：X 企业是一家母公司，对 A 业务和 B 业务拥有完全的所有权和财务控制权，但对 C 业务只有 30% 的产权且没有财务和运营控制权。

设定组织边界：X 企业需要决定是按照股权比例还是财务控制权来核算温室气体排放量。如果按照股权比例进行核算，则 X 企业应计入 A 和 B，以及 30% 的 C 的排放量。如果按照财务控制权进行核算，则 X 企业只需考虑 A 和 B 的排放量而不用考虑 C 的排放量。这一点一旦确定，那么组织边界就设定了。

设定运营边界：设定组织边界后，则 X 企业需要根据其商业目标决定是只核算范围一和范围二，还是把范围三相关的业务也纳入其中。按照 X 企业选定范围来核算 A、B 和 C（如果选择股权比例法）3 项业务的温室气体排放量，即按照公司一级的政策来设定它们的运营边界。

9.4.2 直接和间接排放源

碳源（carbon source）是指向大气中释放碳的过程、活动或机制。自然界中碳源主要是海洋、土壤、岩石与生物体，另外工业生产、生活等都会产生二氧化碳等温室气体，也是主要的碳排放源。这些碳中的一部分累积在大气圈中，引起温室气体浓度升高，打破了大气圈原有的热平衡，影响了全球气候变化。碳排放源，也称碳源、温室气体排放源、温室气体源，是指向大气中排放温室气体的物理单元或过程。物理单元只有向大气中连续或间歇排放温室气体时，才被称为碳排放源。碳排放源可以是设施，如公务车、发电机、锅炉等；也可以是产生温室气体的过程，如化石燃料（化石燃料指碳氢化合物或其衍生物，包括煤炭、石油、天然气等自然资源）的燃烧。

企业按照拥有或控制的标准确定了组织边界后，需要确定运营边界，要求是识别与其运营相关的排放，将其分为直接和间接温室气体排放，如表 38 所示。

表 38 直接和间接排放的类型

排放类型	范围	活动
直接温室气体排放	范围一：组织拥有或控制的温室气体直接排放	（1）生产电力、热力或蒸汽； （2）物理或化学工艺； （3）运输原料、产品、废弃物和员工； （4）无组织排放，也称逸散排放； （5）销售自产电力

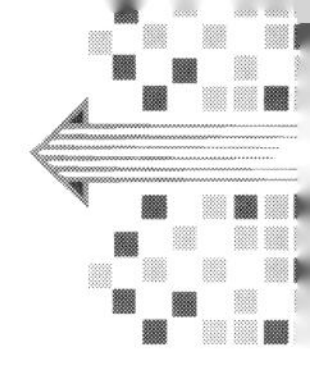

续表

排放类型	范围	活动
间接温室气体排放	范围二：能源间接温室气体排放，组织在外购电力、热力、蒸汽或冷却过程中产生的间接温室气体排放	(1) 投资能效技术和节能，减少其用电量，降低温室气体排放； (2) 新兴的绿色电力市场为一些公司转用低温室气体强度的电力提供了机会； (3) 安装高效的现场热电联产设备，尤其是以此替代从电网或电力供应商购买的温室气体强度较高的电力； (4) 拥有或控制输配业务的公司应在范围二中报告输配损耗所产生的排放量； (5) 使用外购电力的最终用户则不需要在范围二中报告有关电力输配损耗产生的间接排放，因为它们不拥有或控制发生电力损耗（输配损耗）的传输和配送业务
	范围三：其他间接温室气体排放，组织的活动引起的、由其他组织拥有或控制的温室气体源所产生的温室气体排放，但不包括能源间接温室气体排放	(1) 外购原料与燃料的开采和生产； (2) 相关的运输活动； (3) 范围二之外与电力有关的活动； (4) 租赁资产、特许和外包活动； (5) 适用出售的产品和服务； (6) 废弃物处理

直接温室气体排放是指来自企业拥有或控制的排放源的排放（范围一）。间接温室气体排放是指企业活动导致的，但发生在其他企业拥有或控制的排放源的排放（范围二和范围三）。

9.4.2.1　范围一：直接温室气体排放

企业在范围一中，报告其拥有或控制的排放源的温室气体排放情况。直接温室气体排放主要是公司从事下列活动产生的：①生产电力、热力或蒸汽。这些排放来自固定排放源的燃料燃烧，如锅炉、熔炉和涡轮机。②物理或化学工艺。这些排放主要来自化学品和原料的生产或加工，例如生产水泥、铝、己二酸、氨以及废物处理。③运输原料、产品、废弃物和员工。这些排放来自公司拥有/控制的运输工具燃烧排放源（如卡车、火车、轮船、飞机、巴士和轿车）。④无组织排放。这些排放来自有意或无意的泄漏，例如：设备的接缝、密封件、包装和垫圈的泄露，煤矿矿井和通风装置排放的甲烷，使用冷藏和空调设备过程中产生的氢氟碳化物（HFCs）排放，以及天然气运输过程中的甲烷泄漏。⑤销售自产电力。出售给其他公司的自产电力的排放，不可从范围一中扣除。这种处理方式与其他出售温室气体强度高的产品的核算方法是一样的，例如水泥公司出售熟料或者钢铁公司出售废钢，其生产过程中产生的排放不可从公司的范围一中扣除，但与销售/传输自产电力有关的排放可作为选报信息报告。

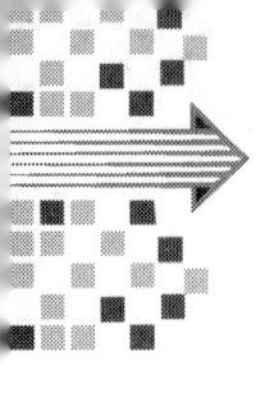

9.4.2.2 范围二：电力产生的间接温室气体排放

企业在范围二中，报告由其拥有或控制的设备或运营消耗的外购电力所产生的排放。范围二的排放是一类特殊的间接排放，对许多企业而言，外购电力是其最大的温室气体排放源之一，也是其减少排放的最主要机会。各公司通过核算范围二的排放，可以评估改变用电方式和温室气体排放成本的相关风险与机会。各公司跟踪这些排放的另一个重要原因是，有些温室气体计划可能要求提供这些信息。

各企业可通过投资能效技术和节能减少其用电量。此外，新兴的绿色电力市场为一些公司转用低温室气体强度的电力提供了机会。各企业也可安装高效的现场热电联产设备，尤其是以此替代从电网或电力供应商购买的温室气体强度较高的电力。报告范围二的排放情况，可以实现温室气体排放核算的透明化，并识别减少这类排放的机会所在。

公共电力公司通常从独立的电力生产商或电网采购电力，然后通过传输和配送系统转售给最终用户。在向最终用户传输和配送的过程中，要消耗公共事业公司采购的一部分电力（输配损耗）。根据范围二的定义，拥有或控制输配业务的公司应在范围二中报告输配损耗所产生的排放量。

使用外购电力的最终用户则不需要在范围二中报告有关电力输配损耗产生的间接排放，因为它们不拥有或控制发生电力损耗（输配损耗）的传输和配送业务。

只有输配公司在范围二中核算了输配损耗的间接排放，才可以确保避免范围二中的重复核算。这种做法的另一个优点是，允许采用通用排放因子，从而简化了范围二排放情况的报告工作，因为在绝大多数情况下，通用排放因子不包括输配损耗。最终用户可在范围三的“被输配系统消耗的电力生产”项下报告输配损耗产生的间接排放。

其他与电力有关的间接排放，如一家公司的电力供应商的上游活动（如勘探、钻井、天然气火炬、运输）产生的间接排放在范围三中报告。向最终用户转售的外购电力产生的排放（如电力贸易商），属于范围三“外购并转售给最终用户的电力生产”项下，并可作为“选报信息”，在范围三之外单独报告生产。

下面两个例子说明了如何核算电力生产、销售和采购的温室气体排放量。

例一：如图 21 所示，独立电力生产商 A 每年发电 100 MW · h 并排放 20 t 温室气体。电力贸易商 B 与 A 公司订有购买其全部发电量的购买合同。B 公司又把采购的电力（100 MW · h）转售给拥有/控制输配系统的公共事业公司 C。C 公司的输配系统消耗电力 5 MW · h，其余 95 MW · h 转售给最终用户 D。D 公司在自己的业务中消耗了所有采购的电力（95 MW · h）。A 公司应在范围一中报告其生产电力的直接排放。B 公司的报告应把转售给非最终用户的外购电力的排放量作为选报信息，在范围三之外报告。C 公司应在范围三中报告转售给最终用户的那部分外购电力产生的间接排放，在范围二中报告其输配系统消耗的那部分外购电力的间接排放。最终用户 D 应在范围二中报告自己消耗的外购电力产生的间接排放，还可以在范围三中选报上游输配损耗产生的排放。图 21 说明了对这些交易产生的排放的核算。

例二：D 公司安装了一套热电联产机组，将多余的电力出售给邻近的 E 公司使

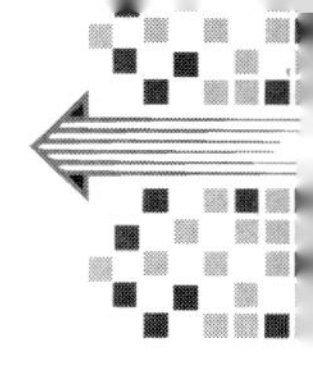

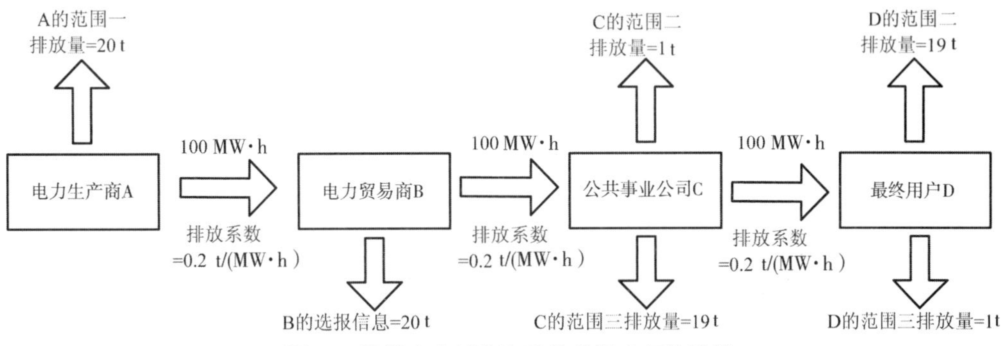

图 21　核算电力销售和采购的温室气体排放

用。D 公司应在范围一中报告热电联产装置产生的全部直接排放，而它向 E 公司输送电力所生产的间接排放，可由 D 公司作为范围三之外的选报信息单独报告。E 公司则应在范围二中报告消耗购自 D 公司热电联产装置生产的电力所产生的间接排放。

9.4.2.3　范围三：其他间接温室气体排放

范围三是选择性的，但是它为温室气体管理创新提供了机会。各企业可能会重点关注核算和报告那些与其业务和目标相关的活动，以及那些有可靠信息的活动。由于公司有权决定选择哪类信息进行报告，因此可用范围三来对不同公司进行比较。

如果公司拥有或控制相应的排放源（例如，使用公司拥有或控制的车辆运输产品），则某些此类活动就应当纳入范围一。为了确定一项活动是属于范围一还是范围三，公司应当对照设定组织边界时选定的合并方法（股权法或控制权法）进行判断。

这些活动可纳入范围三：外购原料与燃料的开采和生产；运输外购的原料或商品、运输外购的燃料、运输出售的产品和运输废弃物，以及职员差旅、职员上下班通勤等相关的运输活动；开采、生产和运输用于生产电力的燃料（报告公司采购或自产的），外购并转售给最终用户的电力（由最终用户报告）生产（由公共事业公司报告），被输配系统消耗的电力等范围二之外与电力有关的活动；租赁资产、特许和外包活动；使用售出的产品和服务；处理运营过程中产生的废弃物、处理外购原料和燃料生产时产生的废弃物、处理寿命周期结束的售出产品等废弃物处理活动。

对于范围三排放的核算，主要包括描述价值链、确定相关的范围三类别、识别价值链上的合作伙伴、量化范围三的排放等主要步骤。

描述价值链时，企业通常会面临要将多少级的上游和下游纳入范围三的选择。考虑企业的排放清单或商业目标，以及不同范围三类别之间的相关性，可以帮助其做出选择。

认定上游或下游的排放类别与企业有关的相关性依据是：与企业的范围一和范围二的排放相比，上下游的排放量更大（或被认为是更大的），会增加企业的温室气体风险；关键利益相关方认为它们很重要（例如来自客户、供应商、投资人或社区的反馈信息），存在企业可实施或施加影响以减少排放的潜在机会。

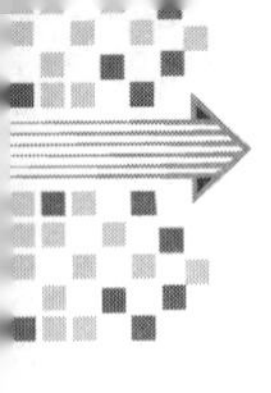

合同活动产生的直接与间接温室气体排放有租赁资产、外包和特许等，如果上述活动按选定的合并方法（股权法或控制权法）不在边界内，那么企业可以在范围三中核算租赁资产、外包和特许产生的排放。采用股权比例或财务控制权法：承租人只核算在财务会计中当作全资资产处理的并在资产负债表上照此记录的租赁资产（即融资租赁或资本租赁）的排放；采用运营控制权法：承租人只核算由其运营的租赁资产产生的排放（即适用运营控制权标准）。

通常，在融资租赁关系中，一方得到租赁资产的所有回报并承担全部风险，资产视为该方全部所有，并在资产负债表上照此记录。不符合这些标准的一切租赁资产都是运营性租赁。图 22 说明了应用合并标准核算时租赁资产产生的排放。

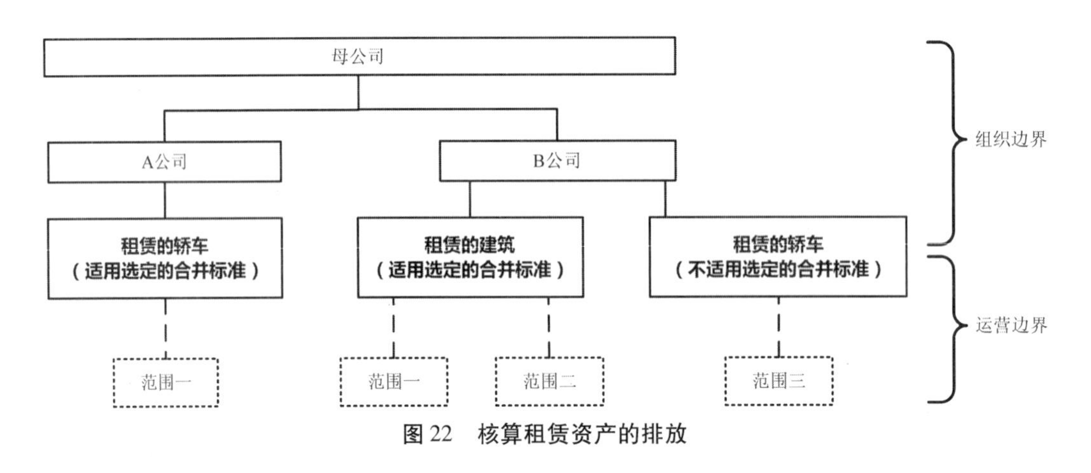

图 22　核算租赁资产的排放

9.4.2.4　采购电力的间接排放

企业采购的电力可以分为：自用的采购电力、转售给最终用户的采购电力、转售给中间商的采购电力，如图 23 所示。

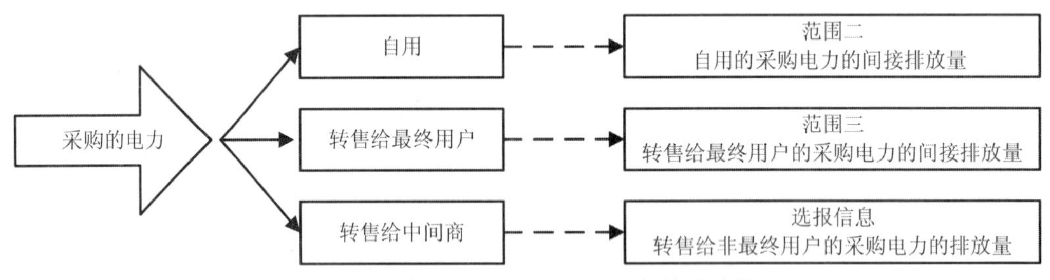

图 23　核算采购电力的间接温室气体排放量

如果企业自用采购电力，生产这些电力的排放量在范围二中报告，范围二只核算企业实际消耗的电力产生的那部分直接排放。如果企业同时持有或者控制传输与配送（输配）系统中输送电力，需要在范围中报告与输配损耗有关的排放量。如果企业持有或者控制输配系统，并生产（而非采购）电力且通过其线路传输电力，这些排放量应计入范围一。

对于电力贸易商转售给最终用户的采购电力，可以在范围三“生产转售给最终

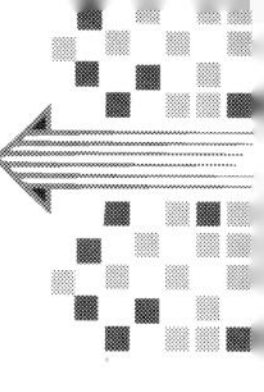

用户的采购电力”下报告。将生产转售给中间商（如贸易商）的采购电力的排放量作为选报信息报告。

电力平衡公式为：发电量 = 公共事业单位在输配过程中消耗的外购电力 + 最终用户消耗的外购电力。

电力生产排放因子 = 生产电力的二氧化碳排放量 ÷ 电力产量；电力消耗排放因子 = 生产电力的二氧化碳排放量 ÷ 消费电量。

9.4.2.5　租赁资产的排放分类

企业一般租用一些资产，例如办公场所或者车辆，因此必须决定如何核算和报告与这些资产相关的温室气体排放量。要核算和报告这些排放量，首先必须知道企业租赁资产的类型，从而把企业运营边界内的排放量进行分类（即范围一、范围二或范围三）。是否将排放量归类到范围一（直接排放）、范围二（能源间接排放）或范围三（其他间接排放）取决于企业界定组织边界的方法（股权法、财务控制权法或者运营控制权法）和租赁的类型。

（1）租赁资产类型。租赁资产类型一般分为金融/资本租赁和运营租赁。金融/资本租赁是由承租人运营资产并由承租人承担所有风险和获得所有回报，在财务核算中完全属于承租人，并应反映在资产平衡表中。运营租赁是由承租人运营资产，例如一栋建筑物或者一辆车，但是承租人并不承担任何风险，也不获得任何回报，所有非金融/资本的租赁都属于运营租赁。确定一份资产是运营还是金融/资本租赁的其中一个方法就是查阅企业的财务审计报告。

（2）承租人的租赁资产产生排放量的分类。对于金融/资本租赁，承租人一般被认为拥有资产所有权并且对租赁资产有财务控制权和运营控制权。与燃料燃烧相关的排放应该被划分为范围一（直接排放），与使用外购电力相关的排放应该被划分为范围二（间接排放）。

对于运营租赁，承租人一般被认为对租赁资产有运营控制权但是没有所有权和财务控制权。因此，排放量被划分为直接排放还是间接排放就取决于企业对于确定组织边界方法的选择。如果承租人使用股权法或财务控制权法，与燃料燃烧和使用采购电力相关的排放应该被划分为范围三（其他间接排放）。但如果承租人使用运营控制权法，与燃料燃烧相关的排放量应该被划分为范围一（直接排放），与使用采购电力相关的排放应该被划分为范围二（能源间接排放），如表 39 所示。

表 39　承租人的租赁资产产生的排放量

组织边界	租赁合同的类型	
	金融/资本租赁	运营租赁
使用股权法或财务控制权法	承租人有所有权和财务控制权，因此与燃料燃烧相关的排放属于范围一，与使用采购电力相关的排放属于范围二	承租人没有所有权或者财务控制权，因此与燃料燃烧和使用采购电力相关的排放属于范围三

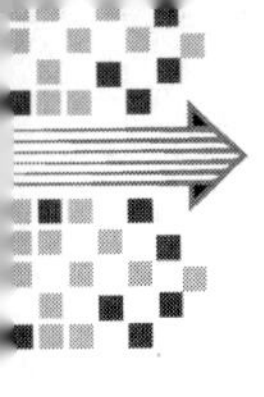

续表

组织边界	租赁合同的类型	
	金融/资本租赁	运营租赁
使用运营控制权法	承租人有运营控制权，因此与燃料燃烧相关的排放属于范围一，与使用采购电力相关的排放属于范围二	承租人有运营控制权，因此与燃料燃烧相关的排放属于范围一，与使用采购电力相关的排放属于范围二

（3）出租人的租赁资产产生排放量的分类。对于金融/资本租赁，出租人对资产不享有所有权、财务控制权或运营控制权。因此，无论出租人采取何种方式确定组织边界，相关的排放量总是属于出租人的范围三（间接排放）。

对于运营租赁，出租人对资产拥有所有权和财务控制权，但没有运营控制权。因此，如果出租人采取股权法或者财务控制权法，与燃料燃烧相关的排放量应该属于范围一（直接排放），与使用采购电力相关的排放应该归为范围二（能源间接排放）。然而，如果出租人采用运营控制权法，与燃料燃烧和使用采购电力相关的排放应该归为范围三（其他间接排放），如表40所示。

表40　出租人的租赁资产产生的排放量

组织边界	租赁合同的类型	
	金融/资本租赁	运营租赁
使用股权法或财务控制权法	出租人不享有所有权或财务控制权，因此与燃料燃烧和使用采购电力相关的排放量属于范围三	出租人拥有所有权和财务控制权，因此与燃料燃烧相关的排放属于范围一，与使用采购电力相关的排放属于范围二
使用运营控制权法	出租人没有运营控制权，因此与燃料燃烧和使用采购电力相关的排放属于范围三	出租人没有运营控制权，因此与燃料燃烧和使用采购电力相关的排放属于范围三

9.4.2.6　识别排放源

在确定组织内部的温室气体排放源时，不同行业和企业的排放源差别很大，需要识别碳排放源。主要的排放源分为四大类：固定燃烧排放源、移动燃烧排放源、工艺排放源以及无组织排放源。

固定燃烧排放源：固定设备内部的燃料燃烧，如锅炉、熔炉、燃烧器、涡轮、加热器、焚烧炉、引擎和燃烧塔等。

移动燃烧排放源：运输工具的燃料燃烧，如汽车、卡车、巴士、火车、飞机、汽

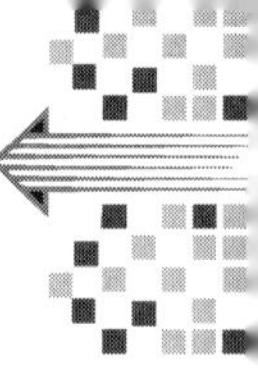

船、轮船、驳船、船舶等。

工艺排放源：也称制程排放，即物理或化学工艺产生的排放，如水泥生产过程中煅烧环节产生的二氧化碳，石化工艺中催化裂化产生的二氧化碳，以及炼铝产生的全氟碳化物等。

无组织排放源：也称逸散排放，如设备的接缝、密封件、包装和垫圈等发生的有意和无意的泄漏，以及煤堆、废水处理、维修区、冷却塔、各类气体处理设施等产生的无组织排放。

每家企业的工艺、产品或服务都会从上述一种或多种排放源产生直接和/或间接的排放，如表 41 所示。

表 41　行业部门与排放源范围

行业	范围	固定燃烧	移动燃烧	工艺排放	无组织排放
能源					
能源生产	范围一	用于电力、热力或蒸汽生产的锅炉和涡轮、燃油泵、燃料电池、火炬	用于运输燃料的卡车、驳船和火车	—	传输与储存设施的甲烷泄漏，液化石油气储存设施的氢氟碳化物排放，传输与配送设备的六氟化硫排放
	范围二	采购的电力、热力或蒸汽的消费	—	—	—
	范围三	燃料开采和提取，用于精炼或处理燃料的能源	燃料/废物运输，雇员差旅，雇员通勤	燃料生产，六氟化碳排放	垃圾填埋场、管道的甲烷和二氧化碳、六氟化硫排放
石油与天然气	范围一	工艺加热器，引擎，涡轮，燃烧炉，焚烧器，氧化装置，电力、热力和蒸汽生产	运输原材料/产品/废弃物；企业所有的车辆	工艺通风，设备通风、维护/修理活动，非例行活动	压力设备的泄漏，污水处理，地表蓄水
	范围二	采购的电力、热力或蒸汽的消费	—	—	—
	范围三	使用作为燃料的产品，为了生产采购原料的燃烧	运输原材料/产品/废弃物，雇员差旅，雇员通勤，产品被用作燃料	使用作为给料的产品，或生产采购原料产生的排放	垃圾填埋场或采购原料的生产而排放的甲烷和二氧化碳

续表

行业	范围	固定燃烧	移动燃烧	工艺排放	无组织排放
能源					
煤炭开采	范围一	甲烷火炬的使用，使用炸药，矿井火灾	采矿设备、煤炭运输	—	煤矿和煤堆的甲烷排放
	范围二	采购的电力、热力或蒸汽的消费	—	—	—
	范围三	使用作为燃料的产品	运输煤炭/废弃物，雇员差旅，雇员通勤	气化	—
金属					
铝	范围一	从铝土矿到铝材加工，炼焦，使用石灰、苏打粉和燃料，现场热电联产装置	熔炼前后的运输，矿石搬运	碳阳极氧化，电解，全氟碳化物	燃料线甲烷、氢氟碳化物、全氟碳化物以及六氟化硫用作气体保护
	范围二	采购的电力、热力或蒸汽的消费	—	—	—
	范围三	供应商的原料加工和焦炭生产，生产线机械的制造过程	运输服务，差旅，雇员通勤	采购原料的生产过程	采矿和填埋场的甲烷和二氧化碳，外包的工艺排放
钢铁	范围一	焦炭、煤和碳酸盐助熔剂、锅炉、火炬	现场运输	生铁氧化，消耗还原剂，生铁/铁合金的碳成分	甲烷、氧化亚氮
	范围二	采购的电力、热力或蒸汽的消费	—	—	—
	范围三	采矿设备，采购原料的生产	运输原材料/产品/废弃物和中间产品	生产铁合金	垃圾填埋场的甲烷和二氧化碳

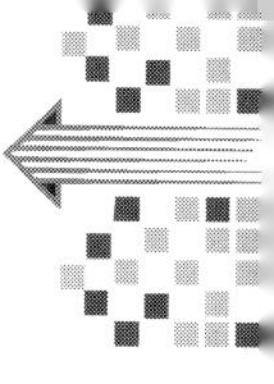

续表

行业	范围	固定燃烧	移动燃烧	工艺排放	无组织排放
化工					
硝酸、氨、脂肪酸、尿素和石化产品	范围一	锅炉，火炬，还原炉，燃烧塔反应器，蒸汽反应器	运输原材料/产品/废弃物	基质的氧化/还原，清除杂质，氧化亚氮副产品，催化裂化，个别工艺的多种其他排放	使用氢氟碳化物，储存罐泄漏
	范围二	采购的电力、热力或蒸汽的消费	—	—	—
	范围三	固定燃烧，生产采购的原材料，废弃物燃烧	运输原材料/产品/废弃物，雇员差旅，雇员通勤	生产采购的原材料	垃圾填埋场和管道排放的甲烷和二氧化碳
非金属					
水泥和石灰	范围一	固定燃烧，熟料窑，生料干燥，生产电力	采石场作业，现场运输	石灰石煅烧	—
	范围二	采购的电力、热力或蒸汽的消费	—	—	—
	范围三	生产采购的原材料，废弃物焚烧	运输原材料/产品/废弃物，雇员差旅，雇员通勤	采购的熟料和石灰的生产	矿场和填埋场的甲烷与二氧化碳，外包的工艺排放
废弃物					
填埋场，垃圾焚烧，水处理	范围一	焚烧装置，锅炉，火炬	运输废弃物/产品	污水处理，氮的负荷	废弃物和动物制品分解排放的甲烷和二氧化碳
	范围二	采购的电力、热力或蒸汽的消费	—	—	—
	范围三	回收用作燃烧的废弃物	运输废弃物/产品，雇员差旅，雇员通勤	回收用作给料的废弃物	—

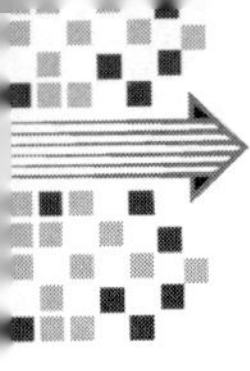

续表

行业	范围	固定燃烧	移动燃烧	工艺排放	无组织排放
纸浆和造纸					
纸浆和造纸	范围一	生产蒸汽和电力，石灰窑使用矿物燃料煅烧碳酸钙产生的排放，红外干燥器烘干产品使用的矿物燃料	运输原材料、产品和废弃物，收获设备的作业	—	废弃物排放的甲烷和二氧化碳
	范围二	采购的电力、热力或蒸汽的消费	—	—	—
	范围三	采购的原材料生产，废弃物燃烧	运输原材料/产品/废弃物，雇员差旅，雇员通勤	采购原料的生产	填埋场排放的甲烷和二氧化碳
生产氢氟碳化物、全氟碳化物、六氟化硫和 HCFC-22					
生产 HCFC-22	范围一	固定燃烧，生产电力、热力或蒸汽	运输原材料/产品/废弃物	排出氢氟碳化物	使用氢氟碳化物
	范围二	热力或蒸汽的消费	—	—	—
	范围三	固定燃烧，采购原材料的生产	运输原材料/产品/废弃物，雇员差旅，雇员通勤	采购原材料的生产	使用产品时的无组织泄漏，垃圾填埋场的甲烷和二氧化碳
生产半导体					
生产半导体	范围一	挥发性有机废弃物的氧化，生产电力、热力或蒸汽	运输原材料/产品/废物	制造晶片使用的 C_2F_6、CH_4、CHF_3、SF_6、NF_3、C_3F_8、C_4F_8、N_2O，处理 C_2F_6 和 C_3F_8 产生的 CF_4	储存的工艺用气泄漏，容器残留/倾倒泄漏
	范围二	采购的电力、热力或蒸汽的消费	—	—	—
	范围三	购入原材料的生产，垃圾焚烧，采购电力的上游输配损耗	运输原材料/产品/废弃物，雇员差旅，雇员通勤	采购原料的生产，退回的工艺用气和容器残留/倾倒泄漏的外包处置	填埋场排放的甲烷和二氧化碳，下游工艺用气的容器残留/倾倒泄漏

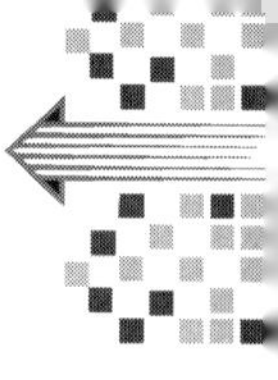

续表

行业	范围	固定燃烧	移动燃烧	工艺排放	无组织排放
其他行业					
服务业/基于办公室工作的机构	范围一	固定燃烧，生产电力、热力或蒸汽	运输原材料/废弃物	—	主要是使用冷藏和空调设备产生的氢氟碳化物
	范围二	采购的电力、热力或蒸汽的消费	—	—	—
	范围三	生产采购的原材料	运输原材料/产品/废弃物，雇员差旅，雇员通勤	生产采购的原材料	—

《碳中和知识学》依据核算对象的范围和特点将碳核算分为 4 个类别：区域级、项目级、组织级和产品级碳核算。其中区域级碳核算的对象为国家、省市区等，该类核算是对一定区域内人类活动排放和吸收的各种温室气体信息进行全面汇总，通常又被称为编制温室气体清单。

国家温室气体清单指南覆盖 5 个领域：能源活动、工业生产过程、农业、土地利用变化和林业、废弃物处理。

9.5　碳排放基准年

9.5.1　选择基准年

9.5.1.1　基准年

碳排放基准年是用来将不同时期的温室气体排放，或其他温室气体相关信息进行参照比较的特定历史时段。基准年排放量是指基准年的温室气体排放量。

企业可以选择单一年份作为基准年。但是，选择多个连续年份的平均排放量作为基准也是可能的。例如，英国排放贸易体系规定将 1998—2000 年间的平均排放量作为跟踪减排量的参照值。温室气体排放量的异常波动使单一年份的数据不能反映公司正常的排放特征，而多年平均值有助于平缓这种波动。

9.5.1.2　排放清单基准年

排放清单基准年也可用作设定和跟踪温室气体排放目标进度的基础，这种情况下称作目标基准年。

企业应当选择有可靠数据的最早相关时间点作为基准年。有些组织以 1990 年作为基准年，这与《京都议定书》一致。但是，获取历史基准年（如 1990 年）可靠又可核查的数据可能是一项巨大的挑战。

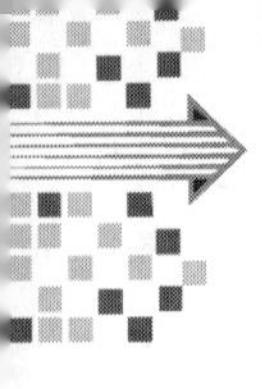

9.5.1.3 目标基准年

目标基准年是用来定义一个温室气体目标的基准年，例如在2010年之前，以2000年为目标基准年，减排25%。要让目标具有可信度，需要指明如何对照以往的排放量界定目标排放量。通常有固定的目标基准年和滚动的目标基准年两种方法。

多数温室气体减排目标被界定为低于某一固定目标基准年的比例（例如，2010年的二氧化碳排放量比2000年低25%）。

虽然可能采用不同的年份作为排放清单基准年和目标基准年，但为简化排放清单和目标报告过程，二者采用相同的年份通常是合理的。与排放清单基准年一样，保证目标基准年排放数据的可靠性和可核查性非常重要。

如果获取和维护固定的目标基准年的可靠和可核查数据有难度（例如，企业频繁进行收购），公司可以考虑采用滚动的目标基准年。在采用滚动的目标基准年的情况下，基准年将每隔一定时间（通常是一年）向前滚动，因而始终与上一年进行排放量的比较。

如果一家公司持续通过收购实现增长，便可以采取定期将基准年向前移动或“滚动”几年的“滚动式基准年”政策。与滚动式基准年相比，固定基准年的一个优点是在较长期间内可以把相似的排放数据进行比较，如表42所示。多数交易和登记计划要求采用固定基准年政策。

表42　固定的目标基准年与滚动的目标基准年之比较

项目	固定的目标基准年	滚动的目标基准年
如何陈述目标？	目标可以采用这种形式：“B年的排放量将比A年低*X*%”	目标可以采用这种形式：“未来*X*年内，我们每年的排放量将比上一年降低*Y*%”
什么是目标基准年？	过去的一个固定参照年	上一年
可在多长时间内进行有可比性的比较？	按照时间顺序，可对绝对排放量进行有可比性的比较	如果有重大组织结构变动，无法在相隔两年以上的年份进行有可比性的比较
目标基准年与完成年的比较基础是什么？	基于企业在目标完成年持有/控制的业务	基于企业在报告信息的所有年份内持有/控制的业务
重新计算至何时？	重新计算固定的目标基准年之后所有年份的排放量	只重新计算组织结构变化前一年的排放量，或者组织结构变化后，以变化当年作为基准年，重新计算
目标基准年排放量的可靠性如何？	如果设定目标的企业收购一家在目标基准年没有可靠温室气体数据的企业，需要返溯排放量，以降低基准年的可靠性	被收购企业只需要提供收购前年份的排放数据（或仅提供收购后的年份数据），减少或清除返溯的必要性
何时进行重新计算？	两种基准年方法下，结构变化等引起重新计算的条件相同	

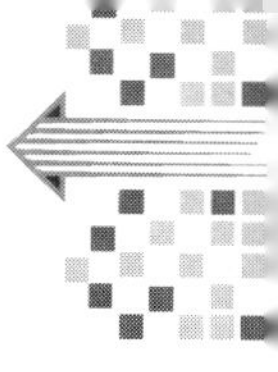

9.5.2　重算基准年排放量

当企业发生收购、资产剥离和合并，以及产生排放活动的外包和内包等发生重大结构性变化时，排放源的所有权/控制权发生转移（移入或者移出组织边界），改变企业的历史排放特征，从而难以对不同时期的排放量进行有意义的比较。为了保持长期的一致性，或者将相似的进行比较，需要重新计算历史排放数据。

当计算方法发生变化时，排放系数或活动数据的准确性得到提高，对基准年排放数据将产生重要影响。另外，如果发现重大错误或多个累计的错误并产生重要的总体影响，这些影响须重新计算基准年排放量。

重算基准年排放量或反映了企业的结构性变化，或反映了计算方法的变化。重算确保了数据的一致性，从而保证排放数据的可比性。总之，当企业发生的变化影响企业报告的温室气体排放信息的一致性和相关性时，需要追溯过程重新计算基准年排放量，既要重新计算温室气体排放增量，也要重新计算排放减量。

有机增长或缩减是指产量的增加或减少、产品组合的变化，以及公司持有或控制的运营单元的关闭和投产。有机增长或缩减不引起基准年排放量和历史数据的重新计算。这样处理的理由是，有机增长或缩减导致排放到大气中的温室气体数量发生变化，因此应当算作公司长期排放量的增量或减量。

9.5.2.1　因收购而重新计算基准年排放量

如果企业收购某一业务单元，该业务单元的排放量引起该企业排放量的变化超过重新计算的重要限度，需要将该业务单元的排放量重新分配到该企业，重新计算基准年排放量和历史排放数据。

如图 24 所示，X 公司由两个业务单元（A 和 B）组成。在公司的基准年（第一年），每个业务单元排放 250 吨二氧化碳。在第二年，公司实现了“有机增长”，每个业务单元的排放量增加到 300 吨二氧化碳，使公司的总排放量达到 600 吨二氧化碳。这种情况下没有重新计算基准年排放量。在第三年年初，公司从另一家公司收购了 C 设施。C 设施在第一年的排放量是 150 吨二氧化碳，在第二年和第三年的排放量都是 200 吨二氧化碳。因此如果包括 C 设施在内，X 公司第三年的排放量为 800 吨二氧化碳。为了保持长期的一致性，公司考虑了收购 C 设施的因素，重算了它的基准年排放量。基准年排放量增加了 150 吨二氧化碳，这是 C 设施在 X 的基准年的排放数量。重新计算的基准年排放量是 650 吨二氧化碳。X 还（自愿）报告了重新计算的第二年排放量为 800 吨二氧化碳。

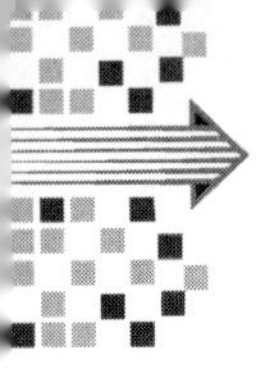

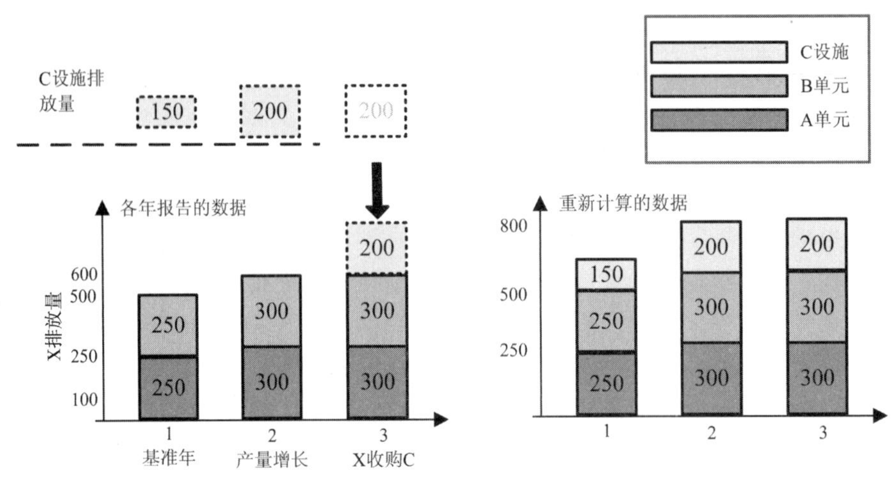

图24　因收购而重新计算基准年排放量示例

9.5.2.2　因资产剥离而重新计算基准年排放量

如果企业剥离了某一业务单元，该业务单元的排放量引起该企业排放量的变化超过重新计算的重要限度，需要该企业排放量剥离该业务单元的排放量，重新计算基准年排放量和历史排放数据。

如图25所示，Y公司由3个业务单元（A、B和C）组成。在基准年（第一年），每个业务单元排放250吨二氧化碳，公司的排放总量为750吨二氧化碳。在第二年，公司的产量增加，使每个业务单元的排放量增加到300吨二氧化碳，排放总量达到900吨二氧化碳。在第三年年初，Y剥离了C业务单元，目前的年排放量为600吨，比基准年排放量显著减少了150吨。但是，为了保持长期的一致性，公司考虑了剥离C业务单元的因素，重算了基准年排放量。基准年排放量减少了250吨，这是C业务单元在基准年的排放数量。重新计算的基准年排放量是500吨二氧化碳，可以看出Y公司的排放量在3年中增加了100吨二氧化碳。Y还（自愿）报告了重新计算的第二年排放量为600吨二氧化碳。

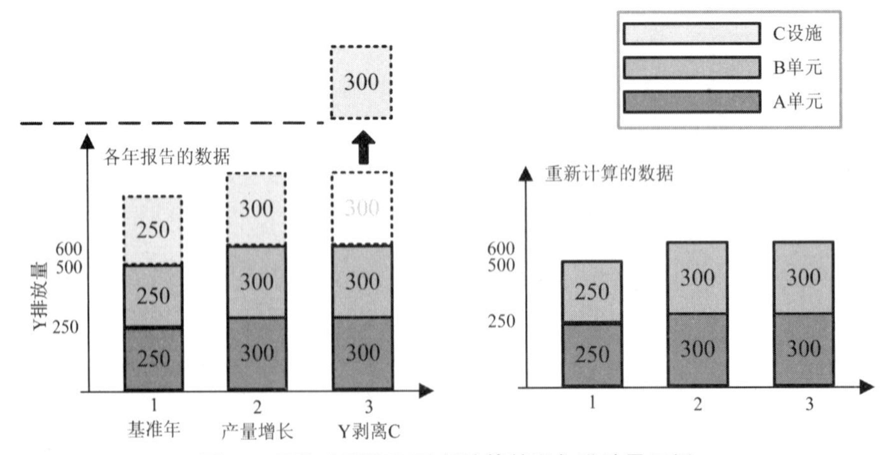

图25　因资产剥离而重新计算基准年排放量示例

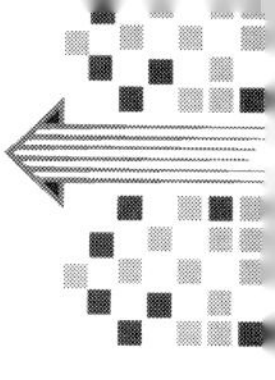

9.5.2.3 收购在基准年设定之后存在的设施

如果企业收购某一业务单元，该业务单元的排放量引起该企业排放量的变化超过重新计算的重要限度，需要将该业务单元的排放量重新分配到该企业，分配时，按照该业务单元的实际排放量进行，这样对于基准年不存在的设施，不重新计算其基准年排放量，但重新计算其存在年份的历史数据。

如图 26 所示，Z 公司由两个业务单元（A 和 B）组成。在基准年（第一年），公司排放 500 吨二氧化碳。在第二年，公司实现了有机增长，每个业务单元的排放量增加到 300 吨二氧化碳，排放总量达到 600 吨二氧化碳。在这种情况下，没有重新计算基准年排放量。在第三年年初，Z 从另一家公司收购了 C 生产设施。C 设施是在第二年建成的，第二年的排放量是 150 吨二氧化碳，第三年的排放量是 200 吨二氧化碳。因此包括 C 设施在内，Z 公司在第三年的排放总量为 800 吨二氧化碳。在这起收购案中，由于收购的 C 设施在 Z 公司设定基准年时的第一年并不存在，Z 公司的基准年排放量没有发生变化。因此 Z 的基准年排放量仍然是 500 吨二氧化碳。Z 还（自愿）报告了重新计算的第二年的排放量为 750 吨二氧化碳。

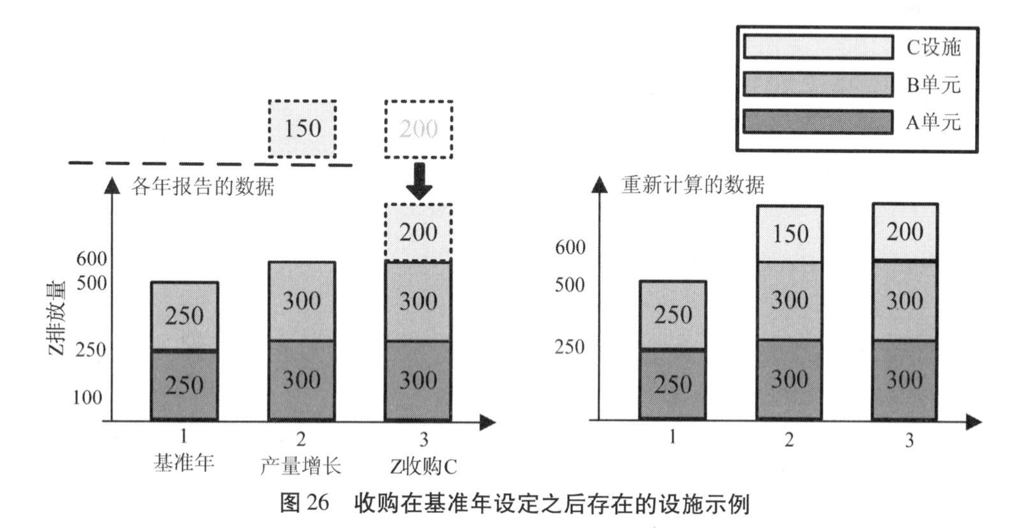

图 26 收购在基准年设定之后存在的设施示例

9.6 碳排放数据

9.6.1 概述

数据依据来源可分为初级数据和次级数据，也称为现场数据和二手数据。T/GDES 60008—2019《环境管理 生命周期评价 数据质量评估与控制指南》分为实景数据和背景数据。

温室气体（GHG）核算体系将数据类型划分为直接排放数据和活动数据，而活动数据又可分为过程活动数据和金融活动数据。其中直接排放数据和过程活动数据属于初级数据（primary data），金融活动数据属于次级数据。

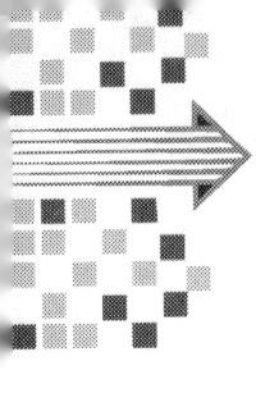

碳排放和能源管理体系数据量化的异同分析如43所示。

表43 碳排放和能源管理体系数据量化的异同分析

项目	碳排放管理体系	能源管理体系
管理对象	一般包括二氧化碳（CO_2）、甲烷（CH_4）、氧化亚氮（N_2O）、氢氟碳化物（HFCs）、全氟碳化物（PFCs）、六氟化硫（SF_6）和三氟化氮（NF_3）7类	能源和/或耗能量，包括原煤、天然气、燃料油、液化石油气、电力、热力等
量化结果	碳排放总量用二氧化碳当量（CO_2e）表达	能源消耗量用综合能耗表示，以吨标准煤（tce）表达； 能源效率用万元产值综合能耗表示，以吨标准煤/万元表达； 企业能源效率用单位产量综合能耗表示，以吨标准煤/吨或其他产量（tce/t或其他产量单位）表达
量化方法	采用计算、测量、计算和测量相结合的方法进行量化； 排放因子可计算或选择公开发布的因子	综合能耗折标系数一般采用GB/T 2589—2008《综合能耗计算通则》确定的折标系数，也可采用能源和/或耗能工质生产企业提供的折标系数
量化层次	组织层次、排放源层次	组织层次、次级核算单元层次、主要耗能设备设施层次
量化范围	直接温室气体排放包括固定燃烧排放、移动燃烧排放、制程排放、逸散排放；能源间接温室气体排放包括外购电力、外购热力、外购冷力、外购蒸汽	组织层次：量化外购的能源和/或耗能工质； 次级耗能单元层次和主要耗能设备层次：量化外购或自产的能源和/或耗能工质消耗
量化数据利用	量化和核查数据主要用于碳排放权交易，也可以作为内部节能减排的改进分析依据	量化数据除用于能源利用状况报告外，主要用于内部节能管理监控、分析和改进

9.6.2 活动数据

温室气体活动数据是指产生温室气体排放活动的定量数据。产生温室气体排放活动，即是特定时间段内向大气中排放温室气体的活动，如车辆汽柴油燃烧、石灰石煅烧等活动。定量数据是由数值和度量单位表述的数据，如某企业年耗电量3000 MW·h就是定量数据。

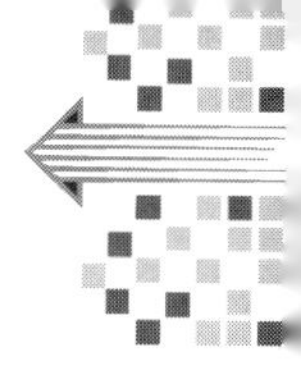

温室气体活动数据包括能源、燃料或电力的消耗量，物质的产生量，提供服务的数量，或受影响的土地面积等，这些活动数据应与选定的量化方法要求相一致。活动数据通常保存在组织的各个相关部门，需要逐一收集并填写在相应的表单中。采用测量法的活动数据为仪器测量值，而采用物料平衡法（也称质量平衡法）及排放因子法的活动数据则须根据各种凭证记录折算整理获得。

如表 44 所示，给出了一些常见的排放源活动数据及其来源。组织应将包含上述活动数据的证据材料予以保存。如果对于同一排放源的活动水平数据有多种证据材料，组织应留存所有相关文件，以便进行交叉检查。若同一类温室气体排放涉及不同的活动或设施，且活动数据无法拆分，则可按照合并计算的方式进行处理。如紧急发电机和叉车同时使用柴油，而相关记录无法分开，则可将活动数据合并至其中使用量较大的设施进行计算，并在量化清单中予以说明。

对于活动数据的收集，应在可能的情况下使用优先级最高的活动数据，以保证整个量化工作满足准确性原则。活动数据的优先级作如下规定：连续测量获得的数据 > 间歇测量获得的数据 > 自行估算的数据。

表 44　排放源活动数据及其来源

<table>
<tr><th>范围</th><th>排放源</th><th>活动数据及其来源</th></tr>
<tr><td rowspan="4">范围 1：直接温室气体排放</td><td>固定燃烧排放</td><td>固定设施的燃料消耗量。例如：煤的使用量可以通过组织内部的进销存记录等途径查询；天然气或燃料油的使用量可以通过组织测量记录、发票或结算单等获得；燃料的消耗量数据也可通过报告期内存储量的变化获取，具体计算方法为：消耗量 = 购买量 +（期初存储量 − 期末存储量）− 其他用量</td></tr>
<tr><td>移动燃烧排放</td><td>移动设施的燃料消耗量、车辆行驶里程数。例如：车辆汽油、柴油的使用量可以通过加油卡记录、发票、结算单、组织内部记录的耗油量或行驶里程信息等获得</td></tr>
<tr><td>制程排放（工艺排放）</td><td>原材料的采购量等，可以通过组织对于产品或半成品的进销存记录或领料记录等获得。
产品产出量数据可通过存储量的变化获取，具体计算方法为：产出量 = 销售量 +（期末存储量 − 期初存储量）+ 其他用量。
半成品产出量数据可通过存储量的变化获取，具体计算方法为：产出量 = 销售量 − 购买量 +（期末存储量 − 期初存储量）+ 其他用量</td></tr>
<tr><td>逸散排放（无组织排放）</td><td>逸散类排放源种类较多，计算方法不尽相同。例如：（1）二氧化碳灭火器的逸散量可以根据组织年初和年末盘点量、年中购入量及其他用途使用量计算获得；（2）变压器中 SF_6 的逸散量可以通过设备的铭牌、产品说明书等途径获得。以上两类逸散排放源的活动数据，具体计算方法为：逸散量 = 年初时库存的总质量 + 本年度购买的总质量 − 年底库存总质量 − 其他用途的使用量</td></tr>
</table>

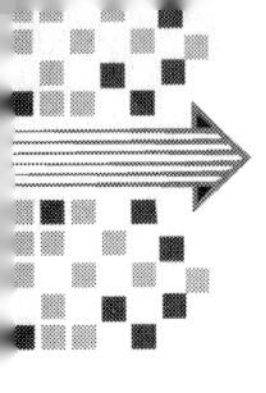

续表

范围	排放源	活动数据及其来源
范围2：能源间接温室气体排放	外购电力	外购电力的使用量可根据电网组织的结算单据、外租物业开具的外购电力结算凭证、内部抄表记录等获得
	外购热力（包括冷）	外购热力的使用量可根据供应商开具的热力结算凭证或单据、组织内部自行统计数据等获得
	外购蒸汽	外购蒸汽量可根据供应商开具的蒸汽结算凭证或单据、组织内部自行统计数据等获得

9.6.3　排放因子数据

温室气体排放因子是指将活动数据与温室气体排放相关联的因子，是量化每单位活动数据的温室气体排放量的系数。以电力排放因子为例，生产 1 kW · h 电量所产生的温室气体排放量即为电力排放因子的数值。

当排放因子有多个来源时，组织应遵循准确性、相关性原则，选取优先级最高的排放因子。排放因子按照数据质量依次递减的顺序分为 6 类：测量或质量平衡获得的排放因子、相同工艺或设备的经验排放因子、设备制造商提供的排放因子、区域排放因子、国家排放因子、国际排放因子。对于 6 类排放因子的描述如下：①测量或质量平衡获得的排放因子，包括两类：一是根据经过计量检定、校准的仪器测量获得的因子；二是依据物料平衡获得的因子，例如通过化学反应方程式与质量守恒推估的因子。②相同工艺或设备的经验排放因子：由相同的制程工艺或者设备根据相关经验和证据获得的因子。③设备制造商提供的排放因子：由设备制造厂商提供的与温室气体排放相关的系数计算所得的排放因子。④区域排放因子：特定的地区或区域的排放因子。例如中国区域电网基准线排放因子。⑤国家排放因子：某一特定国家或国家区域内的排放因子。例如省级温室气体清单中用来计算国家层面温室气体排放量时使用的因子。⑥国际排放因子：国际社会通用的排放因子。例如 IPCC 国家温室气体清单指南中给出的全球层面温室气体排放量计算时使用的因子。

排放因子的质量直接影响排放数据质量，如图 27 所示，基于活动水平数据和排放因子的计算方法的等级直接与排放因子的质量相关。

9.6.4　排放量化方法

碳排放量化方法可以分为基于测量和基于计算两类方法。从现有的碳排放量量化方法来看，主要可以概括为 3 种：排放因子法、质量平衡法、实测法。其中，排放因子法和质量平衡法属于基于计算的方法。目前国家发改委公布的 24 个指南采用的温

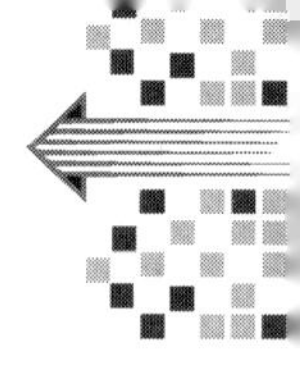

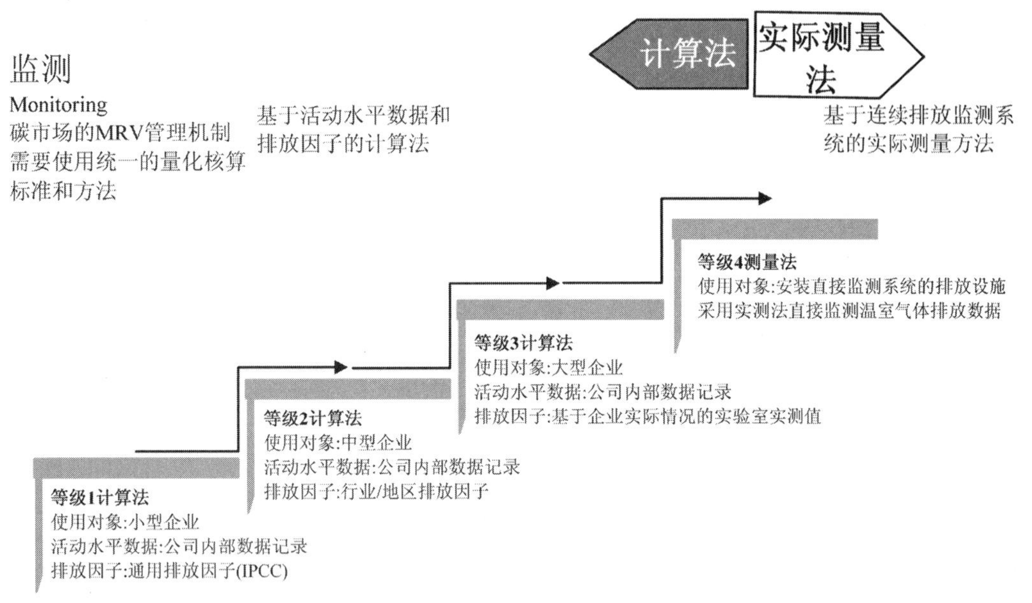

图 27　碳排放数据量化方法等级

室气体量化方法只包含排放因子法和质量平衡法。2020 年 12 月生态环境部发布的《全国碳排放权交易管理办法（试行）》中明确指出，重点排放单位应当优先开展化石燃料低位热值和含碳量实测方法。

9. 6. 4. 1　排放因子法

排放因子法是适用范围最广、应用最为普遍的一种碳核算方法。IPCC 提供的碳核算基本方程为：

$$温室气体(GHG)\ 排放 = 活动数据(AD) \times 排放因子(EF)$$

其中：*AD* 是导致温室气体排放的生产或消费活动的活动量，如每种化石燃料的消耗量、石灰石原料的消耗量、净购入的电量、净购入的蒸汽量等；*EF* 是与活动水平数据对应的系数，包括单位热值含碳量或元素碳含量、氧化率等，表征单位生产或消费活动量的温室气体排放系数。

EF 既可以直接采用 IPCC、美国环境保护署、欧洲环境机构等提供的已知数据（即缺省值），也可以基于代表性的测量数据来推算。我国已经基于实际情况设置了国家参数，例如《工业其他行业企业温室气体排放核算方法与报告指南（试行）》的附录二提供了常见化石燃料特性参数缺省值数据。

该方法适用于国家、省份、城市等较为宏观的核算层面，可以粗略地对特定区域的整体情况进行宏观把控。但在实际工作中，由于地区能源品质差异、机组燃烧效率不同等原因，各类能源消费统计及碳排放因子测度容易出现较大偏差，成为碳排放核算结果误差的主要来源。

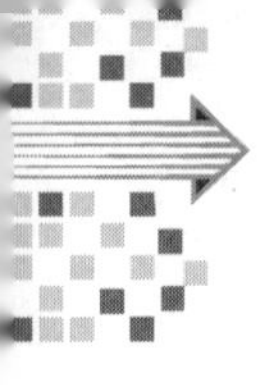

9.6.4.2 质量平衡法

质量平衡法可以根据每年用于国家生产生活的新化学物质和设备，计算为满足新设备能力或替换去除气体而消耗的新化学物质份额。对于二氧化碳而言，在碳质量平衡法下，碳排放由输入碳含量减去非二氧化碳的碳输出量得到：

$$二氧化碳(CO_2)排放 = (原料投入量 \times 原料含碳量 - 产品产出量 \times 产品含碳量 - 废物输出量 \times 废物含碳量) \times 44/12$$

其中，44/12 是碳转换成 CO_2 的转换系数（即 CO_2/C 的相对原子质量）。

采用基于具体设施和工艺流程的碳质量平衡法计算排放量，可以反映碳排放发生地的实际排放量，不仅能够区分各类设施之间的差异，还可以分辨单个设备和部分设备之间的区别。尤其在年际间设备不断更新的情况下，这种方法更为简便。

一般来说，排放因子法在企业碳排放核算过程中应用得最广，但在工业生产过程（如脱硫过程排放、化工生产企业过程排放等非化石燃料燃烧过程）中可视情况选择碳平衡法。

9.6.4.3 实测法

实测法基于碳排放源实测基础数据，汇总得到相关碳排放量。这里又包括两种实测方法，即现场测量和非现场测量。

现场测量一般是在烟气排放连续监测系统（CEMS）中搭载碳排放监测模块，通过连续监测浓度和流速直接测量其排放量；非现场测量是通过采集样品送到有关监测部门，利用专门的检测设备和技术进行定量分析。现场测量的方法应用如表45 所示。

表 45　碳排放实测法的推广应用

国家	实测法的推广
中国	2021 年 5 月 27 日，国内首个电力行业碳排放精准计量系统在江苏上线，在国内率先应用实测法进行碳排放实时在线监测核算，预计不久也将向全国普及。中国火电厂基本已安装 CEMS，具备使用 CEMS 对 CO_2 排放量进行监测的基础
美国	美国环保署在 2009 年的《温室气体排放报告强制条例》中规定，所有年排放超过 2.5 万吨二氧化碳当量的排放源自 2011 年开始必须全部安装烟气排放连续监测系统（CEMS）并在线上报美国环保署。美国推广实测法的力度最大
欧盟	欧盟委员会自 2005 年启动欧盟碳排放交易系统并正式开展 CO_2 排放量监测，但目前 23 个国家中仅 155 个排放机组（占比 1.5%）使用了 CEMS，主要有德国、捷克、法国

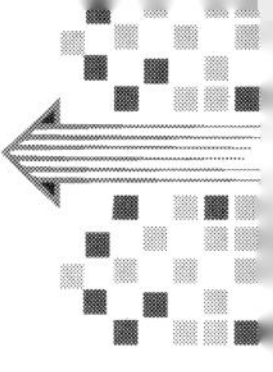

9.6.5　数据质量管理

9.6.5.1　概述

数据质量管理是碳排放管理的重要环节，贯穿于整个量化工作过程中。数据质量管理是温室气体核算过程中的数据质量确认活动，包括了组织数据管理人员在数据的产生、记录、传递、汇总和报告过程中执行的一系列数据质量控制的措施和活动。目前，随着各省市碳排放权交易试点和全国碳排放权市场的建立，有关部门对温室气体的核算和报告提出了相应的要求。例如，2019 年生态环境部发布的《关于做好 2018 年度碳排放报告与核查及排放监测计划制定工作的通知》（环办气候函〔2019〕71 号）文件，提供了数据监测计划模板。2022 年生态环境部发布的《企业温室气体排放核算方法与报告指南发电设施（2022 年修订版）》明确提出了数据质量控制计划、数据质量管理、定期报告和信息公开的要求。

9.6.5.2　数据质量控制与管理方案

数据质量控制与管理的对象为温室气体排放量化方法、量化时采用的数据以及数据来源的记录。

数据质量控制与管理首先应对数据质量方案进行策划，然后在量化报告过程中执行相关方案，最后完成内部质量评审，寻求改进排放数据质量的机会，确保数据和信息的准确性。

（1）数据质量控制与管理的策划。组织宜建立温室气体排放量化质量小组，负责质量管理体系文件的制定和实施。质量小组可规划数据质量控制活动并编写质量控制与管理方案，该方案适用于数据的产生、记录、传递、汇总和报告工作的全流程。数据质量控制与管理方案应包括以下内容：确定边界和识别排放源，依据目标用户的要求确定量化方法和数据收集管理要求，评估现有的测量设备及条件，规划测量数据流的传递，对量化的相关环节进行风险评估，数据质量评分及不确定性分析。

如表 46 所示，《企业温室气体排放核算方法与报告指南　发电设施》（2022 年修订版）明确提出了数据质量控制计划、数据质量管理、定期报告和信息公开的要求。

表 46　发电设施企业温室气体核算方法与报告指南的要求

项目	类别	要求
数据质量控制计划	内容	数据质量控制计划的版本及修订情况，重点排放单位情况，实际核算边界和主要排放设施情况，数据的确定方式，数据内部质量控制和质量保证相关规定
	变更	排放设施、新燃料或物料变化；采用新的测量仪器和方法，使数据的准确度提高；发现之前采用的测量方法所产生的数据不正确；其他需要修订的情况
	执行	重点排放单位应严格按照数据质量控制计划实施温室气体的测量活动

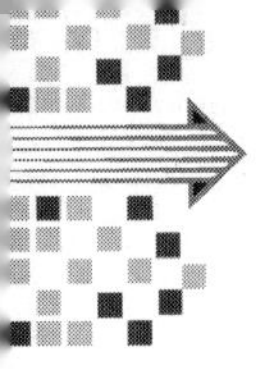

续表

项目	类别	要求
数据质量管理	要求	(a) 建立温室气体排放核算和报告的内部管理制度和质量保障体系，包括明确负责部门及其职责、具体工作要求、数据管理程序、工作时间节点等。指定专职人员负责温室气体排放核算和报告工作。 (b) 委托检测机构/实验室检测燃煤元素碳含量、低位发热量等参数时，应确保被委托的检测机构/实验室通过了 CMA 认定或 CNAS 认可，且认可项包括燃煤元素碳含量、低位发热量，其出具的检测报告应盖有 CMA 或 CNAS 标识章，受委托的检测机构/实验室不具备相关参数检测能力的、检测报告不符合规范要求的或不能证实报告载明信息可信的，检测结果不予认可。检测报告应载明收到样品的时间、样品对应的月份、样品的测试标准、收到样品的重量和样品的测试结果对应的状态（收到基、干燥基或空气干燥基）。 (c) 应保留检测机构/实验室出具的检测报告及相关材料备查，包括但不限于样品送检记录、样品邮寄单据、检测机构委托协议及支付凭证、咨询服务机构委托协议及支付凭证等。 (d) 积极改进自有实验室管理，满足 GB/T 27025 对人员、设施和环境条件、设备、计量溯源性、外部提供的产品和服务等资源要求的规定，确保使用适当的方法和程序开展取样、检测、记录和报告等实验室活动。鼓励重点排放单位对燃煤样品的采样、制样和化验的全过程采用影像等可视化手段，保存原始记录备查。因相关记录管理和保存不善或缺失，进而导致元素碳含量或燃煤低位发热量数据无法采信的，应选取本指南中规定的缺省值等保守方式处理。 (e) 将所有涉及本指南中元素碳含量、低位发热量检测的煤样，应留存日综合煤样和月缩分煤样 1 年备查。煤样的保存应符合 GB/T 474 或 GB/T 19494. 2 中的相关要求。 (f) 定期对计量器具、检测设备和测量仪表进行维护管理，并记录存档。 (g) 建立温室气体数据内部台账管理制度。台账应明确数据来源、数据获取时间及填报台账的相关责任人等信息。排放报告所涉及数据的原始记录和管理台账应至少保存 5 年，确保相关排放数据可被追溯。委托的检测机构/实验室应同时符合本指南和资质认可单位的相关规定 (h) 建立温室气体排放报告内部审核制度。定期对温室气体排放数据进行交叉校验，对可能产生的数据误差风险进行识别，并提出相应的解决方案。 (i) 规定了优先序的各参数，应按照规定的优先级顺序选取，在之后各核算年度的选取优先序不应降低。 (j) 相关参数未按本指南要求测量或获取时，采用生态环境部发布的相关参数值核算其排放量。 (k) 鼓励有条件的企业加强样品自动采集与分析技术应用，采取创新技术手段，加强原始数据防篡改管理

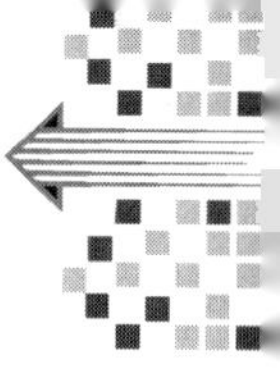

续表

项目	类别	要求
定期报告	要求	重点排放单位应在每个月结束之后的 40 个自然日内，按生态环境部的要求在报送平台存证该月的活动数据、排放因子、生产相关信息和必要的支撑材料，并于每年 3 月 31 日前按照附录 C 的要求编制提交上一年度的排放报告，包括基本信息、机组及生产设施信息、活动数据、排放因子、生产相关信息、支撑材料等温室气体排放及相关信息
信息公开	要求	重点排放单位应按生态环境部的要求，接受社会监督，并按照附录 D 的格式要求在履约期结束后公开该履约期相关信息。主要有：基本信息，机组及生产设施信息，低位发热量和元素碳含量的确定方式，排放量信息，生产经营变化情况，编制温室气体排放报告的技术服务机构情况，清缴履约情况

（2）数据质量控制的执行。数据质量管理是一个周期性的活动。数据质量小组应执行数据质量控制与管理方案，在与温室气体排放相关数据的产生、记录、传递、汇总和报告工作中执行相应的质量控制活动，得出高质量的数据结果。

首先，对数据收集、输入和处理时进行常规检查，包括核对输入数据样本的错误、确定数据完整性、确保对电子文档和纸质文档实施了恰当的控制流程；对于量化清单数据处理步骤的检查包括核对工作表格的输入数据和计算获得的数据是否做了明确区分、核对计算样本是否具有代表性、核对所有排放源类别和业务单元等的数据汇总、核对输入和计算在时间序列上的一致性、进行同类排放源不同部门的交叉对比等；对相关的活动数据进行检查，包括活动数据完整性确认、活动数据计量与计算的恰当性与正确性；对排放因子进行常规检查时，应注重核对排放因子的单位及数据转换的过程、评价排放因子选用的合理性、评价转换系数选取的恰当性、判断系数转换的正确性；对排放量计算过程的检查包括评估量化方法的适宜性，并与历史数据进行对比。有条件时应利用不同来源的数据对活动数据进行交叉检查。如表 47 所示为一般性质量管理措施。

表 47　一般性质量管理措施

活动	措施
数据收集、输入和处理活动	检查一个输入数据样本，看是否有转录错误
	识别对电子工作表进行改动的需要，使其能更好地进行质量控制或质量检查
	确保对已执行的电子文档实施适当的版本控制规程
	其他

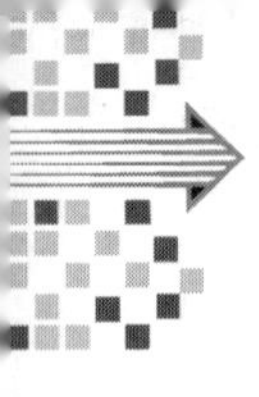

续表

活动	措施
数据记录	确保电子工作表中的全部原始数据都有数据来源索引
	检查引用的参考资料副本已经归档
	检查已记录了用于选择边界、基准年、方法学、活动水平数据、排放因子及其他参数的假设与标准
	检查已记录了数据或方法学的变动
	其他
计算排放量，核对计算过程	检查排放单位、参数和转换因子是否做了适当的标记
	检查计算过程从开始到结束，是否对单位进行了适当标记和正确应用
	检查转换因子是否正确
	检查在电子工作表中的数据处理步骤（例如公式）
	检查是否对工作表的输入数据和计算数据做出明确区分
	以手工或电子方式检查一个代表性样本的计算过程
	通过简化计算检查一些计算过程
	检查排放源类别、业务单元等的数据汇总
	检查输入和计算在时间序列上的一致性
	其他

其次，交叉检查可通过纵向对比和横向对比的方法进行。纵向对比即对不同年度和不同月份的温室气体排放数据进行比较，包括历史年份和履约年份排放数据的对比、生产活动变化和生产工艺过程变化的比较等。横向对比即对不同来源的数据进行比较，可对比采购数据、库存数据、实际消耗数据、基准数据（如基于默认因子的计算结果、学术文献的数据、行业数据等），此外还可以比较不同核算方法得出的结果间的差异。

最后，进行内部数据质量评审。适当时，宜通过内部数据评审对温室气体核算系统和数据进行独立的评价，确保排放信息和数据的准确性和可靠性。评价内容包括量化过程是否正确，各排放源排放量的计算是否正确，排放量的汇总是否正确，活动数据和排放因子的单位转换是否正确，排放量是否以二氧化碳当量为单位进行报告等。

9.6.5.3 数据质量分析

组织在完成数据质量常规管理的同时应完成数据质量的分析，以寻求改进数据质量的机会。数据质量分析分为数据质量定性分析和不确定性分析。数据质量定性分析的结果应体现在组织填报的温室气体清单和温室气体报告上。如有条件，组织宜对数据的不确定性进行评价，即数据质量的不确定性分析。

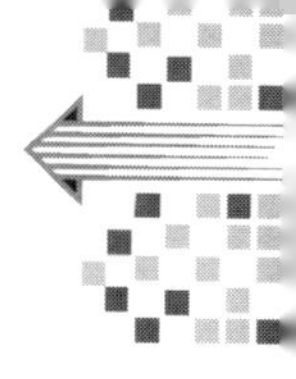

（1）数据质量定性分析。组织应分别评价活动数据和排放因子的数据质量等级，并以排放量作为权重进行加权，计算总排放量的数据质量等级。活动数据类型及评分如表48所示，排放因子的类别及评分如表49所示。

表48　活动数据类型及评分

活动数据类别	赋予分值	举例
自动连续测量	6	根据电能表获得外购电力使用量
定期测量（含抄表）	3	供应商记录的加油记录，液化石油气送货单上标明的质量
自行推估	1	根据机组的运行时间和功率推估的耗能量

表49　排放因子的类别及评分

排放因子类别	排放因子等级	举例
测量或质量平衡所得排放因子	6	基于化学反应方程式计算得到的排放因子
相同工艺或设备的经验排放因子	5	按照相同设备推算的排放因子
设备制造商提供的排放因子	4	基于供应商手册上的信息计算的排放因子
区域排放因子	3	国家发改委公布的区域电网排放因子
国家排放因子	2	国家温室气体清单编制时使用的化石燃料排放因子
国际排放因子	1	IPCC给出的不区分国别的排放因子

组织层面总排放量的数据质量总评分的计算如下：

$$\text{组织层面总排放量的数据质量总评分} = \sum \text{加权平均积分}$$

$$\text{加权平均积分} = \text{整体数据得分} \times \text{占总排放量比例}$$

$$\text{整体数据得分} = \text{活动数据评分} \times \text{排放系数数据评分}$$

$$\text{占总排放量比例} = \text{排放源排放量} / \text{总排放量}$$

根据组织层面总排放量的数据质量总评分，可将温室气体排放量数据的质量分为6个等级，如表50所示。组织应保证后续年份报告的排放量数据等级不低于历史年份的数据。

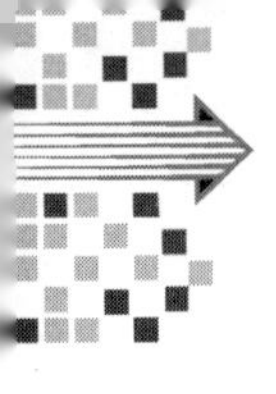

表 50　数据品级划分等级

数据等级	平均积分数据范围
1	31～36
2	25～30
3	19～24
4	13～18
5	7～12
6	1～6

（2）数据质量不确定性分析。不确定性分析是指用来判定与量化由于输入的不确定性和数据变动的累积给清单结果带来的不确定性系统化程序。不确定性分析的基本原则是给参数的不确定性赋值，然后运用统计学和数学的方法来确定模型输出的不确定性。因此，不确定性分析包括定性和定量两个方面，定性分析是对不确定性产生原因的分析说明，定量分析是对组织温室气体排放量的不确定性的计算汇总。

很多原因会使清单结果与真实数值不同。有些不确定性原因（如取样误差或仪器准确性的局限性）可能界定明确、容易描述其特性，也有一些不确定性原因较难识别和量化，优良作法是在不确定性分析中应尽可能解释并记录所有不确定性原因。如表 51 所示为 8 种类型不确定性原因。

表 51　不确定性原因的 8 种类型

序号	不确定性原因	内容
1	缺乏完整性	由于排放机理未被识别或者该排放测量方法还不存在，无法获得测量结果及其他相关数据
2	模型	模型是真实系统的简化，因而不是很精确
3	缺乏数据	在现有条件下无法获得或者非常难以获得某排放所必需的数据。在这些情况下，常用方法是使用相似类别的替代数据，以及使用内推法或外推法作为估算基础
4	数据缺乏代表性	例如，已有的排放数据是在发电机组满负荷运行时获得的，因而缺少机组启动和负荷变化时的数据
5	样本随机误差	与样本数多少有关，通常可以通过增加样本数来降低这类不确定性
6	测量误差	如测量标准和推导资料的不精确等
7	错误报告或错误分类	排放源的定义不完整、不清晰或有错误
8	丢失数据	如低于检测限度的测量数值

定量分析的基本流程包括：确定清单中单个变量的不确定性（如活动数据和排

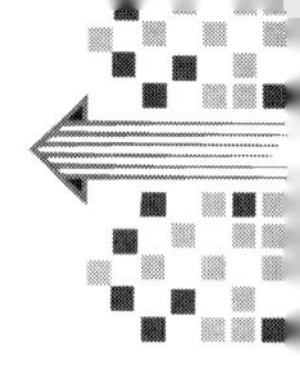

放因子的不确定性）；将单个变量的不确定性合并为清单的总不确定性。

第一，单个变量的不确定性量化。

如果数据样本足够大，可以应用标准统计拟合良好性检测，并与专家判断相结合来帮助决定用哪一种概率密度函数来描述数据（如果需要，可对数据进行分割）的变率，以及如何对其进行参数化。通常只要有 3 个或 3 个以上的数据点，并且数据是所关注变量的随机代表性样本，那么就有可能应用统计技术来估算许多双参数分布，例如正态分布、对数正态分布的参数值。

可是在许多情形下，用于推断不确定性的测量数据非常少。如果样本较小，参数估算会存在很大的不确定性；此外，如果样本非常小，通常不可能依靠统计方法来区别可供选择的参数分布的适合度。

理想情况下，排放量的估算和不确定性范围均可从特定排放源的测量数据中获得，但实际上不可能对每个排放源开展类似的工作。因此，更多的时候对排放数据的不确定性评价来源于经验性的评价（例如专家判断），也可以选择来自公开发布的文件给出的不确定性参考值，如《2006 年 IPCC 国家温室气体清单指南》。

第二，合并不确定性。

合并不确定性有两种方法：一是使用简单的误差传递公式，包括两个误差传递公式，即加减运算的误差传递公式、乘法运算的误差传递公式。二是使用蒙特卡罗或类似的技术，蒙特卡罗主要适用于模型方法。

建议使用误差传递公式方法，当某一估计值为 n 个估计值之和或差时，该估计值的不确定性采用下式计算：

$$U_c = \frac{\sqrt{(U_1x_1)^2 + (U_2x_2)^2 + \cdots + (U_nx_n)^2}}{x_1 + x_2 + \cdots + x_n}$$

式中：U_c 为 n 个估计值之和或差的不确定性（%）；U_1，U_2，…，U_n 为 n 个相乘的估计值的不确定性（%）；x_1，x_2，…，x_n 为 n 个相加减的估计值。

示例　如某工厂有两种二氧化碳排放源，排放量分别为 110 ± 4% 吨和 90 ± 24% 吨，根据以上传递公式可计算该工厂二氧化碳总排放的不确定性为：

$$U_c = \frac{\sqrt{(110 \times 0.04)^2 + (90 \times 0.24)^2}}{110 + 90} = \frac{22.04}{200} \approx 11\%$$

当某一估计值为 n 个估计值之积时，该估计值的不确定性采用下式计算：

$$U_c = \sqrt{U_1^2 + U_2^2 + \cdots + U_n^2}$$

式中：U_c 为 n 个估计值之积的不确定性（%）；U_1，U_2，…，U_n 为 n 个相乘的估计值的不确定性（%）。

示例　如某燃煤锅炉一年内褐煤消费量为 10000 ± 5% 吨，褐煤燃烧二氧化碳排放因子为 2.1 ± 10% 吨二氧化碳/吨褐煤，则该锅炉年二氧化碳排放量的不确定性为：

$$U_c = \sqrt{(5\%)^2 + (10\%)^2} \approx 11.2\%$$

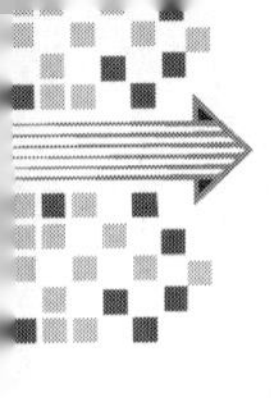

9.7 碳排放核查

9.7.1 碳排放核算和报告的原则

随着温室气体核算与报告的不断发展，以及技术、环境和会计领域等利益相关方的共同努力，参照通行的财务核算与报告原则，温室气体核算与报告须遵循相关性、完整性、一致性、透明性和准确性原则。采用这些原则可以确保温室气体排放清单真实且公允地反映一个企业的温室气体排放情况。

9.7.1.1 相关性（relevance）

一个机构的温室气体核算和报告具备相关性，是指它包含企业内部和外部的用户做决策所需的信息。相关性的一个重要方面是选择适当的排放清单边界，这个边界应当反映该企业业务关系的本质和经济状况，而不只是它的法律形式。如何选择排放清单的边界取决于企业特点、信息用途和用户需求。在选择排放清单边界时，应当考虑多种因素。例如，组织结构：控制权（运营与财务）、所有权、法律协议、合资等；运营边界：现场与非现场活动、工艺流程、服务和影响；业务范畴：活动性质、地理位置、行业部门、信息用途和用户。

9.7.1.2 完整性（completeness）

为了编制一份全面和有意义的排放清单，选定排放清单边界内的所有相关排放源都应予以核算。但在实践中，缺乏数据或收集数据的高成本可能会成为制约因素。有的核算人员会倾向设定一个最低排放核算阈值（通常称作实质性阈值），指明排放清单中对不超过某一规模的排放源可以忽略不计。从技术上讲，这一阈值对估算会产生一个简单、预设和可接受的负偏差（即低估）。虽然在理论上它似乎有用，但在实践中采用这种阈值却不符合完整性原则。为了应用最低排放核算阈值，就需要量化某一具体排放源或者活动的排放量，以确保它们在该阈值以下。然而，一旦成功量化了排放量，采用最低阈值也就失去意义了。

阈值的概念也常用于确定误差或遗漏是否构成实质性偏差。这不同于定义完整排放清单的最低限度。相反，企业应当努力对其温室气体排放量进行完整、准确和一致的核算。对于排放没有被估算或估算质量不够高的情形，一定要明确指出并说明理由。核查方能够确定这种未计入或低质量估算对总体排放清单报告的潜在影响及其相关性。

9.7.1.3 一致性（consistency）

温室气体信息的使用者需要不断跟踪和比较温室气体排放信息，以便识别报告企业的发展情况，评价其绩效。采用一致的核算方法、排放清单边界和计算方法学，对获得长期可比较的温室气体排放数据至关重要。收集一个机构排放清单边界内所有运营活动的温室气体信息时，应当确保汇总的信息在相当长一段时间里都具有内部的一致性和可比性。如果排放清单边界、方法、数据或其他影响排放量估算的因素发生了

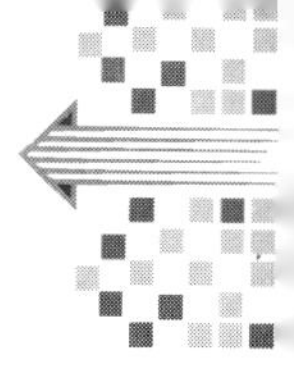

变化，则需要清晰地记录并作出说明。

例如，德国某汽车公司在编制其温室气体排放清单时，意识到公司的排放源构成在过去几年中发生了相当大的变化。以前尚被视为在企业层面不重要的生产过程排放，目前几乎占到工厂温室气体排放总量的 20%。增加的排放源包括测试发动机的新设施以及对某些生产现场的镁材压铸设备的投资等。这个例子表明，必须定期重估排放源，以长期保持排放清单的完整性。

9.7.1.4　透明性（transparency）

透明性与信息披露程度有关，指有关温室气体排放清单的工艺、程序、假定和局限性的信息，应根据清楚的记录和档案（即审计线索），以清晰、真实、中立和易懂的方式予以披露。信息记录、整理和分析的方法应使内部审查人员和外部核查人员可以证实其可信度。特殊的排除或计入事项要明确指出并说明理由，要披露假设条件，对所用的方法和引用的数据要提供相应的参考文献。信息应当充分，以使第三方能够运用同样的原始数据推导出相同的结论。一份“透明”的报告可使人清楚地了解报告企业的情况，并对其绩效做出有意义的评价。独立的外部核查，是保证透明性、查明企业是否已经建立一套合适的审计线索并有记录的一个好办法。

9.7.1.5　准确性（accuracy）

数据应当足够精确，使目标用户在使用所报告的信息做出决策时对其可信度有合理的信心。在可知的范围内，应尽量使温室气体的测量、估算和计算不系统性地高于或低于实际排放值，并在可行的范围内最大限度地减少不确定性。量化的计算方法应最大限度地降低不确定性。报告为确保排放核算的准确性而采取的措施，有助于提高存量清单的可信度和增加透明度。

9.7.2　碳排放核查

核查工作可分为准备阶段、实施阶段、报告阶段 3 个阶段。核查制度，主要指为了确认参与排放权交易的排放主体的温室气体减排量是否是真实确立的一种核查、认证制度，也可用于参与自愿性减排等活动。核查的方式可分为自行核查与委托独立第三方机构进行核查两类。各试点核查机构与核查人员的条件也存在比较大的差异。第三方核查机构及核查员必须遵循以下工作原则：客观独立、诚实守信、公平公正、专业严谨。核查机构应按照规定的程序对企业（或者其他经济组织）的监测计划的符合性和可行性进行审核，包括合同评审、核查准备、核查策划、文件审核、现场核查、核查报告编制、技术评审、核查报告交付及核查记录保存 9 个主要步骤，如图 28 所示。

核查资金投入主要有政府和市场两种方式，市场化是未来趋势。北京、上海、湖北、重庆 4 个试点采用政府委托第三方核查机构的方式，由政府提供核查资金。深圳、天津和广州在试点初期就选择了市场化的方式。北京在 2015 年也开启了市场化的进程，重点控排企业可自行委托第三方核查机构进行核查。2022 年 4 月，广东省生态环境厅开展 2021 年度广东碳市场和全国碳市场控排企业碳排放核查招标，预算

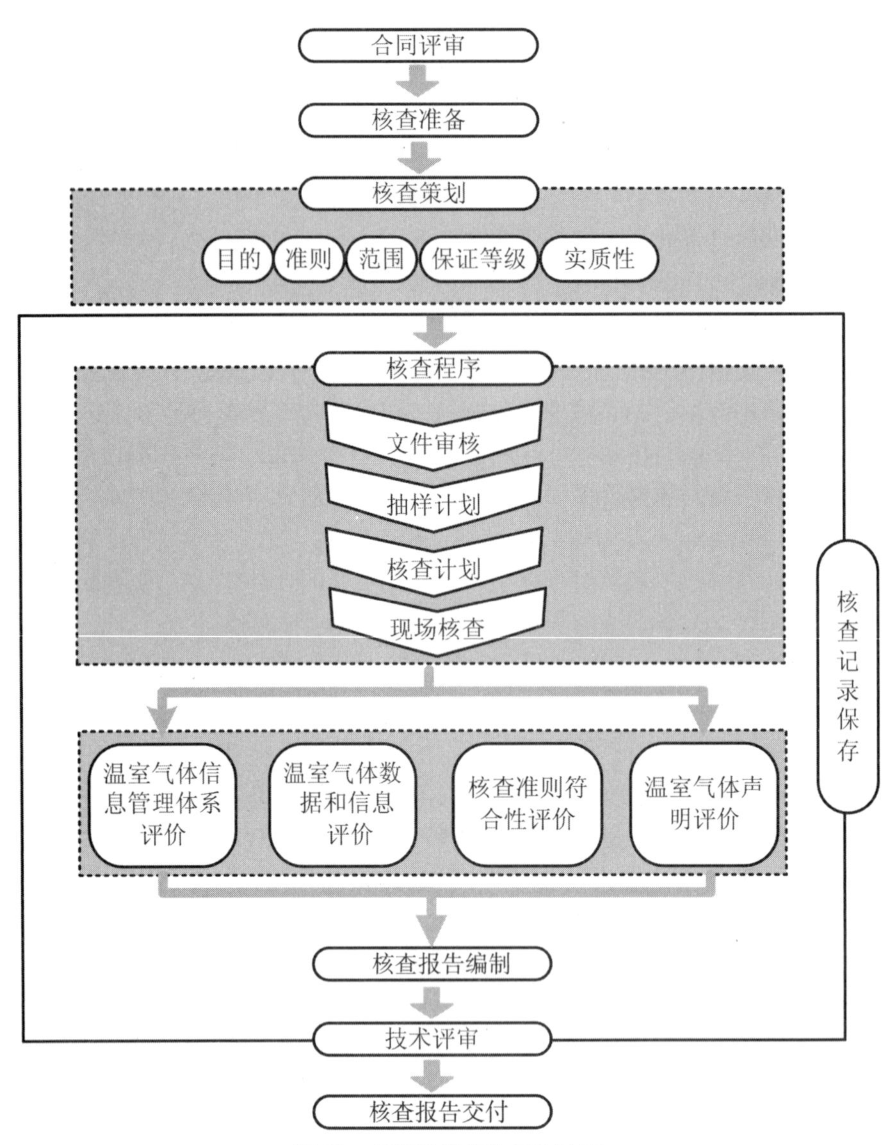

图 28　组织温室气体核查流程

金额为 1999.170 万元，分为 3 个包组、共 40 个子包，拟采购 40 家中标机构承担 1145 家次广东碳市场和全国碳市场控排企业碳排放核查任务，本项目碳排放核查（含复查、抽查）工作的核查费用标准定额为：每核查一家碳市场企业（控排企业）的收费为 17460 元，由政府提供资金改为由企业提供资金。

碳交易中独立第三方核查市场化是必然的趋势，同时也对核查机构的监管提出了更高要求。

在 ISO 14065 中，“核查”明确定义为：根据约定的核查准则对温室气体声明进行系统的、独立的评价，并形成文件的过程。“审核”在本章中指组织管理体系（如质量管理体系、环境管理体系、能源管理体系、碳排放管理体系等）的审核。ISO 9000 中对“审核”的定义为：为获得审核证据并对其进行客观评价，以确定是否满

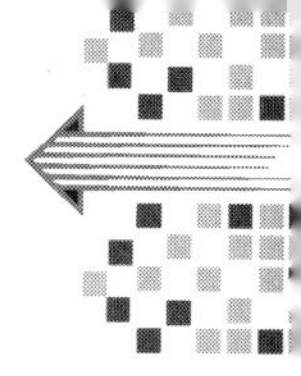

足审核准则的程度所进行的系统的、独立的并形成文件的过程。

两者的相似之处在于，均是根据事先约定的准则，按照抽样的方法，进行系统化、独立化和文件化的过程。在工作程序上两者的要求基本一致，均要求合同签订、核查策划、文件评审、现场审核、技术评审、评审报告和结论、记录保存、公正性和保密性等。

而两者在工作重点上又有所不同。管理体系审核侧重于组织管理体系的符合性和有效性，而温室气体核查重点在于按照约定的保证等级策划核查工作，是对温室气体排放数据和信息的核查，关注主要能耗设施设备排放源，排放源活动数据，信息的相关性、完整性、一致性、准确性和透明性，以及组织声明的温室气体排放数据是否按照相关标准和技术要求进行量化，是否满足实质性要求。因此，温室气体核查涉及对能源消耗台账、原始发票、采购单、消耗记录等的核查，必要时还涉及估算的方法检查。

在结论方面，管理体系审核是对组织管理体系是否满足审核准则的程度的确定，属于定性结论，而温室气体核查结论必须包含定量结论部分，包括满足实质性要求的组织温室气体排放量以及具体的偏差。

9.7.3　碳排放核查准则

在碳排放核查开始之前，无论是内部核查还是外部核查，都应确定核查准则。核查准则是依据核查的目的来确定的。根据核查准则依据的文件层次，可以将其分为政策文件、规范性文件、标准和特定文件。

政策文件如表 52 所示，规范性文件如表 53 所示，可参见《碳中和知识学》。

表 52　全国碳排放权交易市场的政策文件

序号	文件名称	发布部门	时间
1	温室气体自愿减排交易管理暂行办法	国家发展改革委	2012 年 6 月
2	碳排放权交易管理暂行办法	国家发展改革委	2014 年 12 月
3	全国碳排放权交易市场建设方案（发电行业）	国家发展改革委	2017 年 12 月
4	大型活动碳中和实施指南（试行）	生态环境部	2019 年 5 月
5	碳排放权交易有关会计处理暂行规定	财政部	2019 年 12 月
6	2019—2020 年全国碳排放权交易配额总量设定与分配实施方案（发电行业）	生态环境部	2020 年 12 月
7	纳入 2019—2020 年全国碳排放权交易配额管理的重点排放单位名单	生态环境部	2020 年 12 月
8	碳排放权交易管理办法（试行）	生态环境部	2020 年 12 月
9	企业温室气体排放报告核查指南（试行）	生态环境部	2021 年 3 月
10	碳排放权登记管理规则（试行）	生态环境部	2021 年 5 月

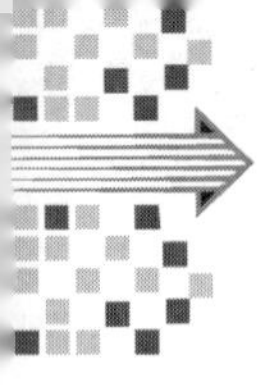

续表

序号	文件名称	发布部门	时间
11	碳排放权交易管理规则（试行）	生态环境部	2021 年 5 月
12	碳排放权结算管理规则（试行）	生态环境部	2021 年 5 月

表 53　温室气体排放核算方法和行业报告规范

序号	文件名称	行业核算技术规范
1	国家发展改革委办公厅关于印发首批 10 个行业企业温室气体排放核算方法与报告指南（试行）的通知(发改办气候〔2013〕2526 号)	中国发电企业温室气体排放核算方法与报告指南（试行）
2		中国电网企业温室气体排放核算方法与报告指南（试行）
3		中国钢铁生产企业温室气体排放核算方法与报告指南（试行）
4		中国化工生产企业温室气体排放核算方法与报告指南（试行）
5		中国电解铝生产企业温室气体排放核算方法与报告指南（试行）
6		中国镁冶炼企业温室气体排放核算方法与报告指南（试行）
7		中国平板玻璃生产企业温室气体排放核算方法与报告指南（试行）
8		中国水泥生产企业温室气体排放核算方法与报告指南（试行）
9		中国陶瓷生产企业温室气体排放核算方法与报告指南（试行）
10		中国民航企业温室气体排放核算方法与报告格式指南（试行）
11	国家发展改革委办公厅关于印发第二批 4 个行业企业温室气体排放核算方法与报告指南（试行）的通知（发改办气候〔2014〕2920 号）	中国石油和天然气生产企业温室气体排放核算方法与报告指南（试行）
12		中国石油化工企业温室气体排放核算方法与报告指南（试行）
13		中国独立焦化企业温室气体排放核算方法与报告指南（试行）
14		中国煤炭生产企业温室气体排放核算方法与报告指南（试行）
15	国家发展改革委办公厅关于印发第三批 10 个行业企业温室气体核算方法与报告指南（试行）的通知(发改办气候〔2015〕1722 号)	造纸和纸制品生产企业温室气体排放核算方法与报告指南（试行）
16		其他有色金属冶炼和压延加工业企业温室气体排放核算方法与报告指南（试行）
17		电子设备制造企业温室气体排放核算方法与报告指南（试行）
18		机械设备制造企业温室气体排放核算方法与报告指南（试行）
19		矿山企业温室气体排放核算方法与报告指南（试行）
20		食品、烟草及酒、饮料和精制茶企业温室气体排放核算方法与报告指南（试行）
21		公共建筑运营单位（企业）温室气体排放核算方法和报告指南（试行）
22		陆上交通运输企业温室气体排放核算方法与报告指南（试行）
23		氟化工企业温室气体排放核算方法与报告指南（试行）
24		工业其他行业企业温室气体排放核算方法与报告指南（试行）

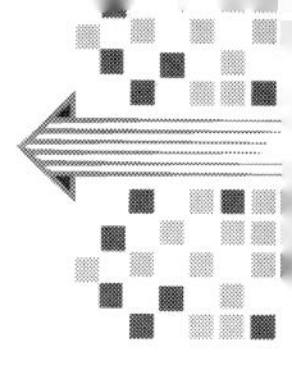

续表

序号	文件名称	行业核算技术规范
25	生态环境部办公厅关于加强企业温室气体排放报告管理相关工作的通知（环办气候〔2021〕9号）	企业温室气体排放核算方法与报告指南　发电设施（环办气候〔2021〕9号）
26	生态环境部办公厅关于做好2022年企业温室气体排放报告管理相关重点工作的通知（环办气候函〔2022〕111号）	企业温室气体排放核算方法与报告指南　发电设施（2022年修订版）

9.7.4　碳排放核查范围、保证等级和实质性偏差

在碳排放核查开始之前，依据碳排放核查目的，核查机构应与委托方共同商定核查的范围，包含但不限于组织边界，涉及的基础设施、活动、技术和过程，温室气体源、温室气体类型以及温室气体排放的时间段等。核查范围的界定是否正确，直接影响到整个核查结论的完整性、准确性和一致性。

例如组织边界的界定，应包含地理行政边界内、具有独立法人资格、按照运行控制权法确定的所有与该组织生产经营活动相关的业务单元。

核查机构应在核查开始之前与委托方共同商定核查的保证等级。保证等级一般分为“合理保证”和“有限保证”两级，如表54所示。核查组应根据合理保证等级，结合组织温室气体排放规模、能源结构、能源类型、排放源特征、证据类型等，制订抽样计划和核查计划，并根据现场核查情况适时调整，确保组织温室气体排放满足合理保证等级要求，满足目标用户对数据质量的要求。

表54　合理保证和有限保证的对比

等级	定义	举例
合理保证	核查组提供一个合理但不是绝对的保证等级。它表示责任方的温室气体声明是实质性的正确	核查报告和/或陈述的结论中可对一个合理保证等级这样措辞： 根据所实施的过程和程序，认为： ①温室气体声明实质性的正确，并且公正地表达了温室气体数据和信息； ②该声明系根据有关温室气体量化和报告的国际标准或有关国家标准或通行做法编制的

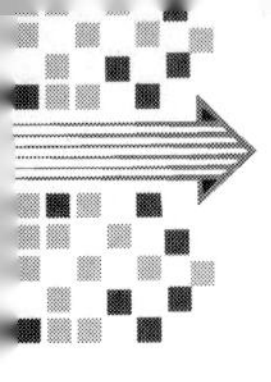

续表

等级	定义	举例
有限保证	相对于合理保证等级，有限保证等级在核查工作的深入程度上要求较低	核查报告和/或陈述中可对一个有限保证等级这样措辞： ①根据所实施的过程和程序，无证据表明温室气体声明； ②不是实质性正确的，或未公正地表达温室气体数据和信息； ③未根据有关温室气体量化和报告的国际标准或有关国家标准或通行做法编制

实质性（materiality）是由于一个或若干个累积的错误、遗漏或错误解释，可能对温室气体声明或目标用户的决策造成影响的情况。在设计核查或抽样计划时，实质性的概念用于确定采用何种类型的过程，才能将核查者无法发现实质性偏差的风险（即“发现风险”）降到最低。那些一旦被遗漏或陈述不当，就可能对温室气体声明做出错误解释，从而影响目标用户得出正确决策的信息被认为具有“实质性”。可接受的实质性是由核查组在约定的保证等级的基础上确定的。

实质性偏差（material discrepancy）是指温室气体量化报告中可能影响目标用户决策的一个或若干个累积的实际错误、遗漏和错误解释。在实际核查中，组织温室气体量化报告的实质性偏差的计算公式为：实质性偏差 =（组织量化报告温室气体排放量 - 核查组核查的温室气体排放量）/核查组核查的温室气体排放量 ×100%。

核查机构应在考虑核查的目的、保证等级、准则和范围的基础上，根据目标用户的要求，以及组织温室气体的排放规模，确定具体实质性偏差。通常商定的保证等级越高，实质性偏差应越小。组织温室气体排放规模越大，其遵守的实质性偏差应越小。例如，深圳市碳排放权交易体系要求控排企业根据其温室气体（以 tCO_2e 计）排放规模确定组织层次实质性偏差，如表 55 所示。

表 55　深圳市控排企业组织层次实质性偏差确定

序号	温室气体排放规模	实质性偏差
1	10^4 tCO_2e 以下	±5%
2	10^4 tCO_2e ～ 5×10^4 tCO_2e	±4%
3	5×10^4 tCO_2e ～ 10^5 tCO_2e	±3%
4	10^5 tCO_2e ～ 10^6 tCO_2e	±2%
5	10^6 tCO_2e 以上	±1%

根据碳排放核查的目的，并结合自身行业特点，可以设定组织、设施和源层次的实质性偏差。在具体核查时，如果报告中的一个偏差或多个偏差的累积，达到或超过了规定的实质性偏差，即可认为组织声明的温室气体排放不满足保证等级要求，并视为不符合。若组织实际偏差在实质性偏差范围内，则鼓励核查机构与组织一起纠正发现的错误或遗漏；若组织实际偏差达到了实质性偏差，则组织必须进行整改。整改通

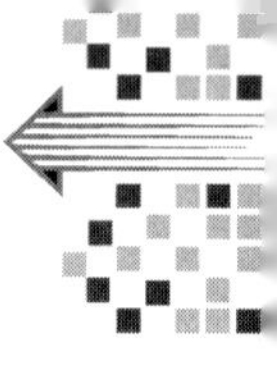

过后，核查机构方能发布核查报告。

9.8　碳排放信息交流

生态环境部印发的部门规章《企业环境信息依法披露管理办法》和技术规范《企业环境信息依法披露格式准则》（环办综合〔2021〕32 号）于 2022 年 2 月 8 日一起施行，两个文件的发布为企业碳排放信息披露提供了政策依据及支撑。

《企业环境信息依法披露管理办法》的第十二条提出："企业年度环境信息依法披露报告应当包括以下内容：碳排放信息，包括排放量、排放设施等方面的信息"；第十五条提出："上市公司通过发行股票、债券、存托凭证、中期票据、短期融资券、超短期融资券、资产证券化、银行贷款等形式进行融资的，应当披露年度融资形式、金额、投向等信息，以及融资所投项目的应对气候变化、生态环境保护等相关信息""发债企业通过发行股票、债券、存托凭证、可交换债、中期票据、短期融资券、超短期融资券、资产证券化、银行贷款等形式融资的，应当披露年度融资形式、金额、投向等信息，以及融资所投项目的应对气候变化、生态环境保护等相关信息"。

在《企业环境信息依法披露格式准则》第六节的碳排放信息中，第十九条提出："纳入碳排放权交易市场配额管理的温室气体重点排放单位应当披露碳排放相关信息：（一）年度碳实际排放量及上一年度实际排放量；（二）配额清缴情况；（三）依据温室气体排放核算与报告标准或技术规范，披露排放设施、核算方法等信息"。

2011 年起，国家在北京、天津、上海、重庆、湖北、广东、深圳 7 个省市开展了碳交易试点，各试点地区关于企业温室气体排放信息披露的规定不尽相同，如表 56 所示。

表 56　碳交易试点关于企业排放信息披露的要求

试点	企业温室气体排放信息披露的要求
北京	重点排放单位和报告单位名单
天津	企业名单；企业、核查机构信用评级情况，设立举报电话和电子邮箱
上海	企业、核查机构名单；违法相关信息
重庆	核查机构名录；违规行为
湖北	注册登记系统信息；黑名单；未履约企业信用记录
广东	需公布配额总量；控排企业和单位；报告企业履约情况
深圳	管控单位名单；配额与分配规则；管控单位履约状态；核查机构信用信息；违约管控单位的信用信息

2021 年 7 月 14 日，欧盟委员会提出了包括"碳边境调节机制"（carbon border adjustment mechanism，CBAM）在内的一揽子政策提案，主要针对电力、钢铁、水泥、铝和化肥 5 个领域征收碳边境调节税。根据该提案，欧盟 CBAM 机制将分为两个

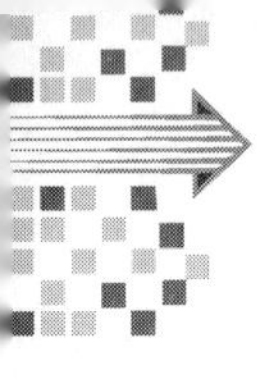

阶段实施：第一阶段过渡期自2023年至2025年，所涉领域的产品需履行碳排放信息报告义务，欧盟在此期间不征收任何费用；从2026年至2035年，欧盟将每年减少10%的生产企业免费碳配额，进口者需根据产品生产过程中产生的碳排放支付费用，逐渐拉平进口产品与欧盟本土产品的碳排放成本。

标签是信息交流的重要工具和信息载体，碳标签在国内外被广泛推广，相关详细内容请查阅《碳中和知识学》第4.6节“碳标签”。2016年ISO 14021发布了第二版，在原来13项要求的基础上，增加了可再生材料（renewable material）、可再生能源（renewable energy）、可持续性（sustainable）、碳足迹（carbon footprint）、碳中和（carbon neutral）5项要求。

随着《中国制造2025》文件的发布和实施，绿色制造工程开展了有关绿色设计产品、绿色工厂、绿色供应链和绿色园区的建设，以及开展了绿色建材认证，促进了有关企业碳排放核查报告、产品碳足迹报告等信息的披露和交流。2022年广东省政府质量奖的评审条款对企业开展碳排放报告披露、产品碳足迹核算、供应链的碳排放信息的管理等内容提出了要求。

根据目前的有关碳排放信息披露要求、相关项目实施要求和倡导碳排放信息交流的内容，碳排放信息披露的方式如表57所示。

表57　碳排放信息披露的方式

类型	对象	披露内容	推广强度
碳足迹	组织、设施	碳排放清单和报告	强制执行、自愿执行
	项目	碳排放清单和报告	强制执行、自愿执行
	产品	碳排放清单和报告	自愿执行
碳中和	组织	碳排放清单和报告、碳中和承诺声明报告、碳中和实现声明报告	自愿执行
	活动	碳排放清单和报告、碳中和承诺声明报告、碳中和实现声明报告	自愿执行

9.9　标准内容

6　策划
6.1　应对风险和机遇的措施 在策划碳排放管理体系时，组织应考虑到4.1所提及的因素和4.2所提及的要求，并确定需要应对的风险和机遇，以： （1）确保碳排放管理体系能够实现预期结果； （2）预防或减少不利影响； （3）实现持续改进。 组织应策划：

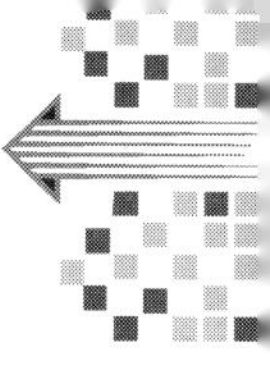

续

（1）应对这些风险和机遇的措施；

（2）如何：

—— 在碳排放管理体系过程中整合并实施这些措施；

—— 评估这些措施的有效性。

6.2　碳排放目标及其实现策划

组织应策划其碳排放目标，覆盖相关职能、层次、过程或设施等层面，并形成文件化信息。

碳排放目标应与碳排放方针保持一致。策划时应考虑碳排放风险和机遇、相关方的需求和期望、碳排放源及改进碳排放绩效的机会。适用时，也应考虑组织战略、财务、运营、技术、碳资产管理等因素。

当组织确定需要对碳排放目标进行变更时，此种变更应经策划并系统地加以实施（见 4.4）。

策划如何实现碳排放目标时，组织应建立和保持措施计划。

6.3　碳排放源评审

组织应开展和实施碳排放源评审。

碳排放源评审应按照规定的时间间隔更新。当设施、设备、系统或工艺过程发生重大变化时，碳排放源评审应更新。

组织应保持用于开展碳排放源评审方法和准则的文件化信息，还应保留碳排放源评审结果的文件化信息。

6.4　碳排放绩效

组织应确定碳排放绩效参数：

（1）适合于测量、监视和评价其碳排放绩效；

（2）能使组织证实其碳排放绩效改进。

用于确定和更新碳排放绩效参数的方法应保持为文件化信息（见 7.5）。如果组织有数据表明相关变量对碳排放绩效有显著影响，组织应考虑这些数据以建立适当的碳排放绩效参数。

适当时，组织应对碳排放绩效参数值进行评审，并与相应的基准年进行比较。组织应保留碳排放绩效参数值的文件化信息。

6.5　碳排放基准年

组织应使用碳排放核查（见 6.6）的信息，必须考虑合适的时段，设定基准年。

碳排放基准年须重新计算的几种情况：

（1）运营边界与基准年相比发生了改变；

（2）当排放源的所有权/控制权发生转移（移入或者移出组织边界）；

（3）碳排放核算方法发生变化，或者排放因子或活动数据准确性得到了提高，对基准年排放数据产生了重要影响；

（4）发生重大错误或多个累积错误，产生了重要的总体影响。

组织应保留碳排放基准年的数据和对碳排放基准年调整的文件化信息（见 7.5）。

6.6　碳排放数据收集的策划

对运行中影响碳排放绩效的关键特性，组织应确保按规定的时间间隔对其进行识别、测量、监视和分析（见 9.1）。组织应制订并实施碳排放数据收集计划，计划要适合其规模、复杂程度、资源及其测量和监测设备。该计划应规定监测其关键特性所需的数据，并说明收集、保留这些数据的方式和频次。

计划收集的（或适用时通过测量获取的）和保留为文件化信息（见 7.5）的数据应包括：

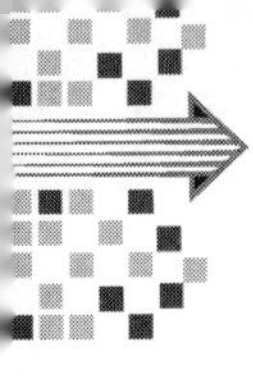

续

1）活动数据，从碳排放源角度主要包括：

（1）固定燃烧源温室气体排放数据；

（2）生产过程排放源温室气体排放数据；

（3）移动燃烧源温室气体排放数据；

（4）逸散排放源温室气体排放数据；

（5）能源间接排放源：外购电力、热力、蒸汽或者其他化石燃料衍生能源产生的温室气体排放数据；

（6）其他间接温室气体排放数据。

2）排放因子的数据，从排放因子来源角度主要包括：

（1）测量/质量平衡所得系数；

（2）相同制程/设备经验系数；

（3）制造厂提供系数；

（4）区域排放因子；

（5）国家排放因子；

（6）国际排放因子。

应按照规定的时间间隔评审碳排放数据收集计划，并适当更新。组织应确保用于测量关键特性的设备所提供的数据准确、可重现。组织应保留有关测量、监视和其他确定准确度和可重现性方法的文件化信息（见7.5）。

6.7　碳排放核查策划

组织应开展和实施碳排放核查策划。

开展碳排放核查，组织应：

1）基于测量和其他数据，分析碳排放情况，包括：

（1）识别当前的碳排放源；

（2）评价过去和现在的碳排放量。

2）基于分析，识别主要碳排放源。

3）对每一个主要碳排放源：

（1）确定相关变量；

（2）确定当前的碳排放绩效；

（3）识别在组织控制下对主要碳排放源有直接或间接影响的工作人员。

4）确定改进碳排放绩效的机会，并进行排序。

5）评估未来的碳排放源和碳排放量。

碳排放核查应按照规定的时间间隔更新。当设施、设备、系统或过程发生重大变化时，碳排放核查应更新。

组织应保持用于开展碳排放核查的方法和准则的文件化信息，还应保留核查结果的文件化信息。

6.8　碳排放信息交流的策划

组织应进行碳排放信息披露活动策划，主要包括明确相关岗位、职责和权限，披露的信息内容和披露的方式，披露的时间和周期，并形成文件化信息

10　支持

10.1　概述

在管理体系的 PDCA 循环中（如图 10 所示），支持属于 D 的环节。在管理体系的建立、实施、保持和持续改进中，支持属于实施环节。

在高层结构中，支持条款由资源、能力、意识、沟通和成文信息 5 个二级条款组成，主要从资源、人的能力意识、内外部沟通和文件系统方面提出了要求。在过程管理中，支持基本属于资源配置环节。特定管理体系可根据其所在领域，增加与特定管理体系相关的条款。

组织的硬实力（如基础设施、测量设备等）、软实力（如组织过程运行环境、知识、员工能力、意识等）都是支持组织识别、评价和控制风险，带来新机遇的必需条件。

ISO 9001:2015 在资源条款设置了三级条款：总则、人员、基础设施、过程运行环境、监视和测量资源、组织知识。人员、基础设施、过程运行环境、监视和测量资源、组织知识这 5 项资源作为最基础的资源在 ISO 9001:2015 标准中规定了强制性要求。在总则中，增加了组织应考虑现有内部资源的能力和局限性，需要从外部供方获取的资源。

ISO 9001:2015 在意识条款增加了“相关的质量目标”内容。ISO 14001:2015 在能力条款增加了“确定与其环境因素和环境管理体系相关的培训需求”内容；在意识条款增加了“与他们工作相关的重要环境因素和相关的实际或潜在的环境影响”内容。ISO 50001:2018 在意识条款增加了“他们的活动或行为对能源绩效的影响”内容。T/GDES 2030—2021 在意识条款增加了“他们的活动或行为对碳排放绩效的影响”内容。

ISO 9001:2015 的沟通条款增加了“如何沟通”和“谁来沟通”内容。ISO 14001:2015 将“沟通”条款修改为“信息交流”，增加了三级条款“总则”“内部信息交流”和“外部信息交流”。ISO 50001:2018 将“沟通”条款修改为“信息交流”，包括“信息交流的内容”“信息交流的时机”和“信息交流的对象”，增加了“信息交流的方式”和“谁来进行信息交流”内容，同时提出了“在建立信息交流过程时，组织应确保所交流的信息与能源管理体系形成的信息一致且真实可信”“组织应建立并实施一个过程，使得任何在组织控制下工作的人员都能为改进能源管理体系和能源绩效提出意见或建议。组织应考虑保留改进建议的文件化信息”。T/GDES 2030—2021将“沟通”条款修改为“信息交流”，提出了“碳排放监测、报告等组织内部之间的信息交流”和“与相关方的需求和期望相关的外部信息交流”，以及碳排放信息披露内容。

综上所述，在资源方面，ISO 9001:2015 提出了人员、基础设施、过程运行环境、监视和测量资源、组织知识这 5 项资源的要求，进一步细化了要求，提出了强制性要求。在能力方面，ISO 14001:2015 提出了确定与其环境因素和环境管理体系相关的培训需求的要求。在意识方面，ISO 9001:2015 提出了相关质量目标的要求；ISO 14001:2015 提出了与他们工作相关的重要环境因素和相关的实际或潜在的环境影响的要求；ISO 50001:2018 提出了他们的活动或行为对能源绩效的影响的要求；T/GDES 2030—2021 提出了他们的活动或行为对碳排放绩效的影响的要求。在沟通方面，ISO 9001:2015 提出"如何沟通"和"谁来沟通"的要求；ISO 14001:2015、ISO 50001:2018 和 T/GDES 2030—2021 将"沟通"修改为"信息交流"，如表 58 所示。

表 58　各管理体系的支持条款对照

支持条款	修改或增加的内容	高层结构	ISO 9001:2015	ISO 14001:2015	ISO 50001:2018	T/GDES 2030—2021
资源	—	√	√	√	√	√
	人员、基础设施、过程运行环境、监视和测量资源、组织知识	—	√	—	—	—
能力	—	√	√	√	√	√
	确定与其环境因素和环境管理体系相关的培训需求	—	—	√	—	—
意识	—	√	√	√	√	√
	相关的质量目标	—	√	—	—	—
	与他们工作相关的重要环境因素和相关的实际或潜在的环境影响	—	—	√	—	—
	他们的活动或行为对能源绩效的影响	—	—	—	√	—
	他们的活动或行为对碳排放绩效的影响	—	—	—	—	√
沟通	—	√	√	√	√	—
	修改为"信息交流"	—	√	√	√	√
	"如何沟通"和"谁来沟通"	—	√	√	√	—
	在建立信息交流过程时，组织应确保所交流的信息与能源管理体系形成的信息一致且真实可信	—	—	—	√	—

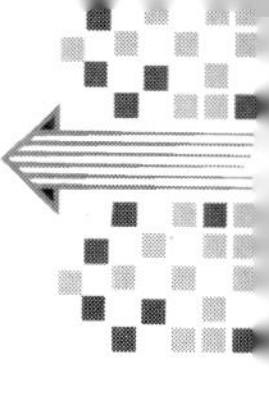

续表

支持条款	修改或增加的内容	高层结构	ISO 9001：2015	ISO 14001：2015	ISO 50001：2018	T/GDES 2030—2021
沟通	组织应建立并实施一个过程，使得任何在组织控制下工作的人员都能为改进能源管理体系和能源绩效提出意见或建议。组织应考虑保留改进建议的文件化信息	—	—	—	√	—
	碳排放监测、报告等组织内部之间的信息交流	—	—	—	—	√
	与相关方的需求和期望相关的外部信息交流	—	—	—	—	√
	碳排放信息披露内容	—	—	—	—	√
成文信息	—	√	√	√	√	√
	修改为“文件化信息”	—	—	√	√	√

10.2　人力资源

10.2.1　人力资源管理发展

战略通过过程而实施，过程的运行有赖于资源。如果将过程比作发动机，资源就是汽油、柴油或蓄电池。所以，资源也是为了过程的有效和高效运行而准备的，是“上承战略，下接过程”。在卓越绩效模式中，资源分为人力资源、财务资源、信息和知识资源、技术资源、基础设施和相关方关系。如前所述，ISO 9001:2015 对人员、基础设施、过程运行环境、监视和测量资源、组织知识提出了要求。

在《现代汉语词典》中，“组织”一词有两个方面的含义：一是名词（对应于英语单词 organization），按照一定的宗旨和系统建立起来的集体；二是动词（对应于英语单词 organize），安排分散的人或事物使其具有一定的系统性或整体性。

在实际生产生活中，使用第一个含义来泛指企业、公司、社会团体、医院、学校、研究所、政府部门等具有“明确的目的、精心的人员安排、精细的结构”3 个特征的单位或集体。

什么是工作？工作就是“任务”。什么是职位？职位就是“任职的岗位、头衔”。那么什么是“工作和职位的组织”呢？这里的“组织”属于第二方面的含义，是指组织工作或活动，即领导者按照既定的目标，合理地设置机构、建立体制、分配职能和权力，以实现领导任务。

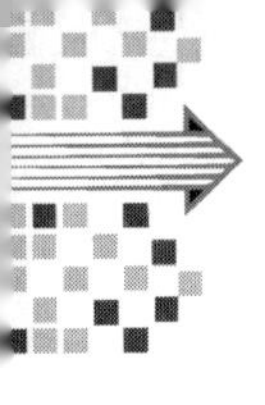

俗话说：一个萝卜填一个坑。那么，“工作和职位的组织”就是指为了完成目标，需要多少种类和数量的“萝卜坑”，这些“萝卜坑”如何排兵布阵，其要求、职能和权力怎样，如何通过优化的排兵布阵，增强其间的合作，听取和采纳各种意见和建议，调动萝卜们的主动性和积极性，促进不同地方的萝卜、萝卜群体之间的有效沟通和技能共享，促进企业的授权和创新，完善和发展组织文化。

这里面最重要的就是组织结构的设计。组织结构就是组织中正式确定的使工作任务得以分解、组合和协调的框架体系。领导者在发展或变革一个组织的结构时，他们就在开展组织设计。

对于创业期的小企业，往往采用没有严格部门设置和职能分配的简单结构，其优点是快速、灵活、维持成本低、责任明确（所有责任都是老板的）；缺点是正规化程度较低，过于依赖个人，风险较大，不适合于成长后的企业。

对于管理正规化程度较高的企业，采用的都是职能制结构。这种结构将同一类“萝卜坑”集合成“萝卜坑群”，称之为部门。在一个部门内部，有着共同的任务和目标，因此比较容易协调、合作，也便于人力资源的调配和互相学习。但各部门听命于总/副总经理，在部门之间则存在这样那样的利益冲突和沟通壁垒，久而久之，壁垒越来越厚，好像是形成了一个又一个碉堡，跨部门之间的沟通愈加困难，就是我们平时所说的“互不买账”“扯皮”。国营企业、外资企业、民营企业都不例外地存在这种情况。

然而业务流程却是横向的，从市场调研、产品开发、工艺设计、生产制造到售后服务，形成了端到端的流程。当在部门内部流动的时候，速度和效率是较高的；当在部门之间流动的时候，就会遇到较大的壁垒和阻力，速度和效率会大打折扣，这就是流程拉通、端到端流程的建设。在正式的组织结构中，建立了大量非正式的、面向业务流程的跨职能团队，例如六西格玛改进团队、QCC 团队、项目管理团队、卓越绩效推进团队等，增进部门间的沟通和友谊，是削弱部门间沟通壁垒、提高流程效率的有效方式。对应组织结构从直线型组织结构转变为矩阵型组织结构或事业部制组织结构。

此外，公司高层、中层和基层之间也存在纵向的沟通壁垒，可以通过组织结构的扁平化、管理信息化和“走动式、开放式”管理来解决。而与关键供应商、顾客之间的跨公司壁垒，则可以通过实施准时化生产、免检免扰订单，优化供应链管理，建立战略合作伙伴关系等方法克服。

人力资源管理经历了三大历史阶段：工业经济时代、后工业经济时代和数字经济时代。在工业经济时代，为人事阶段，将“人”视为工具，进行以事为中心的人事管理，强调人和事的有效配置。在后工业经济时代，为人力资源阶段，将“人”视为资源，进行基于职位的人力资源管理，强调开发和激励。在数字经济时代，为人本阶段，将“人”视为资源主体，进行基于能力的人力资源管理，强调发展和快乐，最终走向基于价值创造与价值评价的人力资本管理。

如图 29 所示为人力资源能力、意识、培训的相互关系。

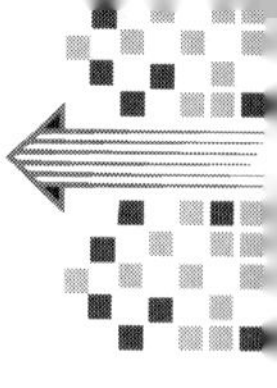

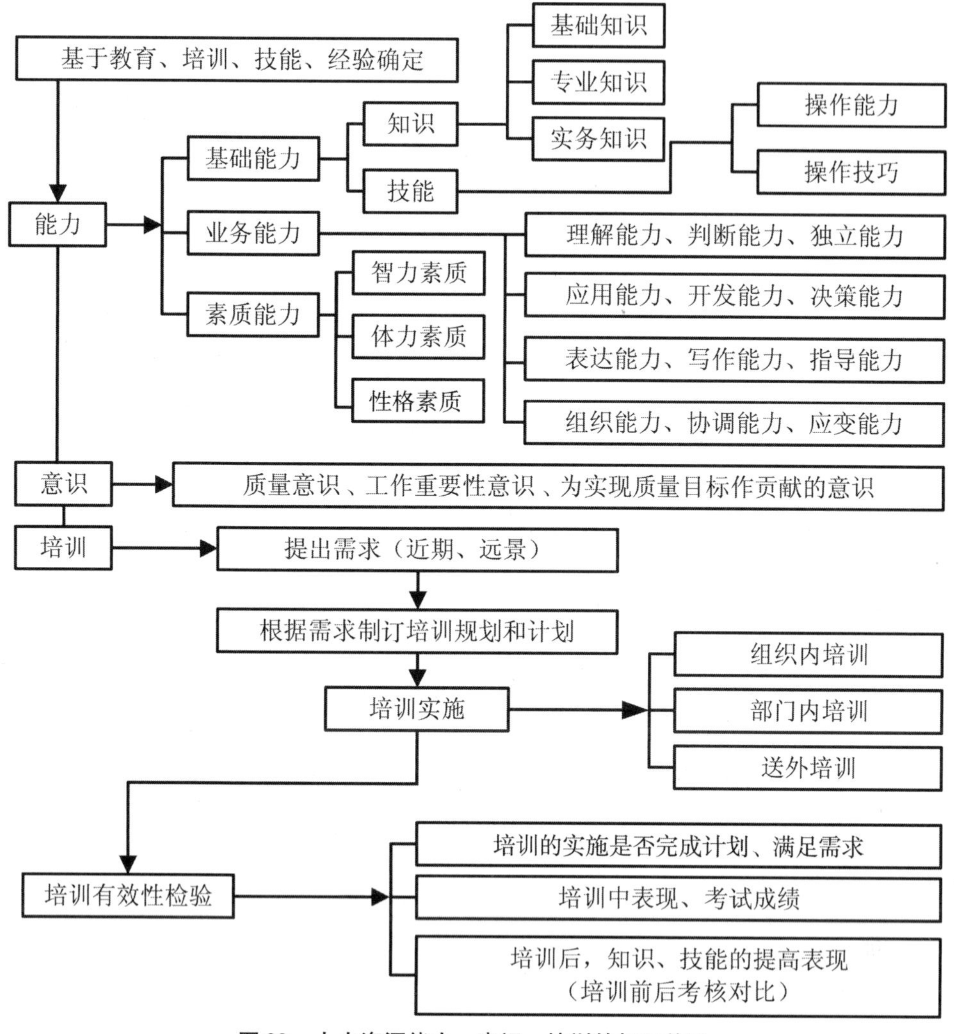

图 29　人力资源能力、意识、培训的相互关系

10.2.2　审核员的能力需求

10.2.2.1　管理体系的审核

审核是为获得审核证据并对其进行客观的评价，以确定满足审核准则的程度所进行的系统的、独立的并形成文件的过程。一般分为内部审核和外部审核。内部审核和外部审核的区别如表 59 所示。

内部审核，有时称第一方审核，由组织自己或以组织的名义进行，用于管理评审和其他内部目的（如确认管理体系的有效性或获得用于改进管理体系的信息），可作为组织自我合格声明的基础。在许多情况下，尤其在中小型组织内，可以由与正在被审核的活动无责任关系、无偏见以及无利益冲突的人员进行，以证实独立性。

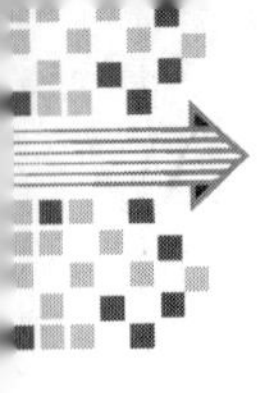

外部审核包括第二方审核和第三方审核。第二方审核由组织的相关方，如顾客或由其他人员以相关方的名义进行。第三方审核由独立的审核组织进行，如监管机构或提供认证或注册的机构。

当两个或两个以上不同领域的管理体系（如质量、环境、能源、碳排放）被一起审核时，称为结合审核。当两个或两个以上审核组织合作，共同审核同一个受审核方时，称为联合审核。

表 59　管理体系内、外部审核的区别

项目	内部审核	外部审核	
	第一方审核	第二方审核	第三方审核
审核目的	审核管理体系的符合性、有效性，采取纠正措施，使体系正常运行和持续改进	选择合适的合作伙伴（供应商）；证实合作方持续满足规定要求；促进合作方改进管理体系	认证，注册
审核准则	管理体系标准； 企业管理体系文件； 适用于组织的法律法规及其他要求	需方指定的管理体系标准及适用的法律法规等	管理体系标准；企业管理体系文件；适用于受审核方的法律法规及其他要求
审核计划	集中式/滚动式审核	集中式审核	集中式审核
审核员	有资格的内审员，也可聘外部审核员	自己或外聘审核员	注册审核员
文件审查	根据需要安排	必须进行	必须进行
审核报告	提交不符合报告和采取纠正措施建议	只提交不符合报告	只提交不符合报告
纠正措施	重视纠正措施。内审员可对纠正措施的实施提供建议。对纠正措施完成情况不仅要跟踪验证，还要分析研究其有效性	可提出纠正措施的建议和要求；对纠正措施计划的实施要跟踪验证	对纠正措施不提建议；对纠正措施计划的实施要跟踪验证
争执处理	由管理体系负责人或最高管理者仲裁	按合同规定仲裁	由认证机构或国家认可委员会仲裁

审核组通过收集和验证与审核准则有关的信息获得审核证据，并依据审核准则对审核证据进行评价获得审核发现，在综合汇总分析所有审核发现的基础上，考虑此次审核目的而做出最终的审核结论。由此可见，审核准则是判断审核证据符合性的依据，审核证据是获得审核发现的基础，审核发现是做出审核结论的基础。图 30 反映

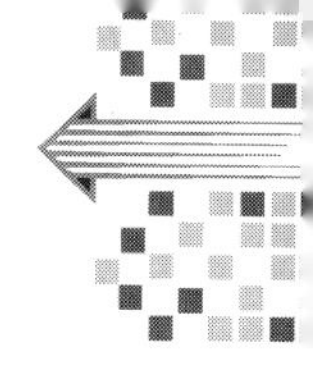

了审核证据、审核准则、审核发现和审核结论之间的关系。

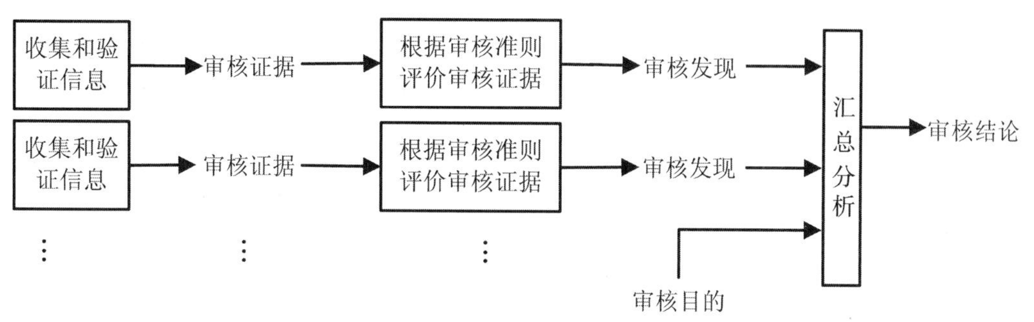

图 30　审核证据、审核准则、审核发现和审核结论之间的关系

管理体系的审核结论通常从符合性和有效性两方面得出。审核结论与审核目的有关，审核目的不同，审核结论也不同。如审核目的包括“识别管理体系潜在的改进方面”，审核结论则应包括提出改进的建议；如审核目的是为了管理体系认证，审核结论则应确定管理体系符合审核准则的程度，提出是否推荐认证的建议。

10.2.2.2　管理体系的审核原则

审核的特征在于其遵循若干原则。这些原则有助于使审核成为支持管理方针和控制的有效且可靠的工具，并为组织提供可以改进其绩效的信息。遵循这些原则是得出相应的和充分的审核结论的前提，也是审核员独立工作时，在相似的情况下得出相似结论的前提。

审核原则共有 7 项：诚实正直、公正表达、职业素养、保密性、独立性、基于证据的方法、基于风险的方法，如表 60 所示。

表 60　管理体系的审核原则

序号	审核原则	要求
1	诚实正直：职业的基础	审核员和审核方案管理人员： （1）了解并遵守任何适用的法律法规要求。 （2）以诚实、勤勉和负责任的精神从事他们的工作。 （3）在工作中体现他们的能力。 （4）以不偏不倚的态度从事工作，即对待所有事务保持公正和无偏见。 （5）在审核时，对可能影响其判断的任何因素保持警觉
2	公正表达：真实、准确地报告的义务	审核发现、审核结论和审核报告应真实和准确地反映审核活动。应报告在审核过程中遇到的重大障碍以及在审核组和受审核方之间没有解决的分歧意见。沟通必须真实、准确、客观、及时、清楚和完整
3	职业素养：在审核中勤奋并具有判断力	审核员应珍视他们所执行的任务的重要性以及审核委托方和其他相关方对他们的信任。在工作中具有职业素养的一个重要因素是能够在所有审核情况下做出合理的判断

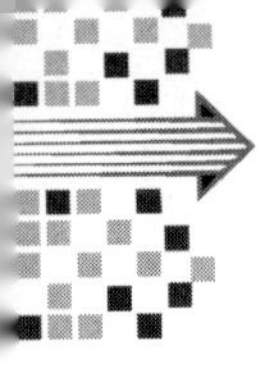

续表

序号	审核原则	要求
4	保密性：信息安全	审核员应审慎使用和保护在审核过程获得的信息。审核员或审核委托方不应为个人利益不适当地或以损害受审核方合法利益的方式使用审核信息。这个概念包括正确处理敏感的、保密的信息
5	独立性：审核的公正性和审核结论的客观性的基础	审核员应独立于受审核的活动（只要可行时），并且在任何情况下都应不带偏见，没有利益上的冲突。对于内部审核，审核员应独立于被审核职能的运行管理人员。审核员在整个审核过程应保持客观性，以确保审核发现和审核结论仅建立在审核证据的基础上。对于小型组织，内审员也许不可能完全独立于被审核的活动，但是应尽一切努力消除偏见和体现客观
6	基于证据的方法：在一个系统的审核过程中，得出可信的和可重现的审核结论的合理方法	审核证据应是能够验证的。由于审核是在有限的时间内并在有限的资源条件下进行的，因此审核证据是建立在可获得信息的样本的基础上的。应合理地进行抽样，因为这与审核结论的可信性密切相关
7	基于风险的方法：考虑风险和机遇的审核方法	将基于风险的方法应用到审核的策划、实施和报告的过程中，确保把审核集中在对审核委托方所要求的重要的事项上，实现审核方案目标

10.2.2.3 内审员的职责及能力评价

1）内审员的职责。

在审核方案的框架下，针对每次审核，审核方案管理人员应指定审核组的成员，确定审核组组长和组员的职责。

第一，审核组组长的职责：

（1）按照审核方案要求对审核进行策划，编制审核计划；

（2）代表审核组与组织领导及受审核部门进行沟通；

（3）组织和指导审核组成员，处理审核过程中的问题；

（4）实施必要的文件审查；

（5）主持首末次会议；

（6）召开审核组内部会议，得出审核结论；

（7）编制并完成审核报告；

（8）必要时，对不符合项纠正措施效果进行验证；

（9）审核组组长同样要完成内审员的任务和职责。

第二，审核组组员的职责：

（1）按分工范围编制审核检查表；

（2）按照审核计划完成审核任务，包括收集审核证据、形成审核发现、报告审

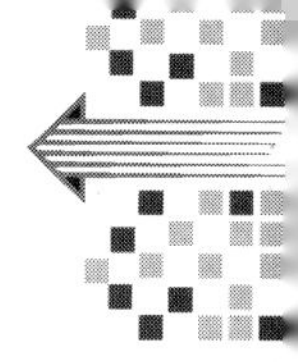

核结果；

（3）配合并支持审核组组长的工作；

（4）必要时，对不符合项纠正措施效果进行验证。

2）内审员的能力要求。

内部审核是否可以达到预期的目标，主要取决于内审员的能力。内审员首先要具备必要的职业素养，其次还要具备一定的通用知识和技能、专业知识和技能及多领域审核的知识和技能。

内审员应遵守审核原则，在从事审核活动时展现职业素养，包括：

（1）有道德，即公正、可靠、忠诚、诚信和谨慎；

（2）思想开明，即愿意考虑不同意见或观点；

（3）善于交往，即灵活地与人交往；

（4）善于观察，即主动地认识周围环境和活动；

（5）有感知力，即能了解和理解处境；

（6）适应力强，即容易适应不同处境；

（7）坚定不移，即对实现目标坚持不懈；

（8）明断，即能够根据逻辑推理和分析及时得出结论；

（9）自立，即能够在同其他人有效交往中独立工作并发挥作用；

（10）坚韧不拔，即能够采取负责任的及合理的行动，即使这些行动可能是非常规的，有时可能导致分歧或冲突；

（11）与时俱进，即愿意学习，并力争获得更好的审核结果；

（12）文化敏感，即善于观察和尊重受审核方的文化；

（13）协同力，即能与其他人有效沟通，包括审核组成员和受审核方人员。

内审员应具备实现预期的审核结果所必需的知识和技能、管理体系领域通用的能力，以及专业特有的知识和技能。审核组组长应具备领导审核组所必要的知识和技能。通用知识和技能的要求如表 61 所示。

表 61　内审员通用知识和技能的要求

项目	要求内容
审核原则、过程和方法	这方面的知识和技能使内审员能够确保以一致和系统的方式进行审核。内审员应该能够： （1）了解与审核有关的风险和机遇的类型以及基于风险的审核方法的原则； （2）有效地计划和组织工作； （3）在约定的时间内实施审核； （4）优先处理重要事项； （5）有效地进行口头和书面交流；

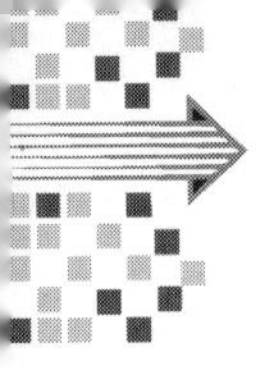

续表

项目	要求内容
审核原则、过程和方法	(6) 通过有效的访谈、倾听、观察和审查成文信息，包括记录和数据，收集信息； (7) 理解使用抽样技术进行审核的适宜性和后果； (8) 理解并考虑技术专家的意见； (9) 审核从开始到结束的全过程，在适当的情况下，包括与其他过程和不同职能的相互关系； (10) 验证所收集资料的相关性和准确性； (11) 确认审核证据的充分性和适宜性，以支持审核发现和结论； (12) 评估可能影响审核发现和结论可靠性的因素； (13) 记录审核活动和审核结果，并编制必要的报告； (14) 维护信息的机密性和安全性
管理体系标准和其他文件	这方面的知识和技能使内审员能够理解审核范围和应用审核准则，应包括以下内容： (1) 用于制定审核准则或方法的管理体系标准或其他规范性或指导/支持文件； (2) 受审核方对管理体系标准的应用； (3) 管理体系程序之间的关系和相互作用； (4) 了解多个标准或参考文献的重要性和优先级； (5) 标准的应用或对不同审核情况的参考
受审核方及其环境	这方面的知识和技能使内审员能够理解受审核方的结构、目的和管理实践，应包括以下内容： (1) 影响能源管理体系的相关方的需求和期望； (2) 组织类型、治理、规模、结构、职能及其相互关系； (3) 通用业务和管理概念、过程和相关术语，包括策划、预算和人员管理
适用的法律法规要求和其他要求	这方面的知识和技能使内审员能够了解组织的要求，以及其中的工作。特定的法律责任或受审核方的活动、流程、产品和服务的知识和技能应包括以下内容： (1) 法律法规要求及其主管机构； (2) 基本的法律术语； (3) 合同和责任

审核组应具有与管理体系及受审核方工艺相关的专业知识和技能，质量、环境、能源和碳排放管理体系要求的专业知识和技能如表62所示。

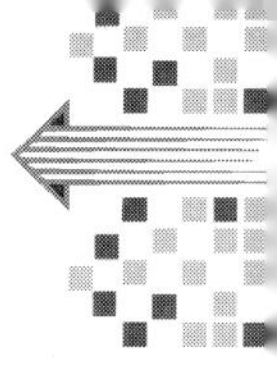

表 62　质量、环境、能源和碳排放管理体系专业知识和技能的要求

管理体系	专业知识和技能的要求
质量管理体系	（1）与质量、管理、组织、过程及产品、特性、符合性、文件、审核和测量过程相关的术语； （2）以顾客为关注焦点、与顾客相关的过程、顾客满意度的监视和测量、投诉处理、行为规范、争议解决； （3）领导作用（最高管理者的作用），追求组织的持续成功（质量管理方法），通过质量管理实现财务和经济效益、质量管理体系和卓越模式； （4）人员参与、人员因素、能力、培训和意识； （5）过程方法、过程分析、能力和控制技术、风险处理方法； （6）管理的系统方法（质量管理体系的原理、质量管理体系和其他管理体系的关注点、质量管理体系文件）、类型和价值、项目、质量计划、技术状态管理； （7）持续改进、创新和学习； （8）基于事实的决策方法、风险评估技术（风险识别、分析和评价）、质量管理评价（审核、评审和自我评价）、测量和监视技术、对测量过程和测量设备的要求、根本原因分析、统计技术； （9）过程和产品（包括服务）的特性； （10）与供方互利的关系、质量管理体系要求和对产品的要求、不同行业对质量管理的特定要求。 注：更多信息见 ISO/TC 176 就质量管理所制定的相关标准
环境管理体系	（1）环境术语； （2）环境指标和统计； （3）测量科学和监测技术； （4）生态系统和生物多样性的相互作用； （5）环境介质（例如空气、水、土地、动物、植物）； （6）确定风险的技术（例如环境因素和/或影响评价，包括评价重要性的方法）； （7）生命周期评价； （8）环境绩效评价； （9）污染预防和控制（例如现有最好的污染控制或能效技术）； （10）源头削减、废弃物最少化、重新使用、回收和处理实践以及过程； （11）有害物质的使用； （12）温室气体排放核算和管理； （13）自然资源管理（例如化石燃料、水、植物和动物、土地）； （14）环境设计； （15）环境报告和披露； （16）产品延伸责任； （17）可再生和低碳技术

续表

管理体系	专业知识和技能的要求
能源管理体系	（1）能源相关术语及单位换算； （2）能源计量、计量器具以及统计的基本概念； （3）能源审计、节能监测的基本概念和方法； （4）通用的节能技术； （5）通用能耗设施设备和系统等的经济运行基本概念； （6）GB/T 2589《综合能耗计算通则》或所在建材行业能源限额标准； （7）GB 17167《用能单位能源计量器具配备及管理导则》、GB/T 24851《建材行业能源计量器具配备及管理要求》； （8）GB/T 15587《工业企业能源管理导则》； （9）受审核方的工艺、技术、设备、质量、检验、生产、环保、能源等专业特点
碳排放管理体系	（1）国内外应对气候变化的相关政策； （2）碳排放权交易方面的知识； （3）温室气体（GHG）排放方面的知识； （4）温室气体审定/核查方面的知识，包括温室气体审定/核查的相关标准、实施规范、指南等； （5）温室气体减排技术及控制措施； （6）数据和信息质量管理方面的知识和方法； （7）规范出具温室气体量化报告，包括对活动水平数据监测、排放因子及使用计算方法的描述和界定等； （8）合理评估活动水平数据监测与相关要求的符合性； （9）识别和理解与数据、信息系统的使用相关联的风险，分析数据、信息系统中的失效情况及其影响，并对数据、数据源、适用的过程和控制措施进行评估； （10）评估数据、信息并对其质量和有效性做出专业判断

当审核多领域管理体系时，审核组成员应该理解不同管理体系之间的交互关系和协同作用。很多企业建立了质量、环境、能源等管理体系，在开展结合审核时，内审员还具备多领域审核的知识和技能。审核组组长应该认识到内审员在每个领域中的能力局限性。

内审员的知识和技能可通过下列途径的组合获得：

（1）成功地完成涵盖审核员通用知识和技能的培训课程；

（2）相关技术、管理或专业职位的经验；

（3）有助于发展整体能力的质量、环境、能源、碳排放等管理体系，专业教育/培训和经验；

（4）在其他质量、环境、能源、碳排放等管理体系内审员的监督下获得的审核经验。

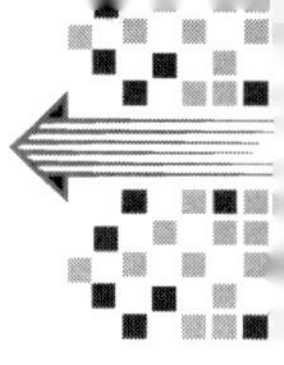

3）内审员的能力评价。

根据内审员的能力要求，在审核方案实施前或每次审核实施后对内审员进行评价，内审员的评价要素如表63所示。

表63　内审员的评价要素

项目	能力要求	评价准则	评价方法
职业素养	有道德，思想开明，善于交往，善于观察，有感知力，适应力强，坚韧不拔，明断，自立	在工作场所有满意的表现	表现评价
通用知识和技能			
通用知识和技能	具备审核知识和技能	完成内审员的培训课程	培训过程表现评价、审核后评审
内部文件体系	了解内部文件体系结构	了解审核范围内的体系文件	面谈
专业知识和技能（不要求每个内审员都具备）			
质量、环境、能源、碳排放等对应专业知识	了解通用的质量、环境、能源、碳排放等对应基本知识	完成相关的质量、环境、能源、碳排放等对应知识培训	培训结果评价
基本工艺及管理状况	具备工艺、技术、设备、环境、检验、生产等有专业性的，尤其是涉及的质量、环境、能源、碳排放等对应的相关知识	在专业岗位有工作经历	专业经历经验、岗位记录评审
专业法律法规	了解与质量、环境、能源、碳排放等对应的相关的法律法规和标准	完成与受审核活动和过程有关的法律培训课程	培训结果评价
多领域审核的知识和技能			
多领域审核	具备相应领域的知识和技能	有效地完成审核	审核后评审

10.2.3　核查员的能力需求

10.2.3.1　相关的标准体系

有关碳排放核查的内容见第9.7节。随着全国碳排放权交易市场的建设，中国合格评定国家认可委员会（China National Accreditation Service for Conformity Assessment，CNAS）发布了审定与核查机构认可的规范文件清单，如表64所示。

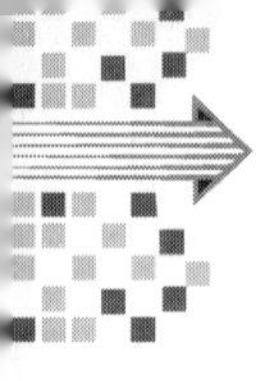

表 64　CNAS 审定与核查机构认可的规范文件清单

序号	类别	文件编号和名称	发布日期	实施日期
1	通用规则	CNAS-R01：2020《认可标识使用和认可状态声明规则》	2020－10－20	2020－11－01
2		CNAS-R02:2018《公正性和保密规则》	2018－03－01	2018－03－01
3		CNAS-R03：2019《申诉、投诉和争议处理规则》	2019－05－28	2019－05－28
4	专用规则	CNAS-RV02：2022《温室气体审定与核查机构认可规则》	2022－04－01	2022－04－01
5		CNAS-RV04：2022《审定与核查机构认可收费管理规则》	2022－04－01	2022－04－01
6	基本准则	CNAS-CV01：2022《合格评定　审定与核查机构通用原则和要求》（ISO/IEC 17029：2019）	2022－04－01	2022－04－01
7	专用准则	CNAS-CV02：2022《环境信息审定与核查机构通用原则和要求》（ISO 14065：2020）	2022－04－01	2022－04－01
8		CNAS-CV03：2022《温室气体　第三部分：温室气体声明审定与核查规范和指南》（ISO 14064-3：2019）	2022－04－01	2022－04－01
9		CNAS-CV05：2022《温室气体审定与核查组能力要求》（ISO 14066：2011）	2022－04－01	2022－04－01
10	认可方案	CNAS-SV01：2022《民航温室气体声明核查机构认可方案》	2022－04－01	2022－04－01

表 64 中有关碳排放核查的主要文件采用了 ISO 国际标准。在量化和报告方面，国际标准主要有 ISO 14064-1:2018《温室气体　第 1 部分：组织层面上对温室气体排放和清除的量化与报告的规范及指南》（Greenhouse gases—Part 1：Specification with guidance at the organization level for quantification and reporting of greenhouse gas emissions and removals）和 ISO 14064-2：2019《温室气体　第 2 部分：项目层面上对温室气体排放和清除的量化与报告的规范及指南》（Greenhouse gases—Part 2：Specification with guidance at the project level for quantification，monitoring and reporting of greenhouse gas emission reductions or removal enhancements）。

在审定和核查方面，国际标准主要有 ISO 14064-3：2019《温室气体　第 3 部分：

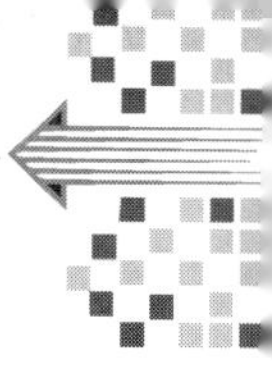

温室气体声明审定与核查规范和指南》（Greenhouse gases—Part 3：Specification with guidance for the verification and validation of greenhouse gas statements）。

在机构方面，国际标准主要有 ISO 14065：2020《环境信息审定与核查机构通用原则和要求》（General principles and requirements for bodies validating and verifying environmental information）。另外，ISO/IEC 17029：2019《合格评定 审定与核查机构通用原则和要求》（Conformity assessment General principles and requirements for validation and verification bodies）作为通用标准，该标准规定了从事审定与核查活动的机构应遵循的通用原则和要求，其适用于包括温室气体（GHG）排放声明、环境标签/声明或足迹、可持续性或环境报告等领域的审定与核查机构。

国际认可论坛（International Accreditation Forum，IAF）就 ISO 14065：2020 与 ISO/IEC 17029：2019 在 IAF 互认框架内的层级关系给出了相关界定，即将 ISO 14065 作为 ISO/IEC 17029 的下级标准，并与 ISO/IEC 17029 一并构成对环境信息审定与核查机构认可的依据。

10.2.3.2 CCAA 核查员的能力要求

2021 年 8 月中国认证认可协会（CCAA）结合新形势和新要求，发布了《温室气体核查员注册准则》，适用于对温室气体排放实施第三方审定和/或核查活动的人员注册，对温室气体核查员应具备的相应个人素质、资格经历、知识和技能及行为规范等要求进行了规定。

1）个人素质要求。

核查员应具备下列个人素质：

（1）有道德，即公正、可靠、忠诚、诚信和谨慎；

（2）思想开明，即愿意考虑不同意见或观点；

（3）善于交往，即灵活地与人交往；

（4）善于观察，即主动地认识周围环境和活动；

（5）有感知力，即能了解和理解环境；

（6）适应力强，即容易适应不同处境；

（7）坚定不移，即对实现目标坚持不懈；

（8）明断，即能够根据逻辑推理和分析及时得出结论；

（9）自立，即能够在同其他人有效交往中独立工作并发挥作用；

（10）坚忍不拔，即能够采取负责任的及合理的行动，即使这些行动可能是非常规的，有时可能导致分歧或冲突；

（11）与时俱进，即愿意学习，并力争获得更好的审定/核查结果；

（12）文化敏感，即善于观察和尊重受审定/核查方的文化；

（13）协同力，即有效地与其他人互动，包括审定/核查组成员和受审定/核查方人员；

（14）有条理，即有效地管理时间、区分优先次序、策划，以及高效；

（15）具备信息技术及其工具应用能力，即能够熟练使用计算机、手持终端设备及其应用软件等实施认证工作；

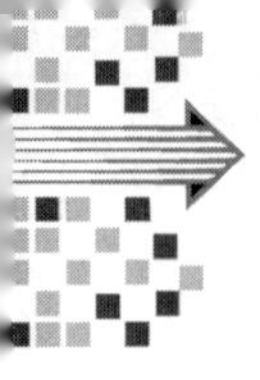

（16）文字表达能力，即能够以足够的速度、准确度和理解力阅读和记录，并形成报告；

（17）健康，即身体健康状况良好。

2）资格经历要求。

核查员的资格经历要求如表 65 所示。

表 65　核查员的资格经历要求

项目	具体内容
教育经历	申请人应具有大学专科（含）以上高等教育经历，其中大专学历专业应为理工类
工作经历	（1）具有大学专科学历的申请人应具有至少 6 年全日制工作经历；具有大学本科学历的申请人应具有至少 4 年全日制工作经历；具有硕士研究生及以上学历的申请人应具有至少 2 年全日制工作经历。 （2）满足 CCAA 注册要求的工作经历应在取得相应学历后计算
专业工作经历	（1）申请人应具有至少 2 年专业工作经历。 （2）专业工作经历包括国家或地方温室气体课题研究，温室气体相关标准制定，温室气体核算方法编制，温室气体清单编制，温室气体盘查，碳排放权交易及相关活动，清洁发展机制（CDM）项目咨询、审定与核查，中国自愿减排（CCER）项目咨询、审定与核证，自愿减排（VER）项目审定与核查，项目或组织温室气体量化与核查，产品碳足迹评价，节能量审核，能源审计，节能监测和用能评估，低碳产品认证，组织碳排放管理，能源管理体系咨询与认证，节能诊断，绿色制造体系评价，环境管理体系咨询与认证，环境足迹评价，环境影响评价，清洁生产审核，生命周期评价服务等。 （3）专业工作经历和工作经历可以同时发生
培训要求	（1）申请人应在申请前 3 年内通过涵盖本准则 2.4 要求的培训，且培训时长不少于 16 学时（每学时不少于 45 分钟）。 （2）培训可由推荐机构组织开展或参加 CCAA 组织的温室气体核查员培训，其中机构组织开展的培训须按照 CCAA 相关要求进行备案并保留相关记录
核查经历	（1）申请人应至少参与完成 3 个项目的审定或核查经历。 （2）申请人所提交的核查经历应是对不同组织或项目的审定或核查经历，且在 CCAA 有效受理日前 3 年内获得。 （3）审定/核查经历包括清洁发展机制（CDM）项目审定/核查、中国自愿减排（CCER）项目审定/核证、自愿减排（VER）项目审定/核查、温室气体清单编制、温室气体盘查、碳排放权交易企业碳排放核查、项目或组织温室气体核查、低碳产品认证、产品碳足迹评价、碳中和认证、大型活动碳中和评价

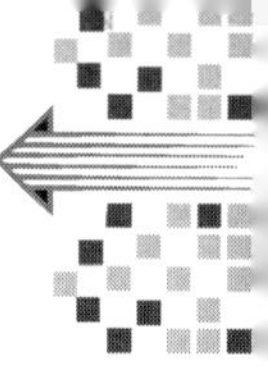

3）知识和技能要求。

核查员应具备的知识（包括但不限于）：

（1）国内外应对气候变化的相关政策；

（2）碳排放权交易方面的知识；

（3）温室气体（GHG）排放方面的知识；

（4）温室气体审定/核查方面的知识，包括温室气体审定/核查的相关标准、实施规范、指南等；

（5）温室气体减排技术及控制措施；

（6）数据和信息质量管理方面的知识和方法；

（7）温室气体审定/核查相关的法律法规，包括但不限于：《中华人民共和国节约能源法》《清洁发展机制项目运行管理办法（修订）》《碳排放权交易管理办法（试行）》《节能低碳产品认证管理办法》《低碳产品认证实施规则》《温室气体自愿减排交易管理暂行办法》；

（8）其他：熟悉组织运营的法律环境；熟悉组织产品制造的工艺流程、相关术语；熟悉组织所在行业的能耗特点及有关的温室气体排放源。

核查员应具备的技能（包括但不限于）：

（1）审定/核查原则、程序和方法的运用；

（2）规范出具温室气体量化报告，包括对活动水平数据监测、排放因子及所使用计算方法的描述和界定等；

（3）合理评估活动水平数据监测与相关要求的符合性；

（4）识别和理解与数据、信息系统的使用相关联的风险，分析数据、信息系统中的失效情况及其影响，并对数据、数据源、适用的过程和控制措施进行评估；

（5）评估数据、信息并对其质量和有效性做出专业判断；

（6）使用适当的方法获取所需的信息，并将上述有关知识恰当地运用于审定/核查工作中；

（7）交叉核证与抽样技术；

（8）对审定/核查过程及其结果进行有效沟通的技巧。

4）行为规范要求。

在初次注册和再注册时，所有申请人均应签署声明，承诺遵守以下行为规范：

（1）遵纪守法、敬业诚信、客观公正；

（2）遵守行业规范及 CCAA 注册/制度的相关规定；

（3）努力提高个人的专业能力和声誉；

（4）帮助所管理的人员拓展其专业能力；

（5）不承担本人不能胜任的任务；

（6）不介入冲突或利益竞争，不向任何委托方或聘用机构隐瞒任何可能影响公正判断的关系；

（7）不讨论或透露任何与工作任务相关的信息，除非应法律要求或得到委托方和/或聘用单位的书面授权；

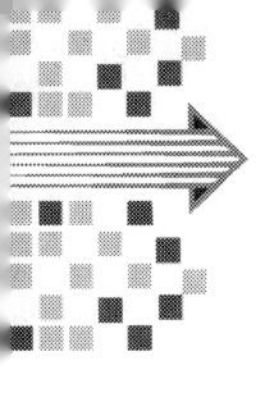

（8）不接受审定与核查方及其员工或任何利益相关方的任何贿赂、佣金、礼物或任何其他利益，也不应在知情时允许同事接受；

（9）不有意传播可能损害审定与核查工作或人员注册过程的信誉的虚假或误导性信息；

（10）不以任何方式损害 CCAA 及其人员注册过程的声誉，与针对违背本方案的行为而进行的调查进行充分的合作；

（11）不向受审定与核查方提供相关咨询。

10.3 文件化信息

10.3.1 基本要求

ISO 9000:2015 对“成文信息”（documented information）的定义与解释为“组织需要加以控制和保持的信息及其承载”。“成文信息”可以任何格式和载体存在，并可为任何来源。成文信息可涉及：①管理体系及相关的过程；②为组织运行产生的信息（一组文件）；③结果实现的证据。其作用是用于信息沟通，提供策划实际完成情况的证据，实现知识共享，并达到传播和保存经验的目的。

在 GB/T 19001—2016/ISO 9001:2015 中，documented information 翻译为“成文信息”，在 GB/T 24001—2016/ISO 14001:2015 和 GB/T 23331—2020/ISO 50001:2018 中，documented information 翻译为“文件化信息”。鉴于此，本书中使用的“成文信息”和“文件化信息”两个术语均表达 documented information 术语。

在 ISO 9001:2008 中使用特定术语，例如文件（documentation）、文档（documents）或形成文件的程序、质量手册或质量计划的地方，ISO 9001:2015 以“保持（maintain）形成文件的信息”的形式加以表达。

在 ISO 9001:2008 中使用术语“记录”（records）以指明所需提供满足要求证据的文件的地方（as evidence of），ISO 9001:2015 则以“保留（retain）形成文件的信息”的形式加以表达。组织有责任确定需保留的形成文件的信息、保留期以及保留的媒介。

“保持”形成文件的信息的要求并不排除组织可能因为特定的目的同时也需要“保留”相同的形成文件的信息，例如保留以往的版本。

ISO 9001:2015 提及“信息”而非“形成文件的信息”的地方，并不要求将此信息形成文件。在此情况下，组织可以决定是否有必要适当保持形成文件的信息。

成文信息（documented information）是一个笼统的概念，企业从方便管理出发，有必要对“成文信息”进行分类、分层。至于“成文信息”分类、分层后叫什么名字，由企业自定。也就是说，仍然可以把文件分成质量手册、程序文件、作业文件（也称为作业指导书）；可以把文件叫作制度，也可以叫作程序文件；同样也可以把证据类文件叫作记录。总之，只要有效、方便就行。

例如从作用上，成文信息可分为规范性文件和证据性文件。规范性文件是用来规

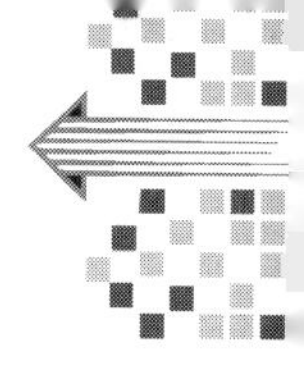

定质量管理工作的原则，阐述质量管理体系的构成，明确有关部门和人员的职责，以及规定各项活动的目标、要求、内容和程序的文件；证据性文件是用来表明质量管理体系运行情况和证实其有效性的文件。我们平常所说的质量手册、程序文件、作业指导书等都是规范性文件，而记录属于证据性文件。另外，表格是规范性文件，当表格填写了内容后，则变为证据性文件，称为记录。

从管理对象上，可将文件分为技术标准、管理标准、工作标准；从文件层次上，可将文件分为管理手册、程序文件、其他作业文件。一份文件，比如“供应商管理程序”，在 ISO 9001 系统内是“程序文件”，在标准化系统内是“管理标准”，但都是同一份文件，只是从不同的角度来区分而已。

10.3.2　管理体系的规定

10.3.2.1　要求保持文件化信息的条款

在高层结构中，要求保持文件化信息的条款有 4.3 范围、5.2 方针和 6.2 目标 3 个条款，如表 66 所示。

ISO 9001:2015 除了高层结构要求的条款外，要求保持文件化信息的条款增加了：4.4.2 支持过程运行；8.1 确信过程已经按策划进行，以及证实产品和服务符合要求。

ISO 14001:2015 要求保持文件化信息的条款增加了：6.1.1 需要应对的风险和机遇；6.1.2 环境因素及其环境影响，以及用于确定重要环境因素的准则和重要环境因素；6.1.3 合规义务；8.1 确信过程已经按策划进行；8.2 与应急准备和响应有关的过程信息。

ISO 50001:2018 要求保持文件化信息的条款增加了：6.3 能源评审的方法和准则；6.4 确定和更新能源绩效参数的方法。

T/GDES 2030—2021 要求保持文件化信息的条款增加了：6.3 碳排放源评审方法和准则；6.4 确定和更新碳排放绩效参数的方法；6.5 碳排放核查的方法和准则；8.3 制定产品、服务和能源采购准则；8.5 碳排放信息披露。

综上所述，在范围和方针方面，都要求保持文件化信息。在目标方面，高层结构、ISO 9001:2015 和 ISO 14001:2015 要求保持文件化信息，而 ISO 50001:2018 和 T/GDES 2030—2021 要求“能源评审和碳排放源评审的方法和准则”“确定和更新能源绩效参数”和“确定和更新碳排放绩效参数的方法”以及“碳排放核查的方法和准则”，这些涉及目标的方法和准则要求保持文件化信息。在运行方面，ISO 9001:2015 和 ISO 14001:2015 要求“确信过程已经按策划进行”保持文件化信息，而 T/GDES 2030—2021 要求“制定产品、服务和能源采购准则”和“碳排放信息披露”，体现了供应链管理的要求。

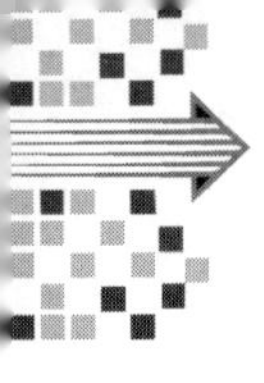

表 66　各管理体系保持文件化信息条款的对照

内容	高层结构	ISO 9001：2015	ISO 14001：2015	ISO 50001：2018	T/GDES 2030—2021
范围	4. 3	4. 3	4. 3	4. 3	5. 2
支持过程运行	—	4. 4. 2	—	—	—
方针	5. 2	5. 2. 2a	5. 2. 2	5. 2	5. 2
需要应对的风险和机遇	—	—	6. 1. 1	—	—
环境因素及其环境影响；用于确定重要环境因素的准则，重要环境因素	—	—	6. 1. 2	—	—
合规义务	—	—	6. 1. 3	—	—
目标	6. 2	6. 2. 1	6. 2. 1	—	—
能源评审的方法和准则	—	—	—	6. 3	—
碳排放源评审方法和准则	—	—	—	—	6. 3
确定和更新能源绩效参数的方法	—	—	—	6. 4	—
确定和更新碳排放绩效参数的方法	—	—	—	—	6. 4
碳排放核查的方法和准则	—	—	—	—	6. 5
确信过程已经按策划进行	—	8. 1	8. 1	—	—
证实产品和服务符合要求	—	8. 1	—	—	—
与应急准备和响应有关的过程信息	—	—	8. 2	—	—
制定产品、服务和能源采购准则	—	—	—	—	8. 3
碳排放信息披露	—	—	—	—	8. 5

10. 3. 2. 2　要求保留文件化信息的条款

在高层结构中，要求保留文件化信息的条款有：7. 2 人员能力证据；8. 1 确信管理体系的过程已经按策划进行；9 绩效评价；10 改进。条款对照如表 67 所示。

ISO 9001:2015 除了高层结构要求的条款外，重点在运行方面增加了保留文件化信息的要求，主要是：证实产品和服务符合要求；产品和服务要求的评审；产品和服务的新要求；设计和开发的输入、控制、输出和更改；产品、服务和能源采购准则；外部提供的过程、产品和服务的控制；标识和可追溯性；顾客和外部供方的财产；更改控制结果；产品和服务放行的结果符合接受准则的证据；授权放行人员的可追溯信息；不合格输出的控制。

ISO 14001:2015 除了高层结构要求的条款外，在保留文件化信息方面增加了：7. 4. 1 内外部信息交流活动的适当证据；8. 2 确信应急准备和响应过程已经按策划进行；9. 1. 2 合规评价结果。

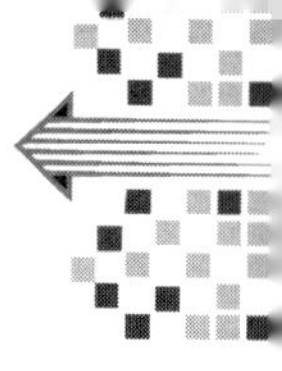

ISO 50001:2018 除了高层结构要求的条款外，在保留文件化信息方面增加了 6 策划方面的：6.2.2 目标和能源指标；6.2.3 实现目标和能源指标措施计划；6.3 能源评审结果；6.4 能源绩效参数值；6.5 能源基准；6.6 有关测量、监视和其他确定准确度和可重现性方法。另外，增加了支持方面的条款：7.4 信息交流改进建议。还增加了运行方面的条款：8.2 与能源绩效相关的设计活动；9.1.2 合规评价结果。

T/GDES 2030—2021 除了高层结构要求的条款外，在保留文件化信息方面增加了 6 策划方面：6.3 碳排放源评审结果；6.4 碳排放绩效参数值；6.5 碳排放基准；6.6 活动数据和碳排放因子数据，有关测量、监视和其他确定准确度和可重现性方法，碳排放核查结果；6.7 碳排放信息交流的策划结果。另外，增加了支持方面的条款：7.4 信息交流改进建议。还增加了运行方面的条款：8.2 与碳排放绩效相关的设计活动；8.5 碳排放信息披露。也增加了绩效评价方面的条款：9.1.2 合规评价结果。

综上所述，在策划方面，ISO 50001:2018 和 T/GDES 2030—2021 针对评审结果、参数值、基准和方法要求保留文件化信息；在支持方面，ISO 50001:2018 和 T/GDES 2030—2021 对信息交流改进建议要求保留文件化信息；在运行方面，各管理体系都提出了保留文件化信息的要求，其他方面都与高层结构要求一致。

表 67　各管理体系保留文件化信息的条款对照

内容	高层结构	ISO 9001:2015	ISO 14001:2015	ISO 50001:2018	T/GDES 2030—2021
确信管理体系的过程已经按策划进行	—	4.4.2	—	—	—
目标和能源指标	—	—	—	6.2.2	—
实现目标和能源指标措施计划	—	—	—	6.2.3	—
能源评审结果	—	—	—	6.3	—
碳排放源评审结果	—	—	—	—	6.3
能源绩效参数值	—	—	—	6.4	—
碳排放绩效参数值	—	—	—	—	6.4
能源基准	—	—	—	6.5	—
碳排放基准	—	—	—	—	6.5
有关测量、监视和其他确定准确度和可重现性方法	—	—	—	6.6	6.6
活动数据和碳排放因子数据	—	—	—	—	6.6
碳排放核查结果	—	—	—	—	6.6
碳排放信息交流的策划结果	—	—	—	—	6.7
人员能力证据	7.2	7.2	7.2	7.2	7.2
信息交流改进建议	—	—	—	7.4	7.4
内外部信息交流活动的适当证据	—	—	7.4.1	—	—

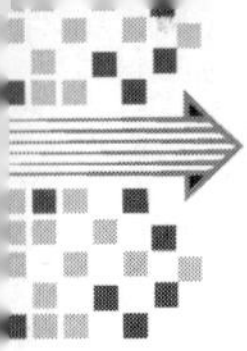

续表

内容	高层结构	ISO 9001：2015	ISO 14001：2015	ISO 50001：2018	T/GDES 2030—2021
确信管理体系的过程已经按策划进行	8.1	8.1	8.1	8.1	8.1
证实产品和服务符合要求	—	8.1	—	—	—
产品和服务要求的评审；产品和服务的新要求	—	8.2.3	—	—	—
确信应急准备和响应过程已经按策划进行	—	—	8.2	—	—
与能源绩效相关的设计活动	—	—	—	8.2	—
与碳排放绩效相关的设计活动	—	—	—	—	8.2
设计和开发的输入	—	8.3.3	—	—	—
设计和开发的控制	—	8.3.4	—	—	—
设计和开发的输出	—	8.3.5	—	—	—
设计和开发的更改	—	8.3.6	—	—	—
产品、服务和能源采购准则	—	—	—	—	8.3
外部提供的过程、产品和服务的控制	—	8.4	—	—	—
标识和可追溯性	—	8.5.2	—	—	—
顾客和外部供方的财产	—	8.5.3	—	—	—
更改控制结果	—	8.5.6	—	—	—
碳排放信息披露	—	—	—	—	8.5
产品和服务放行的结果：符合接受准则的证据；授权放行人员的可追溯信息	—	8.6	—	—	—
不合格输出的控制	—	8.7	—	—	—
监视、测量、分析和评价结果的证据	9.1	9.1	9.1	9.1	9.1
合规评价结果	—	—	9.1.2	9.1.2	9.1.2
实施审核方案和审核结果的证据	9.2	9.2	9.2	9.2	9.2
管理评审结果的证据	9.3	9.3	9.3	9.3	9.3
不合格和纠正措施结果的证据	10.1	10.1	10.1	10.1	10.1

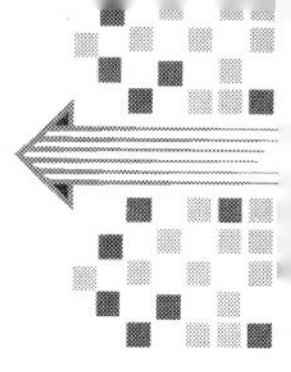

10.4　标准内容

7　支持

7.1　资源

组织应确定并提供所需资源，以建立、实施、保持和持续改进碳排放管理体系。

7.2　能力

组织应：

(1) 确定在其控制下的人员所需具备的能力，这些能力影响碳排放绩效；

(2) 基于适当的教育、培训或经验，确保这些人员是能胜任的；

(3) 适用时，采取措施以获得所必需的能力，并评价所采取措施的有效性；

(4) 保留适当的文件化信息，并作为人员能力的证据。

注：适用的措施可包括对在职人员进行培训、辅导或重新分配工作，或者聘用、雇佣能胜任的人员。

7.3　意识

组织应确保在其控制下的人员意识到：

(1) 碳排放方针；

(2) 他们对碳排放管理体系有效性的贡献，包括对改进碳排放绩效的益处；

(3) 他们的活动或行为对碳排放绩效的影响；

(4) 不符合碳排放管理体系要求的后果。

7.4　信息交流

组织应确定与碳排放管理体系相关的内部和外部信息交流，包括：

(1) 碳排放监测、报告等组织内部之间的信息交流；

(2) 与相关方的需求和期望相关的外部信息交流。

适用时，组织应关注相关方对其碳排放信息披露的要求，以满足组织对合规性、自身形象或社会责任的需求。例如：编制组织年度碳足迹报告（年度碳排放核查报告），编制产品和服务的碳足迹报告，实施产品和服务的碳标签，向社会和消费者公开（见6.7）。

组织应考虑保留改进建议的文件化信息（见7.5）。

7.5　文件化信息

7.5.1　总则

组织的碳排放管理体系应包括：

(1) 本文件要求的文件化信息；

(2) 组织所确定的，为确保碳排放管理体系有效性所需的文件化信息。

注：对于不同组织，碳排放管理体系文件化信息的多少与详略程度可以不同，取决于：

—— 组织的规模以及活动、过程、产品和服务的类型；

—— 证明满足法律法规要求和其他要求的需要；

—— 过程及其相互作用的复杂程度；

—— 人员的能力。

7.5.2　创建和更新

创建和更新文件化信息时，组织应确保适当的：

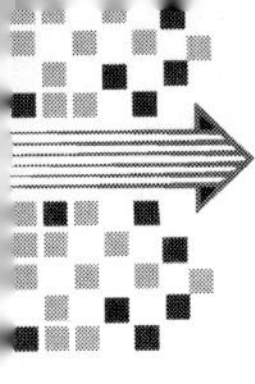

续

(1) 标识和说明（例如：标题、日期、作者或参考文件编号）；

(2) 形式（例如：语言文字、软件版本、图表）和载体（例如：纸质的、电子的）；

(3) 评审和批准，以确保适宜性和充分性。

7.5.3　文件化信息的控制

应控制碳排放管理体系和本文件所要求的文件化信息，以确保：

(1) 在需要的场合和时机，均可获得并适用；

(2) 得到充分的保护（如：防止失密、不当使用或完整性受损）。

为了控制文件化信息，适用时，组织应进行以下活动：

—— 分发、访问、检索和使用；

—— 存储和保护，包括保持易读性；

—— 变更的控制（例如版本控制）；

—— 保留和处置。

对于组织确定的策划和运行碳排放管理体系所必需来自外部的文件化信息，组织应进行适当识别，并予以控制。

注："访问"可能指仅允许查阅文件化信息的决定，或可能指允许并授权查阅和更改文件化信息的决定

11　运行

11.1　概况

在管理体系的PDCA循环中（如图10所示），运行属于D的环节。在管理体系的建立、实施、保持和持续改进中，运行属于实施和保持环节。

在高层结构中，运行条款由8.1运行策划和控制1个二级条款组成，主要从整体的管理体系角度策划了应对风险和机遇的措施，作为输入，进行运行过程策划、实施和控制，强调建立过程准则及按其实施过程控制。另外，对策划变更进行控制，以及确保外包过程控制。

ISO 9001:2015的运行条款由7个二级条款组成，增加了：8.2产品和服务的要求；8.3产品和服务的设计和开发；8.4外部提供的过程、产品和服务的控制；8.5生产和服务提供；8.6产品和服务的放行；8.7不合格输出的控制。在8.1运行策划和控制中，增加了“确定产品和服务的要求”“建立产品和服务的接收准则”“确定符合产品和服务要求所需的资源”“保留证实产品和服务符合要求的文件化信息”和“策划的输出应适应组织的运行需求”。

ISO 14001:2015在运行条款由3个二级条款组成，增加了：8.2应急准备和响应；8.5生产和服务提供。在8.1运行策划和控制中，增加了从生命周期观点出发，在产品或服务设计和开发过程、产品和服务的采购、对外部供方的沟通组织的环境要求，考虑提供与其产品和服务的运输或交付、使用、寿命结束处理和最终处置相关的潜在重大环境影响的信息的需求。

ISO 50001:2018在运行条款由4个二级条款组成，增加了：8.2设计；8.3采购；8.5生产和服务提供。在8.1运行策划和控制中，增加了与在组织控制下工作的相关人员沟通准则。

T/GDES 2030—2021在运行条款由5个二级条款组成，增加了：8.2设计；8.3采购；8.4碳资产管理；8.5碳排放信息披露。在8.1运行策划和控制中，增加了与在组织控制下工作的相关人员沟通准则。

各管理体系提出了活动或行为对碳排放绩效的影响的要求。在沟通方面，ISO 9001:2015提出了“如何沟通”和“谁来沟通”的要求；ISO 14001:2015、ISO 50001:2018和T/GDES 2030—2021将沟通修改为“信息交流”。运行条款的对照如表68所示。

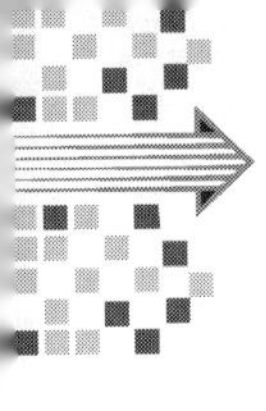

表 68　各管理体系在运行条款的对照

条款	高层结构	ISO 9001：2015	ISO 14001：2015	ISO 50001：2018	T/GDES 2030—2021
8.1 运行策划和控制	√	√	√	√	√
8.2 产品和服务的要求	—	√	—	—	—
8.2 应急准备和响应	—	—	√	—	—
8.2 设计	—	—	—	√	√
8.3 产品和服务的设计和开发	—	√	—	—	—
8.3 采购	—	—	—	√	√
8.4 外部提供的过程、产品和服务的控制	—	√	—	—	—
8.4 碳资产管理	—	—	—	—	√
8.5 生产和服务提供	—	√	√	√	—
8.5 碳排放信息披露	—	—	—	—	√
8.6 产品和服务的放行	—	√	—	—	—
8.7 不合格输出的控制	—	√	—	—	—

11.2　碳资产管理概述

11.2.1　碳交易管理

11.2.1.1　碳交易的概念

碳排放权（carbon emission permit）是指分配给重点排放单位的规定时期内的碳排放额度。目前中国市场上包括碳排放权配额和国家核证自愿减排量。

碳资产（carbon asset）是指由碳排放权交易机制产生的新型资产，主要包括碳配额和碳信用。

碳排放权交易（carbon emission trading）是指主管部门以碳排放权的形式分配给重点排放单位或温室气体减排项目开发单位，允许碳排放权在市场参与者之间进行交易，以社会成本效益最优的方式实现减排目标的市场化机制。

碳排放权配额（carbon allowance），也称为碳配额，是指主管部门基于国家控制温室气体排放目标的要求，向被纳入温室气体减排管控范围的重点排放单位分配的规定时期内的碳排放额度。计量单位采用二氧化碳当量，1 单位碳配额相当于 1 吨二氧

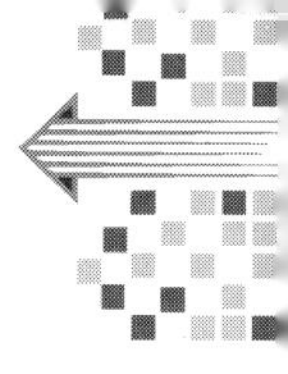

化碳当量的碳排放额度。

国家核证自愿减排量（Chinese certified emission reduction，CCER）是指对我国境内可再生能源、林业碳汇、甲烷利用等项目的温室气体减排效果进行量化核证，并在国家温室气体自愿减排交易注册登记系统中登记的温室气体减排量。

碳信用（offset credits）是指项目主体依据相关方法，开发温室气体自愿减排项目，经过第三方的审定和核查，依据其实现的温室气体减排量化效果而获得签发的减排量。目前，中国国内主要的碳信用为国家核证自愿减排量（CCER），国际上主要的碳信用为《京都议定书》清洁发展机制（CDM）下的核证减排量（CER）。

11.2.1.2　碳交易市场

碳排放权交易市场根据要求程度的不同，可以归纳为强制性（也称履约型）碳交易市场和自愿性碳交易市场两种主要类型。

前者一般由政府，即制度管理者事先制定具有法律约束力的制度规定，范围内的行业或企业必须依法参与。既是基于市场机制遏制全球气候变暖的有效模式，也是“环境保护主义与经济学思想”的完美结合。后者是根据协议或合约自愿参与的一种碳交易制度安排，目的在先行创新，检验有关的标准、方法和政策，为前者积累经验，是前者的前身预演和有效补充。一般通过管理者与参与者签订具有法律约束力的合同文案的方式，明确参与者逐步降低碳排放目标的承诺。自愿性碳交易市场多出于企业履行社会责任、强化品牌建设、扩大社会效益等非履约目标，或者是具有社会责任感的个人为抵消个人碳排放、实现碳中和生活，而主动采取碳排放权交易行为以实现减排。目前，国内主要是强制性（也称履约型）碳交易市场，例如全国碳交易市场，以及各试点省市建立的试点碳交易市场。

根据形成基础的不同，碳交易市场可以归纳为基于配额（allowance-based markets）的市场和基于项目（project-based markets）的市场。配额是基于总量限制与交易（cap-and-trade）创建的，其交易的为权威机构分配的配额或机制认可的转化为配额的信用额度；项目市场的碳信用则是基于基线与信用机制（baseline-and-credit）创建的，其交易标的为根据项目开发而产生的温室气体减排信用。在国内，全国碳交易市场和各试点省市试点碳交易市场主要交易的产品是配额，部分项目减排量也进入了市场交易，如将中国核证减排量 CCER、广东碳普惠抵消信用机制（PHCER）、福建林业碳汇抵消机制（FFCER）、北京林业碳汇抵消机制（BCER）等纳入碳抵消机制。

根据市场类型，碳排放权交易市场可分为一级市场和二级市场。

一级市场：是对碳排放权进行初始分配的市场体系。政府对碳排放空间使用权完全垄断，使用一级市场的卖方只有政府一家，买方包括履约企业和规定的组织，交易标的仅包括碳排放权一种，政府对碳排放权的价格有控制力。

二级市场：是碳排放权的持有者（下级政府、企业及其他纳入市场主体）开展现货交易的市场体系。

综上所述，碳交易市场的分类如表 69 所示。

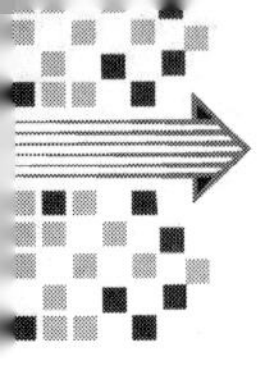

表 69　碳交易市场的分类

序号	分类依据	碳交易市场
1	根据要求程度	强制性碳交易市场
2		自愿性碳交易市场
3	根据形成基础的不同	基于配额的市场
4		基于项目的市场
5	根据市场类型	一级市场
6		二级市场

11.2.1.3　碳交易管理实施方案和体系

（1）碳交易管理实施方案。组织开展碳交易，需要制订碳交易管理实施方案，包括碳交易目标，责任部门及其职责，需要的人力、物力和财力等资源，碳排放报告与核查，义务履行情况等活动。

依据参加的碳交易市场，组织应建立碳交易行为准则，首先要收集参与的碳市场交易有关碳交易要求的最新法律法规和规范性文件，然后结合组织自身发展要求来制订组织碳交易管理实施方案。

全国碳交易市场的主管部门是生态环境部，全国碳排放权的注册登记机构是湖北碳排放权交易中心，全国碳排放权的交易机构是上海环境能源交易所。因此，以上部门和单位发布的有关碳市场的规范性文件，需要及时收集，作为制订碳交易管理实施方案的依据。

生态环境部发布的《碳排放权交易管理办法（试行）》明确了碳排放权配额的法律地位，确立了碳排放权交易相关配额收缴、数据报送、交易体系等制度的合法性，明确了监管部门及其职权，也明确了违约、违法的处罚措施和处罚力度，保证信息公开。

生态环境部办公厅于 2021 年 5 月 17 日印发了《碳排放权登记管理规则（试行）》《碳排放权交易管理规则（试行）》和《碳排放权结算管理规则（试行）》等。另外，全国碳排放权的注册登记机构和全国碳排放权的交易机构发布了规范性文件，特别是对碳交易提出了有关要求。

2021 年 6 月 22 日，上海环境能源交易所发布了《关于全国碳排放权交易相关事项的公告》，就不同类型交易的涨跌幅限制、交易时段等作出规定。全国碳市场将采用挂牌协议交易、大宗协议交易以及单向竞价 3 种交易方式，如表 70 所示。

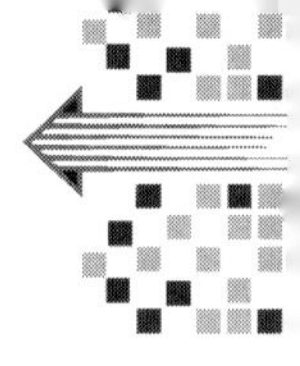

表 70　全国碳市场 3 种交易方式对比

项目	挂牌协议交易	大宗协议交易	单向竞价
定义	交易主体通过交易系统提交卖出或买入挂牌申报，意向方对挂牌申报进行协商并确认成交的交易方式	交易双方通过交易系统进行报价、询价，达成一致意见并确认成交的交易方式	交易主体向交易机构提出卖出或买入申请，交易机构发布竞价公告，符合条件的竞价参与方通过交易系统报价并确认成交
数量要求	单笔买卖最大申报数量应小于 10 万吨	单笔买卖最大申报数量应不小于 10 万吨	—
成交方式	以价格优先原则，在实时最优 5 个价位内以对手方价格为成交价依次选择	交易主体可发起买卖申报，或与已发起申报的交易对手方进行对话议价，或直接点击申报申请与对手方成交	通过竞价方式确定
涨跌幅	10%	30%	—
开盘价	当日挂牌协议交易第一笔成交价	成交信息不纳入交易所即时行情	成交信息不纳入交易所即时行情
收盘价	当日挂牌协议交易所有成交的加权平均价	成交量、成交额在交易结束后计入当日成交总量、成交总额	成交量、成交额在交易结束后计入当日成交总量、成交总额
交易时间	9：30—11：30； 13：00—15：00	13：00—15：00	另行公告

以上是全国碳市场的有关法律法规和规范性文件，可结合组织自身要求制定全国碳交易行为准则。对于自愿性减排交易和地方试点碳交易，组织应结合相关主管部门和交易机构的相关规定以及组织自身的要求，分别制定自愿性减排交易行为准则和地方试点碳交易行为准则。

（2）碳交易管理体系。依据 ISO 管理体系的管理原则，应用过程方法和 PDCA 循环，基于风险思维，以高层结构为基础，建立碳交易管理体系，基本框架如图 31 所示。

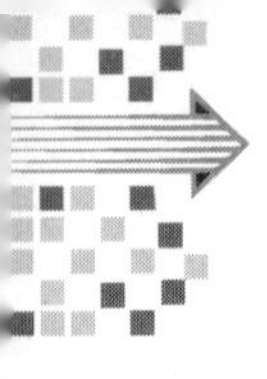

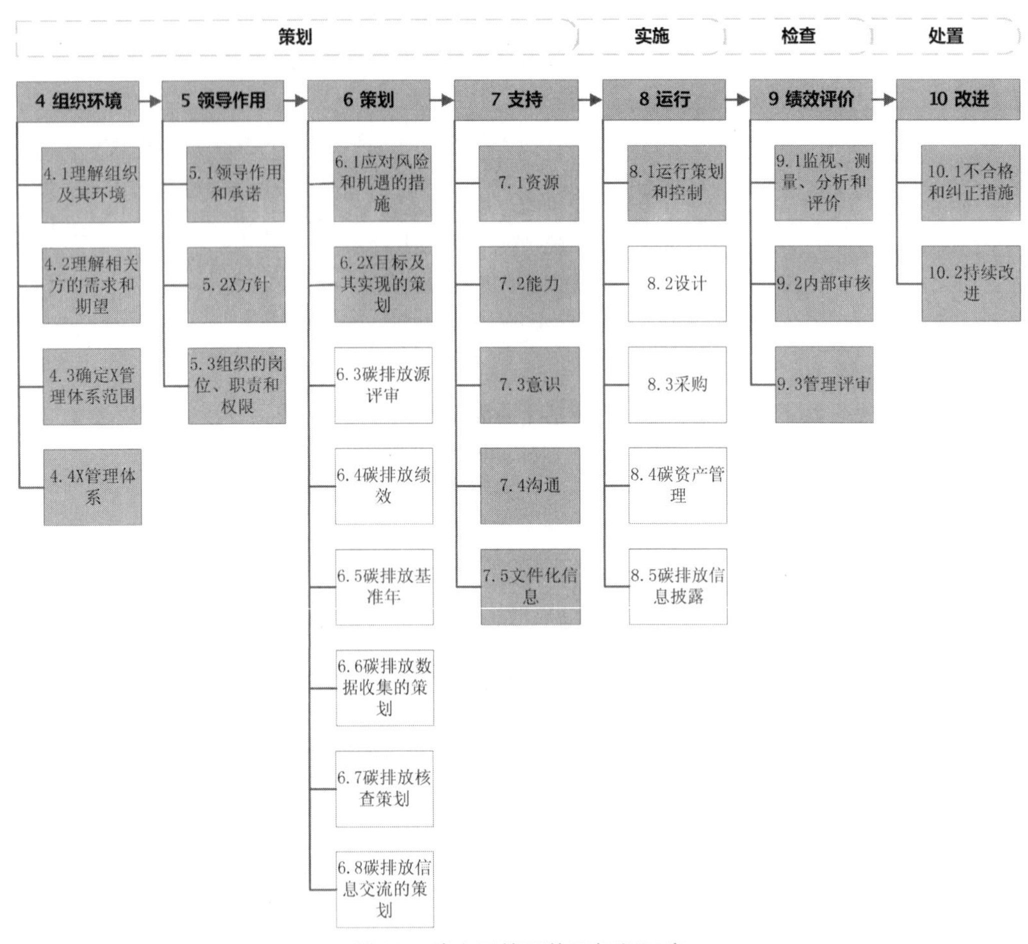

图 31　碳交易管理体系框架示意

11.2.2　碳资产管理

11.2.2.1　碳资产分类

碳金融产品（carbon financial products）是指建立在碳排放权交易的基础上，服务于减少温室气体排放或者增加碳汇能力的商业活动，以碳配额和碳信用等碳排放权益为媒介或标的的资金融通活动载体。

碳金融工具（carbon financial instruments）是指服务于碳资产管理的各种金融产品，主要包括碳市场融资工具、碳市场交易工具和碳市场支持工具。碳金融工具分类如表 71 所示。

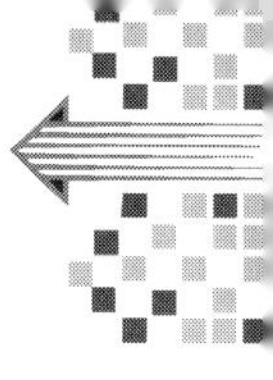

表 71　碳金融工具分类

序号	碳金融工具类型	分类	定义
1	碳市场融资工具：以碳资产为标的进行各类资金融通的碳金融产品	碳债券（carbon bonds）	发行人为筹集低碳项目资金向投资者发行并承诺按时还本付息，同时将低碳项目产生的碳信用收入与债券利率水平挂钩的有价证券
2		碳资产抵质押融资（carbon assets pledge）	碳资产的持有者（即借方）将其拥有的碳资产作为质物/抵押物，向资金提供方（即贷方）进行抵质押以获得贷款，到期再通过还本付息解押的融资合约
3		碳资产回购（carbon assets repurchase）	碳资产的持有者（即借方）向资金提供机构（即贷方）出售碳资产，并约定在一定期限后按照约定价格购回所售碳资产以获得短期资金融通的合约
4		碳资产托管（carbon assets custody）	碳资产管理机构（托管人）与碳资产持有主体（委托人）约定相应碳资产委托管理、收益分成等权利义务的合约
5	碳市场交易工具：在碳排放权交易基础上，以碳配额和碳信用为标的的金融合约。也称为碳金融衍生品（carbon financial derivatives）	碳远期（carbon forward）	交易双方约定未来某一时刻以确定的价格买入或者卖出相应的以碳配额或碳信用为标的的远期合约
6		碳期货（carbon futures）	期货交易场所统一制定的、规定在将来某一特定的时间和地点交割一定数量的碳配额或碳信用的标准化合约
7		碳期权（carbon options）	期货交易场所统一制定的、规定买方有权在将来某一时间以特定价格买入或者卖出碳配额或碳信用（包括碳期货合约）的标准化合约
8		碳掉期（carbon swaps）	也称为碳互换（carbon swaps），是指交易双方以碳资产为标的，在未来的一定时期内交换现金流或现金流与碳资产的合约，包括期限互换和品种互换。 期限互换（term swaps）是指交易双方以碳资产为标的，通过固定价格确定交易，并约定未来某个时间以当时的市场价格完成与固定价格交易对应的反向交易，最终对两次交易的差价进行结算的交易合约。 品种互换（varieties swaps），也称为碳置换（carbon swaps），是指交易双方约定在未来确定的期限内，相互交换定量碳配额和碳信用及其差价的交易合约
9		碳借贷（carbon lending）	交易双方达成一致协议，其中一方（贷方）同意向另一方（借方）借出碳资产，借方可以用担保品附加借贷费作为交换。碳资产的所有权不发生转移。目前常见的有碳配额借贷，也称为借碳

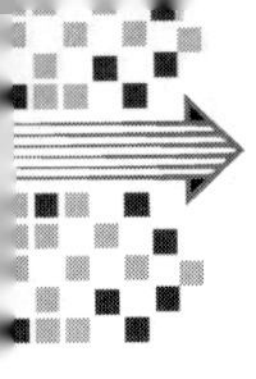

续表

序号	碳金融工具类型	分类	定义
10	碳市场支持工具：为碳资产的开发管理和市场交易等活动提供量化服务、风险管理及产品开发的金融产品	碳指数（carbon index）	反映整体碳市场或某类碳资产的价格变动及走势而编制的统计数据。碳指数既是碳市场重要的观察指标，也是开发指数型碳排放权交易产品的基础，基于碳指数开发的碳基金产品列入碳指数范畴
11		碳保险（carbon insurance）	为降低碳资产开发或交易过程中的违约风险而开发的保险产品。目前主要包括碳交付保险、碳信用价格保险、碳资产融资担保等
12		碳基金（carbon fund）	依法可投资碳资产的各类资产管理产品

11.2.2.2 碳金融产品实施流程

碳金融产品实施主体包括合法持有碳资产且符合相关规定要求的国家行政机关、企业事业单位、社会团体或个人，以及提供碳金融产品服务的金融机构、注册登记机构、交易机构、清算机构等市场参与主体，具体实施流程如表72所示。

表72 碳金融产品实施流程

序号	碳金融工具	实施流程
1	碳资产抵质押融资	①碳资产抵质押贷款申请；②贷款项目评估筛选；③尽职调查；④贷款审批；⑤签订贷款合同；⑥抵质押登记；⑦贷款发放；⑧贷后管理；⑨贷款归还及抵质押物解押
2	碳资产回购	①协议签订；②协议备案；③交易结算；④回购
3	碳资产托管	①申请托管资格；②开设托管账户；③签订托管协议及备案；④缴纳保证；⑤开展托管交易；⑥解冻托管账户；⑦托管资产分配；⑧托管账户处置
4	碳远期	①开立交易和结算账户；②签订交易协议；③协议备案和数据提交；④到期日交割；⑤申请延迟或取消交割
5	碳借贷	①签订碳资产借贷合同；②合同备案；③设立专用科目；④保证金缴纳及碳资产划转；⑤到期日交易申请；⑥返还碳资产和约定收益
6	碳保险	①提出参保申请；②项目审查、核保以及碳资产评估；③签订保险合同；④缴纳保险费；⑤保险承保

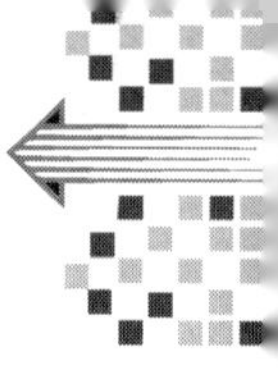

11.2.2.3　碳资产管理系列标准和体系

（1）资产管理系列标准。国际标准化组织资产管理技术委员会（ISO/TC 251）于 2014 年 1 月发布了 ISO 55000 资产管理系列标准：ISO 55000《资产管理　综述、原则和术语》、ISO 55001《资产管理　管理体系　要求》、ISO 55002《资产管理　管理体系　ISO 55001 应用指南》。全国资产管理标准化技术委员会（SAC/TC583）等同采用转化为国家标准 GB/T 33172—2016《资产管理　综述、原则和术语》、GB/T 33173—2016《资产管理　管理体系　要求》、GB/T 33174—2016《资产管理　管理体系　GB/T 33173 应用指南》。

该体系是一整套科学完整的方法论，采用了高层结构，如图 32 所示。其规定了企业在资产管理中应该要做什么，对资产管理提出了要求，企业可以根据自身的实际情况，如自身的行业特点、规模大小、资产特点、长期的经营方针目标、年度的经营指标、优先事项及运营发展的限制性等因素，制定自己的资产管理战略、方针、计划、资产配置方案、资产管理流程等。它强调资产管理战略要基于企业战略，指出资产管理应包含七大要素，即组织环境、领导作用、策划、支持、运行、绩效评价及改进，这 7 个要素相互作用，实现资产全生命周期的闭环管理。

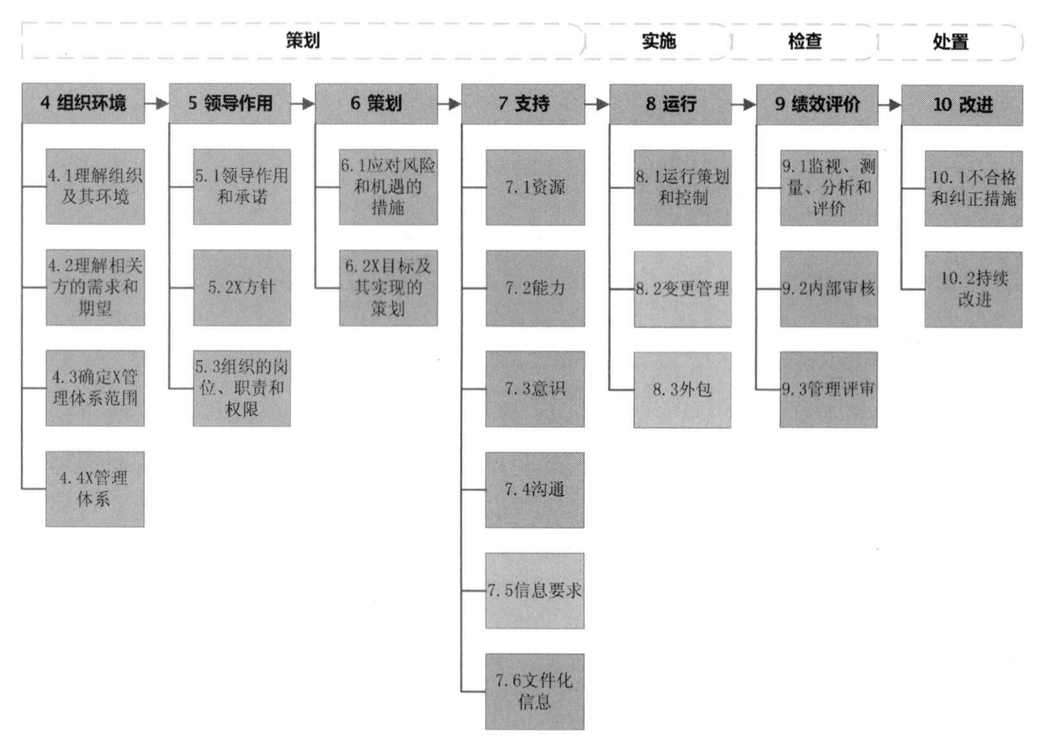

图 32　资产管理体系标准 ISO 55001 结构

除了 ISO 55000 资产管理体系系列标准外，国际标准化组织也发布了 ISO 19770－1：2017《信息技术　信息技术资产管理　第 1 部分：信息技术资产管理系统　要求》（Information technology—IT asset management—Part 1：IT asset management

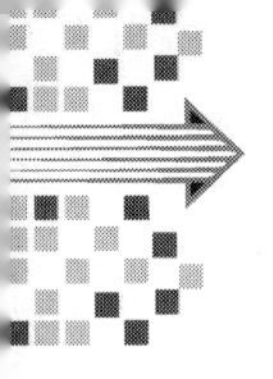

systems—Requirements），该系列标准是 ISO 55000 在特定领域的拓展，针对 IT 资产的特点提出了特定的要求，可以用于管理嵌入式软件或硬件以及 IT 资产相关的数据和信息。

GB/T 40685—2021《信息技术服务　数据资产　管理要求》提出了数字资产管理应满足价值导向、权责明确、治理先行、成本效益、安全合规 5 项管理原则，建立了以组织战略、目标制定、管理域和价值实现为主的数据资产管理框架，如图 33 所示。

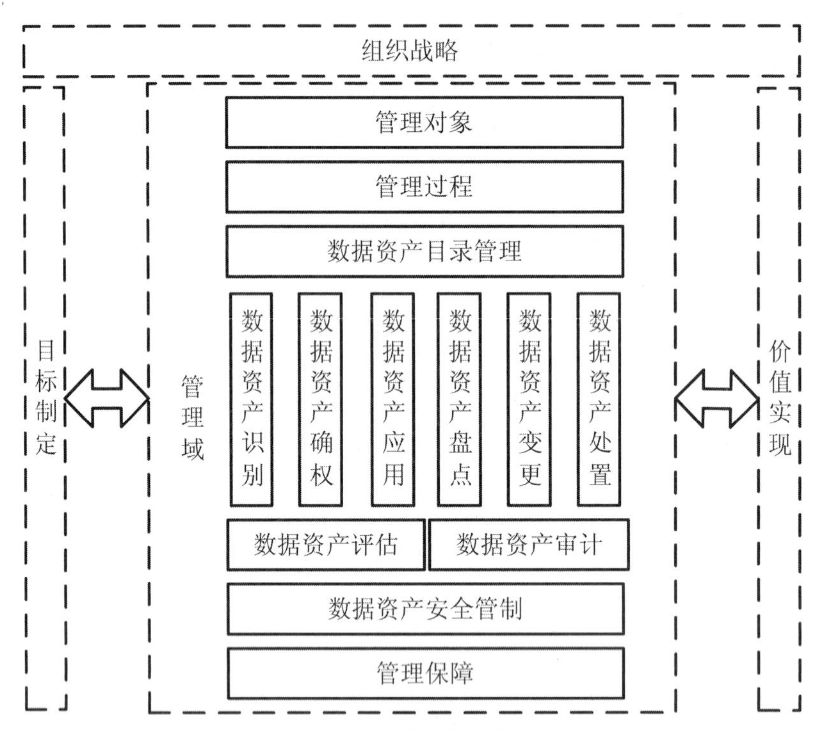

图 33　数据资产管理框架

这一系列标准能够解决有关企业资产名目繁多、管理范围和管理方法确定困难的常见问题；能够解决数据中心 IT 软件及硬件资产管理、监督的新问题；能够协助管理层做出更加科学合理的投资决策；能够解决设备更新换代快、数据无法实现相关部门间实时准确传输的难题；能够减少资产的闲置与浪费，盘活库存，释放现金流，提升资产回报率；能够促进企业内部流程优化，降低资产管理成本，提升管理绩效；能够为资产提供更合理的退出机制，提升资产综合收益，实现股东效益。

在全球数字经济背景下，数字化转型快速发展，数据已成为支撑各类组织经营运转的基础性生产要素和价值源泉，正成为各国在国际环境中的核心竞争力。对数据合理开发利用，在数据流转交易过程中挖掘并释放无形资产价值，促进以数据为关键要素的数字经济发展，将成为全球迈入数字经济时代的标准化研究需解决的要点问题。

（2）碳资产管理体系。依据 ISO 管理体系的管理原则，应用过程方法和 PDCA 循环，基于风险思维，以高层结构为基础，建立碳资产管理体系，基本框架如图 34 所示。

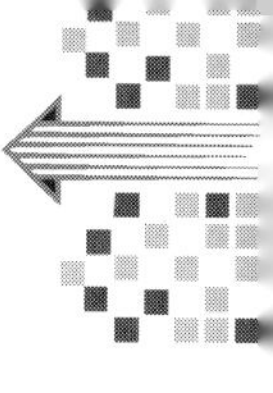

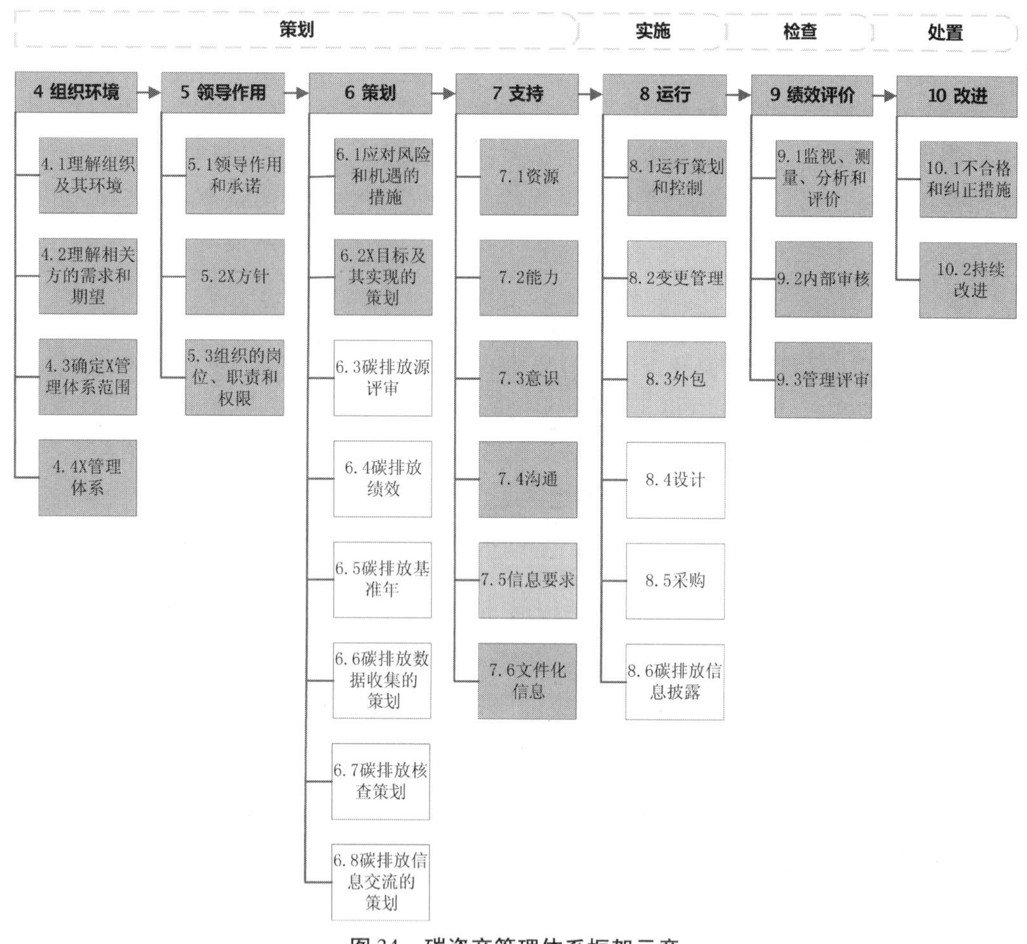

图 34　碳资产管理体系框架示意

11.3　碳排放信息披露

碳排放信息披露属于环境信息披露的范围。在国际上，环境信息披露要求主要集中在上市公司、公共管理和环保领域，也有一些大型企业主动公示环境信息。这些企业主要通过上市公司年报、ESG 报告或可持续发展报告等方式来进行披露。

2022 年 3 月 21 日，美国证券交易委员会（SEC）发布了新的企业气候信息披露提议，拟强制要求上市公司披露气候相关信息。SEC 的提议总体上遵循了气候相关财务信息披露工作组（Task Force on Climate-Related Financial Disclosure，TCFD）的披露框架，认为关于上市公司气候相关信息披露的建议符合投资者和上市公司双方的共同利益。

TCFD 由 G20 辖下的金融稳定委员会于 2015 年成立，旨在落实《巴黎协定》的要求。该工作组的目标是议定一套一致性、自愿性的气候相关财务信息揭露建议，协助投资者了解相关实体的气候风险。

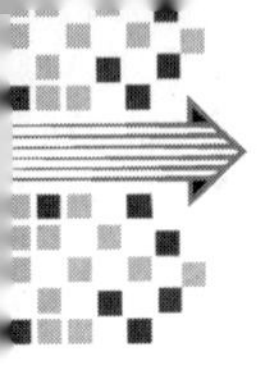

多个重要的资本市场已宣布参照 TCFD 披露框架出台强制的上市公司气候信息披露要求。例如，英国 2020 年宣布要在 2025 年前针对大型企业和金融机构强制实行气候信息披露要求；新加坡交易所在 2021 年 12 月宣布，全部上市公司从 2022 财年起披露气候相关信息，若不披露则应解释（即半强制），之后的两个财年分批对金融、农业等重点行业的上市公司实施强制披露。中国香港的绿色和可持续金融跨机构督导小组在 2020 年 12 月宣布，香港将于 2025 年前在相关行业强制实施 TCFD 披露，为配合这一目标，香港交易所于 2021 年 11 月发布了《气候信息披露指引》，该指引是基于 TCFD 披露建议编写的。

碳信息披露已成国际趋势，披露信息主要涉及：气候相关风险的治理情况和管理流程，说明相关风险如何已经或可能对公司业务及财务产生实质性影响（包括短期、中期和长期影响），说明相关风险如何已经或可能影响公司战略、商业模式及发展远景，说明极端天气事件及其他自然灾害等气候相关事件、转型活动对财务报表、财务报表的估算方法及假设前提的影响。

我国的《环境保护法》从上位法的角度规定了重点排污单位应当向社会公开主要污染物的相关情况。2021 年 12 月 21 日，《企业环境信息依法披露管理办法》（以下简称《管理办法》）公布，将披露主体进行了扩大，包括重点排污单位、实施强制性清洁生产审核的企业、有生态环境违法的上市公司和发债企业，聚焦对生态环境、公众健康和公民利益有重大影响，市场和社会关注度高的企业环境行为。碳排放信息披露也被纳入了环境信息披露范围，披露的主要内容包括企业年度碳排放情况和配额履约情况。

企业环境信息依法披露系统与全国排污许可证管理信息平台等生态环境相关的信息系统互联互通，并加强企业环境信息依法披露系统与信用信息共享平台、金融信用信息基础数据库的对接，推动环境信息跨部门、跨领域、跨地区的互联互通、共享共用。

环境信息体现了企业对环境治理的管理水平和贡献，对内可以促进企业的高质量发展，对外可以彰显企业的社会责任，如有先进做法还可以借机“露一手”，提升企业的品牌形象。

有关企业碳信息交流策划见第 9. 8 节的内容，即依法推动企业强制性披露环境信息。真实、准确、完整的企业碳信息披露不但是企业依法进行强制性碳信息披露的需要，也是推进环境治理体系现代化的基础，是推进生态文明建设的重要基础性工作。

综上所述，碳排放信息披露可以分为强制公开和自愿公开。在碳信息公开的方式上，主要采用自我声明的方法，在指定的网站平台、第三方机构或企业自我网站平台上公开。考虑到碳排放管理体系符合性评价采用了 ISO 9001:2015 提出的 3 种方式，碳排放信息披露借鉴了第二种方式“寻求组织的相关方（如顾客），对其符合性或自我声明进行确认”，以“企业自我声明 + 第三方审核 + 互联网站信息公开 + 社会监督”的方式开展碳排放信息披露，建立制度。

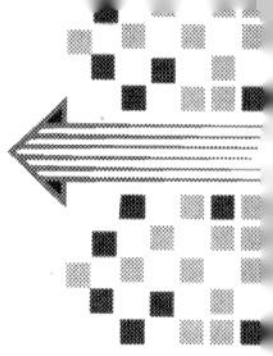

11.4　标准内容

8　运行

8.1　运行策划和控制

组织应通过以下方式策划、实施和控制与主要碳排放源（见6.3）相关的、满足相关要求以及实施6.1、6.2所确定的措施所必需的过程：

（1）建立包括设施、设备、系统和能源使用等过程有效运行和维护的准则。该准则一旦缺失可导致碳排放绩效严重偏离预期。

注：由组织确定严重偏离的准则。

（2）与在组织控制下工作的相关人员沟通（见7.4）准则。

（3）根据准则实施过程的控制，包括根据建立的准则运行和维护设施、设备、系统及过程。

（4）保留必要程度的文件化信息（见7.5），以确信过程已按策划得到实施。

组织应对计划内的变更进行控制，并对非预期变更的后果予以评审，必要时，应采取措施降低任何不利影响。

组织应确保外包的主要碳排放源（见6.3）相关的过程得到控制（见8.3）。

8.2　设计

组织在设计和开发产品或服务时，应：

（1）评价产品或服务预期的碳排放绩效。适用时，采用更高碳排放绩效的产品或服务的设计和开发方式。

（2）满足达到预期的产品或服务的碳排放绩效所需要的资源。

组织在新建和改进设施、设备、系统和过程的设计时，并在对碳排放绩效具有重大影响的情况下，应关注改进碳排放绩效的机会。

组织应保留与碳排放绩效相关的设计活动的文件化信息（见7.5）。

8.3　采购

组织在采购产品、服务和能源时，应：

（1）评价所采购的产品、服务或能源在计划的或预期的使用寿命内的碳排放绩效。适用时，应采购碳排放绩效较高的产品、服务或能源。

（2）关注供应商的碳排放管理，必要时，应评价供应商的碳排放绩效。

（3）制定产品、服务和能源采购准则，并保持和保留文件化信息。

8.4　碳资产管理

适用时，组织应采取适宜的方式进行碳资产管理。应考虑：

（1）自身的减排成本。

（2）基于自身减排成本考虑的技术改进、管理提升等相关因素。

（3）碳资产的市场价格。

（4）选择合适的金融工具。

（5）碳资产的财务处理方式。

（6）当组织涉及履约时，应建立碳排放权履约管理程序，规定如下内容：

—— 履约管理部门；

—— 履约方式，当采用碳交易方式履约时应关注履约成本和履约时机的选择；

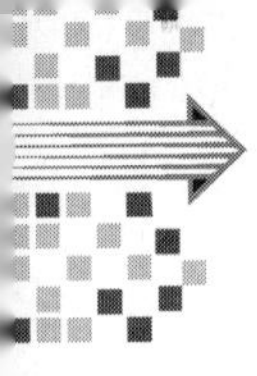

续

——必要时，碳排放单位可委托第三方碳资产管理机构实施碳资产管理。

组织应确保碳资产管理所需要的资源。

8.5　碳排放信息披露

组织应进行碳排放信息披露活动，以履行组织社会责任，提高社会影响力。组织应：

(1) 建立以“企业自我声明＋第三方审核＋互联网站信息公开＋社会监督”方式开展碳排放信息披露的制度；

(2) 保持和保留文件化信息

12 绩效评价和改进

12.1 概况

12.1.1 绩效评价

在管理体系的 PDCA 循环中（如图 10 所示），绩效评价属于 C 的环节。在管理体系的建立、实施、保持和持续改进中，绩效评价属于持续改进环节。

在高层结构中，绩效评价条款由 9.1 监视、测量、分析和评价，9.2 内部审核，9.3 管理评审 3 个二级条款组成。

ISO 9001:2015 设置了三级条款，增加了：9.1.2 顾客满意，9.1.3 分析与评价。在 9.2 内部审核条款中增加了“确保相关管理部门获得审核结果报告”，在 9.3 管理评审条款中增加了“顾客满意和相关方的反馈”“质量目标的实现程度”“过程绩效及产品和服务的符合性”“外部供方的绩效”和“应对风险和机遇所采取措施的有效性”。

ISO 14001:2015 设置了三级条款，增加了 9.1.2 合规性评价。在 9.1 监视、测量、分析和评价条款中增加了“采用适当的指标评价其环境绩效的准则”“适当时，组织应确保所使用的监视和测量设备经过校准或验证，并予以妥善维护”“组织应与内部和外部沟通有关环境绩效的信息，例如其沟通过程所确认的和其合规性义务所要求的”。在 9.2 内部审核条款中增加了“确保向相关管理者报告审核结果”。在 9.3 管理评审条款中增加了“相关方需求与期望，包括合规义务”“其重要环境因素”“应对风险和机遇所采取措施的有效性”“环境目标的实现程度”“其合规义务的履行情况”“资源的充分性”和“来自相关方的有关信息交流，包括抱怨”。

ISO 50001:2018 设置了三级条款，增加了 9.1.2 与法律法规及其他要求合规性的评价。在 9.1 监视、测量、分析和评价条款中增加了“组织应通过能源绩效参数值与相应的能源基准对比评价能源绩效的改进”和“组织应对能源绩效的严重偏离进行响应。组织应保留这些调查和响应结果的文件化信息”。在 9.2 内部审核条款中增加了“是否改进能源绩效”“组织制定的能源方针、目标和能源指标”“确保向相关管理者报告审核结果”。在 9.3 管理评审条款中增加了“法律法规及其他要求的合规性评价结果”和“能源方针”；增加了“9.3.3 作为管理评审输入的能源绩效信息，应包括：①目标和能源指标的实现程度；②基于监视和测量结果（包括能源绩效参数）的能源绩效和能源绩效改进；③措施计划的状况”；增加了“9.3.4 管理评审的输出应包括与持续改进机会相关的决策，以及与能源管理体系变更的任何需求相关的决策，具体包括：①改进能源绩效的机会；②能源方针；③能源绩效参数或能源基准；④目标、能源指标、措施计划或能源管理体系的其他要素，及其未实现时将采取的措施；⑤改进融入业务过程的机会；⑥资源分配；⑦能力、意识和沟通的改进”。

T/GDES 2030—2021 设置了三级条款，增加了 9.1.2 与法律法规及其他要求合规性的评价。在 9.1 监视、测量、分析和评价条款中增加了“组织应通过碳排放绩效参数值与相应的基准年对比评价碳排放绩效的改进”。在 9.2 内部审核条款中增加了“确保向相关管理者报告审核结果”。在 9.3 管理评审条款中增加了“法律法规及其他要求的合规性评价结果”和“碳排放方针”；增加了“9.3.3 作为管理评审输入的碳排放绩效信息，应包括：①目标和碳排放指标的实现程度；②基于监视和测量结果（包括碳排放绩效参数）的碳排放绩效及其改进；③措施计划的状况”；增加了“9.3.4 管理评审的输出应包括与持续改进机会相关的决策，以及与碳排放管理体系变更的任何需求相关的决策，具体包括：①改进碳排放绩效的机会；② 碳排放方针；③ 碳排放绩效参数或基准年；④ 目标、碳排放指标、措施计划或碳排放管理体系的其他要素，及其未实现时将采取的措施；⑤ 改进融入业务过程的机会；⑥ 资源的需求；⑦ 能力、意识和沟通的改进”。

综上所述，ISO 9001:2015 提出了顾客满意的绩效评价。ISO 14001:2015、ISO 50001:2015 和 T/GDES 2030—2021 增加了合规性评价。在管理评审方面，ISO 50001:2015 和 T/GDES 2030—2021 增加了作为管理评审输入信息的要求。绩效评价的条款对照如表 73 所示。

表 73　各管理体系在绩效评价的条款对照

条款	高层结构	ISO 9001:2015	ISO 14001:2015	ISO 50001:2018	T/GDES 2030—2021
9.1 监视、测量、分析和评价	√	√	√	√	√
采用适当的指标评价其环境绩效的准则	—	—	√	—	—
适当时，组织应确保所使用的监视和测量设备经过校准或验证，并予以妥善维护	—	—	√	—	—
组织应与内部和外部沟通有关环境绩效的信息，例如其沟通过程所确认的和其合规性义务所要求的	—	—	√	—	—
组织应通过能源绩效参数值与相应的能源基准对比评价能源绩效的改进	—	—	—	√	—
组织应通过碳排放绩效参数值与相应的基准年对比评价碳排放绩效的改进	—	—	—	—	√
组织应对能源绩效的严重偏离进行响应。组织应保留这些调查和响应结果的文件化信息	—	—	—	√	—

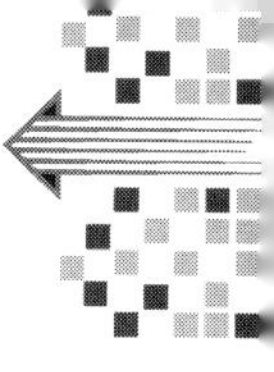

续表

条款	高层结构	ISO 9001：2015	ISO 14001：2015	ISO 50001：2018	T/GDES 2030—2021
9.1.2 顾客满意	—	√	—	—	—
9.1.2 合规性评价	—	—	√	—	—
9.1.2 与法律法规及其他要求合规性的评价	—	—	—	√	√
9.1.3 分析与评价	—	√	—	—	—
9.2 内部审核	√	√	√	√	√
确保相关管理部门获得审核结果报告	—	√	—	—	—
确保向相关管理者报告审核结果	—	—	√	√	√
是否改进能源绩效	—	—	—	√	—
组织制定的能源方针、目标和能源指标	—	—	—	√	—
9.3 管理评审	√	√	√	√	√
顾客满意和相关方的反馈	—	√	—	—	—
相关方需求与期望，包括合规义务	—	—	√	—	—
目标的实现程度	—	√	√	—	—
其重要环境因素	—	—	√	—	—
过程绩效及产品和服务的符合性	—	√	—	—	—
其合规义务的履行情况	—	—	√	—	—
外部供方的绩效	—	√	—	—	—
应对风险和机遇所采取措施的有效性	—	√	√	—	—
来自相关方的有关信息交流，包括抱怨	—	—	√	—	—
资源的充分性	—	—	√	—	—
法律法规及其他要求的合规性评价结果	—	—	—	√	√
能源方针	—	—	—	√	—
碳排放方针	—	—	—	—	√
作为管理评审输入的信息	—	—	—	√	√

12.1.2　改进

在管理体系的 PDCA 循环中（如图 10 所示），改进属于 A 的环节。在管理体系的建立、实施、保持和持续改进中，改进属于持续改进环节。

在高层结构中，改进条款由 10.1 不合格和纠正措施，10.2 持续改进两个二级条款组成。

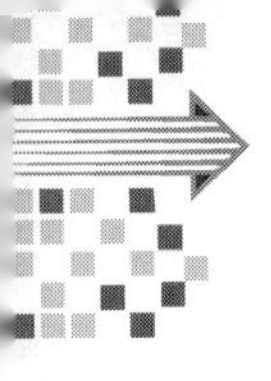

ISO 9001:2015 设置了三级条款，增加了 10.1 总则“组织应确定和选择改进机会，并采取必要措施，满足顾客要求和增强顾客满意”。在 10.2 不合格和纠正措施条款中增加了“需要时，更新策划期间确定的风险和机遇”，在 10.3 持续改进条款中增加了“组织应考虑管理评审的分析、评价结果及管理评审的输出，确定是否有持续改进的需求或机会”。

ISO 14001:2015 增加了 10.1 总则“组织应确定改进机会，并实施必要的措施以实现其环境管理体系的预期结果”。ISO 50001:2015 和 T/GDES 2030—2021 同高层结构一致。

12.2 标准内容

9 绩效评价
9.1 监视、测量、分析和评价 碳排放绩效和碳排放管理体系的监视、测量、分析和评价。 9.1.1 总则 组织应针对碳排放绩效和碳排放管理体系确定： 1）需要监视和测量的内容，至少应包括以下关键特性： （1）实现目标和碳排放指标的措施计划的有效性； （2）碳排放绩效参数； （3）主要碳排放源的运行； （4）实际碳排放与预期碳排放的对比。 2）适用的监视、测量、分析和评价的方法，以确保有效的结果。 3）何时应进行监视和测量。 4）何时应分析、评价监视和测量的结果。 组织应对其碳排放绩效和碳排放管理体系的有效性进行评价（见 6.6、9.2、9.3）。 组织应通过碳排放绩效参数值（见 6.3）与相应的基准年（见 6.4）对比评价碳排放绩效的改进。 组织应对碳排放绩效的严重偏离进行调查和响应。组织应保留这些调查和响应结果的文件化信息（见 7.5）。 组织应保留适当的有关监视和测量结果的文件化信息（见 7.5）。 9.1.2 与法律法规及其他要求合规性的评价 组织应按策划的时间间隔，评价与其碳排放绩效和碳排放管理体系相关的法律法规及其他要求（见 4.2）的合规性。组织应保留合规性评价的结果和所采取任何措施的文件化信息（见 7.5）。 9.2 内部审核 9.2.1 组织应按策划的时间间隔对碳排放管理体系实施内部审核，以提供碳排放管理体系下列信息： （1）是否改进碳排放绩效。 （2）是否符合： —— 组织自身对碳排放管理体系的要求；

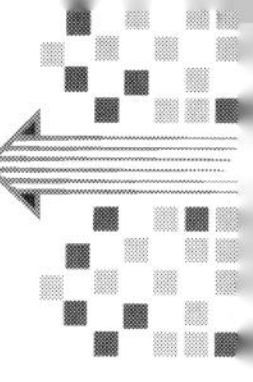

续

——组织制定的碳排放方针（见 5.2）、目标和碳排放指标（见 6.2）；

——本文件的要求。

（3）是否得到了有效实施和保持。

9.2.2　组织应：

（1）策划、建立、实施和保持一个或多个审核方案，包括频次、方法、职责、策划要求和报告。该审核方案必须考虑到相关过程的重要性和以往审核的结果。

（2）确定每次审核的审核准则和范围。

（3）选择审核员并实施审核，确保审核过程的客观性和公正性。

（4）确保向相关管理者报告审核结果。

（5）根据 10.1 和 10.2，采取适当的措施。

（6）保留文件化信息（见 7.5），作为实施审核方案以及审核结果的证据。

9.3　管理评审

9.3.1　最高管理者应按照计划的时间间隔对组织的碳排放管理体系进行评审，以确保其持续的适宜性、充分性和有效性，并与组织的战略方向保持一致。

9.3.2　管理评审应包括对下列事项的考虑：

1）以往管理评审所采取措施的状况。

2）与碳排放管理体系相关的外部和内部因素，以及相关的风险和机遇的变化。

3）碳排放管理体系绩效方面的信息，包括以下方面：

（1）不符合和纠正措施；

（2）监视和测量结果；

（3）审核结果；

（4）法律法规及其他要求的合规性评价结果。

4）持续改进的机会，包括人员能力。

5）碳排放方针。

9.3.3　作为管理评审输入的碳排放绩效信息应包括：

（1）目标和碳排放指标的实现程度。

（2）基于监视和测量结果（包括碳排放绩效参数）的碳排放绩效及其改进。

（3）措施计划的状况。

9.3.4　管理评审的输出应包括与持续改进机会相关的决策，以及与碳排放管理体系变更的任何需求相关的决策，具体包括：

（1）改进碳排放绩效的机会。

（2）碳排放方针。

（3）碳排放绩效参数或基准年。

（4）目标、碳排放指标、措施计划或碳排放管理体系的其他要素，及其未实现时将采取的措施。

（5）改进融入业务过程的机会。

（6）资源的需求。

（7）能力、意识和沟通的改进。

组织应保留文件化信息，作为管理评审结果的证据。

10　改进

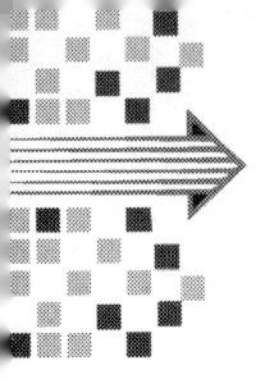

续

10.1　不符合和纠正措施

发现不符合时，组织应：

1）对不符合做出响应，适用时：

（1）采取措施控制并纠正不符合；

（2）处理后果。

2）通过以下活动评价消除不符合原因的措施需求，以防止不符合再次发生或在其他地方发生：

（1）评审不符合；

（2）确定不符合的原因；

（3）确定是否存在或可能发生类似的不符合。

3）实施任何所需的措施。

4）评审所采取的任何纠正措施的有效性。

5）必要时，对碳排放管理体系进行变更，纠正措施应与所发生的不符合的影响相适应。组织应保留以下文件化信息：

——不符合的性质和所采取的任何后续措施；

——任何纠正措施的结果。

10.2　持续改进

组织应持续改进碳排放管理体系的适宜性、充分性和有效性。组织应证实碳排放绩效的持续改进

第三编

应用：体系整合和统一模型

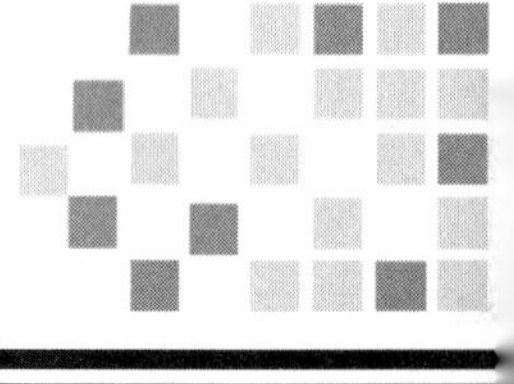

13 体系整合

13.1 体系化思维

13.1.1 思维模式

思维是人脑通过对外部世界所能感知的信息的收集和汇总，借助于语言逻辑对客观事物的概括和间接的反应，涉及所有的认知或智力活动。它能够不断地探索与发现事物的内在本质联系和规律性，是认识过程的高级阶段。所以，思维以感知为基础但又超越感知的界限。

思维是人类所具有的高级认识活动，对思维进行分类可以有多种方式，包括形式上分类、目的上分类和智力上分类。在形式上，分为形象思维（imaginal thinking）和逻辑思维（logical thinking）；在目的上，分为上升性思维（ascending thinking）、求解性思维（solving thinking）和决断性思维（decisive thinking）；在智力上，分为再现思维（reproduction thinking）和创造思维（creative thinking）。常用的思维模式如表 74 所示。

表 74　常见的 13 类思维模式

序号	分类
1	逻辑思维（logical thinking）、辩证思维（dialectical thinking）、战略思维（strategy thinking）
2	线性思维（linear thinking）、非线性思维（non-linear thinking）
3	发散思维（divergent thinking）、收敛思维（convergent thinking）
4	纵向思维（vertical thinking）、侧向思维（sideway thinking）
5	正向思维（forward thinking，positive thinking）、逆向思维（reverse thinking，backward thinking）
6	对称思维（symmetry thinking）、非对称思维（non-symmetry thinking）
7	静态思维（static thinking）、动态思维（motional thinking）
8	平面思维（graphic thinking，plane thinking）、立体思维（dimensional thinking）
9	惯性思维（inertial thinking，conventional thinking，habitual thinking）、创造性思维（creative thinking，originality thinking）
10	分解思维（decomposed thinking，separate thinking）、组合思维（combinatorial thinking）
11	整体模糊思维（holistic mistiness thinking）、精确分析思维（rigorous analysis thinking）

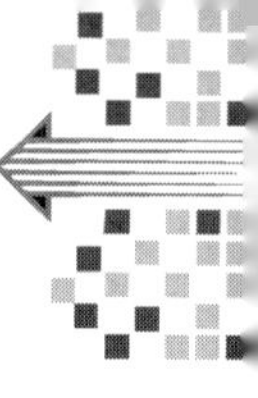

续表

序号	分类
12	感性思维（affective thinking）、理性思维（rational thinking）
13	向内保守思维（inside conservative thinking）、向外开放思维（outside opening thinking）

思维能力反映的是人们对客观事物的把控能力，如果从问题把控上升到全局把控的层面，则往往需要一个团队或更大的群体，同时还需要运用更多的理论、方法、工具来实现。

在组织的管理中，思维的效果将会有不同的表现形式，有时是发展中的推动力，有时也可能会成为发展中的阻力。要想快速提升思维能力，提高布局水平，还需要充分了解和应用各种效应理论，如表 75 所示。

其中，比较有代表性的有基于不确定的偶然因素进行研究的“蝴蝶效应”，对于组织的经营发展来说，“蝴蝶效应”可警醒组织防微杜渐，以便更好地避免或降低风险和有效地抓住机遇；合理运用“鲶鱼效应”有助于建立一支战斗力持续提升的“狼性团队”，激发团队活力和提升团队战斗力；合理运用阐述社会心理学的“马太效应”有助于组织在实现快速成功的过程中学会如何屏蔽对手。

表 75　代表性的效应理论

序号	名称	定义	说明
1	蝴蝶效应	是指由于蝴蝶扇动翅膀的运动产生微弱的气流，进而引起四周空气或其他系统产生相应的变化，由此引发连锁反应，最终导致其他系统的极大变化	按照“蝴蝶效应”，如果对微小的初始条件（即危险）关注不够，在后续过程中经过不断放大，若又未进行及时控制，一旦进入“雪崩”的失控状态，将会对整个组织或社会造成极其巨大的影响。基于风险识别及其控制要求，越早对于危险进行识别和有效控制，所投入的资源就越少，组织承担的风险就越小，甚至可以将危险转化为机遇
2	破窗效应	是指一个人砸碎了玻璃窗，这一行为虽然对社会造成了破坏，但却为玻璃生产商创造了商机，玻璃生产商拿到钱后就可以去购买其他产品。这个人给社会造成的损害只是一次性的，可是给社会带来的机会却是连锁性的，得大于失	破窗效应的思路就是从小事抓起，正如“一屋不扫，何以扫天下”，人们只有把小事都解决好，才能做好大事

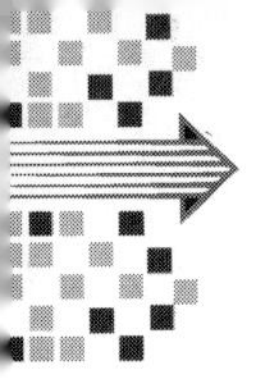

续表

序号	名称	定义	说明
3	青蛙效应	是指如果把一只青蛙放进沸水中，它会立即跳出来；如果把一只青蛙放进温水中，它会感到舒服，然后慢慢升温，直至把它煮熟，青蛙也不会跳出来	“青蛙效应”告诉我们一个道理：“生于忧患，死于安乐。”当今的社会，处在一个知识爆炸、技术高速发展的时代，知识也需要不断更新，所以我们不要一味地安于现状、不思进取，否则当危机到来时就像那只青蛙一样只能坐以待毙，或者被时代所淘汰
4	配套效应	是指人们在拥有了一件新的物品后，会不断更新现有物品与其相适应，以满足心理上的配套需求。之所以很多人沉迷于网络游戏，正是因为游戏公司充分利用了人们所具有的配套效应	配套效应的启示是：人们应正确地控制自己的欲望，尽量不要非必需的东西
5	木桶效应	每个组织就好比不同的木桶，但木桶的形状和大小各异，直径的大小决定了组织储水的多少。在周长相同的条件下，圆柱形木桶是所有形状的木桶中储水量最多的	如果一个水桶的底面积不够大，就意味着这个平台不足以让其员工充分地发展，就会束缚员工的手脚；当桶底足够大时，员工们就可以持续地发展和更好地发挥自己的特长。所以组织必须给员工搭建一个大的桶底，一个大的平台，才会让员工不断地成长，才会有更多发展的机会
6	从众效应	是指当个体受到群体的影响时，不自觉地以多数人的意见为准则，很容易会改变自己的观点、判断和行为	在生活中，我们要扬积极的“从众”，避消极的“从众”，努力培养和提高自己独立思考和明辨是非的能力
7	过度理由效应	是指每个人都努力使自己的行为更合理，因而总是为行为的合理性寻找原因，如果外部原因足以对行为做出解释时，人们一般就不再去寻找内部的原因了	在工作和生活中，过度理由效应是常见病和多发病的主要原因，也是改进活动中的主要阻力

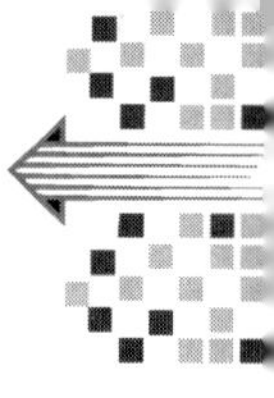

续表

序号	名称	定义	说明
8	鲶鱼效应	是指为保证沙丁鱼在离开大海后不会逐渐死去，渔民将沙丁鱼的天敌鲶鱼放进鱼槽，为了躲避天敌的吞食，沙丁鱼会自然地加速游动，从而保持了旺盛的生命力	在组织的管理中也是如此，对于那些已经变得懒散的老员工，由于“鲶鱼”的进入，他们迫于对自己能力的证明和对尊严的追求，不得不再次努力工作，以免被新来的队员在业绩上超越；而对于那些在能力上相对较弱的员工来说，由于“鲶鱼”的进入，将使他们面临更大的压力，稍有不慎就有可能被清出团队，为此不得不比其他人更用功、更努力。 在团队管理中，如果将“鲶鱼效应”再做更进一步的演绎，队员们就好比是“沙丁鱼”，如何将每一条“沙丁鱼”都训练成别人眼中的“鲶鱼”，队员之间既可以相互学习又可以相互促进，从而极大增强团队的造血功能，这也是每一位管理者都需要努力思考的课题
9	近因效应	是指当人们经历了一系列事物以后，对后面事物的记忆效果要优于前面的现象	在日常的工作和生活中，最近、最新的认识总是占据主体地位的
10	晕轮效应	晕轮效应与人们的知觉整体性有关，是指人们对人和事物的认知、判断往往只从局部出发，即倾向于把具有不同属性、不同部分的对象知觉作为一个统一的整体，然后通过扩散而得出整体印象，即常常以偏概全	晕轮效应现在已经被越来越多地应用在组织管理上，该效应对组织管理的负面影响主要体现在各种组织决策和人员任用上
11	锚定效应	是指人们在做出判断时，容易受第一印象的支配，就像沉入海底的锚一样把人们的思想固定在某处	锚定是指人们在评估时，习惯于依赖以往的经验，同时也容易受到他人经验的影响
12	马太效应	是指“凡是少的，就连他所有的，也要夺过来。凡是多的，还要给他，叫他多多益善”。这就是“马太效应”	反映当今社会中存在的一个普遍现象，即贫者越贫，富者越富，赢家通吃。对于组织经营发展而言，马太效应是指“游戏规则”往往都是赢家所制定的
13	美人效应	美人效应来源于一个罗马故事，其作用在于挖掘潜在消费和增加顾客满意度，增强餐厅的竞争优势，从而留住客人	在各行各业有很多类似的做法：餐饮业的迎宾小姐、服务员大多都是年轻漂亮的女性，车展现场的车模、空中小姐更是如此。其主要目的有以下两点：挖掘潜在的消费，增加销售额；增加顾客满意度，增强竞争优势，留住顾客

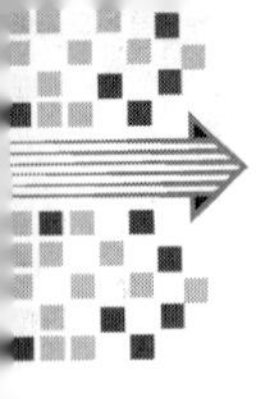

13.1.2 布局思维

布局就是对事物的全面规划和安排，而布局的过程就是逆推、分解的过程，所以布局的关键就是要以终为始、反向推演并正向制订方案。

要想实现高水平的布局，首先要加强对布局思维能力的培养。布局思维是指从有局开始到布局执行完毕、贯穿于布局整个过程所采用的全面的、综合的、系统的思维方式，布局思维的能力决定了所布局的层次。

布局的核心思维主要有以下特点：①布局是一种能力，需要通过持续的锻炼方能提高；②作为布局者，一定要有一个宏大的格局，一定要努力增加自己的阅历和见识，一定要懂得学习、懂得强化自己的大脑、懂得为自己积累资源，一定要养成独立思考的能力和深度思考的习惯；③布局策划的时候，一定要顺应一个人正常的逻辑思维方式，避免或减少相关参与人员的反感、抵触、排斥情绪；④布局必须懂得逆推思维，以始为终；⑤任何一个布局的背后，目的都是第一位的，目的是最根本的驱动力；⑥布局的目的不能仅限于布局者自己，还要为这个局中的所有参与者设计相应的目的，确保每个参与者的驱动力；⑦确定目标后，将目标逐步分解以便于实现，当不能直接达到目标的时候，可以采用间接推进、分步实施或声东击西等方式；⑧布局要学会借势，要做到顺势而动，不要逆势而为；⑨布局是一个反复推演、反复调整优化的过程。

13.1.3 体系化思维

如何应用已知的各种思维模式与效应理论，结合不同领域的实际需要，形成一套全面的、综合的布局思维体系，指导各类组织做好顶层设计、统筹规划、整体布局和具体执行，是摆在我们面前的一项现实课题。

体系是一个科学术语，泛指一定范围内或同类事物按照一定的秩序和联系组合起来的一个整体。往大里说，宇宙是一个体系，各个星系是一个体系；接下来，社会是一个体系，人文是一个体系，宗教是一个体系，甚至每一门学科及其包含的各分支均是一个体系。往小里说，一人、一草、一字、一微尘，也是一个体系。大体系里含有无穷无尽的小体系，小体系里含有无尽无量的、可以无穷深入的更小的体系。从组织的可操作的层面来讲，“体系”包括“机制”和“体制”两方面的含义，如表76所示。

按照《辞海》的解释，“体制”是指国家机关、组织和事业单位在机构设置、领导隶属关系和管理权限划分等方面的体系、制度、方法、形式等的总称。“体制”通常指体制制度，是制度形之于外的具体表现和实施形式，是管理政治、经济、文化等社会生活各个方面事务的规范体系，例如经济体制、军事体制、教育体制、科技体制等。制度决定体制内容并由体制表现出来，体制的形成和发展受制于制度，但又对制度的实施和完善具有重要作用。

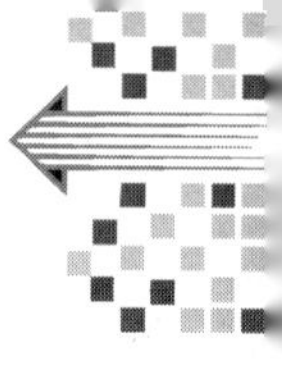

“机制”原指机器的构造和运作原理，借指事物的内在工作方式，包括有关机构组成部分的相互关系以及各种变化的相互联系。“机制”通常指使制度发挥功能的实践，机制是从属于制度的。机制通过制度系统的内部组成要素按照一定方式的相互作用实现其特定的功能。机制的运行规则都是人为设定的，具有强烈的社会性，如竞争机制、市场机制、激励机制等。机制的建立离不开制度与体制，同时又有助于制度与体制的运行和实现。

表 76　机制与体制的区别

项目	机制	体制
针对内容	对“事”而言，指做事的方法，即如何能够将“事”做得多、快、好、省	对“人”而言，就是如何能够将“人”的效益发挥到最大
程度阶段	（1）“做完”是指是否能够在规定的时间内完成相应的工作。 （2）“做好”是指不仅要把事情做完，还要满足或超过规定的要求才行。 （3）“做对”是指对事情的结果进行评价时不能基于事情本身，而是应将做完事情的结果与组织的战略方针和目标指标进行对照和评价，如果结果与组织的战略方针和目标指标保持一致或优于，方可称为做对，否则不能。 （4）“做快”是指在单位时间内，在使用相同或更少的资源情况下，取得更大的效益，即高质量下的高效率	（1）“选好人”是指如何选择工作或岗位所需的适合的人才。 （2）“用好人”是指正确识别组织中每一个人的优点和长处，也包括其缺点和不足之处，因材施用。 （3）“育好人”是指为实现组织的可持续发展，通过建立适宜和有效的培训方法，以实现组织人员能力得到需要的、可持续的提升，其中培训包括培养、训练和能力评价。 （4）“留好人”对于岗位而言，是指将适合的人留在适合的岗位；对于组织，是指留住有益于组织发展的人

体系化是指在促进事物成为体系的过程中，使局部之间相互协调、相互促进、相互补充、相互强化，最终形成具有强大的组织力、凝聚力、抗风险能力且可以持续成长、持续改进的体系的系统管理方法。在组织的经营发展过程中，强调以体系化管理为核心。

体系化思维（systematism thinking）模式，是在逻辑思维、辩证思维、战略思维以及多种思维模式和效应理论的基础上，站在体系的全局或更高的角度，坚持以体系整体持续改进为目的，进行顶层设计（即战略、方针、目标的确定阶段）、统筹规划（即过程识别、关系梳理、资源调配阶段）、整体布局（即目标分解、资源再分配、实施方案、过程方法运用阶段）、具体执行（即执行、验证、反馈，并进行持续改进阶段）等活动，以有效推进组织各项管理活动的一种思想。

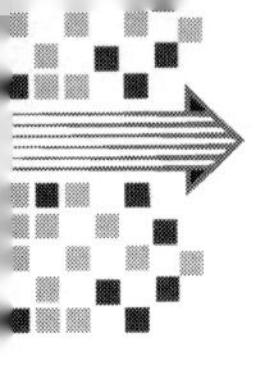

13.2 需求分析

13.2.1 一体化管理体系概念

一个组织存在，就必然具备一组相互关联或相互作用的“要素”，这些“要素”包含诸如组织机构、人员配置、赋予的职能以及为行使职能所必需的工作程序、设施和其他资源，由此形成了“体系”。而进行策划、建立方针、确立目标并实现这些目标的体系，称之为“管理体系”，如图35所示。在这里，组织结构不仅指机构，还包括职责、权限及相互关系。而“程序”是指为进行某项活动或过程所规定的途径。“过程”是一组将输入转化为输出的相互关联或相互作用的活动。“资源”可包括人员、设备、设施、资金、技术和方法。

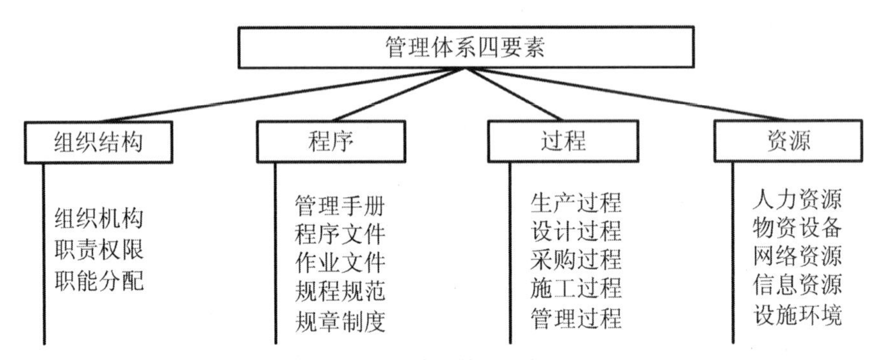

图35 管理体系图解

企业的经营管理活动涉及方方面面，它包括质量管理、环境管理、职业健康安全管理、能源管理、碳排放管理、风险管理、信息管理、人力资源管理、财务管理、资产管理、党群管理、行政管理等。这些不同类型的管理为了完成各自的任务，都有自己的目标，都需要建立各自的体系，即“分体系”。这些分体系之间，无论是组织结构、职责分配还是资源配置，客观上都会发生交叉、重叠、脱节等不协调现象，影响工作效率，影响管理水平的提高。

如果一个企业一次次地进行不同体系的策划、运行、审核、改进和认证等活动，就会带来许多重复性的工作，造成资源浪费、经济效益不佳，实际效果也不一定理想。上述情况促使人们考虑管理体系一体化的问题，就是把分散的、多头的管理变为集中的、系统的管理。

系统管理就是对于系统内的组织结构、程序、过程和资源各要素之间的相互关系以整体为主，进行协调、有序的管理，局部服从整体，达到整体效果最优。系统具有集合性、层次性和相关性特征。任何管理都是对系统的管理。

例如，应用较为广泛的ISO 9001与ISO 14001整合、ISO 14001与ISO 45001整合，或者ISO 9001与ISO 14001、ISO 45001三者整合成为质量、环境、职业健康安全一体化管理体系。这样的体系不是多个管理体系的简单叠加，而是按照系统化的原

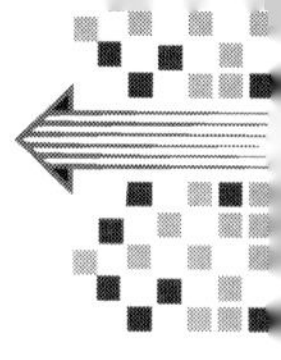

则形成统一且又相互协调、相互兼容、相互补充的有机整体。也就是说，一体化管理体系就是组织将两个或两个以上的管理体系有机地整合成为一个管理体系运行。

“一体化管理体系”（又称整合型管理体系，integrated management system，IMS）定义为：“组织为实施质量、环境、职业健康安全、能源、碳排放等方面管理所需的组织结构、程序、过程和资源，经过有机的整合，形成共有要素的单一管理体系。”

质量和环境管理体系经过一段时间的运行以后，取得经验，巩固已有的成果，再将能源、碳排放、风险、信息、财务、资产等其他管理以及党群管理等均按质量和环境管理体系的运行模式，结合自身特点进行规范化、系统化、文件化。

“全面一体化管理体系”（total integrated management system，TIMS）定义为：“为实施全面一体化管理所需的组织结构、程序、过程和资源构成的有机整体。”这是我们的最终目标。

全面一体化管理体系是基于系统论、控制论、信息论的基本思想，采用先进的管理技术，如目标管理、过程方法、系统的管理方法、标准化管理方法、优化技术、信息技术等。它的优势在于能合理配置资源，优化过程，协调目标，规范管理，讲究效率，具有远见，追求系统整体的有效性，以实现组织总的方针目标，如图36所示。

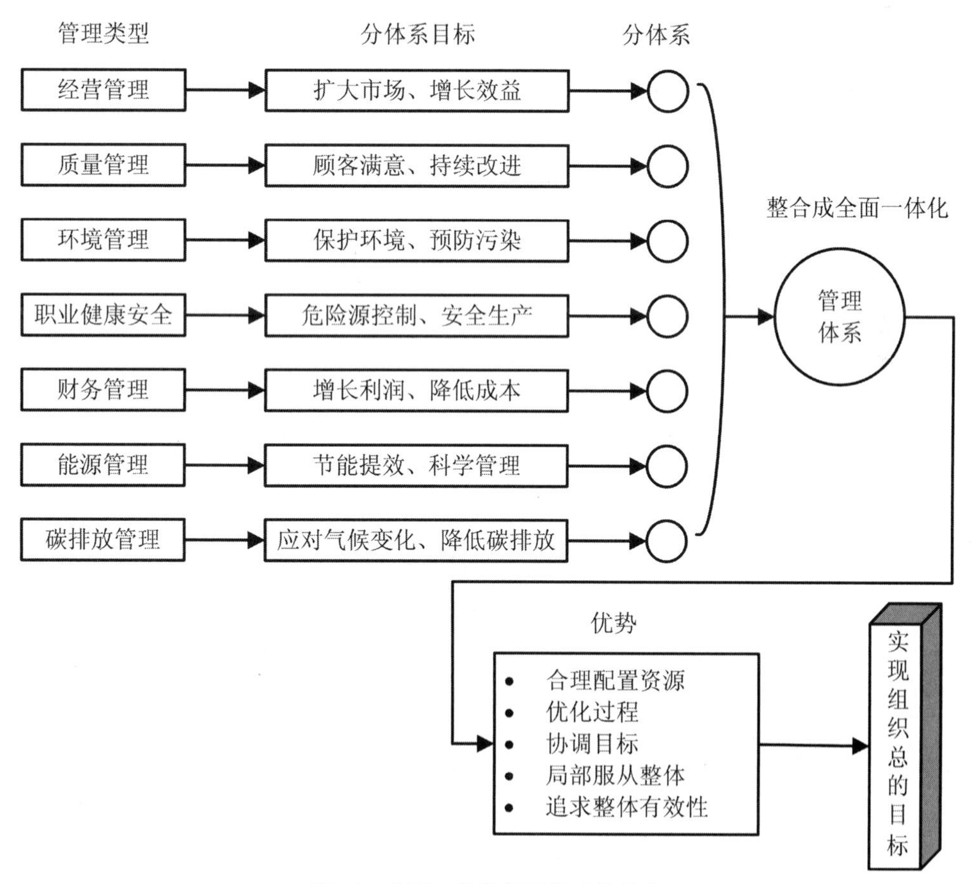

图36　全面一体化管理体系的特点

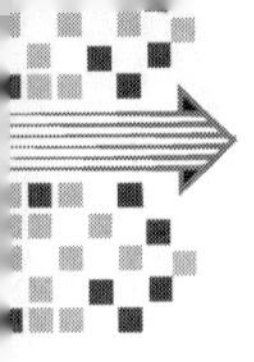

13.2.2 存在的问题

（1）在体系标准方面，对管理体系标准内涵理解不到位，管理体系标准的转化不够自然，过于讲求形式；标准浮于纸上，挂在墙上，说在嘴上，执行力不足；管理体系文件化、与实际生产经营管理脱节，事故时有发生，暴露管理尚存在灰色地带、管理盲区、生产痛点。

（2）在整体协同方面，各管理体系构建相对独立，体系间发展又相对不均衡，造成管理体系复杂多样。且各管理体系多聚焦于单一目标，目标分解以纵向为主，缺少横向协同和资源配置，表现为管理体系全局性、系统性不足，难以发挥系统化管理优势和整体效能。

（3）在组织结构方面，不同管理体系可能由不同的领导和部门组织实施、不同的机构协助建立，造成融合性不足，使得企业经营活动中的制度、资源、人员、动作等要素产生冗余或不协调，甚至产生很多矛盾和问题，这样多体系整合就成为企业面临的一项重要工作。

（4）在运行改进方面，各体系管理文件修订不同步，造成相同要素或过程在不同体系中要求程度不一致，增加了执行的复杂度。同时，各体系都有一套完整记录表单和检查审核方法，造成记录表单重叠交叉，加重了执行层面的工作量和管理负担。各管理体系间存在交叉重叠，造成管理的重复和浪费，在运行过程中表现为有效性不足。典型表现如表 77 所示。

表 77　企业管理体系运行过程中表现出的难题

序号	行动	表现	对策
1	公司高举质量大旗	体系管理仍是两张皮	战略导向：管理方针对接战略
2	高层大会小会强调	各部门仍然重视不够	目标管理：目标指标分解，目标考核落实
3	体系人员天天加班	流程就是走形式	流程管理：基于过程的管理体系建立和运行，管理体系流程嵌入组织业务流程
4	内审外审如期组织	管理运营问题仍堆积	企业管理体系：一体化管理体系建立
5	复盘缺少模型工具	体系有效性受到质疑	管理体系的数字孪生：管理的信息化系统支持
6	管理难以形成闭环	持续的改善推进乏力	创新管理：QC 小组，合理化建议

（5）在外延管控方面，在总部企业和下属企业之间，由于分别构建管理体系，体系间衔接不充分，体现出总部企业管理体系对外包管控的延伸不足，造成下属企业之间和供应商之间管理接口和界面不够清晰，管控重点和策略不明确，纵向很难贯

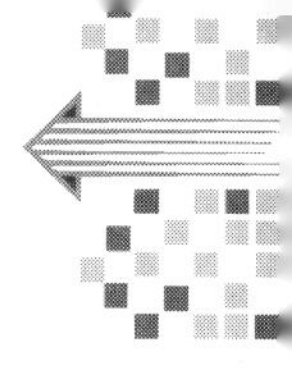

通，下属企业管理难以同总部企业保持协调一致，总部企业相关要求在供应商间难以有效传递和闭环落实。

（6）在转型发展方面，随着我国高质量发展、生态文明建设的推进，当下人工智能、大数据和工业互联网发展迅速，新任务和新项目不断增加，呈现出多领域、多用户、多竞争的新常态，特别是在当前疫情的情况下，管理模式与任务需求匹配性不足。传统的“传、帮、带”式的知识和经验传承模式，以及制度林立、体系林立、各自为政的管理模式难以满足当前任务的需求和企业“高污染，高耗能，高耗水”的三高转型要求。

13.2.3 趋势分析

13.2.3.1 全球经济一体化的需要

在全球经济一体化的进程中，国际贸易自由化不断发展。越来越多的国家加入WTO这个世界经贸大家庭中，关税壁垒逐渐被打破。但是各国利用技术法规与强制性标准作为技术壁垒的现象越来越多，质量、环境、劳工安全等各种非关税壁垒也相继出现。针对这些壁垒，全球统一的认证制度也发展得很快。WTO为了减少和消除技术壁垒，签署了《技术贸易壁垒协议》，承认将ISO发布的各项管理标准作为认证的准则。这些认证制度通过全球统一标准构筑各国企业共同遵守的平台，这对建立公平竞争环境、消除技术壁垒起到了重要的作用。

13.2.3.2 社会可持续发展的需要

实施可持续发展战略，节约能源资源，应对气候变化、保护环境，保障员工的职业健康安全，已成为全人类共同的呼声。企业通过系统化、规范化、文件化的管理，提高了产品质量和管理水平，约束自己的环境行为和用工行为，节能降耗，减少温室气体排放，降低成本，确保可持续发展战略的逐步实施。

13.2.3.3 管理机制趋同性的需要

由于经济全球化加速，相关领域的管理理念、过程方法趋于一致，管理范畴趋同、回归。各国经济技术的合作越来越广泛和深入，强调系统思考和系统整合，追求组织的卓越绩效，强调各类管理的社会责任。尽管管理形式多种多样，管理内容千差万别，但管理机制的趋同性是十分明显的。例如，质量、环境、能源、碳排放管理的发展历史都经历了从末端治理到过程控制、因素控制、监视评价和改进的过程，管理模式趋于统一，都采用PDCA循环原则，特别是ISO指定的管理体系高层结构，这就提供了建立整合管理体系的必要条件。

13.2.3.4 企业自身发展的需要

企业的发展需要走向市场，特别是国际市场。我国加入WTO后，国内市场也成为世界市场的一部分，“你不出去，人家进来”，大家都在同等的条件下采用同一游戏规则进行市场竞争。所以，企业只有通过各种国际管理体系标准的认证，才能取得进入国际市场的通行证，尽快在质量、环境、能源、碳排放方面实现与国际接轨。而企业建立一个精简高效的一体化管理体系，实现多标统一认证，可以减少重复验证、

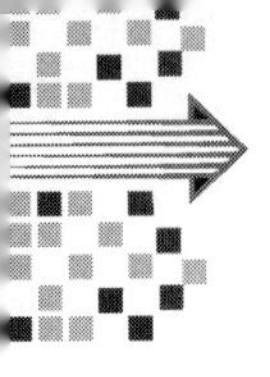

检验和认证的负担，有利于提高企业的效益。同时，也有利于协调企业各项管理工作，提高企业的综合素质，为建立现代企业制度打下坚实的基础。

13.2.4 优势和劣势分析

具体的优势分析如下。

（1）在管理基础方面，各管理体系所运用的管理手段、系统思想、过程方法、PDCA 模式和持续改进对所控制的对象进行系统的控制和管理是相同的。

（2）在管理标准方面，各管理体系标准结构采用了 ISO 高层结构，这就为管理体系标准优化整合奠定了方法基准。

（3）通过一体化管理体系的构建和实施，形成横向到边、纵向到底、上到公司领导、下到岗位职工的全覆盖管理体系，能在较大程度上避免内部多个标准体系运行造成的管理交叉、重叠、重复，以及管理空白、效率低下、资源浪费等问题，优化、提升公司的管理水平和管理效率，进一步提升公司的经济效益。某企业开展管理体系一体化的成效如表 78 所示。

表 78　某企业开展一体化管理体系建设的成效

问题	处理数量
标准化问题	全年督导整改标准化问题 320 余项
流程问题	优化审批流程，全年共计办理审批事项 4647 项，办理结束 4539 项，办结率 97.68%
审批时间	大幅压减审批环节和层级，部门内部办结时限压减到 3 天以内
工艺标准化方面	结合信息化系统升级，通过“三对一”系统设计，实现了“标准 + X”管理的固化
工序过程评价机制	开展了作业标准、岗位记录、产前确认制专项提升，初步建立工序过程指标的评价机制
质量控制能力	通过体系内外审与日常监督检查的协同，推进标准化作业的落地，产线生产、质量控制能力进一步得到了提升
合同总交付率	实现合同总交付率 97.16%
合同兑现率	合同兑现率同比提升 0.86 个百分点
设备标准化方面	以设备全寿命周期管理为主导，以设备精度不降低、功能全投入为目标，以自主开发的设备管理信息化系统应用为依托，以点检达标作业区建设为抓手，健全完善与产品高端化相适应的设备标准化作业体系。设备事故故障停机率降至 0.45‰，同比降低了 61.1%；设备功能精度完好率达到 99.78%，同比提升 0.35 个百分点，为公司产品的品种拓展、质量稳定提供了有力的设备保障

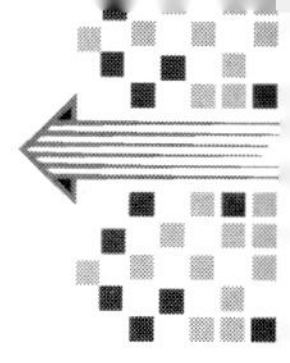

续表

问题	处理数量
安全标准化方面	巩固班组级标准化推行，不断完善、优化安全标准化程序。扩大车间级标准化推行，在前期试点推行的基础上全面铺开。同时，着手厂级标准化推行，以专业标准化为基础，结合公司要求及各厂实际，制定实施了各厂专业标准化推行内容。河钢邯钢连续5年未发生轻伤以上安全事故，连续15年未发生新增职业病，实现了长周期安全生产的稳定运行

（4）通过一套整合的体系文件进行统一控制，确保所有的活动和过程规范化、制度化，极大地提高了组织管理效率。

（5）通过一体化体系审核，一次审核获得了多张认证证书，实现了较少的资源（人力、物力、时间）浪费，提高了管理效益。

（6）从系统论的观点分析，局部最优不等于整体最优，整体性、结构性、层次性和开放性是所有系统的共同特征。为此，一些优秀组织开始关注将不同的管理体系整合成一个整体——组织“一体化”的管理体系。形成使用共有要素的“一体化”管理体系，即围绕组织统一的管理方针目标，通过一套贯标认证的班子和一体化内审员队伍，进行一体化的审核和管理评审，从而消除多个管理体系所带来的多个方针、多个目标、多个审核机构、多套体系文件、多次审核和管理评审的不便。这样做既减少了组织的管理成本，又提高了管理体系的运行效率。

（7）管理体系标准作为纲领性文件指导着生产工作的有序高效开展。在此基础上，以制度为基础，以技术为支撑，以执行为保障，以改进为动力进行延伸管理，开展标准化工作。管理标准化方面，健全标准化管理评价体系，开展专业标准化月度考核和综合评价，强化标准化在基层的督导落实。

（8）现在世界上流行的趋势，不是只做一个ISO 9001质量管理体系，而是将ISO 9001和ISO 14001等管理体系有机地融合起来，这已成为ISO及其成员团体一直努力的方向。

（9）在管理体系国际标准化发展方面，国际标准化组织/技术管理局（ISO/TMB）1999年指出“兼容”是“指组织可以用全部或部分共享的方式，实施这两个标准中的共同要素，而不需要多重的或强加的有冲突的要求”。“兼容”意味着需要识别标准的共同要素及不同要素。

ISO/TMB指出识别“兼容”的方法是结构、术语、文本内容和价值链的一体化。标准的兼容准则为：

（1）结构：标题和顺序。组织实施多个管理体系要求，不产生概念上或操作上的困难。

（2）术语：共同领域中的术语应当完全兼容。应使用共同的概念数据库，具有这些概念的术语和定义可以用于多个标准。

（3）文本内容：如果多个标准所描述的过程或活动具有相同的意图，应使用相

同的文本内容。不应用不同的内容描述相同的事情，如果需要用不同的内容描述，应使读者明白其具有相同的意图。

（4）价值链的一体化：为便于识别和满足用户需求，在标准化、合格评定之间存在着所有过程或活动链的一体化。至关重要的是存在一个确认反馈机制，确保这些需求以系统化的方法得到满足。

在劣势方面，首先，各管理体系的核心概念和关注点不尽相同，例如质量管理体系，质量是核心概念和关注点；环境管理体系，环境是核心概念和关注点；能源管理体系，能源是核心概念和关注点；碳排放管理体系，碳排放是核心概念和关注点；等等。其次，各管理体系标准之间存在着一定的共性特征，平行、独立地运行违背了系统管理的原则，存在多头管理、交叉管理的现象，例如：在以往的管理体系中，存在多头管理的现象，公司领导分管不同的管理体系牵头部门，管理体系牵头部门对应二级单位不同科室，二级单位科室再将体系工作落实在具体岗位上，形成两头小、中间大的“橄榄球”式的管理模式，出现交叉管理、管理混乱的现象。突出表现为文件制度重复、资源浪费严重，某企业管理体系整合前后的内部审核效率对比如表 79 所示。

表 79　管理体系整合前后的内部审核统计

项目	管理体系整合前	管理体系整合后
频次	3 次/年	3 次/年
5 个管理体系总次数	15 次	3 次
每次参加人日数	25	50
全年累计人日数	375	150

13.3　整合框架

当前，管理体系的整合有 3 个流派：一是以 ISO 高层结构作为框架，对 ISO 9001（包括 ISO/TS 16949、TL 9000 等）、ISO 14001、ISO 50001 和 T/GDES 2030 等管理体系进行一体化整合；二是以卓越绩效模式为框架，将其他管理的要求融入其中；三是以企业标准体系为框架，将其他管理的要求融入其中。本书主要以 ISO 高层结构作为框架论述管理体系整合，以卓越绩效模式为框架整合管理体系见第 13.3.1 节，以企业标准体系为框架整合管理体系见第 13.3.2 节。

13.3.1　卓越绩效模式框架

卓越绩效管理模式是在特定历史条件下产生的，是在质量管理由以泰罗为代表的“科学管理运动”时期的质量检验阶段，走向以专业的质量控制工程师为代表的统计质量控制阶段，再发展到强调以最经济的手段生产出用户满意的产品的全面质量管理

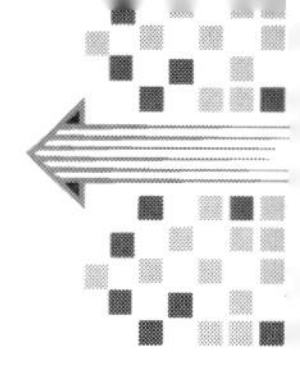

阶段，建立起以 ISO 9001 为代表的质量保证体系阶段，逐步实现以追求卓越绩效为目标的卓越绩效管理模式推广阶段。

卓越绩效模式是各国开展政府质量奖评选的主要评价标准，国际上较有影响力的质量奖有美国波多里奇质量奖、日本戴明奖、欧洲质量奖等。2004 年我国发布了国家标准 GB/T 19580《卓越绩效评价准则》和 GB/Z 19579《卓越绩效评价准则实施指南》，2012 年又基于过去几年的成功实践对标准进行了修订再版。

绩效管理是从西方发展而来，常用的绩效管理模式有基于 KPI 的绩效管理模式和基于目标的绩效管理模式；中国传统的绩效管理模式有检查评比式和德能勤绩式。

卓越绩效模式是一种诊断式的评价，可全方位、综合地诊断评价企业经营管理的成熟度。包括对企业的优势、劣势的定性评价，以及定量打分（总计 1000 分）的评价。

卓越绩效模式是一种组织“卓越绩效”的设计，如图 37 所示。基于大量优秀、卓越企业的成功实践，提炼出了一系列框架性的要求并加以集成（“管理有规律”的体现）。这些要求是非规定性的，以“如何”或“说明”开头的问题单形式出现，因为每个企业的内外部环境千差万别，企业应当采用适合自己的管理方法，并不断创新（“管理无常法”的体现）。

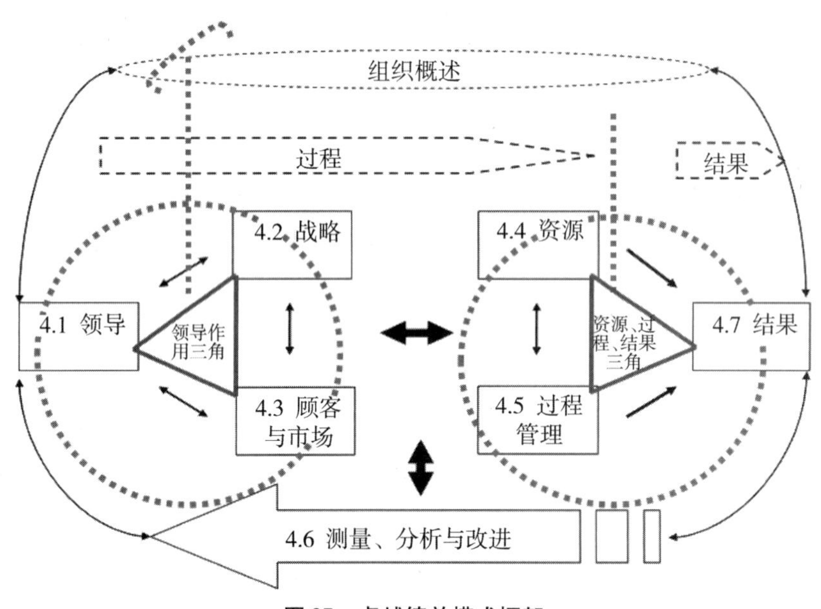

图 37 卓越绩效模式框架

企业是一个复杂的系统，企业的管理也必须有一个系统的思路。卓越绩效模式为组织提供了一种构建企业全面质量管理体系、追求卓越的集成化的系统管理框架。

尽管卓越绩效模式的作用可以体现在策划、监测、评价、改进、培训、交流与共享等多个方面，但最重要的是以下两大作用：集成化的管理框架和诊断测量仪。

卓越绩效模式是非规定性、开放和发展的集成化管理框架，它为管理体系的整合提供了一个有效的框架模式。尽管企业建立了质量、环境、安全、文化、战略、人力资源等众多的专业性的管理体系，但实际上一个企业只有一个体系；“质量、环境、安全三标一体化”也不是完整的企业管理体系，而是以卓越绩效模式为框架，整合现有管理资源，搭建横向到边、纵向到底的一体化管理体系。实现流程管理、跨职能职责管理、文件管理、战略规划管理、组织绩效管理的集约化要求，充分满足企业的发展需求，促进企业各子体系、过程和职能的统筹规划、整体协同，才是真正意义上的整合。

以卓越绩效模式为框架进行管理体系整合的步骤如下：

第一步，按照 ISO 9001 建立质量管理体系的基础框架，并根据需要适时建立 ISO 14001、ISO 50001 和 T/GDES 2030 等管理体系。

第二步，根据组织的实际情况，可以参照 ISO 9004 进行质量管理体系的扩展和深化，进而导入卓越绩效评价准则；也可以直接导入卓越绩效评价准则，并以卓越绩效评价准则为框架进行管理体系整合：将 ISO 9001、ISO 14001、ISO 50001 和 T/GDES 2030 等管理体系要求融入其中，综合六西格玛、QCC 和合理化建议等持续改进和创新方法，建立高度整合的企业管理体系或卓越绩效管理体系、全面质量管理体系，如图 38 所示。

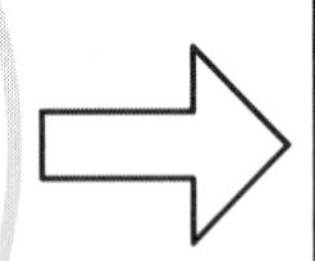

图 38　以卓越绩效模式为框架的管理体系整合

以下是组织以卓越绩效模式为框架，兼顾合格评定体系的要素，进行管理体系整合的具体实施方法。

（1）领导：包括使命、愿景、价值观和方针，组织文化建设，沟通与激励，风险管理，管理评审，治理结构与审计，法律和其他要求，质量责任，环境安全管理，商业道德，公益支持。

（2）战略：包括战略制定过程，内外部环境分析，强项、弱项、机会和威胁分析，战略和战略目标，战略实施计划，目标管理或平衡计分卡，绩效预测。

（3）顾客与市场：包括顾客与市场的了解，顾客关系管理，顾客接触管理，顾客投诉处理，顾客满意、顾客忠诚的测量和改进。

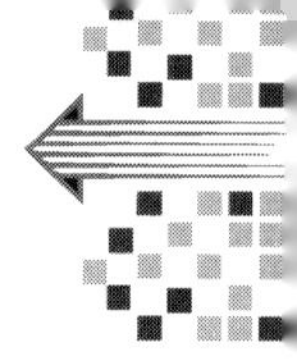

（4）资源：包括人力资源规划，组织结构与职责，职位描述、招聘与人员配置，员工绩效考评与激励，能力、培训和意识，员工职业发展，员工权益和员工支持，员工满意和敬业的测量与改进，财务管理，信息和知识管理，技术管理，基础设施与维护，供应管理。

（5）过程管理：包括关键过程的识别、设计、实施与改进，产品实现的策划，产品要求的确定和评审，顾客沟通，设计和开发，采购，生产运作，检验和试验，不合格的控制，监视和测量设备的控制，计量确认和测量过程的实现，顾客财产，搬运、贮存、包装、防护和交付，现场管理，服务，过程质量审核，产品质量审核。

（6）测量、分析与改进：包括关键绩效指标测量系统，竞争对比与标杆对比，绩效分析，内部体系审核和卓越绩效自我评价，持续改进和创新的管理，多种改进方法的整合推进，统计技术的应用。

（7）结果：包括历年关键绩效指标的水平、趋势、竞争和标杆对比数据的图表，以及分析和改进报告。

为便于 ISO 9001、ISO 14001、ISO 50001 和 T/GDES 2030 等合格评定体系的外部和内部审核，可编写例如“ISO 9001、TQM 手册及相关程序对照表”等检索文件。

13.3.2　企业标准体系框架

13.3.2.1　基本理念

企业标准体系的国家标准主要有：GB/T 35778—2017《企业标准化工作　指南》、GB/T 15496—2017《企业标准体系　要求》、GB/T 15497—2017《企业标准体系　产品实现》、GB/T 15498—2017《企业标准体系　基础保障》、GB/T 19273—2017《企业标准化工作　评价与改进》、GB/T 13016—2018《标准体系构建原则和要求》和 GB/T 13017—2018《企业标准体系表编制指南》。GB/T 15496—2017 给出的企业标准体系的基本理念如表 80 所示。

表 80　企业标准体系的基本理念

理念	内容
需求导向	以企业战略需求为导向，充分考虑企业内外部环境因素和相关方的需求与期望，以实现企业发展战略为根本目标，构建企业标准体系，并融入企业经营管理系统
创新设计	企业可按照本标准进行企业标准体系的设计，也可在本标准的基础上根据企业实际进行创新设计，构建系统、协调、适应企业发展战略和经营管理需要的企业标准体系
系统管理	运用系统管理的原理和方法，识别企业生产、经营、管理全过程中相互关联、相互作用的标准化要素，建立企业标准体系，并与企业经营管理系统充分融合、相互协调，发挥系统效应，提高企业实现目标的有效性

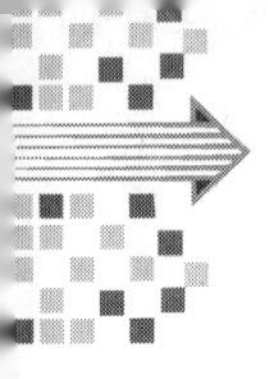

续表

理念	内容
持续改进	采用“PDCA”的科学管理模式，即遵循“构建—运行—评价—改进”方法周而复始地运作，实现企业标准体系的持续改进

GB/T 15496—2017 在 0.4“与其他管理体系的关系”中提出：“企业标准体系专注于为实现企业战略提供标准化管理的系统方法和管理平台。各类管理体系文件是企业标准体系的一部分。对于各管理体系的通用要求，可采用整合、兼容和拓展的方式，将相应标准修订后纳入标准体系；对于各管理体系的特定要求，可直接将原管理体系的文件纳入企业标准体系。”

13. 3. 2. 2　企业标准体系模型

企业标准体系是企业战略性决策的结果。企业标准体系的构建是企业顶层设计的内容，有助于企业提高整体绩效、实现可持续发展，指导企业根据行业特征、企业特点构建适合企业战略规划、经营管理需要的标准体系，以及形成自我驱动的标准体系实施、评价和改进机制。

企业标准体系的系统模型如图 39 所示，以企业战略为导向，构建企业标准体系，并遵循“PDCA”的理念和方法，实现系统的管理和持续改进。

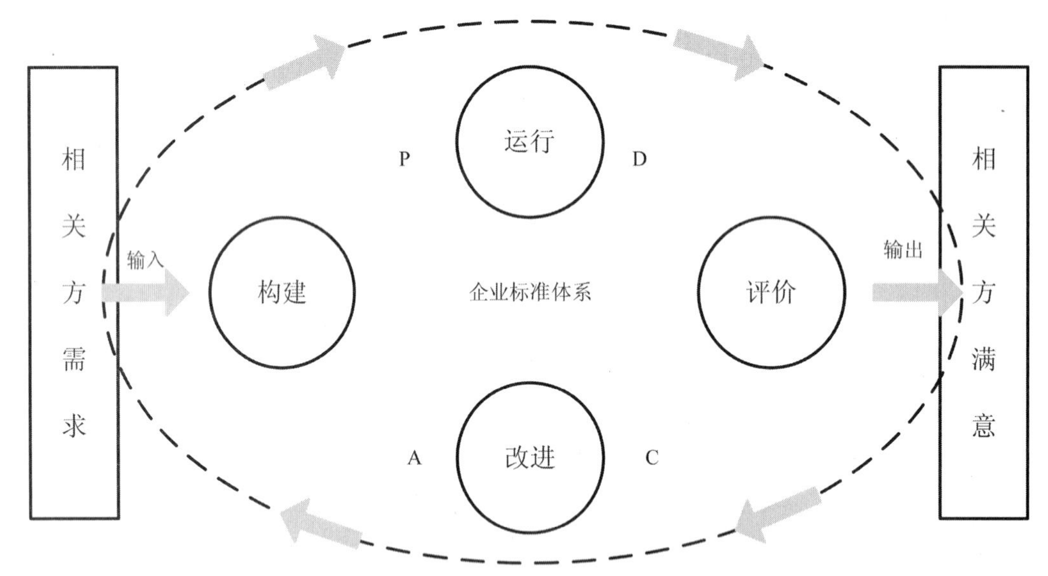

注1: 企业标准体系的PDCA循环是指:

P——根据相关方需求及期望、外部环境及企业战略需要，进行企业标准体系的设计与构建；

D——运行企业标准体系;

C——根据目标及要求,对标准体系的运行情况进行检查、测量和评价，并报告结果；

A——必要时，对企业标准体系进行优化甚至创新，以改进实施绩效。

注2: 根据企业发展战略及相关方需求与期望构建企业标准体系。

注3: 企业标准体系中各标准之间是相互关联、协调作用的关系。

图 39　企业标准体系模型

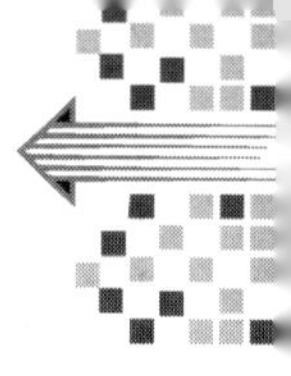

13.3.2.3　标准体系构建

企业通过对相关方的需求和期望及企业标准化现状进行分析，形成企业标准体系构建规划、标准化方针、目标，识别企业适用的法律法规和指导标准的要求，构建企业标准体系。企业标准体系构建如图40所示。

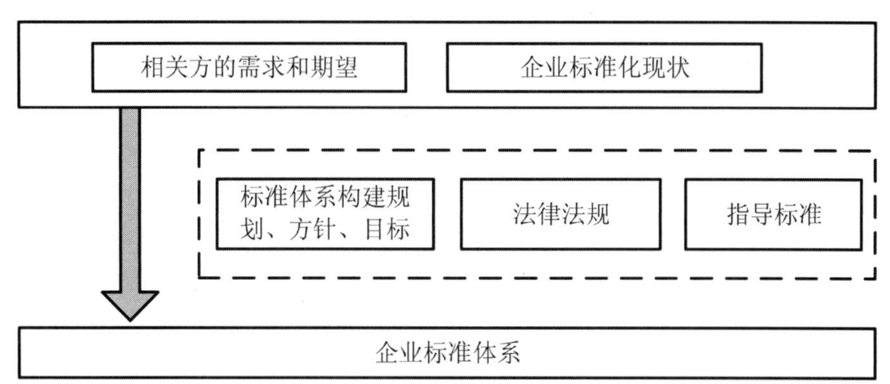

注：指导标准是企业不直接执行，而对企业标准体系有指导作用，需将其全部或部分转化为企业标准体系中的标准。

图40　企业标准体系构建

企业可按表81对相关方的需求和期望进行分解。

表81　相关方的需求和期望

相关方	需求和期望
顾客	产品的质量、价格、交付及服务
企业所有者、股东	持续的盈利能力
	透明度
企业员工	良好的环境
	职业安全
	职业发展
	得到承认和奖励
供方和合作伙伴	互利和连续性
社会	遵守法律法规、环境保护
	道德行为

注：相关方的需求和期望可不限于本表所列内容。

企业可按表82的分析方法，在对相关方的需求和期望分解的基础上，识别相关方需求和期望的关键过程、资源和要素，并确定本企业的标准化对象。

表 82　相关方的需求和期望分析方法

<table>
<tr><th>梳理相关方</th><th>分解需求和期望</th><th colspan="2">识别关键过程、资源和要素</th><th>确定标准化对象</th></tr>
<tr><td rowspan="14">顾客</td><td rowspan="9">价格</td><td rowspan="4">设计</td><td>产能、成本</td><td>财务和审计标准</td></tr>
<tr><td>价值流设计</td><td>设计和开发标准</td></tr>
<tr><td>产品通用化、系列化、模块化</td><td>—</td></tr>
<tr><td>材料选用</td><td>—</td></tr>
<tr><td rowspan="3">生产</td><td>库存（仓储物面）</td><td>设备设施标准</td></tr>
<tr><td>材料领用</td><td>生产/服务提供标准</td></tr>
<tr><td>在制品质量和库存</td><td>—</td></tr>
<tr><td>营销</td><td>营销策划</td><td>营销标准</td></tr>
<tr><td>财务</td><td>成本控制</td><td>财务和审计标准</td></tr>
<tr><td rowspan="5">交付及服务</td><td rowspan="3">生产</td><td>工时定额</td><td>生产/服务提供标准</td></tr>
<tr><td>生产计划管理</td><td>—</td></tr>
<tr><td>安装交付、运输</td><td>—</td></tr>
<tr><td>营销</td><td>产品销售</td><td>营销标准</td></tr>
<tr><td>售后/交付后</td><td>维保、维修、三包、回收、技术支持</td><td>售后/交付后标准</td></tr>
<tr><td rowspan="10">企业所有者</td><td rowspan="6">持续盈利能力</td><td colspan="2">方针、目标、战略和方法</td><td>规划计划和企业文化标准</td></tr>
<tr><td colspan="2">产品和市场</td><td>设计和开发标准</td></tr>
<tr><td colspan="2">团队</td><td>人力资源标准</td></tr>
<tr><td rowspan="2">资产</td><td>资金和有形资产</td><td>财务和审计标准</td></tr>
<tr><td>无形资产</td><td>知识管理和信息标准</td></tr>
<tr><td colspan="2">营销策划</td><td>营销标准</td></tr>
<tr><td rowspan="4">透明度</td><td colspan="2">财务信息公开</td><td>财务和审计标准</td></tr>
<tr><td colspan="2" rowspan="2">非财务信息公开</td><td>规划计划和企业文化标准</td></tr>
<tr><td>行政事务和综合标准</td></tr>
<tr><td colspan="2">产品标准信息</td><td>产品标准</td></tr>
</table>

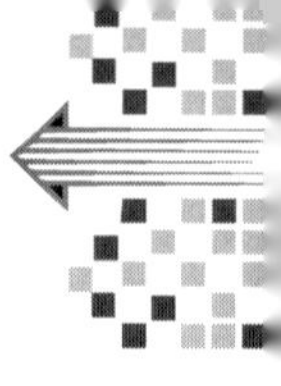

续表

梳理相关方	分解需求和期望	识别关键过程、资源和要素	确定标准化对象
企业员工	良好的环境	硬环境	设备设施标准
		软环境	规划计划和企业文化标准
			行政事务和综合标准
	职业安全	职业健康、安全与应急	安全和职业健康标准
	职业发展	培养、任用考核、晋升、职业生涯	人力资源标准
	得到承认和奖励	奖惩、职务晋升	
供方和合作伙伴	互利和连续性	选择和管理	生产/服务提供标准
		供方的培养	
		与供方沟通、与顾客沟通	
社会	遵守法律法规*	法律、法规、规章和强制性标准的收集和分析	知识管理和信息标准
		合同法	法务和合同标准
		劳动法	人力资源标准
	环境保护	环保和节能	环境保护和能源管理标准
		产品召回和回收再利用	售后/交付后标准
	道德行为	企业文化、诚信体系、公益性、社会责任	规划计划和企业文化标准

注1：识别的关键过程、资源和要素以及确定的标准化对象不限于本表所列内容。

注2：* 企业应甄别法律法规、规章和强制性标准所对应的领域，如安全、环境和资源等。把其中的要求转化为标准，纳入相应的标准体系中。如将《劳动合同法》的要求转化为标准，纳入基础保障标准体系之人力资源标准体系中。

企业可按表83对企业标准化现状进行分析，做出标准体系建设的决定。

表83　企业标准化现状分析

分析对象		要素分析	结论建议
企业组织机构		组织机构与业务流程的适宜性	优化组织机构或建立、调整相关标准体系
企业标准体系	已建立	体系的目标性、完整性、适宜性	企业标准体系的延续、变更或再设计
	未建立	体系的必要性	按照本标准建立企业标准体系

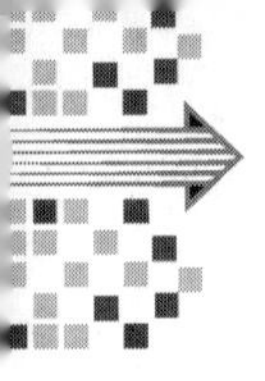

续表

<table>
<tr><th colspan="2">分析对象</th><th colspan="2">要素分析</th><th>结论建议</th></tr>
<tr><td rowspan="3">其他管理体系</td><td rowspan="2">已建立</td><td>企业标准文件已整合</td><td>通用性要求
特定性要求</td><td rowspan="2">按照本标准，将各体系内标准文件直接纳入或修订后纳入企业标准体系</td></tr>
<tr><td colspan="2">各管理体系标准未整合</td></tr>
<tr><td>未建立</td><td colspan="2">—</td><td>按照本标准建立企业标准体系</td></tr>
<tr><td colspan="2">企业管理制度及其他标准</td><td colspan="2">制度涉及的对象流程等与标准化对象的契合度</td><td>企业标准体系的架构延续、变更或补充，将相关系统性管理活动固化为标准，纳入体系</td></tr>
</table>

注：分析对象可不限于本表所列内容。

13.3.2.4 企业标准体系结构图

对相关方的需求和期望、企业标准化现状进行分析，形成企业标准体系结构图。

GB/T 13017—2018 在附录 A 中提出了 3 种标准体系结构图：功能模式企业标准体系模式图、集成模式企业标准体系模式图、板块模式企业标准体系模式图，在附录 B、附录 C、附录 D、附录 E 中还提出了一些不同行业、专业的标准体系模式图。

按标准化对象划分的企业标准体系结构如图 41 所示。企业标准体系由产品实现标准体系、基础保障标准体系和岗位标准体系 3 个体系组成。产品实现标准体系应按 GB/T 15497 的要求构建，一般包括产品标准、设计和开发标准、生产/服务提供标准、营销标准、售后/交付后标准等子体系。基础保障标准体系按 GB/T 15498 的要求构建，一般包括规划计划和企业文化标准、标准化工作标准、人力资源标准、财务和审计标准、设备设施标准、质量管理标准、安全和职业健康标准、环境保护和能源管理标准、法务和合同管理标准、知识管理和信息标准、行政事务和综合标准等子体系。

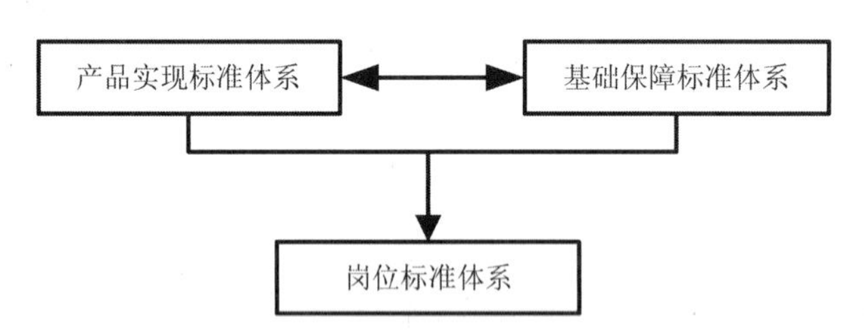

图 41　按标准化对象划分的企业标准体系结构

岗位标准体系一般包括决策层标准、管理层标准和操作人员标准 3 个子体系。岗位标准宜由岗位业务领导（指导）部门或岗位所在部门编制。岗位标准应以基础保障标准和产品实现标准为依据。当基础保障标准体系和产品实现标准体系中的标准能够满足该岗位的作业要求时，基础保障标准体系和产品实现标准体系可直接作为岗位标准使用。

岗位标准一般以作业指导书、操作规范、员工手册等形式体现，可以是书面文

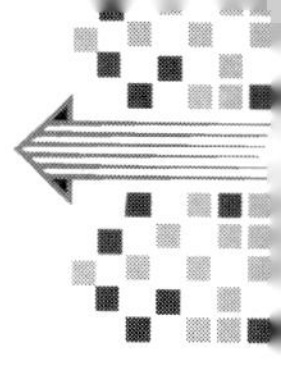

本、图表多媒体，也可以是计算机软件化工作指令，其内容包括但不限于：职责权限、工作范围、作业流程、作业规范、周期工作事项、条件触发的工作事项等。

因此，岗位标准体系实质上就是该企业管理全体员工的“把手”，上到最高领导，下至每一位员工，都有自己的职责、权限、岗位要求、检查考核。即所谓的“标准面前人人平等”，没有不受“岗位标准”制约的岗位。

按标准属性划分的企业标准体系如图 42 所示。方针目标（包括定位、概念）、法律法规、基础标准是建立企业标准体系的依据，基础标准包括全国通用综合性基础标准和行业基础标准。基础标准（企）位于企业标准体系的第一层，是本企业采用国家、行业基础标准或企业转化国家、行业基础标准而制定的基础性标准。技术标准和管理标准位于第二层，这两个子体系间的连线表示二者之间的交互制约作用。工作标准同时实施技术标准和管理标准中的相应规定，是技术标准和管理标准共同指导和制约下的下层标准。从一般意义上讲，技术标准主要管“物”、管理标准主要管“事”、工作标准主要管“人”。

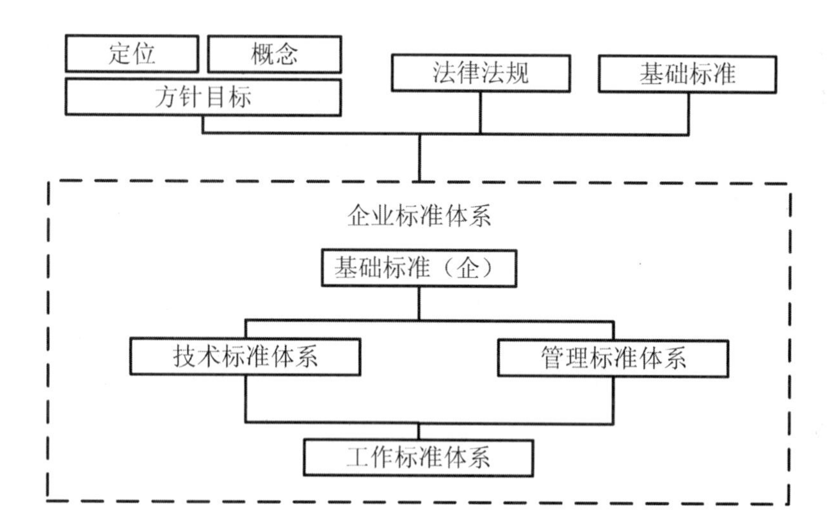

注1：“方针目标(包括定位、概念)”“法律法规”“基础标准”是建立企业标准体系的依据，“基础标准”包括全国通用综合性基础标准和行业基础标准。

注2：“基础标准(企)”位于企业标准体系的第一层，是本企业采用国家、行业基础标准或企业转化国家、行业基础标准而制定的基础性标准。

注3：技术标准体系和管理标准体系位于第二层，这两个子体系间的连线表示二者之间的交互制约作用。

注4：工作标准体系同时实施技术标准体系和管理标准体系中的相应规定，是技术标准体系和管理标准体系共同指导和制约下的下层标准体系。

图 42　按标准属性划分的企业标准体系结构

按标准在服务提供过程中的位置划分的企业标准体系结构如图 43 所示。服务业组织的标准体系由服务通用基础标准体系、服务保障标准体系、服务提供标准体系三大子体系组成。服务通用基础标准体系是服务保障标准体系、服务提供标准体系的基础，服务保障标准体系是服务提供标准体系的直接支撑，服务提供标准体系促使服务保障标准体系的完善。相关的国家标准有 GB/T 24421. 1—2009《服务业组织标准化

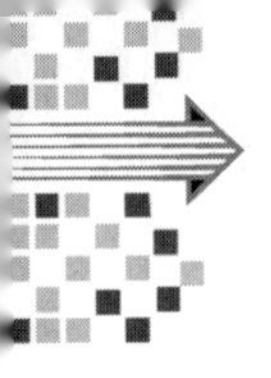

工作指南　第1部分：基本要求》、GB/T 24421.2—2009《服务业组织标准化工作指南　第2部分：标准体系》、GB/T 24421.3—2009《服务业组织标准化工作指南　第3部分：标准编写》和GB/T 24421.4—2009《服务业组织标准化工作指南　第4部分：标准实施及评价》。

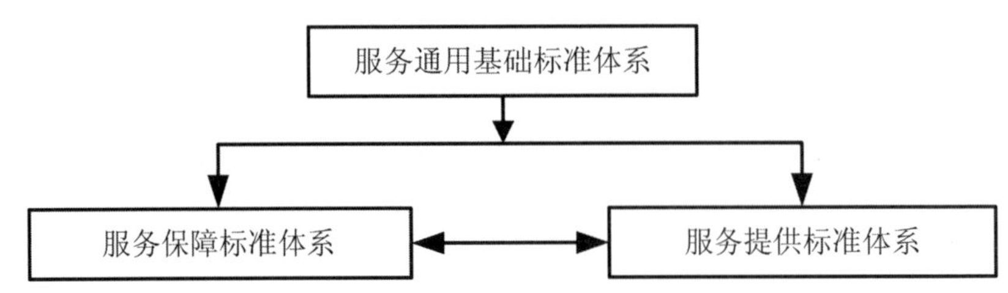

图43　按标准在服务提供过程中的位置划分的企业标准体系结构

标准分类方法只反映了企业标准的管理思想，基础保障标准和产品实现标准中可以包含技术标准，也可以包含管理标准；同样，技术标准和管理标准可以包含产品实现标准，也可以包含基础保障标准。

企业可结合自身特色，根据本企业标准体系发展历史选择一种适合的标准分类方法。标准分类方法的选择以适用、管用为原则。

13.3.2.5　标准制（修）订程序

标准制（修）订程序如表84所示。

表84　标准制（修）订程序

序号	阶段	内容
1	立项	对需要制（修）订的标准进行立项，制订计划、配备资源
2	起草草案	对收集的资料进行整理、分析，必要时进行试验、验证，然后起草标准草案
3	征求意见	将标准草案发企业内有关部门（必要时发企业外有关单位，如用户、检验机构等）征求意见，对反馈的意见进行逐一分析研究，决定取舍后形成标准送审稿
4	审查	可采取会议或函件形式审查标准送审稿。审查内容至少包括： （1）符合有关法律法规、强制性标准要求； （2）符合或达到预定的目标和要求； （3）可操作、可验证； （4）与本企业相关标准的协调情况； （5）符合本企业规定的标准编写格式
5	批准	审查后根据审查意见进行修改，编写标准报批稿，准备报批需呈交的相关文件资料，报企业法定代表人或授权人批准、发布

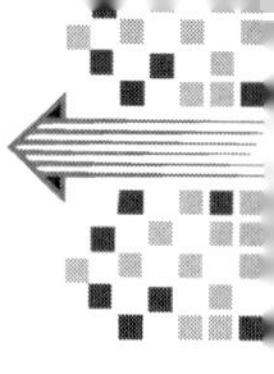

续表

序号	阶段	内容
6	复审	企业标准应定期复审，复审周期一般不超过3年；当外部或企业内部运行条件发生变化时，应及时对企业标准进行复审。 复审的结论包括继续有效、修订、废止3种： （1）继续有效：标准内容不做修改仍能适应当前需要，确认继续有效，如果对标准只做少量修改时，可采用修订单，确认标准继续有效。 （2）修订：标准内容需要改动才能适应当前使用的需求和科学技术的发展，予以修订。 （3）废止：标准已完全不适应当前需要，予以废止
7	废止	废止的企业标准及时收回，不再执行

13.3.2.6　企业参与标准化活动

标准化工作在开展中，坚持“简化、统一、协调、优化”8个字的方针，而在企业管理中，坚持“策划、实施、检查、处置”8个字的方针，这16个字记住了、落实了，PDCA就循环起来了，无论哪个行业、哪一级组织都会把自己的“管理”搞得头头是道、有条不紊。

企业参与的标准化活动如表85所示。

表85　企业参与的标准化活动

序号	标准化活动	特点
1	采用国际标准或国外先进标准	可消化并吸收所采用标准承载的先进技术，减少技术性贸易障碍，快速适应国际贸易的需求，提高产品质量和技术水平，拓宽贸易市场。 直接采用国际标准或国外先进标准时应进行识别，妥善处理可能涉及的知识产权等事宜
2	参与国家标准、行业标准、地方的标准制(修)订	企业通过参与国家标准、行业标准、地方标准的制（修）订，可获得更多的外部信息，并可将企业的优势内容转化为标准，抢占市场先机，增强企业核心竞争力
3	参与团体标准的制（修）订	企业通过参与团体标准的制（修）订，可快速响应创新和市场对标准的需求，引领产业和企业的发展，提升产品和服务的市场竞争力。 参加团体标准的制（修）订过程，开展相关工作。在不妨碍公平竞争和协调一致的前提下，企业可将专利或其他科技成果融入团体标准，促进创新技术产业化、市场化

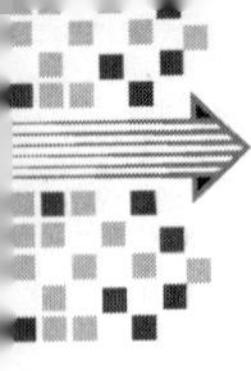

续表

序号	标准化活动	特点
4	参与标准化试点示范	企业通过参与标准化试点示范，可不断增强全体员工的标准化理念，促进标准实施与持续改进，提高产品质量、服务质量和管理水平，提升企业知名度和竞争力。 关注各级政府部门、行业组织开展标准化试点示范项目情况。 分析标准化试点示范项目的目的、任务及达到的预期效果，评估标准化试点示范项目对企业品牌建设、管理水平提升的作用性和企业开展的适应度。根据分析和评估结果自愿申报。 标准化试点示范项目申请获批准后主要开展以下工作： （1）建立标准化试点示范项目创建机构，确定组织、明确职责； （2）制订实施计划、方案，明确目标、进度、措施等内容； （3）收集、制定相关标准，构建标准体系，组织实施标准，并按进度推进标准化试点示范项目的其他工作； （4）根据实施进度，进行项目中期评估，及时改进存在的问题； （5）在项目期限到达前，按照项目要求进行自我评价，形成自我评价报告并将其纳入确认申请资料，申请确认验收
5	参与国内标准化技术委员会活动	企业通过参与国内标准化技术委员会活动，可及时获得有关标准制（修）订的信息和技术发展动向，助推企业技术水平和管理水平的提升，提高企业市场竞争力。 了解国内标准化技术委员会的设置情况，从相关标准化技术委员会获取信息。 根据收集的信息结合企业人才、技术、资金等情况，确定参与标准化技术委员会活动的方式和内容。 参与的方式和内容如下： （1）担任标准化技术委员会、分技术委员会、工作组委员或成员； （2）承担标准化技术委员会、分技术委员会秘书处、工作组工作； （3）参加标准化技术委员会、分技术委员会、工作组组织的交流、论坛等活动
6	参与社会团体组织标准化活动	企业通过参与社会团体组织标准化活动，可及时获得相关行业信息，提升技术、管理和标准化水平，并能提升企业在社会团体组织中的影响力。 关注各级标准化协会、相关行业协会等社会团体组织开展的标准化活动信息。 根据收集的信息结合企业人才、技术、资金等情况，确定参与社会团体组织标准化活动的方式和内容。 参与的方式和内容如下： （1）参加标准化知识培训、标准宣贯； （2）参加标准化学术研讨会、标准化论坛等活动； （3）参加标准化优秀论文、优秀科普作品评选活动； （4）通过社会团体组织同国外标准化组织开展交流与合作

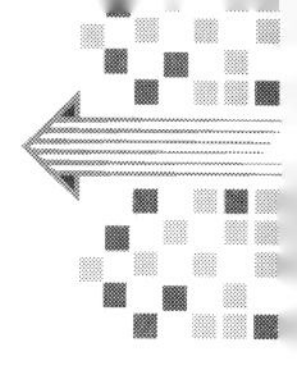

续表

序号	标准化活动	特点
7	参与国际标准化活动	企业通过参与国际标准化活动，可获得有关国际标准制（修）订的信息和技术发展动向，进行国际交流与合作，提高企业的技术水平和管理水平，加速企业发展；通过参与国际标准起草，可将企业技术创新成果纳入国际标准，引导国际技术的发展，使企业科技成果产业化、国际化，提高企业的声誉和国际竞争力。 了解国际标准化组织、国际电工委员会和国际电信联盟以及其他国际专业技术组织等国际组织，关注其标准化活动信息。 参与国际标准化活动包括以下几个方面： (1) 担任国际标准化组织、国际电工委员会和国际电信联盟以及其他国际专业技术组织管理机构的官员或委员。 (2) 担任国际标准化组织、国际电工委员会和国际电信联盟以及其他国际专业技术组织技术委员会（含项目委员会）和分委员会等的主席和秘书处；以积极成员或观察成员的身份参加技术委员会或分技术委员会的活动。 (3) 主持或参加国际标准制（修）订工作，担任工作组（包括项目组和维护组等）的负责人或注册专家。 (4) 提出国际标准新工作领域提案和国际标准新工作项目提案。 (5) 跟踪研究国际标准化组织、国际电工委员会和国际电信联盟以及其他国际专业技术组织的工作文件，提出投票或评议意见。 (6) 参加或承办国际标准化组织、国际电工委员会和国际电信联盟以及其他国际专业技术组织技术委员会的会议。 (7) 参加和组织国际标准化研讨会和论坛等活动。 (8) 开展与各区域、各国的国际标准化合作与交流。 (9) 其他国际标准化活动

13.3.3　管理体系框架

13.3.3.1　管理体系框架的结构

在第2章“管理体系通用框架”中，给出了ISO建立的管理体系高层结构，如图44所示。

对于企业来说，ISO 9001质量管理体系是应用最为广泛的。ISO 9001:2015标准采用了ISO高层结构，如图45所示。在高层结构的基础上，主要增加了：6.3变更的策划，8.2产品和服务的要求，8.3产品和服务的设计和开发，8.4外部提供的过程、产品和服务的控制，8.5生产和服务提供，8.6产品和服务的放行，8.7不合格输出的控制，10.1总则。

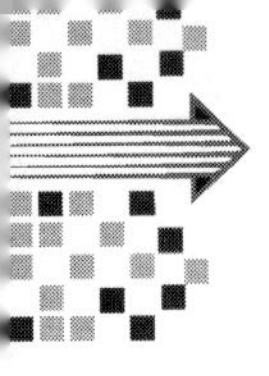

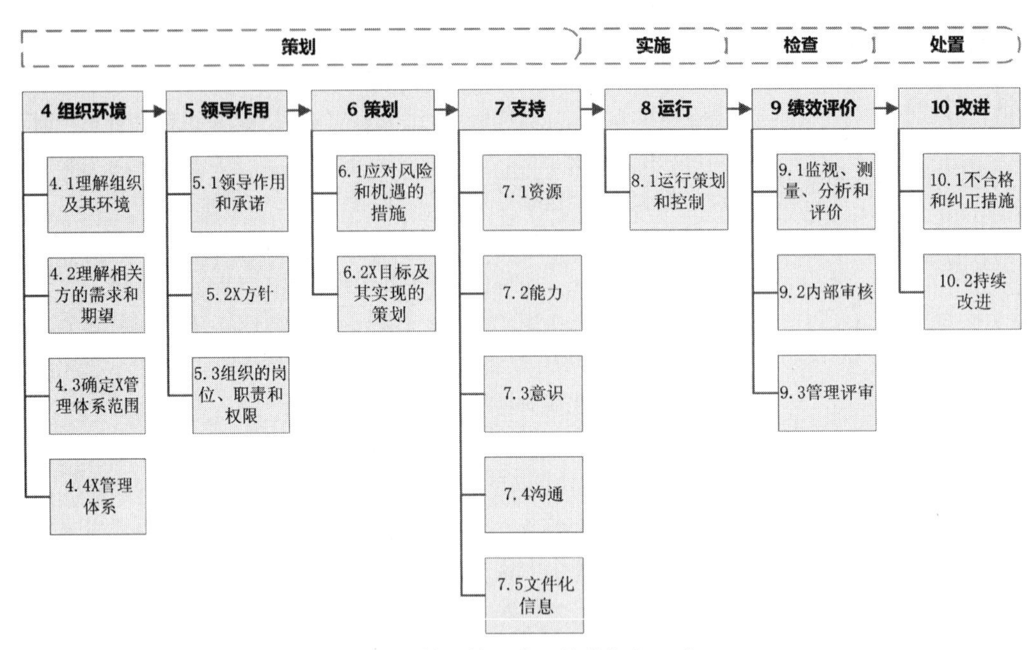

图 44　管理体系高层结构框架示意

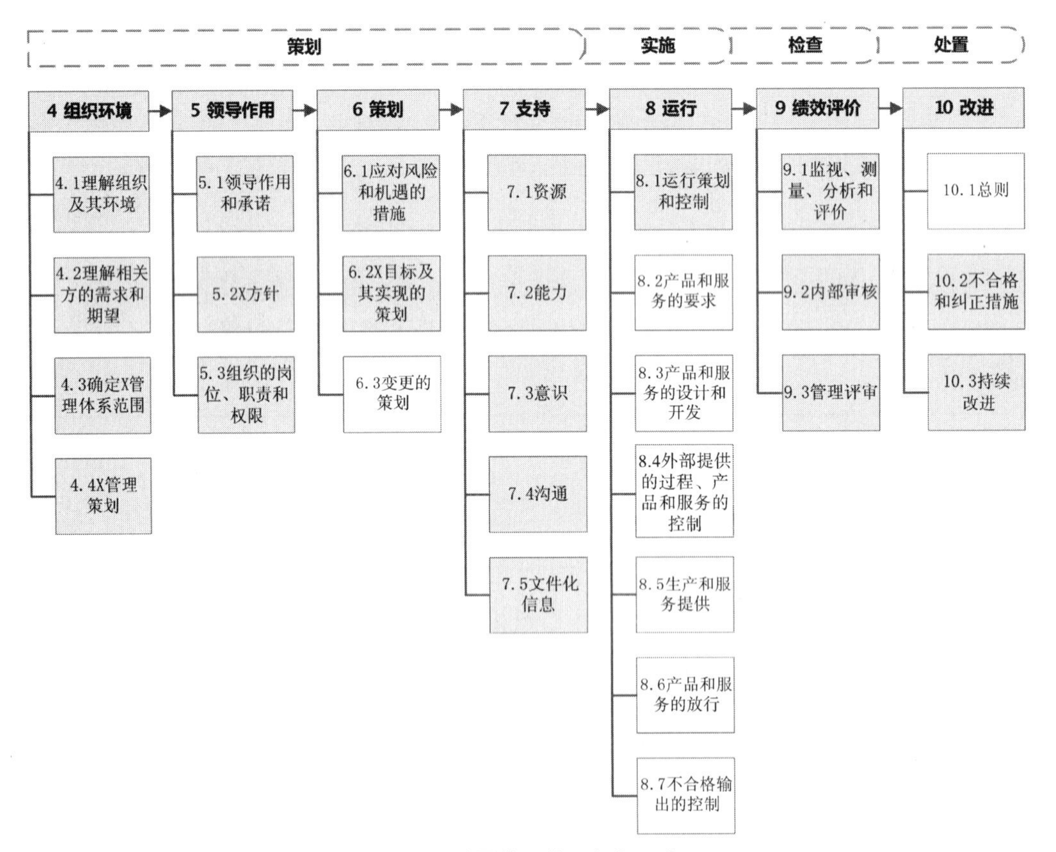

图 45　质量管理体系框架示意

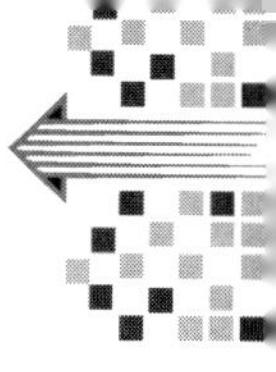

ISO 14001:2015 标准采用了 ISO 高层结构，如图 46 所示。在高层结构的基础上，主要增加了：8.2 应急准备和响应，10.1 总则。

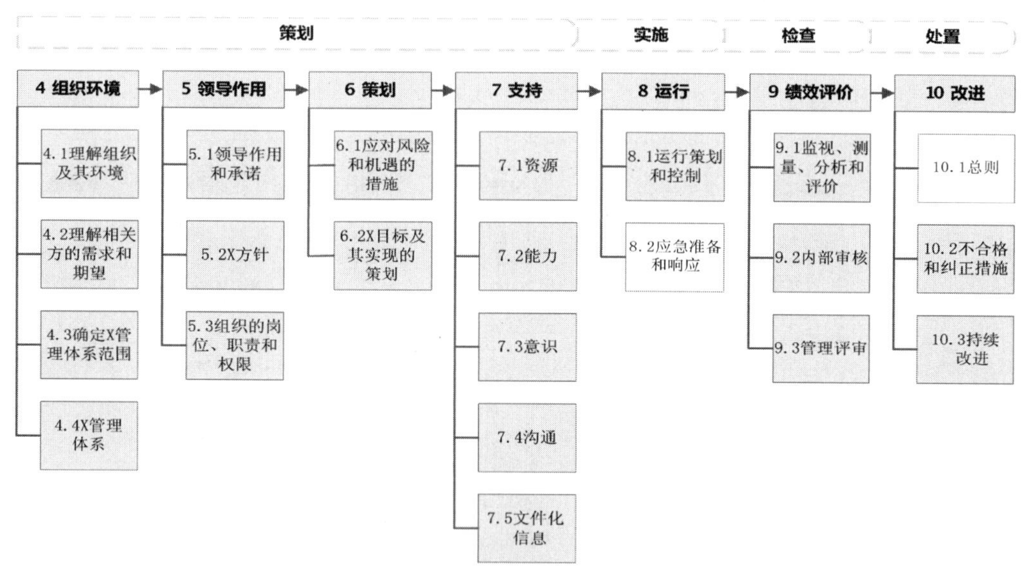

图 46　环境管理体系框架示意

ISO 50001:2018 标准采用了 ISO 高层结构，如图 47 所示，在高层结构的基础上，主要增加了：6.3 能源评审，6.4 能源绩效参数，6.5 能源基准，6.6 能源数据收集的策划，8.2 设计，8.3 采购。

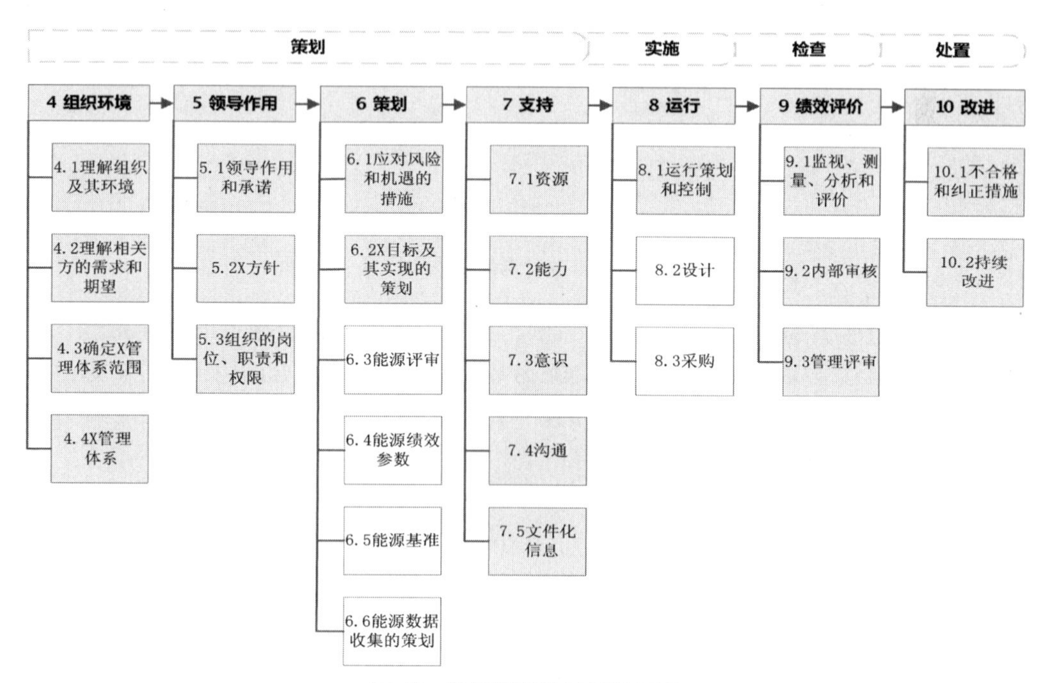

图 47　能源管理体系框架示意

T/GDES 2030—2021 标准采用了 ISO 高层结构，如图 48 所示，在高层结构的基础上，主要增加了：6.3 碳排放源评审，6.4 碳排放绩效，6.5 碳排放基准年，6.6 碳排放数据收集的策划，6.7 碳排放核查策划，6.8 碳排放信息交流的策划，8.2 设计，8.3 采购，8.4 碳资产管理，8.5 碳排放信息披露。

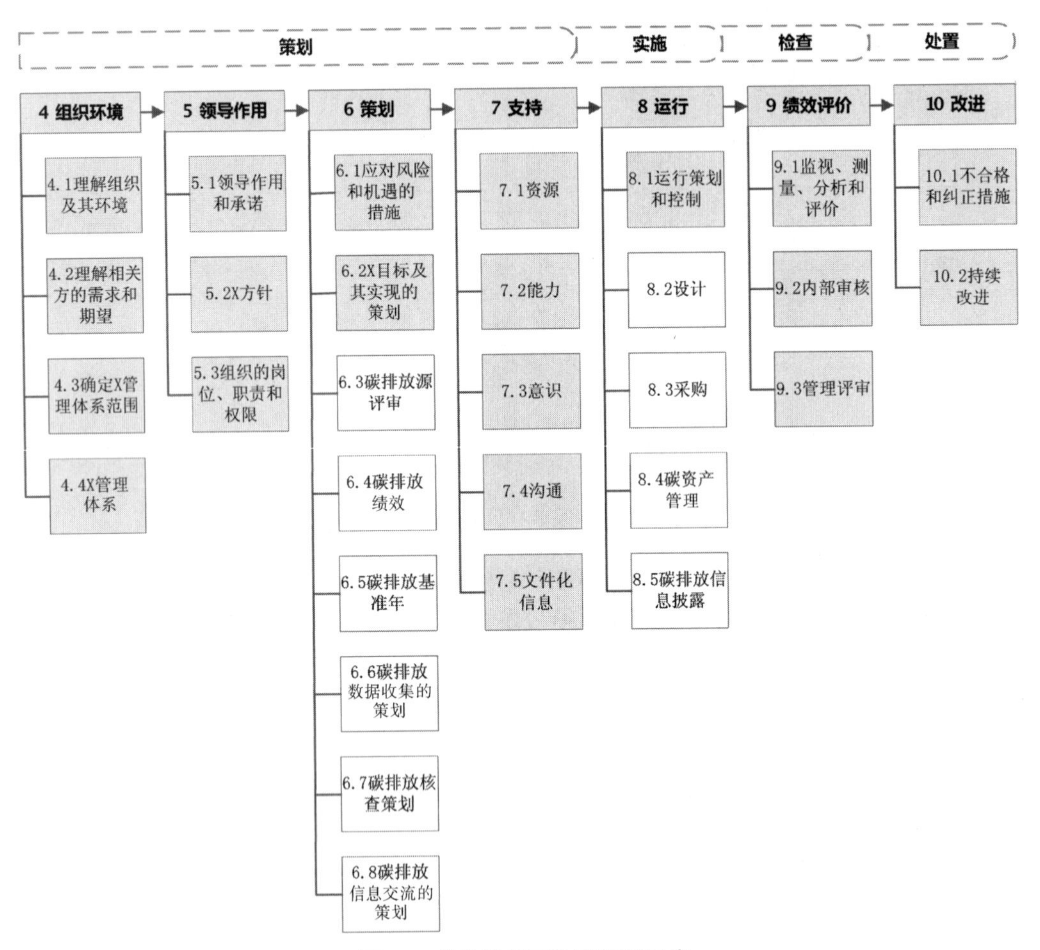

图 48　碳排放管理体系框架示意

按照“共性共通、个性互补”的原则，相同的要素合并，相近的要素融合，不同的要素各自独立保留，以质量管理体系为基础，开展体系整合的构建工作。通过前期准备、明确职责、梳理文件、优化审核、管理评审等工作，实现一体化管理体系的系统构建。

13.3.3.2　管理体系的差异点

ISO 9001:2015、ISO 14001:2015、ISO 50001:2018 和 T/GDES 2030—2021 管理体系的差异点如表 86 所示。

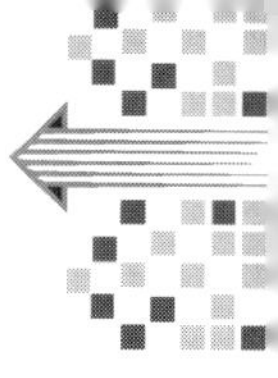

表 86　管理体系的差异点

差异点	ISO 9001：2015	ISO 14001：2015	ISO 50001：2018	T/GDES 2030—2021
管理体系的目的、对象和适用范围不同	针对产品质量进行过程控制，满足顾客要求并不断提高顾客满意度	规范组织的环境行为，实现环境保护，体现社会责任	提高能源使用效率，降低能源消耗	规范组织的碳排放行为，降低碳排放强度和碳排放量
过程控制的切入点不同	从过程控制入手，将管理体系分为管理职责、资源管理、产品实现、测量分析和改进四大过程，按顺序进行系统控制	从环境因素识别和分析切入进行风险控制，建立、运行、改进管理体系	从能源使用、能源消耗的识别和分析切入进行过程管控，提高能源利用效率，实现能源目标，建立、运行、改进管理体系	从碳排放源识别切入，进行过程管控，提高碳排放量，实现碳排放目标，建立、运行、改进管理体系
覆盖范围不同	主要涉及与产品有关的生产环节的各个部门、活动	涉及产品、活动、服务与所有场所、人员和设施	涉及产品、活动、服务与所有场所和设施	涉及产品、活动、服务与所有场所和设施
管理体系具体内容上存在差异	首先，标准条款内容上有区别。另外，不同行业和企业因不同的生产特性、设备设施、业务组织、相关资源等，具体管理体系的要素内容、成文信息、具体要求等方面存在一定的差异			

13.3.3.3　管理体系的相同点

在本书的第一编和第二编，论述了质量管理体系理论方法，碳排放管理体系标准 T/GDES 2030—2021，以及同 ISO 9001:2015、ISO 14001:2015 和 ISO 50001:2018 的对比。ISO 9000 系列标准确立的“七项质量管理原则”和“基本概念”，是建立质量管理体系的理论依据。ISO 14001:2015 标准和 ISO 50001:2018 标准都声称遵循共同的管理体系原则并保持与 ISO 9001 标准的相容性。因此，七项管理原则和基本概念也是一体化管理体系的理论基础。

质量、环境、能源、碳排放管理体系在企业中原本就是结合在一起的，只不过是人们考虑到专业特点而把它们分开。实际上管理的分工主要在于上层，而操作层是融合在一起的，任何管理体系的运作和控制没有操作层的参与就不能实现。

质量、环境、能源、碳排放管理体系的逻辑思维一致，都采用了过程方法，运用了 PDCA 循环，即按 PDCA 循环法则建立、维持管理体系并改进其有效性。P（plan）是策划，D（do）是实施或者行动，C（check）是检查，A（act）是改进。其运行模

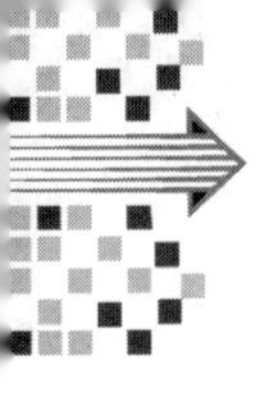

式提供了一个从制定方针目标、策划、产品实现和运行到监视和测量以及持续改进的系统框架，如图 49 所示。

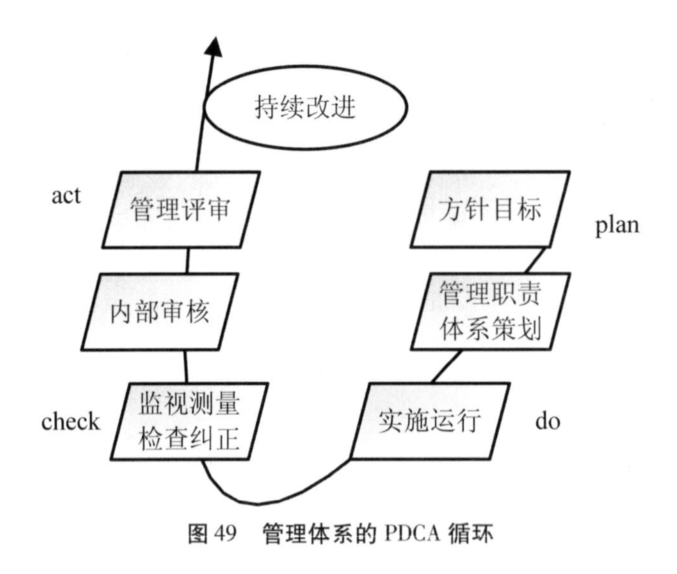

图 49　管理体系的 PDCA 循环

ISO 开发了国际标准文本的高层结构，统一了标准框架、章节顺序、常用术语等，见第 2 章，为组织将建立的多标准管理体系整合成一体化管理体系创造了条件。

ISO 9001:2015、ISO 14001:2015、ISO 50001:2018 和 T/GDES 2030—2021 的共性要求有：制定方针、目标，进行体系策划；要求管理体系文件化，并对文件进行控制；遵守适用的法规和其他要求；强调组织应规定各岗位的职责和权限；强调交流沟通的重要性；强调人员能力，提供培训；对过程和绩效进行监视和测量；对不符合进行控制，采取纠正和预防措施；采用内审和管理评审方法评价体系的有效性、适宜性和充分性；提出持续改进要求。

在经济全球化的今天，风险无处不在。所有企业都面临着不同类型的风险，诸如市场风险、经营风险、质量风险、信用风险和法律风险，这些风险威胁着企业的绩效，阻碍了企业的发展。而 ISO 管理体系标准包含了一些用来管理风险的工具。如 ISO 9001 标准提供了管理经营风险和质量风险的框架，ISO 14001:2015、ISO 50001:2018 和 T/GDES 2030—2021 标准为解决特定的风险指明了清晰的路径，这些都可以用来应对企业经营中的不确定因素，如表 87 所示。

表 87　各管理体系风险管理模式

管理体系标准	风险影响因素	风险类别	风险控制
ISO 9001:2015	过程对产品的符合性	质量风险	监视、测量、纠正、改进
	“外包”过程对组织提供满足要求的产品的能力的潜在影响	经营风险	外部供应商控制

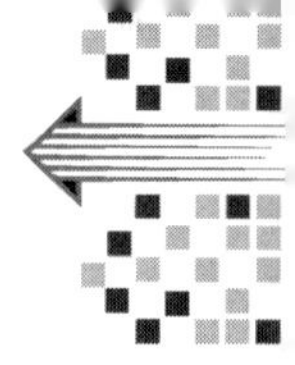

续表

管理体系标准	风险影响因素	风险类别	风险控制
ISO 14001:2015	“水、气、声、渣”各类环境因素和资源消耗的识别与评价	环境风险	目标、管理方案、运行程序、应急准备与响应
ISO 50001:2018	物理的、化学的、生物的各类危害因素与人的活动导致的危险源	能源风险	目标、管理方案、运行程序、应急准备与响应
T/GDES 2030—2021	碳排放因素和碳排放源的识别与评价	碳排放风险	目标、管理方案、运行程序、应急准备与响应

13.4　整合步骤

13.4.1　管理体系建立步骤

建立、实施、保持和持续改进管理体系的方法有8个步骤，采用这些步骤可以增加顾客和其他相关方的满意度并使组织成功。这8个步骤反映了体系运行的PDCA循环法则，具体如下：①确定顾客和其他相关方的需求和期望；②建立方针和目标；③确定过程和职责；④提供资源和信息；⑤规定程序和方法；⑥测量过程的有效性和效率；⑦为防止不合格所采取的纠正和预防措施；⑧持续改进。

13.4.2　企业管理体系整合步骤

13.4.2.1　成立体系整合小组，提供组织保障

首先应对组织机构进行整合，因此需要抽调相关专业科室中有一定专业知识又懂体系标准的人员，率先成立体系整合推进小组。体系整合推进小组在企业管理体系构建阶段牵头组织协调了企业管理体系的建立、试运行、协调和监督管理，在管理体系正常运行后负责体系标准的归口管理、文件管理、专项审核、管理评审、内部审核等，统一部署相关业务工作。

13.4.2.2　培训先行，建立内审员队伍

以自学为主，推进小组成员对照标准条款，制订周学习计划，提交学习笔记；每周一考，由辅导老师出题，根据每名成员不同的学习进度进行笔试；每周小组活动时，邀请体系工程师解读标准条款，组织小组成员讨论学习；每名成员在日常工作中结合实际工作，根据条款对应的实际工作，再次学习标准。

13.4.2.3　管理方针，目标整合

在进行多管理体系之间的整合时，除了实现文件制度的整合外，还实现了管理方针、目标的整合。依据一体化管理的理念和方法，将方针、目标整合成为了一个协调、统一的企业一体化管理的方针，并与生产经营工作密切结合。同时，将管理体系

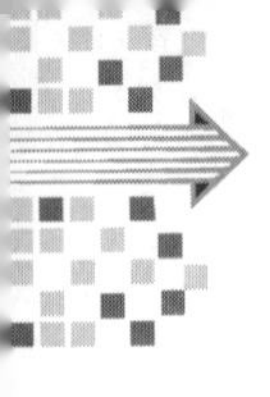

目标的指标逐级分解落实，形成了完整的目标责任体系。

13.4.2.4　对标分析找差距，夯实基础管理

一是对照标准条款找差距。在体系整合初期，企业让各相关部门对照“体系标准条款”逐条进行分析，找到各体系在实际运行中与标准要求之间的差距，查找标准、输入、输出和过程4个方面存在的问题，从标准未全部落实、对标准理解不透彻、输入内容不全面、输入内容不准确、输出项目不准确、输出内容无跟踪、责任不清晰、责任者未管理等方面梳理出问题。

二是对照日常业务流程找差距。根据体系差距分析输出的问题，企业发动各相关部门对体系核心程序文件开展流程梳理优化活动、程序文件评审工作。

13.4.2.5　识别共用文件和个性文件

围绕组织业务主流程，企业充分考虑程序文件的可行性和可操作性，合并多余的文件、增加体系需要的文件；充分满足各个标准的原则，程序文件尽可能精简，最大限度地兼容管理要求；将各标准中的条款控制程序文件进行完全整合，如文件控制、记录控制、法律法规和其他要求、方针目标及管理方案、信息交流、管理评审、培训、内审、监测和测量、数据分析等条款。

13.4.2.6　编制整合的管理手册

企业管理手册是基于国内外先进的管理体系的基本要求、企业客户的特殊要求及企业的各项要求，结合企业的中长期战略对企业管理体系进行的综合性整体策划，并对体系的实施、维护与改进提出了明确要求及指南。该管理手册融合了各先进管理体系的要求，实际运作适宜有效，并可以推广复制。

13.4.2.7　发布、贯标体系文件

完成体系文件的发布，并由体系整合小组进行各个部门的贯标工作。宣贯工作分两步走：一是由整合小组成员讲解宣贯，重点宣传体系整合的目的和意义，以及整合后管理手册编写的框架和思路及主要变化内容；二是组织各相关部门自学，并将发现的问题集中汇总到整合小组，由整合小组统一答疑，使其尽快熟悉和掌握新版体系文件的内容和要求并遵照执行。

13.4.2.8　定期评估，持续改进

为保证整合后的管理体系顺畅运行并能够持续改进、持续提高其符合性和有效性，企业采用过程方法，结合PDCA循环和基于风险的思维，自整合管理体系发布实施后，始终坚持“切实落地”的思想推进落实体系工作，始终致力于对各体系有效运行的持续监控：开展内部审核，包括对照程序文件审核所有管理过程，进行文件监测，每年全覆盖。

14　体系策划

14.1　策划理论和方法

14.1.1　策划理论

企业管理体系一体化的模型如图 50 所示，由方针和策划、信息提供、改进、保证、评价、人员和组织 6 个要素组成。人员和组织要素是管理体系的最基本要素，而方针和策划、信息提供、改进、保证要素构成了一体化管理体系的关键过程，评价则是为了比较、分析、纠正和改进，以此链接基本要素和关键过程要素。要素内容如表 88 所示。

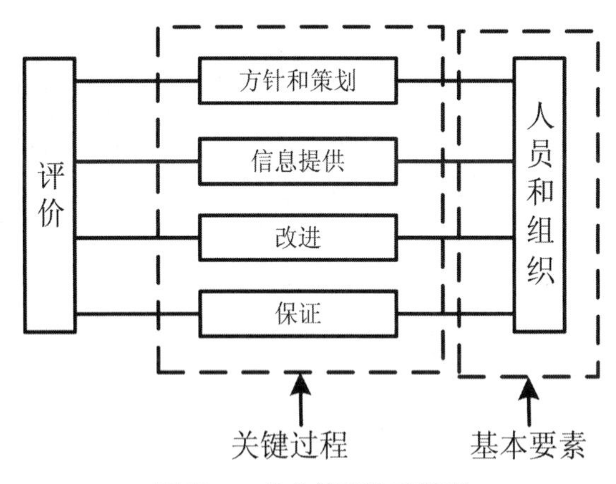

图 50　一体化管理体系模型

表 88　一体化管理体系要素的内容

要 素	详细内容
方针和策划	寻找相关方的领域、与已有体系的接口，整理相关团体的需求，制定方针和目标，确定活动方案并制订计划，确定资源
信息提供	确定所需信息，测量具体参数，收集信息；文件控制，信息交流
改进	识别改进的过程和活动，确定改进方案，制订并执行改进计划
保证	识别需求和保证的活动，制订并实施保证措施
评价	比较信息与需求，确认并评审反馈结果，确定并实施纠正措施
人员和组织	激励并支持职工；保持竞争能力，安排工作任务；明确职责和权限，保持资源的获得

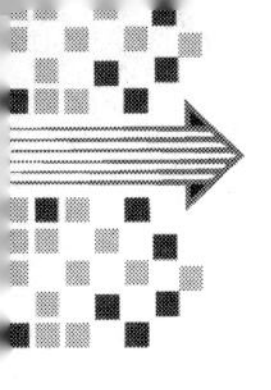

管理体系策划是一项战略性、管理性策划，考虑的是体系的整体需求。策划内容包括健全组织机构，配齐资源，确定过程及其相互关系，提出目标和保证措施。

策划阶段是建立管理体系的启动阶段，其主要任务是根据组织的特点通过策划确定方针、目标、管理方案和运行措施。

企业在进行具体管理体系整合时，首先基于风险与机遇的思维，识别、确定整合的范围，还要识别企业内外部环境、理解相关方的需求和期望，并考虑相应标准的特定要求，保持职责权限、资源、方法、活动等的成文信息的一致性。

管理体系整合后的框架内容一般包括：识别组织的环境、综合的方针目标、统一的管理职能、共用的体系文件、过程的总体策划、综合的风险评价、统一协调的运行与监测、同步实施的体系评价与改进8个方面的内容。

整合后的企业管理体系具有兼容性、系统性、预防性、扩展性、可操作性、可追溯性等特点。

14.1.2 过程方法

企业应将过程方法始终贯穿于企业管理体系的整合活动：识别管理体系的过程及其应用，确定过程的顺序和相互作用，确定所需的准则和方法；对生产和服务提供过程所涉及的质量特性、环境因素、危险源、能源使用、碳排放以及相应的风险进行识别、评价和控制，实现管理体系预期的结果；保持管理体系成文信息之间的协调性和针对性。对策和目标、过程和结果之间形成了严密的因果对应关系，如图51所示。

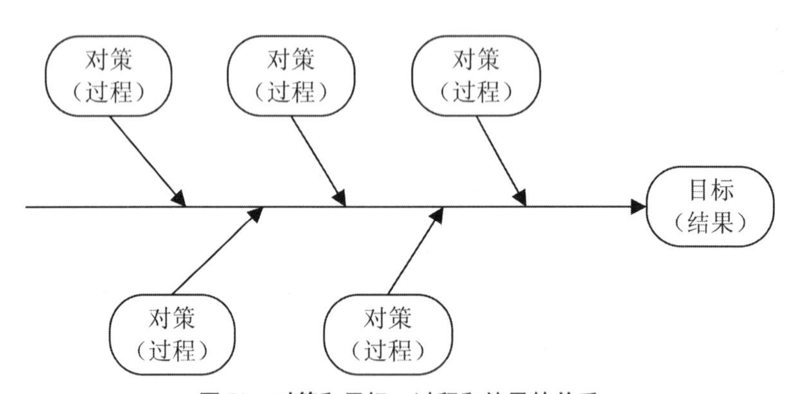

图51　对策和目标、过程和结果的关系

将过程方法用于管理体系，是运用PDCA循环方法系统地管理各种管理体系所需过程。识别和确定管理体系所需过程，主要包括管理活动策划、资源支撑、产品和服务实现、监视测量、分析评价、改进等有关的过程，如图52所示。

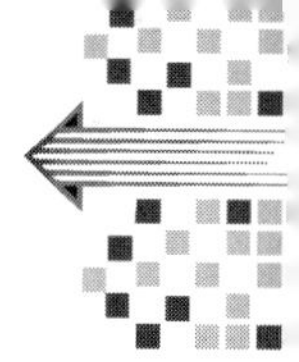

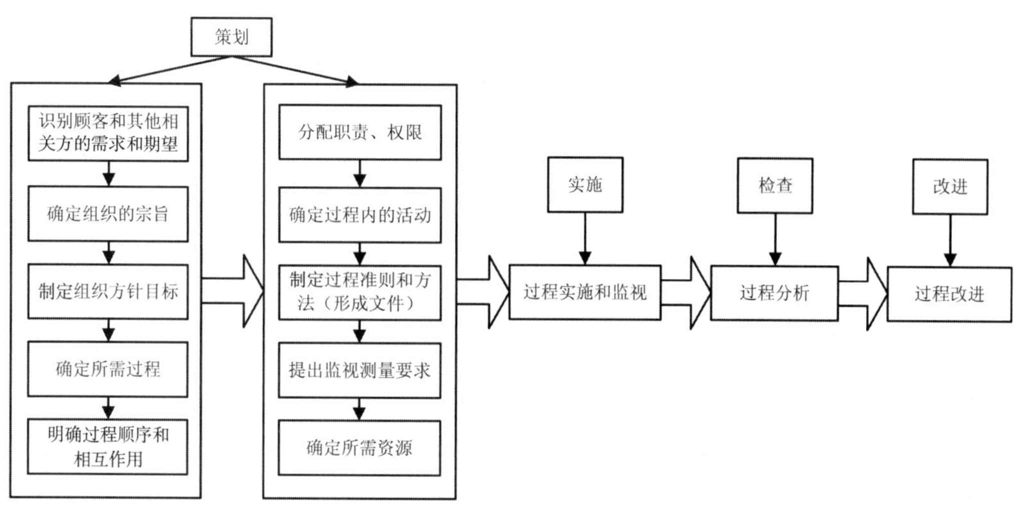

图 52　管理体系过程方法

14.1.3　方针目标

方针是由组织的最高管理者正式发布的该组织的宗旨和方向，目标是组织所追求的目的。方针为建立和评审目标提供了框架，目标是可测量的，如图 53 所示。

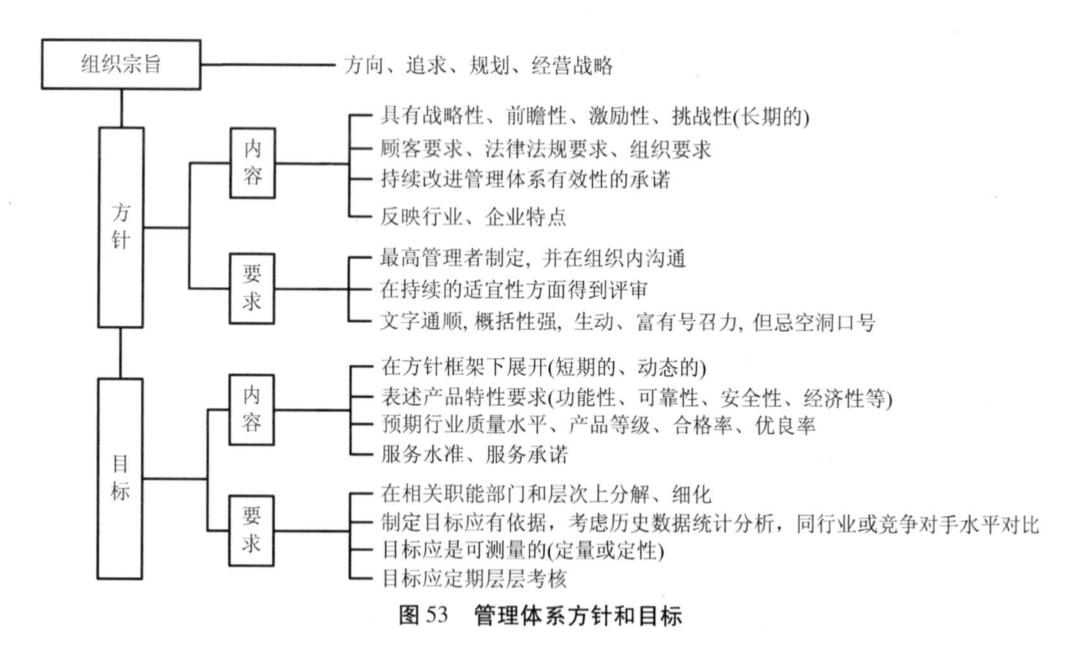

图 53　管理体系方针和目标

最高管理者运用管理原则，通过领导活动及各种措施，可以创造一个员工充分参与的内部环境，确保管理体系的有效运行。最高管理者在管理体系中的作用如图 54 所示。

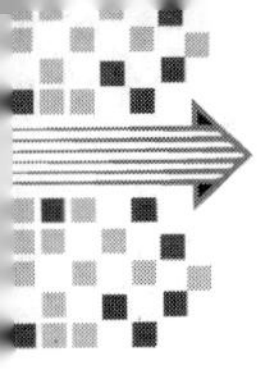

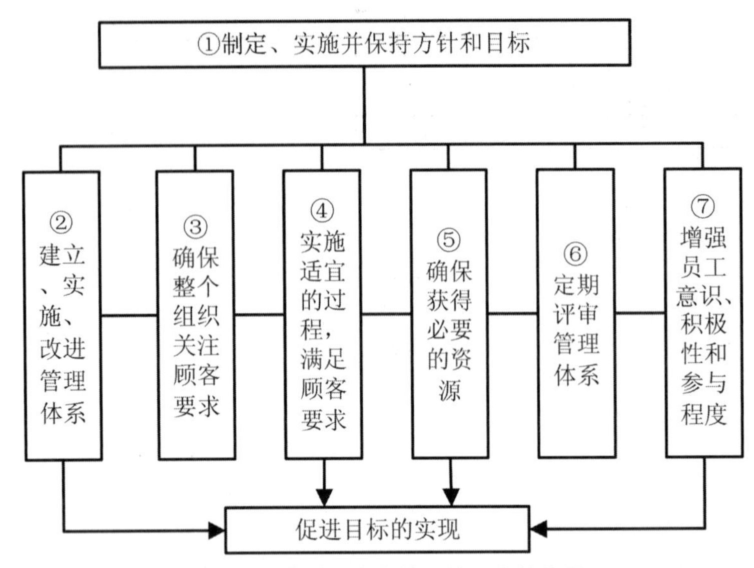

图 54　最高管理者在管理体系中的作用

根据标准要求，组织应在方针提供的框架内，在组织内部每一个有关职能和层次上，建立并保持目标。管理方针、目标和保证目标实现的措施之间的相互关系如图55所示。

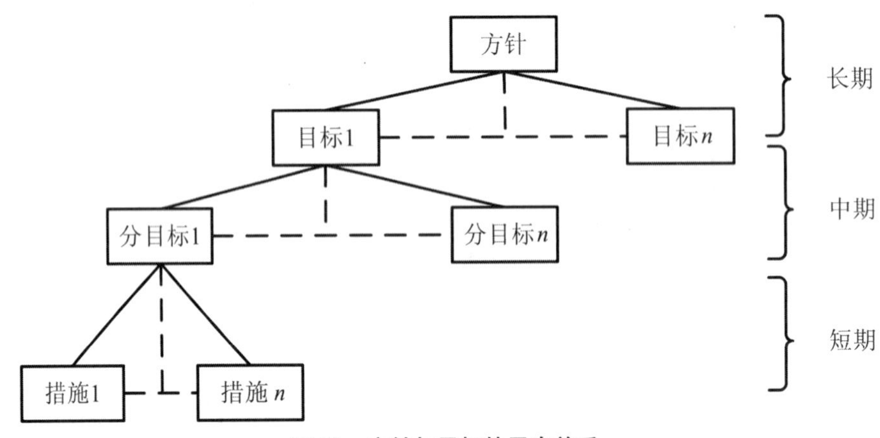

图 55　方针与目标的层次关系

目标的建立，既可以适用于整个组织，也可以适用于组织内的某个部门或活动。因此，目标可以在组织的不同职能和层次上建立。目标的层次关系如图 56 所示。

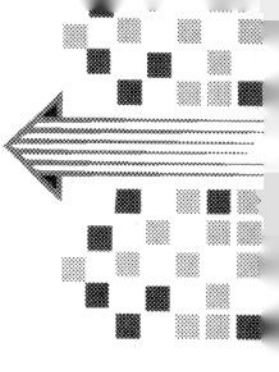

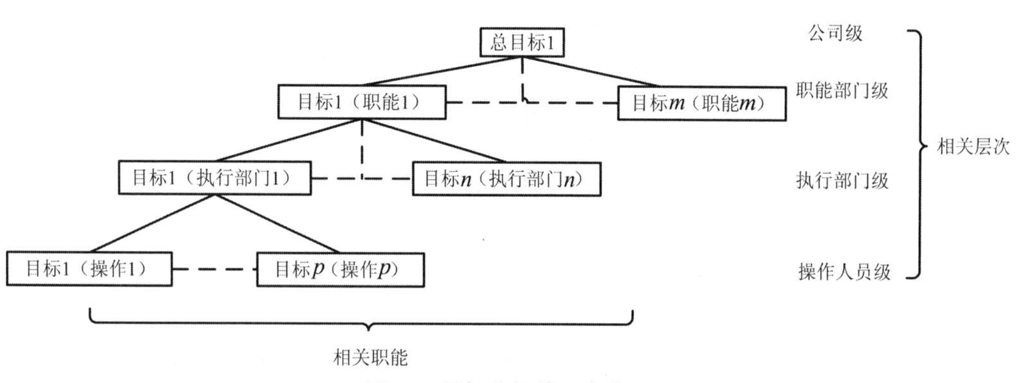

图56　目标分解的层次关系

14.1.4　运行措施

依据ISO管理体系的特点，结合ISO 9001、ISO 14001、ISO 50001和T/GDES 2030等标准实施的做法和经验，管理体系建立、实施、保持和持续改进的步骤一般包括：前期工作，初始评审，识别和评价相关因素，建立方针、目标和指标，职责分配和资源管理，编制体系文件，实施体系，内部审核，管理评审等步骤，如图57所示。

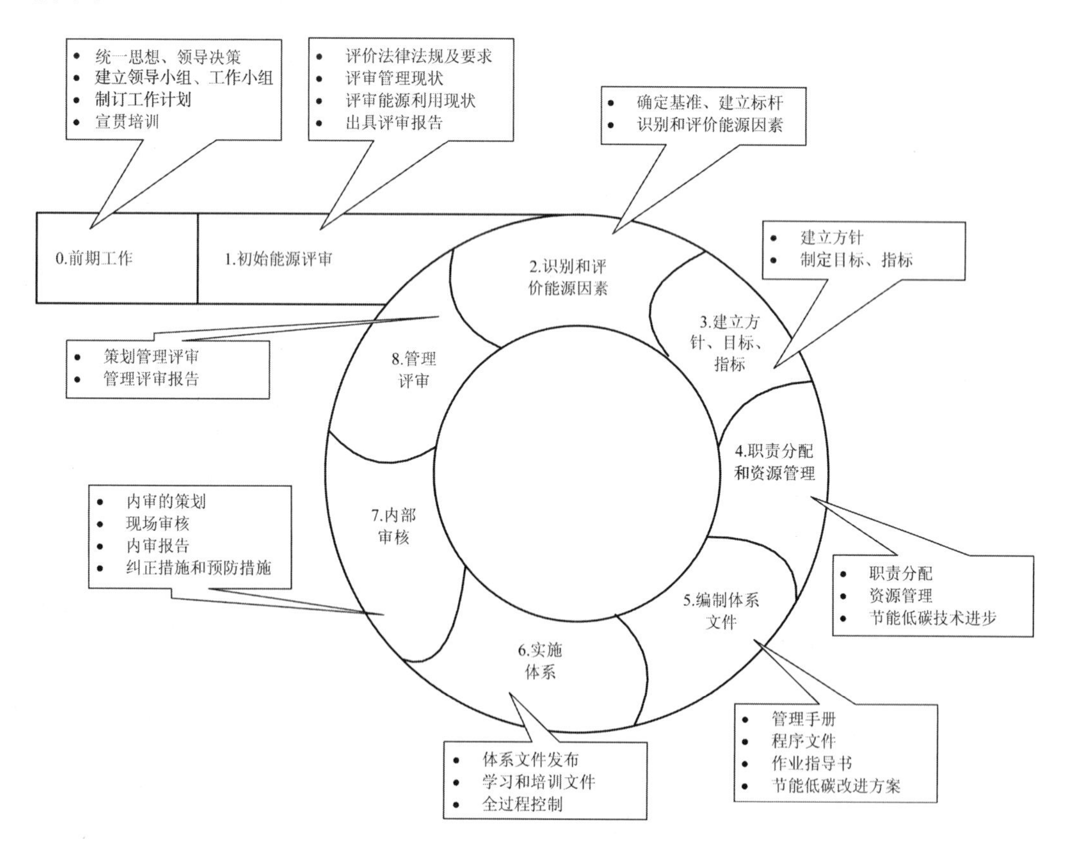

图57　管理体系运行步骤

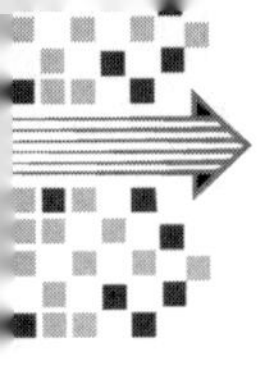

前期工作主要包括领导决策、建立领导小组和工作小组、制订工作计划、宣贯培训 4 个方面的主要工作，如表 89 所示。初始评审，识别和评价相关因素，建立方针、目标和指标，职责分配和资源管理，见第 14.2 ～ 14.5 节。编制体系文件和实施体系见第 15 ～ 16 章，内部审核和管理评审见第 17 章。

表 89　管理体系建立前期的工作任务和工作内容

序号	任务	主要工作内容
1	领导决策	统一思想，最高管理者确定建立体系
2		确定能源管理体系建立的范围
3		管理承诺
4	建立领导小组和工作小组	建立领导小组，负责体系建立实施的决策和协调；由最高管理者和部门负责人组成
5		建立工作小组，负责体系策划阶段的组织和实施；由企业管理人员和专业人员组成
6	制订工作计划	工作内容：PDCA 各阶段、过程的内容
7		进度：每个过程完成的期限
8		参与部门：各过程参与的部门人员及其职责
9		负责人：由谁总负责
10	宣贯培训	培训目的：传达意图和决策
11		培训对象：领导层、管理层、内审员及关键岗位
12		培训内容：体系标准内容、初始评审内容、体系建立的目的和初步计划

依据 T/GDES 2030—2021 标准建立碳排放管理体系时，需要按照以上管理体系运行步骤，根据企业实际建立和运行的管理体系现状，制订碳排放管理体系的运行方案。如表 90 所示，结合企业现有的管理基础，列举了碳排放管理体系运行方案及其运行特点。

表 90　碳排放管理体系运行方案分类及其运行特点

序号	现有基础	实施方案	运行特点
1	—	碳排放核算管理方案	开展碳排放核算制度和机制
2	质量管理体系	碳排放管理方案	建立量化碳排放制度和机制，实施碳排放的过程控制
3	质量管理体系，环境管理体系	碳排放和环境管理方案	建立量化碳排放制度和机制，实施碳排放的过程控制
4	质量管理体系，能源管理体系	碳排放和能源管理方案	建立量化碳排放制度和机制，实施碳排放的过程控制

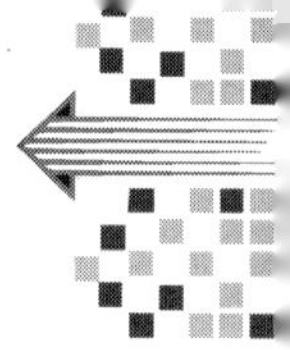

续表

序号	现有基础	实施方案	运行特点
5	质量管理体系，环境管理体系，能源管理体系	碳排放和能源及环境管理方案	建立量化碳排放制度和机制，实施碳排放的过程控制
6	质量管理体系，能源管理体系，环境管理体系	碳中和管理方案	建立量化碳排放制度和机制，在实施碳排放的过程控制基础上，进行低碳设计，开展碳排放交易和碳资产管理，通过源头控制碳排放，推行碳中和活动

14.2 初始评审

14.2.1 法律法规和其他要求评价

按照ISO高层结构4.1理解组织及其环境条款，需要识别适用的法律法规及要求，掌握目前企业遵守法律法规的情况，为企业评价质量、环境、能源和碳排放等因素，制定相应的目标和指标等一系列活动的策划提供依据。

在范围方面，法律法规和其他要求的识别和收集应覆盖本单位全部的质量、环境、能源和碳排放管理活动。

在程序上，主要包括收集和获取、识别和评价、传递和更新等内容，例如规定收集范围、频次、方法及部门的职责，识别出适用于企业的具体条款，并按照具体内容检查企业的遵法情况，确保人员知道并遵守，做到及时更新。

14.2.2 能源管理现状评审

评审组织能源管理现状，首先要评审能源管理制度，然后评审能源管理现状。

在评审能源管理制度方面，首先是符合性，对照标准评审制度文件与标准要求的符合性，找出在能源管理制度方面与标准要求的差距。其次是一致性，评价制度文件之间的一致性，也就是文件和文件之间的系统性。然后是可操作性，对文件进行5W1H分析，即从原因（何因Why）、对象（何事What）、地点（何地Where）、时间（何时When）、人员（何人Who）、方法（何法How）6个方面进行可操作性分析。最后是适宜性，对文件的适用性、更新性、可达到性进行评价。

在评审能源管理现状方面，主要评审方针目标、组织机构、能源利用管理过程、能源计量、能源统计、节能技术和管理系统这7个方面，如表91所示。

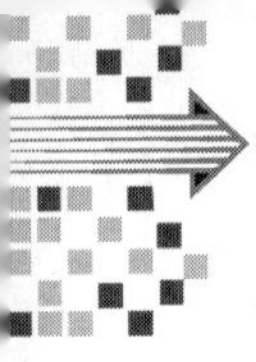

表 91　能源管理现状评审

序号	项目		内容
1	方针目标		能源方针是否符合法律法规要求； 能源方针能否为目标指标提供依据； 能源目标、指标是否为定量的
2	组织机构		是否适应能源管理体系标准的需求； 是否设置了主管部门； 各部门、各岗位人员的职责是否明确； 组织机构制度是否得到了落实和开展
3	能源利用管理过程	评审能源采购及输入管理	是否合理选择能源供方； 能源采购合同是否全面规范； 购入能源的计量是否全面准确； 能源质量的检测及核查是否符合规定； 贮存管理是否合理
4		评审能源转换管理	是否明确保持设备的经济运行状态的参数； 是否制定操作规程并严格执行； 是否定期测定设备的效率并确定最低基限； 是否制定并执行检修规程和检修验收条件； 是否制定并执行转换设备与其他设备和环节的运行调度规程
5		评审能源分配和传输管理	是否明确参数并制定管理文件； 是否合理分配传输系统布局，是否合理调度； 是否对输配管线定期巡查，测定损耗； 对部门用能是否准确计量，建立台帐定期统计； 与其他环节的沟通交流是否充分
6		评审能源使用管理	是否合理安排工艺过程，充分利用余能； 是否通过优化参数、加强监测调控等方法来降低能耗； 是否规定设备运行状态和参数，是否严格执行操作规程并加强维护检修； 是否合理制定能源指标并层层分解落实； 是否对实际用能量进行计量、统计和核算； 是否对能源指标完成情况进行考核和奖惩，是否对能源指标进行及时修订

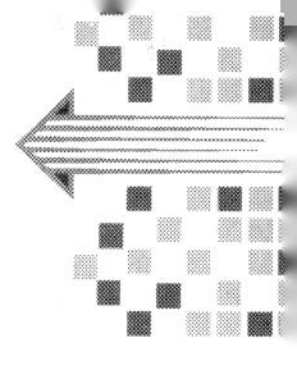

续表

序号	项目		内容
7	能源计量	评审能源计量范围	是否涵盖3个层次的3种状态用能单位、次级用能单位以及用能设备的输入、输出、使用
8		评审能源计量器具的配置	是否达到了GB 17167要求； 是否满足分类计量； 是否满足分级分项考核； 是否满足能源检测的需要； 是否配备自查用便携式仪器
9		评审能源计量器具的管理	查看能源计量器具管理制度； 查看能源计量器具一览表； 查看能源计量器具档案； 查看能源计量器具检定、校准和维修人员的资质； 查看能源计量器具是否有专人管理
10	能源统计	评审能源供入量统计状况	查看各种能源记录的统计是否合理全面
11		评审能源加工转换统计状况	生产的二次能源和耗能工质的数量； 生产二次能源所消耗的数量； 生产的二次能源的相关参数记录
12		评审能源输送分配统计状况	液态、气态能源的管道输送； 电能输配； 固态能源输送
13	节能技术		是否建立节能技术进步机制、渠道、方法； 对采用的新技术是否进行可行性研究； 是否制订实施计划； 方案实施后是否进行效果评价
14	管理系统		判断自身的现有能源管理系统是否具有持续改进性； 是否出现问题及时分析，并采取措施； 自身系统是否有效

14.2.3 能源利用现状评审

评审能源利用现状，主要包括能源平衡、能源效率、能源指标和能源成本这4个方面，如表92所示。

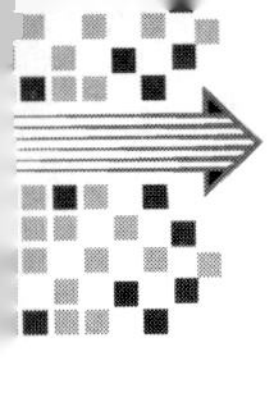

表 92　能源利用现状评审

序号	项目		内容
1	能源平衡		根据热力学第一定律，对一个系统输入、输出及损失能量建立平衡关系；原理公式：输入能量 = 输出能量 + 损失能量
2	能源效率	统计	设备或环节供入能量、有效能量、损失能量的统计数据；设备或环节参数的设定及运行情况；核实资料的准确性和完整性
		测试	工业锅炉；工业窑炉；泵、风机；电力变压器；蒸汽加热设备；电焊设备；照明系统；火焰加热炉；其他
3	能耗指标	核算能耗指标	确定能源消耗量；核定产品产量；计算综合能耗指标
4	能源成本	能源成本分析	总能源费用的计算；单位产品能源成本

14.2.4　环境管理现状评审

初始环境评审是公司明确环境管理现状的一种手段，是对公司现有的环境问题、环境因素、环境影响、环境行为和有关管理活动进行的初始综合分析。通过调查研究，准确描述公司在环境管理方面的现状，为公司按 ISO 14001 标准建立环境管理体系提供依据，为公司制定环境方针、环境目标、指标及管理方案提供基础依据。

初始环境评审主要涉及三大内容：环境因素的识别与评价；收集适用的环境法律法规及其他要求，并进行相关条款的评审；评审现有管理制度。

环境因素识别的范围是组织的活动、产品和服务中能够控制和可施加影响的环境因素，并应考虑下述情况（如图 58 所示）：

3 种状态，即正常（正常运作）、异常（安装、检修、开机、停机、停电）、紧急（意外泄漏、爆炸、坍塌、雷击、火灾、事故、设备故障）。

3 种时态（过去、现在、将来），如可能，可从产品生命周期角度扩大识别范围和时段。

8 种类型，包括向大气排放、向水体排放、向土地排放、原材料和自然资源使用、能源使用、能量释放（如热、辐射、振动）、废物和副产品、物理特性（如大小、形状、颜色、外观等）。

对于已纳入计划的新开发或修改项目，应识别或预测潜在的环境因素。

所谓“可施加影响的环境因素”，主要指承包方或外供方提供给组织的产品或服务中可标识的环境因素。

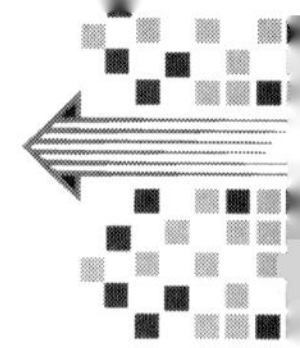

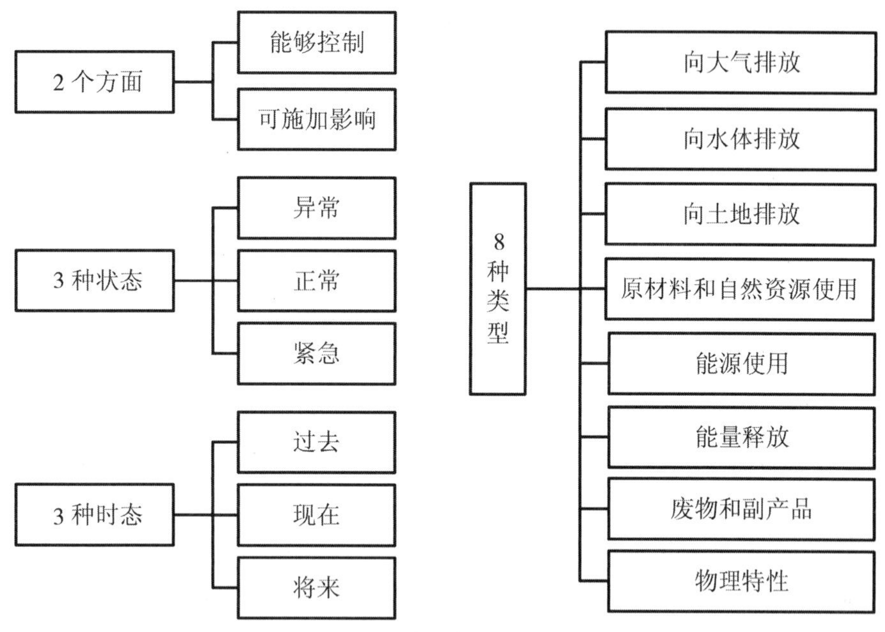

图 58　识别环境因素时应考虑的情况

所谓“能够控制的环境因素”，是指组织自行运用行政、经济手段进行管理、控制的环境因素。

所谓“重要环境因素”，就是对环境能够产生重大影响的环境因素。

收集适用的环境法律法规及其他要求，并进行相关条款的评审，参见第 14.2.1 节内容。

评审现有管理制度的内容主要包括环境管理机构与职责，环境管理相关文件，环境管理现状，事故、处罚与不符合，与 ISO 14001 的差距，以及努力的方向。

14.2.5　碳排放管理现状评审

初始碳排放评审是公司明确碳排放管理现状的一种手段，是对公司现有的碳排放管理制度、碳排放管理现状和有关管理活动进行的初始综合分析。通过调查研究，准确描述公司在碳排放管理方面的现状，为公司按 T/GDES 2030 标准建立碳排放管理体系提供依据，为公司制定碳排放方针、碳排放目标、指标及管理方案提供基础依据。

初始碳排放评审主要涉及三大内容：法律法规和其他要求；碳排放管理现状；现有管理制度。

法律法规和其他要求评价，参见第 14.2.1 节内容。主要涉及全国碳排放权交易市场、省市碳排放权交易市场的政策文件，有关应对气候变化的国际公约，以及产品和服务目标市场准入的有关碳排放的要求。

碳排放管理现状评审的内容主要包括方针目标、组织机构、碳排放源、碳排放统

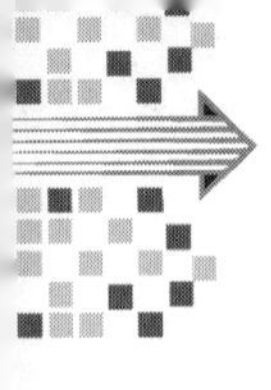

计、碳排放核算、减碳技术和管理系统等方面。

现有管理制度评审的内容主要包括碳排放管理机构与职责，碳排放管理相关文件，与 T/GDES 2030 的差距，以及努力的方向。

14.3 识别和评价相关因素

14.3.1 环境因素

通过对公司活动、产品或服务运行的相关外在环境进行环境影响分析，识别出活动、产品和服务中出现的或潜在的环境因素，并通过对这些环境因素进行评价，确定出重要环境因素，制定目标、指标及管理方案。

环境是组织运行活动的外部存在，包括空气、水、土地、自然资源、植物、动物、人，以及它们之间的相互关系。环境因素是一个组织的活动、产品或服务中能与环境发生相互作用的要素。相关方是关注组织的环境绩效或受其环境绩效影响的个人或团体。环境影响是指全部或部分地由组织的活动、产品或服务给环境造成的任何有害或有益的变化。

在职责方面，涉及 4 个方面的责任主体。识别和评价环境因素时，管理体系的管理者代表负责确认和批准重要环境因素。管理体系的牵头部门负责环境因素和重要环境因素识别的汇总、登记、核定，并组织对公司环境因素的评价工作。各部门是具体环境因素和重要环境因素的控制部门，负责识别本单位的环境因素，并参与全公司的环境因素评价工作。相关方负责各自活动中环境因素的识别和评价工作。

在识别范围方面，全公司各部门、关联公司在生产、经营、管理、服务等各项活动中涉及所有环境，以及所有能造成环境影响的环境因素。相关方提供的产品和服务中涉及可标识的环境因素。

在识别要求方面，识别环境因素要把握 2 个方面、3 种时态、3 种状态、8 种类型，如图 58 所示。

在识别方法方面，可使用调查法、现场观察法、排查法、过程分析法、物料衡算法等一种或几种方法。

评价流程见图 59 的示例。排查为环境因素排查，如表 93 所示。环境因素评价如表 94 所示。环境因素清单如表 95 所示。

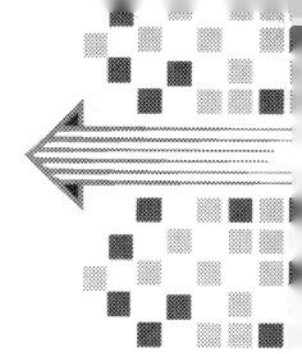

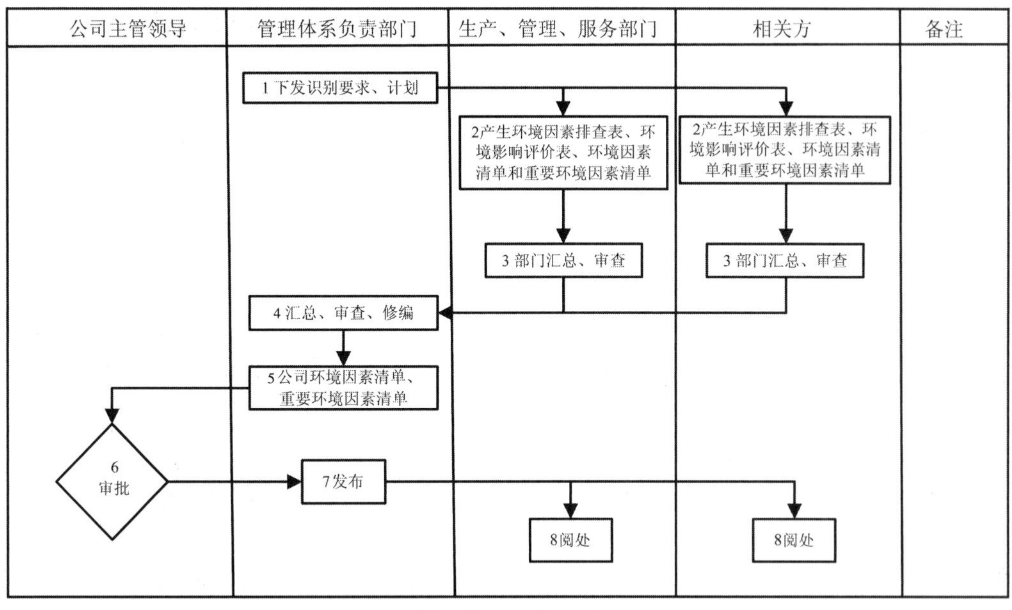

图 59　环境因素识别与评价工作流程

表 93　环境因素排查

序号	过程类别	环境因素	状态			时态			环境影响								影响程度			
			正常	异常	紧急	过去	现在	将来	水体	大气	噪声	固废	社区	土地	资源	安全	严重	较重	一般	轻微
1	冲压工序	冲压设备产生噪声排放	√	—	—	—	√	—	—	—	√	—	—	—	—	—	—	√	—	—
2	设备维修	设备维修产生油污排放	—	√	—	—	√	—	—	—	—	—	—	√	—	—	—	—	—	√

表 94　环境因素评价

序号	环境因素	涉及部门	影响范围			发生概率			影响程度			社区关注度			产值消耗量			可节约程度			评价结果	
			超出社区	周围地区	厂界内	持续	间断	偶然	严重	一般	轻微	强烈	一般	不关注	大	中	小	加强管理	改进工艺	很难节约	重要	一般
1	冲压设备噪声排放	冲压车间	—	—	√	—	√	—	√	—	—	—	√	—	—	—	—	—	—	—	√	—

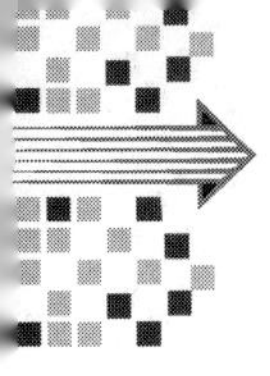

续表

序号	环境因素	涉及部门	影响范围			发生概率			影响程度			社区关注度			产值消耗量			可节约程度			评价结果	
			超出社区	周围地区	厂界内	持续	间断	偶然	严重	一般	轻微	强烈	一般	不关注	大	中	小	加强管理	改进工艺	很难节约	重要	一般
2	设备维修污染排放	钣金车间	—	√	—	—	—	√	—	—	√	—	—	√	—	—	—	—	—	—	—	√

表 95　环境因素清单

序号	活动过程	环境因素	环境影响								评价结果		控制方法	
			水体	大气	噪声	固废	社区	土地	资源	安全	重要	一般	管理方案	控制程序
1	钣金车间冲压及喷涂	噪声排放	—	—	√	—	—	—	—	—	√	—	—	√
2	设备维修	油污排放	—	—	—	—	—	√	—	—	—	√	√	—

14.3.2　能源因素

14.3.2.1　能源绩效参数和能源基准与能源绩效的关系

能源绩效参数的主要作用是量化整个组织或其不同部分的能源绩效。能源基准的主要作用是比较一段时间内的能源绩效并量化能源绩效的变化。

能源绩效参数的确定和能源基准的建立是组织能源管理体系策划过程的重要环节，确认组织所建立的能源基准和能源绩效参数的适宜性，是能源管理体系认证审核的重要内容之一，是认证机构评价组织能源管理体系建立和运行有效性的重要方面。

在体系策划过程中，组织通过能源评审获得与能源绩效相关的信息，考虑能源使用的基本特征和使用需求，选择适当的能源绩效参数类型，确定适用的能源绩效参数，继而使用基准期内所收集的数据建立相应的能源基准。

在体系运行过程中，通过比较能源绩效参数的测量值和能源基准，评估能源绩效的变化情况，同时评价能源绩效参数和能源基准是否适用。

能源绩效参数能提供能源绩效的信息，有助于组织的不同部门理解能源绩效并采取措施进行改进。为满足不同层次的要求，可在设备设施、过程、系统层面建立并使用能源绩效参数。能源基准是基准期内能源绩效参数的数值，用来确定基准期内的能

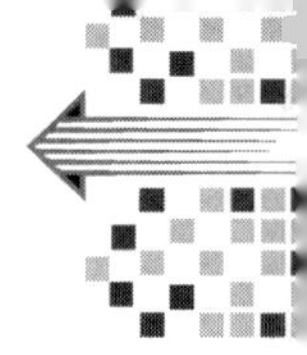

源绩效。能源绩效参数的数值与能源基准所使用的单位和度量应保持一致。能源绩效参数和能源基准的确定、使用和更新过程如图 60 所示，详见 GB/T 36713—2018《能源管理体系　能源基准和能源绩效参数》。

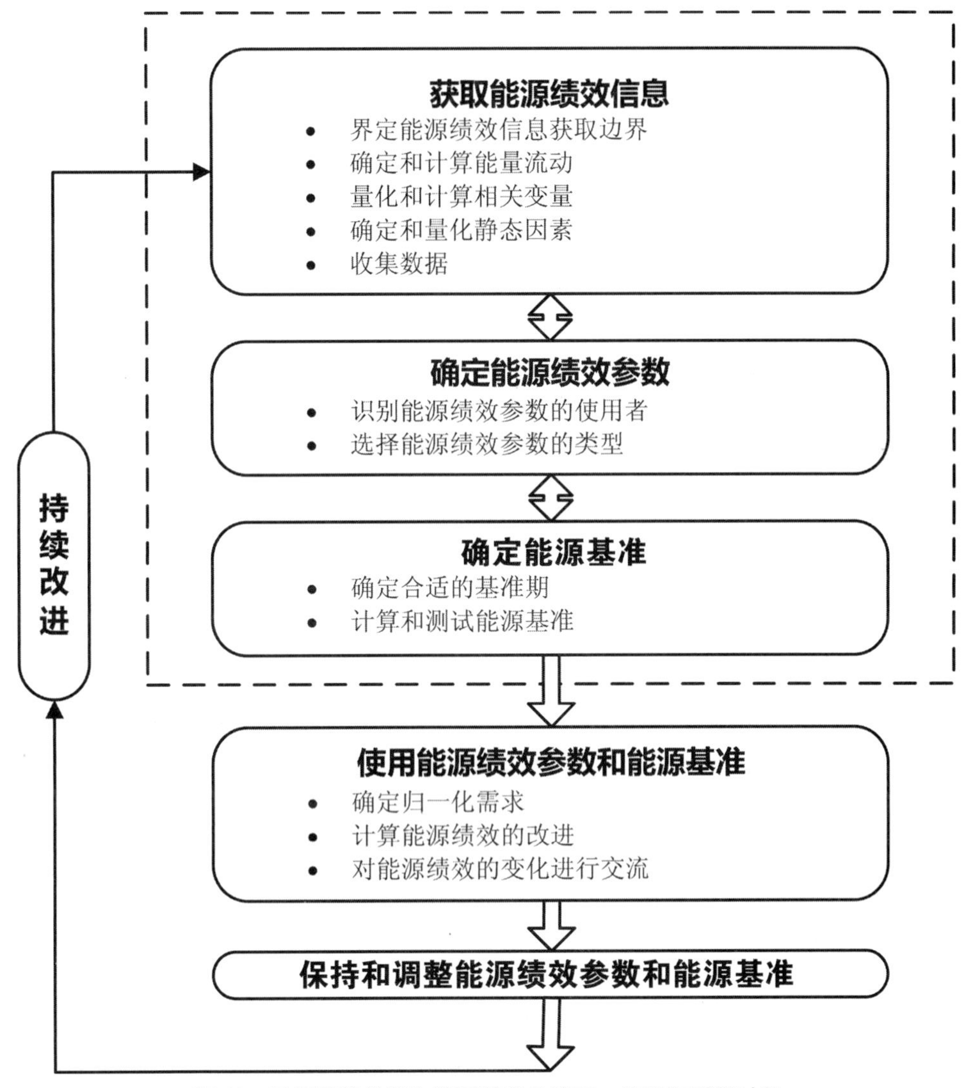

图 60　能源绩效参数和能源基准的确定、使用和更新过程

由于能源消耗量能直接作为能源绩效参数的数值，因此可计算基准期和报告期的能源消耗量，并对其进行比较来获得能源绩效的变化。图 61 给出了对能源绩效进行直接测量的简单模型，从中可看出能源绩效参数（值）、能源基准和能源目标以及能源绩效之间的关系。

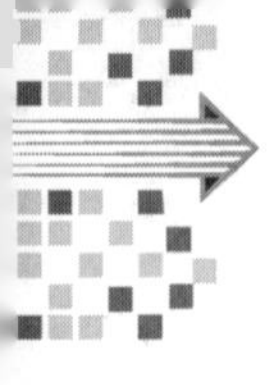

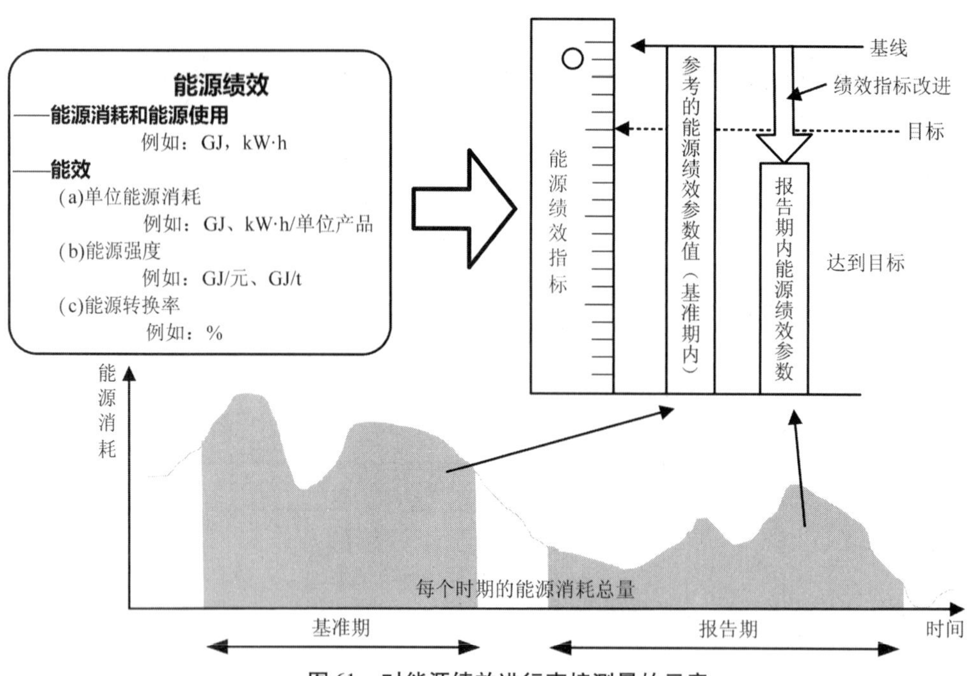

图 61　对能源绩效进行直接测量的示意

14.3.2.2　能源绩效参数和能源基准

（1）能源绩效参数。能源管理体系的范围和边界应将组织管理的能源绩效的相关区域或活动包含在内。

测量和量化能源绩效，应先确定每一项能源绩效参数的测量边界（即能源绩效参数的边界）。不同能源绩效参数测量的边界有可能会重叠。

界定能源绩效参数测量的边界时应考虑以下几点：① 与能源管理相关的组织责任；② 能源绩效参数的边界与组织责任相关联的程度；③ 能源管理体系边界；④ 组织设定的优先进行控制和改进的主要能源使用；⑤ 组织需要单独管理的特殊的设备、过程或子过程。

能源绩效参数测量的边界可分为 3 个层次：组织层面、系统层面和单个设施/设备/过程层面。如表 96 所示为某公司级能源绩效参数示例。可根据 GB/T 28749、GB/T 28751 规定绘制能流图或能量平衡图。

表 96　公司级能源绩效参数示例

绩效参数指标	单位	绩效参数值
吸水率 $E \leqslant 0.5\%$ 陶瓷砖单位产品能耗	千克标准煤/平方米	5.2798
吸水率 $E \leqslant 0.5\%$ 陶瓷砖单位产品电耗	千瓦·时/平方米	5.2148
万元产值综合能耗	吨标准煤/万元	1.21

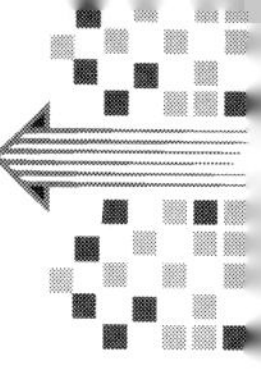

续表

绩效参数指标	单位	绩效参数值
节能技术投入	万元	30
技术改造投入	万元	30
节能量	吨标准煤	500

为了量化能量流情况，需要对主要能源使用的能源绩效参数和能源基准进行界定。组织宜通过适当的计量手段来测量每一个主要能源使用，测量进出主要能源使用边界的能源消耗以及相关变量的有效数据。

能量流的测量应包括进出整个能源绩效参数的边界内所有的能量流入和流出，例如电力的输入和输出、一次能源的输入、燃料库存的改变、其他能源如蒸汽或冷却水的输入和输出等。进行测量时要考虑计量器具与测量的准确性和可重复性，定期对计量器具进行检定和校准。

影响能源绩效的因素数值可能经常发生变化，因此需要对其进行分析来确定它们是相关变量还是静态因素。例如，若制造工厂的产量经常发生变化，则产量就是相关变量；若产量不经常变化，则就是静态因素。

确定能源绩效参数和建立能源基准后，应记录静态因素的状态。适时评审静态因素，以确保能源绩效参数和能源基准的持续适宜性。静态因素发生重要变化时，应记录变化对能源绩效可能生产的影响。

组织应详细说明每一个能源绩效参数及其相应的能源基准所需要的数据，能源种类和相关变量也应进行详细说明。应重视包含静态因素在内的所有数据的收集。

能源消耗可使用固定式的测量仪表、分表系统或临时性测量仪表来测量。能源计量器具的配备应符合 GB 17167 的规定。能源消耗应使用特定时段的数据来进行测量和计算。

数据收集期可以比基准期和报告期更长，可以定期收集数据（例如每小时、每天或每星期）。

在对能源绩效参数数值进行解释和报告时，应说明测量的准确性和不确定性。能源绩效参数的主要类型有：① 可直接测量的能量值，如能耗总量或用计量器具测量的一种或多种能源消耗和能源使用；② 测量值的比率，如能源效率；③ 统计模型，如用线性或非线性回归表征能源消耗和相关变量的关系模型；④ 工程模型。

（2）能源基准。能源基准可用基准期内能源绩效参数的值来表征。将能源基准和报告期的能源绩效参数进行比较，能够说明组织为达到目标指标所取得的进展，如表 97 所示为某公司级能源基准示例，表 98 所示为某公司级能源绩效参数、能源基准、目标指标的设定示例。

建立能源基准应采取以下步骤：① 确定使用能源基准的目的；② 确定合适的数据周期；③ 数据采集；④ 计算和测试能源基准。

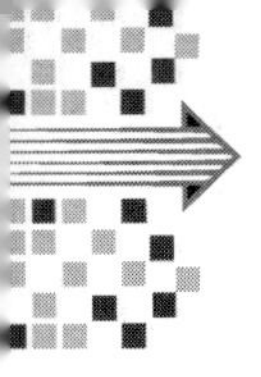

表 97　公司级能源基准示例

基准指标	单位	基准值
总产值	万元	75000
煤消耗总量	吨标准煤	90000
电消耗总量	万千瓦·时	8500
柴油消耗总量	吨	500
天然气消耗总量	万立方米	0
万元产值能耗	吨标准煤/万元	1.21
产品产量	万平方米	1500
吸水率 $E\leqslant0.5\%$ 陶瓷砖单位产品能耗	千克标准煤/平方米	7.0
吸水率 $E\leqslant0.5\%$ 陶瓷砖单位产品电耗	千瓦·时/平方米	7.8

注：能源基准版次：A，基准年份：2021 年。

表 98　公司级能源绩效参数、能源基准、目标指标的设定示例

产品	绩效参数	单位	能源基准（2016 年实物量）	2017 年目标
电	单位产品综合能耗	吨标准煤/件	1920.52/4030482≈0.0005	0.0004
	单位产值综合能耗	吨标准煤/万元	1920.52/101333≈0.0190	0.0184
天然气	单位产品综合能耗	吨标准煤/件	711.34/4030482≈0.0002	0.0015
	单位产值综合能耗	吨标准煤/万元	711.34/101333≈0.0070	0.006
柴油	单位产品综合能耗	吨标准煤/件	66.00/4030482≈0.0000	0.00
	单位产值综合能耗	吨标准煤/万元	66.00/101333≈0.0007	0.0006
汽油	单位产品综合能耗	吨标准煤/件	25.29/4030482≈0.0000	0.00
	单位产值综合能耗	吨标准煤/万元	25.29/101333≈0.0002	0.0007
水	用水量	吨	41601	—
综合	综合能耗	吨标准煤	2723.15	—

14.3.2.3　识别和评价能源因素

通过识别能源管理体系覆盖范围内的活动、产品和服务中能够控制或能够施加影响的能源因素，以期待能够寻找到对能源消耗和能源利用效率有影响的过程和环节，实现能源管理的有效性，另外寻找节能机会。

（1）识别范围。识别的范围主要包括活动、产品和服务，如表 99 所示。能够控制的如厂区施工临时用水、用电，能够施加影响的如能源外供方（周边厂、商户等）。

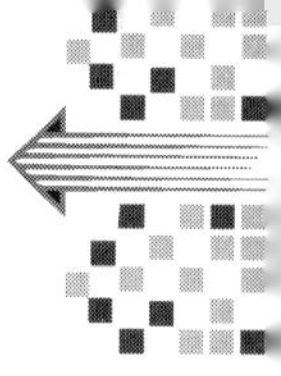

表 99　活动、产品和服务的内容

序号	类型	具体内容
1	活动	与生产相关的活动：产品开发设计（工艺设计）、材料采购、设备运行、加工制造、检验测试、包装仓储、动力供应等。 办公活动：管理部门的办公活动以及相关的现场管理活动，如办公设施、照明设施、官网线路管理等。 辅助活动：设备维修、运输（车辆、运输过程）、支持性服务（通信、网络等）等。 生活后勤活动：食堂（厨房设备的节能性、热能综合利用）、医院、绿化、保洁（废物回收）等。 相关方的活动：如相关方消耗、向外部转供能源。 这些活动应覆盖：全部耗能的活动、全部耗能的区域、全部耗能的设备设施
2	产品	汽车耗油量、冰箱能效等级、锅炉效率、电机功率
3	服务	候机服务、住宿服务、餐饮服务、送货、售后服务

（2）考虑因素。应识别的能源类型：一次能源、二次能源、耗能工质和余能。能源影响：影响能源消耗和影响能源使用效率。3 种状态：正常；异常（如启动、停机、检修）；紧急（天然气管爆管、供应中断、泄漏）。2 种结果：优先控制（指能源消耗大或能效改善机会大的能源因素）和一般控制（除优先控制以外的能源因素）。优先控制能源因素分为：重要类（能源消耗量大或能源损耗大的因素）、改善类（节能潜力大、已纳入节能技改关注内容，或节能技术成熟实施、节能可行性大的能源因素）和面广易控类（不属于上述两项，但因控制简单、涉及面广或发生频率高，节能效果明显的能源因素）。

（3）能源因素识别方法。从分析对象上，可以分为用能结构分析、用能系统分析和用能环节/设备分析方法。

通过用能结构分析，目的是确定用能单位所用能源的种类，以及主要使用的能源种类。例如，采用用量比例分析方法，可用于考量社会责任，如表 100 所示某铝行业企业；采用成本比例分析方法，可用于成本指标及预算管理，如表 101 所示。

表 100　用量比例分析某企业用能结构

项目	天然气/(10^4 m^3)	煤油/t	柴油/t	外购电/(10^4 kW · h)	自发电/(10^4 kW · h)	压缩空气/(10^4 m^3)	地表水/(10^4 t)	总能耗/tce	回收/tce	实际能耗/tce
实测量	1711.52	14.80	297.54	182825.66	2780.84	62.34	164.04	—	—	—
折标煤	10832.21	21.78	433.55	224692.74	3417.65	22.44	200.81	239621.18	3640.91	235980.27
比例/%	4.52	0.01	0.18	93.77	1.43	0.01	0.08	100.00	1.52	98.48

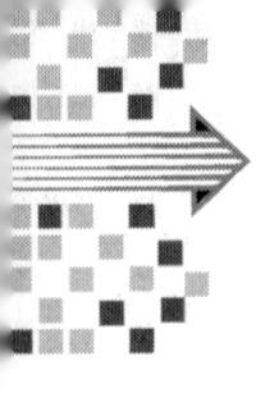

表 101　成本比例分析某企业用能结构

能源名称	实物量	单价	价格/万元	比例/%
焦炭	25000 吨	2000 元/吨	5000	31.21
蒸汽	100000 吨	120 元/吨	1200	7.49
电力	7000 万千瓦·时	1.13 元/千瓦时	7910	49.38
煤气	1000 万立方米	1.55 元/立方米	1550	9.68
柴油	500 吨	5500 元/吨	275	1.72
汽油	100 吨	6000 元/吨	60	0.37
煤油	50 吨	5000 元/吨	25	0.15
合计	—	—	16020	100

能源的使用和消耗是伴随着生产和服务过程发生的，用能系统的分析可以考虑两条主线：生产或服务过程、辅助能源转化及供能过程。

对于一个用能系统来讲，往往 80% 的能源都是由 20% 的用能环节/设备消耗的。管理是有成本的，因此，“二八原则”适用于识别主要用能环节/设备。

（4）合规性评价。合规性评价是识别判断用能单位在进行能源管理工作中，对于法律法规、强制性标准，以及其他相关方的强制性要求的符合情况。不符合强制性要求的情况，需要立即整改，作为采取措施的重点。

（5）节能特性监测与对比。通过对主要用能环节/设备的能源转化效率等节能特性进行监测，并与社会合理值或者社会先进值进行对比，可以有效识别出可能存在节能空间的能源因素。

（6）节能技术对比。能源因素涉及人、机、料、法、环等多个方面，无穷尽的识别无益于用能单位能源利用效率的提高。因此，在进行能源因素识别时，可以考虑直接通过对社会上可适用于自身的有效节能措施进行评估，识别具有针对性和效果的能源因素，主要有硬件改造节能技术、经济运行节能技术和人的因素。

（7）全员参与。在识别评价过程中，需要与一线员工和技术主管充分交流，使其充分理解能源因素的识别与评价的目的和方法，必要时可以直接协助进行识别。

没有一个专家比员工更了解自己的企业，理论的节能方法往往受到用能单位特殊的限制，因此必须要发动全体员工。

（8）专家诊断。某行业内的专家由于长年进行节能研究，一方面在理论上非常熟悉，另外一方面也积累了众多同类用能单位的节能经验。因此，邀请专家进行综合诊断，可以产生很好的效果。

综上所述，能源因素的识别主要涉及节能诊断经验、能源转化效率、能源损耗、能源浪费、系统匹配情况、余热余压等循环梯次利用、耗能设备效率、设备运行效率及节能指标、生产工艺节能参数、能源质量的影响、生产原料的影响、人员能力影响

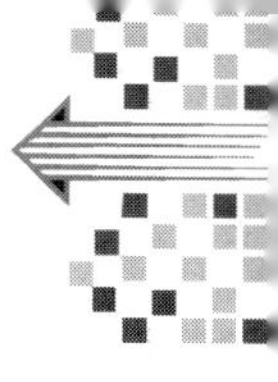

节能技术改造的潜力、经济运行方案等。能源因素评价与排序的原则如表 102 所示，能源因素识别评价如表 103 所示。

表 102　能源因素评价与排序的原则

序号	原则	主要内容
1	合规性	如果某个能源因素不符合法律法规、标准及其他强制性要求，那么此类能源因素属于既重要也紧急的能源因素
2	以确保安全环境和原有功能为前提	能源管理体系的目的是最优化地配置和使用能源，而不是一味地节约能源。能源节约要以确保安全、实现必要的功能、避免环境污染为前提
3	技术可行性	例如：安装空间大小；管线布置；低品位余热余压回收技术；外墙改造承重能力
4	经济可行性	投资回报期的测算，可利用政府补贴、清洁发展机制等方式提高经济可行性
5	节能量	能源因素的控制产生的节能量大小，是用能单位履行社会责任的主要评判标准
6	无低费方案优先	无低费方案实施成本低，如果具有一定的节能效果，可以优先实施。 无低费方案通常包括：设备设施经济运行节能；优化的运行管理方案；小投入的技术改造

表 103　能源因素识别评价

序号	活动/产品/服务	工序/设备	能源消耗	能源因素	是否优控因素	判定方法	现有控制措施	备注
1	—	—	—	—	—	—	—	—

表 104 所示为优先控制能源因素的评价。评价结果评定方法如下。A（保持能源因素）：目前已采取措施，无改进空间；B（优先控制能源因素）：技术可行性和经济可行性均在 7 分及 7 分以上，且不良影响评级为轻微或无影响；C（待研究能源因素）：技术可行性 3 ～ 6 分或经济可行性 3 ～ 6 分或不良影响一般；D（无措施能源因素）：技术可行性 1 ～ 2 分或经济可行性 1 ～ 2 分或不良影响重大；法规要求强制淘汰设备直接判断为 B。优先控制能源因素清单如表 105 所示。

表 104　优先控制能源因素评价

用能过程	用能环节	是否法规要求强制淘汰	情况描述	能源因素	技术可行性（1～10）	经济可行性（1～10）	不良影响（安全、质量、环境）重大；一般；轻微；无	评价结果：A 保持；B 优先控制；C 待研究；D 无措施	涉及部门
空气调节	中央空调	否	未进行分区，分时和气候补偿方式控制，管理较粗放	气候变化对空调需求产生变化	9	9	无	B	办公楼，车间
				不同区域，不同时段所需供冷供热不同	7	8	无	B	

表 105　优先控制能源因素清单

序号	活动/产品/服务	能源因素	能源消耗	拟定控制措施	备注
—	—	—	—	—	—

能源因素更新时机主要有新项目、新活动、新产品、新工艺、技改等活动；能源因素更新评价时机主要有能源因素条件变化，评价准则变化和法律法规、政策、标准发生变化。

能源因素识别的常见问题主要有：能源因素识别重大漏项；评价不合理；未进行控制策划（例如目标、方案、控制、监视和测量等）；未及时更新。

14.3.3　碳排放源

结合企业业务，满足当地政策要求，确定组织边界和运营边界，具体参考第 1.3.3.1 节、第 9.4.1 节和第 9.4.2 节内容，识别直接排放源和间接排放源。

根据企业生产情况，具体参考第 9.4.2.6 节内容，识别固定燃烧排放源、移动燃烧排放源、工艺排放源、无组织排放源。

碳排放源的活动数据、排放因子数据及量化方法，具体参考第 9.6 节内容，收集

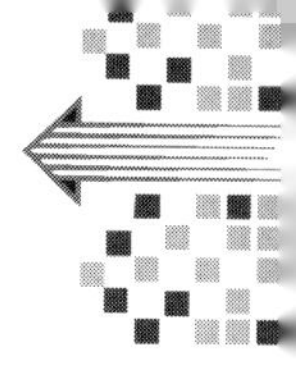

和统计相关数据资料，建立数据质量控制和管理方案。

通常，组织碳排放绩效宜相对一个过去的参考时间来度量和比较，此参考时间一般是基准年，因此组织宜建立历史性碳排放基准数据，此数据宜为基准年碳排放量、基准年各个碳排放源的碳排放量或单位能源消耗排放量、产品碳排放总量或单位产品碳排放量等，以方便对基准年之后的碳排放绩效进行分析、评价、考核和变更。若组织缺乏可靠的历史数据，可采用一个较近的年份作参考，特别是需要满足合规性要求时，基准的选择也可和相关要求一致。具体参考第 9.5 节内容。

14.4　建立方针、目标和指标

14.4.1　管理成熟度

管理成熟度是对组织在管理体系、过程等方面的管理水平和完善、卓越程度的度量。

在美国波多里奇国家质量奖评定标准《卓越绩效准则》（2017—2018 版）的“评分系统”部分，组织的质量管理成熟度被定义为 4 个层次（或阶段），如图 62 所示。

第一层次，对问题的被动反应（0%～25%）。运行基于活动而非过程，且大多是对于即刻需要或问题的反应，基本没有建立目标。

第二层次，早期的系统的方法（30%～45%）。组织处于基于具有重复性评价和改进的过程来运营的早期阶段，组织的单位间有一些早期的协调，确立了战略和定量的目标。

第三层次，校准的方法（50%～65%）。运行基于通过重复和定期评价而进行改进的过程，组织的单位间具有学习共享且更加协调。过程对应组织关键战略和组织目标。

第四层次，整合的方法（70%～100%）。运行基于通过重复和定期评价而进行变革和改进的过程，变革和改进是以一种与其他受影响单位相协调的方式进行的。通过分析、创新、信息及知识共享，寻求和实现跨单位间的效率。过程和测量指标追踪着关键的战略目标和运营目标的进展。

图 63 提供了一个持续提高组织管理成熟度的 PDCA 循环模型，即：评估管理成熟度→产生管理需求→引入管理工具/方法→与原系统整合。

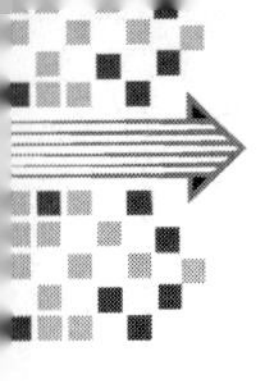

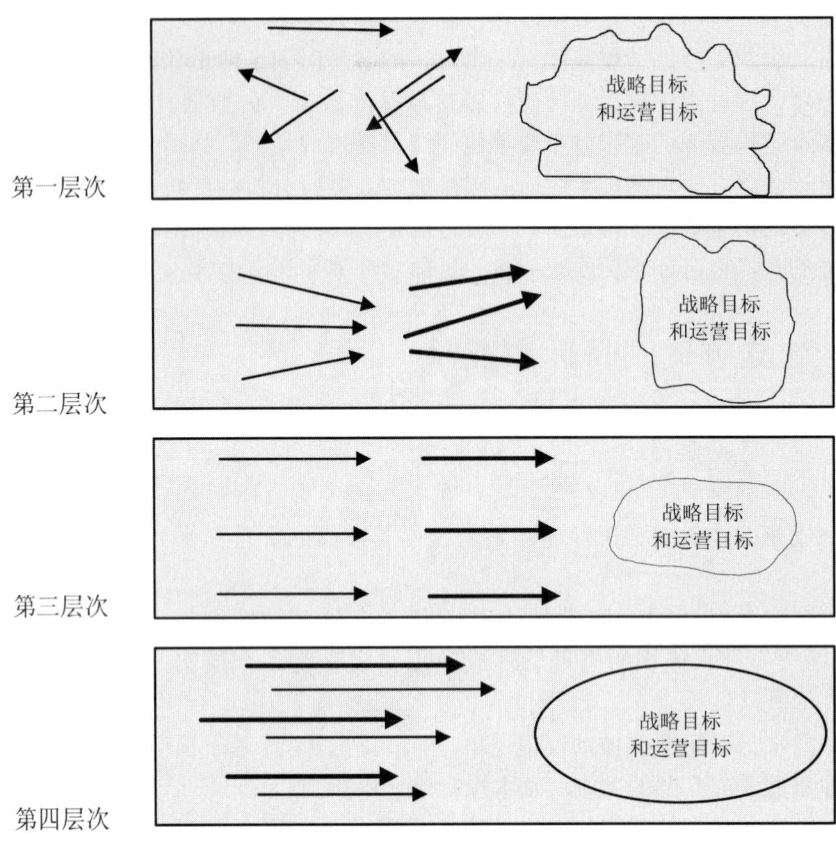

图 62　管理成熟度层次划分

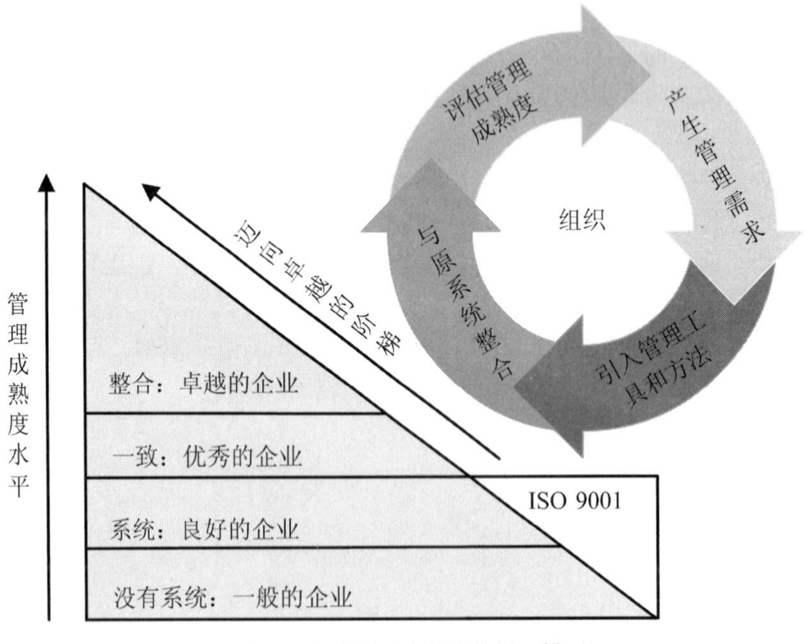

图 63　提高管理成熟度的循环模型

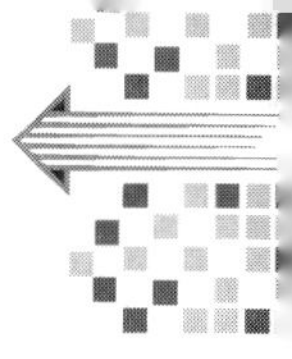

14.4.2　战略目标

14.4.2.1　战略指标

围绕组织的愿景目标，通过战略分析和战略选择，确定总体战略、业务战略和职能战略，然后确定战略目标。

战略目标以时间划分，可以分为短期、中期、长期战略目标。短期战略目标是指1～3年内的目标；中期战略目标是指3～5年内的目标，如表106所示。

表106　某企业战略目标时间

规划期	总产量/万吨	销售收入/亿元	利润/亿元	市场占有率/%	顾客满意度	品牌价值/亿元	员工薪酬增长率/%	关键供方销售收入增长率/%	公益支持/万元
短期：2023年	150	89.2	11.3	28	72	90	8	51	200
中期：2024年	280	151.2	22.8	40	74	120	8	62	200
中期：2025年	400	215.9	36.7	45	77	130	9	56	300
长期：2026年	500	298.4	54.1	50	78	160	9	36	300
长期：2027年	650	346.6	65.8	56	80	200	10	43	300

战略目标需要合适的指标进行衡量，筛选衡量指标是战略绩效管理的关键一环，通常需要考虑如表107所示的问题，衡量指标筛选时需要考虑“滞后指标”和“领先指标”，如表108示例。

表107　筛选衡量指标需要考虑的问题

序号	考虑方面	主要问题
1	战略沟通	此衡量指标是否能帮助决策者了解其对应战略目标执行的绩效情况，并且能把结果跟员工沟通？此衡量指标是否驱动所期望的行为？选择的衡量指标是充分聚焦于战略，还是削弱注意力、扭曲绩效，或使达成战略目标的过程中行为次优化？

续表

序号	考虑方面	主要问题
2	有效性	衡量指标是否可以量化？目标值是否可以清晰地表达所期望的业绩？
3	更新频率	此衡量指标能否重复收集？按什么周期更新（年、季、月等）更有实际促进作用？
4	数据收集的难易	此衡量指标数据来源是否客观可靠？数据收集成本是否过大？
5	责任制	此衡量指标是否能通过“层层分解”等手段，为衡量指标建立责任制体系？

表 108　滞后指标和领先指标的对比

项目	滞后（结果）衡量指标	领先（驱动）衡量指标
目的	在期末或活动结束后对绩效结果进行评估/考核	通过衡量当前进行中的流程、活动、行为来获得对战略进展情况的深度了解
举例	战略目标“增强客户信心”，衡量指标“客户保留率”	战略目标“增强客户信心”，衡量指标“用于客户沟通的小时数”
优点	通常具有客观性，容易获取（数据）	预测性更强；允许组织调整做法以提高绩效
问题	滞后衡量指标反映的是以往业绩，而不是现在的活动和决定	建立在战略“因果关系”假设的基础上；通常难以收集到支持数据

每年年初，每家公司都要制定自己的年度战略方向、战略重点工作以及战略目标。企业年度战略方向、战略重点工作和战略目标确定后，必须自上而下地分解到各责任部门；同时，各责任部门再将部门目标分解到部门各岗位，常见的分解方法有目标－职能－职责对接法、价值树分解法、关键成功要素法。通过这样自上而下的目标层层分解，将公司的战略重点和战略目标落实到岗位的每个员工头上，见第 14.1.3 节“方针目标”分解方法。

14.4.2.2　关键绩效指标

关键绩效指标（key performance indicators，KPI）指企业的宏观战略目标决策经过层层分解产生的可操作性的战术目标，是宏观战略决策执行效果的监测指针，是衡量企业战略实施效果的关键指标，其目的是建立一种机制，将企业战略转化为内部过程和活动，以不断增强企业的核心竞争力和使企业持续取得高效益。

通常用 3 种方式建立 KPI 体系。第一种是外部导向法，即标杆基准法，通过选择业界最佳企业或流程作为基准来牵引本企业提升绩效；第二种是关键成功要素法，通过提炼本企业历史成功经验和要素进行重点绩效监控；第三种是策略目标分解法，通过建立包括财务指标与非财务指标的综合指标体系对企业的绩效水平进行监控。企业 KPI 指标示例如表 109 所示。

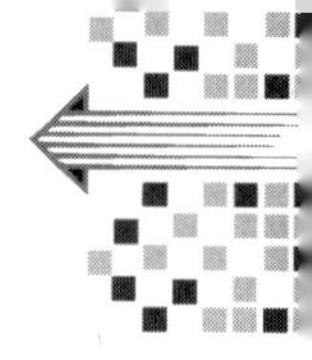

表 109 某企业 KPI 指标值

维度	关键指标	目标值		
		2018 年	2019 年	2020 年
财务层面	主营收入/亿元	50	53	58
	利润总额/亿元	7	7.6	8.4
客户层面	顾客满意度（百分制）	85	86	87
	服务满意度（十分制）	9.75	9.76	9.76
	市场占有率/%	20	21	22
	行业排名	1	1	1
内部运营	全员人均劳动生产值/万元	80	81	82
	研发经费投入/万元	40000	42500	46500
	新产品销售额占比/%	33	34	35
	RDSL 及时交货率/%	95	96	97
	一次交付合格率/%	93	94	95
	库存周转次数	7	8	9
	交货周期/天	18.6	17.5	17.3
	设备故障率/PPM	75000	73000	72000
学习成长	员工满意度（五分制）	3.8	3.8	3.85
	年人均培训课时数	40	46	50
社会责任	重大安全事故次数	0	0	0
	纳税总额/亿元	2.2	2.4	2.6
	公益活动次数	2	3	4

14.4.2.3 预算指标

全面预算管理作为对现代企业成熟与发展起过重大推动作用的管理系统，是企业内部管理控制的一种主要方法。

全面预算管理是从企业的战略目标出发，以企业全部的业务活动和部门为基础，通过科学合理地制订方案，确定相关的财务预算，以期实现企业经营目标的全面性、系统性、科学性的经营管理活动。从本质上说，全面预算管理是企业战略制定过程的延伸以及战略目标的细化，如图 64 所示。

全面预算管理可以对风险进行有效控制，能够规范业务流程，能够增强企业内部的凝聚力。常见的管理模式主要有资本支出预算管理模式、现金流量预算管理模式、成本控制预算管理模式、目标利润预算管理模式以及营销费用预算管理模式等。预算与绩效管理之间的关系如图 65 所示。

预算目标时间一般为 1 年，对应中短期战略特定任务的完成，主要为企业经营战

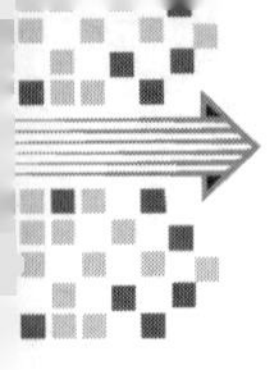

略规划的实现提供支持和保证。预算指标侧重于财务指标及其细化，以便于经营目标的具体规划与控制，可对经营结果进行考核。全面预算的编制方法通常包括固定预算、弹性预算、零基预算和滚动预算 4 种，如表 110 所示。

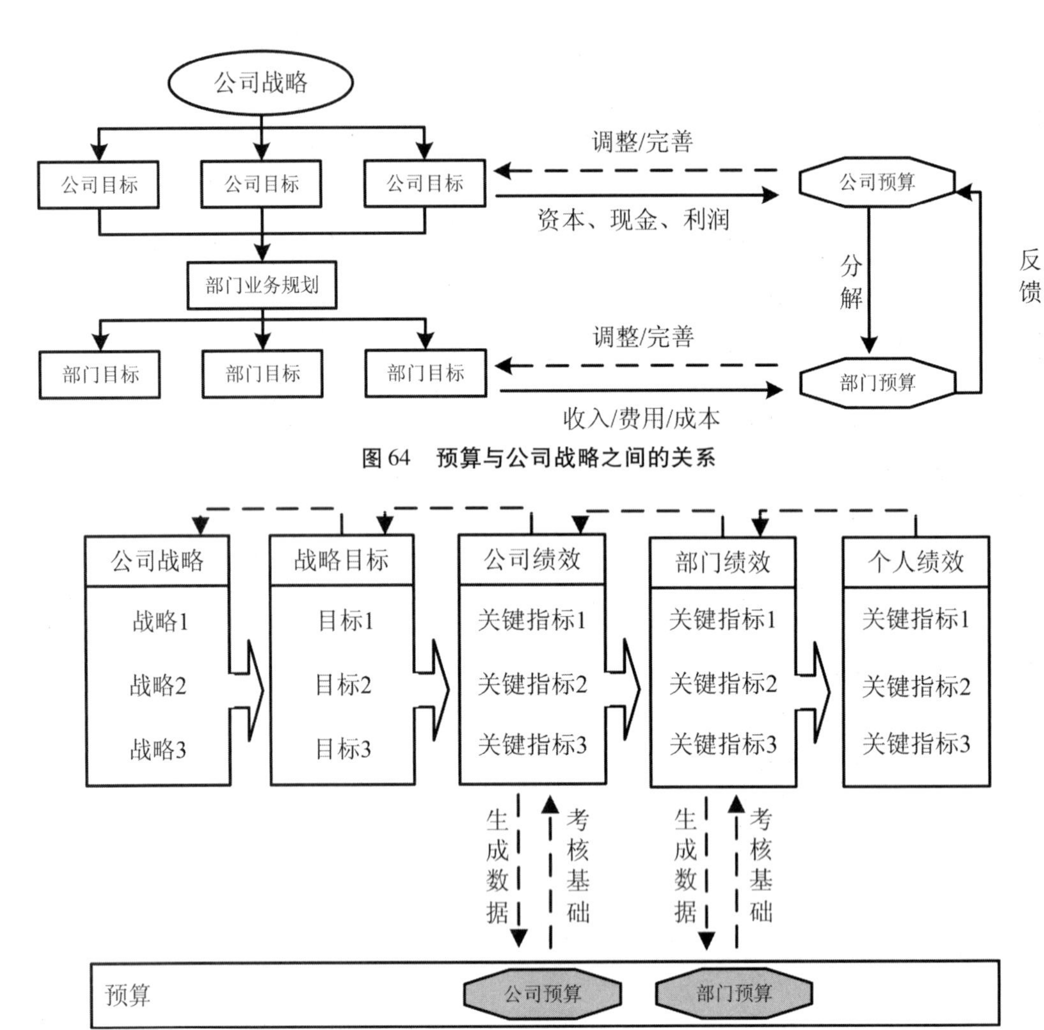

图 64　预算与公司战略之间的关系

图 65　预算与绩效管理之间的关系

表 110　全面预算的编制方法一览

项目	固定预算	弹性预算	零基预算	滚动预算
方法说明	又称静态预算，指根据预算期内正常的可能实现的某一业务活动水平编制预算，不考虑预算期内业务活动水平可能发生的变动	在规定预算变动范围（5%～15%）内进行可预见性的多种业务量水平预算编制	抛弃既有的事实，采取上下结合预算程序，一切从零开始，对所有业务重新开始进行详尽审查、分析、考核而进行的预算编制	以一年为固定长度，每过去一个月或一个季度，便补充一个月或一个季度，永续向前滚动进行的预算

续表

项目	固定预算	弹性预算	零基预算	滚动预算
主要优点	简单、方便、快捷	主要反映一定范围内多种业务量水平	预算细致、全面、可执行性强；将优先的资源按照功能、作业等相关因素进行合理、有效的配置	遵循了生产经营规律，保证了预算的连续性和完整性；长计划短安排，增强了预算的指导性
适用情况	稳定业务活动的收入、成本和利润预算、年度总预算	月度和季度的收入、成本、利润预算	各种间接费用预算，尤其是职能部门的费用预算	现金流量预算

企业实施质量管理体系，一般在管理手册中对应企业文化和政策声明阐述企业宗旨、战略方向、战略目标、年度目标。这部分内容对接组织的战略规划，要同组织的战略规划体系相一致。有关碳预算可参考 T/GDES 2033—2022《碳预算管理规范》。

14.4.3 方针、目标和指标的设定

方针是指导事业向前发展的纲领。纲领是正式表述出来、严格信奉和坚持的原则、条例、意见和教训的条文或概要。所以，方针不是一种具体的方法和目标，而是一种原则性、意见性的东西。方针应体现组织总的宗旨、经营理念、战略境界、环境意识、安全保障和社会责任感。

一体化管理方针有 3 种模式。第一种模式是综合为一个管理方针；第二种模式是有一个综合管理方针，另外各有质量、环境、能源和碳排放等管理方针；第三种模式是分别制定质量、环境、能源和碳排放等管理方针。示例如表 111 所示。

表 111 质量、环境、能源、碳排放一体化管理方针示例

序号	管理方针	内容
1	质量、环境、能源、碳排放管理方针	遵守法规，倡导绿色，低碳运营，持续改进，为顾客提供优质的产品、满意的服务，实现可持续发展
2	质量管理方针	为顾客提供优质的产品、满意的服务
3	环境管理方针	遵守法规，倡导绿色，预防为主，持续改进
4	能源管理方针	遵纪守法，优化用能，降低单耗，持续发展
5	碳排放管理方针	遵守法规，倡导低碳，低碳运营，持续改进

在方针的框架下制定具体的目标，方针和目标的层次关系如图 55 所示。目标可以在组织的不同职能和层次上建立，形成多项目标，目标分解的层次关系如图 56 所

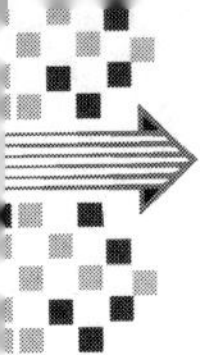

示，常见的分解方法有目标－职能－职责对接法、价值树分解法、关键成功要素法。通过这样自上而下的目标层层分解，形成了组织的质量、环境、能源、碳排放等管理目标指标体系。另外，每年都要制订目标计划。示例如表 112 所示。

表 112　质量、环境、能源、碳排放一体化管理目标示例

目标阶层	目标	指标	统计周期	统计单位	计算方法
公司	顾客满意度	90 分以上	每季度	营销事业部	各项目调查总得分合计/总顾客数
	培训合格率	95% 以上	每月	运营中心	培训分数 80 分以上/培训总人数
	交期达成率	95%	每月	生管中心	交期达成数/总交期
	环保达标排放 100%	0 次	每月	运营中心	按单算
	零重伤以上事故	0 次	每月	运营中心	按单算
	杜绝职业病发生	0 次	每年	运营中心	按单算
	重大火灾事故和环境破坏事故发生为 0	0 次	每月	运营中心	按单算
	全年发生轻伤事故控制在 5‰ 以下	5 起	每月	运营中心	按单算
	全厂消防设施合格率 100%	100%	每月	运营中心	合格消防设施/全厂消防设施总数
	劳保用品使用佩戴 100%	100%	每月	制造事业部	按劳保用品使用情况
运营中心	员工离职率	7% 以下	每月	运营中心	离职人数/在职总人数
	招聘及时达成率	85% 以上	每月	运营中心	招聘及时达成数/招聘总数
制造事业部	单位产品能耗	287 kgce/t	每季度	制造事业部	综合能耗/产量 ×1000
	单位产品碳排放量	$kgCO_2e/t$	年	制造事业部	年度碳排放量/产量 ×1000
	抛光砖优等率	85% 以上	每月	制造事业部	抛光砖优等数/抛光砖总数
	磨边砖优等率	88% 以上	每月	制造事业部	磨边砖优等数/磨边砖总数
	半成品损耗率	<3%	每月	制造事业部	半成品损耗数/半成品总数

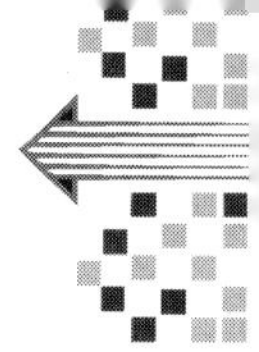

续表

目标阶层	目标	指标	统计周期	统计单位	计算方法
制造事业部	抛光损耗率	<1.5%	每月	制造事业部	抛光损耗数/抛光总数
	入库产品优等率	88%以上	每月	制造事业部	入库产品优等数/入库总数
	色号	<3.9个/批	每月	制造事业部	按批算
	原材料验收合格率	95%	每月	制造事业部	原材料验收合格数/原材料验收总数
	客户验货返工率	≤0.25%	每月	制造事业部	验货返工数/验货总数
生管中心	生产计划达成率	≥96%	每月	生管中心	生产计划达成数/生产计划总数
	仓储数据准确性	≥99%	每月	生管中心	数据准确数/数据总数
	成品库存目标	年均：400 m^2 年底：350 m^2	每年	生管中心	库存数
	包材库存周转	2次/月	每月	生管中心	月发出数/（起初结余+期末结余）
	五金库存周转	2次/月 库存金额：≤60万	每月	生管中心	月发出数/（起初结余+期末结余）
	化工、色料库存周转	1.5次/月	每月	生管中心	月发出数/（起初结余+期末结余）
	化学品安全事故发生为零	0次	每月	生管中心	按单算
物资供应部	采购产品及时率	≥96.5%	每月	物资供应部	采购产品及时数/采购产品总数
	交货批退率	≤4.2%	每月	物资供应部	交货批退数/交货总数
营销事业部	出货及时率	85%	每月	营销事业部	出货及时数/出货总数

碳排放目标是落实碳排放方针的具体体现，也是评价碳排放绩效的依据。碳排放目标的策划应建立在对组织碳排放监测和报告的数据分析之上，并应符合相关方和组织自身的要求。碳排放目标应是具体的和可测量的，并顾及短期和长期的需要。其表现方式应与碳排放绩效联系起来，宜考虑：①组织碳排放绩效指标，如碳排放总量、单位产品碳排放量等；②碳排放相关设备的碳排放绩效指标；③能够反映主要碳排放源、碳排放单元的指标，如水泥生产中熟料煅烧单元的碳排放量等。

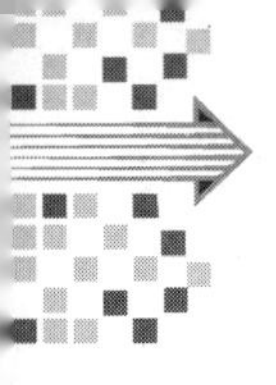

碳排放绩效评价指标宜包括但不限于：①碳排放量，如组织碳排放总量、各个碳排放源、工艺或过程的碳排放量、产品生命周期阶段的碳排放量、供应链碳排放量、一定时间阶段的碳排放量（月份、季度、半年等）等；②碳排放强度，即单位产品、服务或产值的碳排放量；③碳排放效率，即一定时间段内产品、服务或产值的碳排放量。

14.5 职责分配和资源管理

14.5.1 职责分配

14.5.1.1 领导小组和工作小组

在第 14.1.4 节“运行措施”中提到了建立领导小组和工作小组。建立领导小组，负责体系建立实施的决策和协调，由最高管理者和部门负责人组成。建立工作小组，负责体系策划阶段的组织和实施，由企业管理人员和专业人员组成。

跨职能部门团队建设能促进横向沟通、减少部门间壁垒，以应对战略挑战、满足实施计划，对业务变化做出快速灵活的反应，促进组织内部的合作，调动员工的积极性、主动性，促进组织的授权、创新，提高组织的执行力。组织跨职能部门小组举例如表 113 所示。

表 113　组织跨职能部门小组举例

名称	作 用	归口部门
党支部	做好员工政治思想引导及组织协调工作	人力资源部
质量改进小组	负责公司产品质量改进工作的持续改善，监督各部门改进产品质量工作流程的实施情况	品质部
安全领导小组	负责公司各区域的安全（用水、用电、动火及发现工作环境安全隐患等）工作的监督、执行、落实，健全公司安全管理工作	行政部
工会	维护职工的合法权益，关心职工生活	工会
成本控制小组	负责公司各项工作的成本控制与管理，健全公司成本管理体系	财务部
知识产权小组	负责建立、推进知识产权体系，组织实施、监督公司知识产权工作的开展、落实情况	行政部
绩效管理小组	负责公司绩效管理系统的总体流程设计、实施、考评、绩效面谈、应用开发等工作的监督执行	人力资源部
任评小组	对公司各技术、管理人员的任职资格进行考评，考评结果作为任职、调薪、晋升及调配的依据	人力资源部
紧急预案处理小组	负责公司各项突发事件的预防、处理工作	行政部

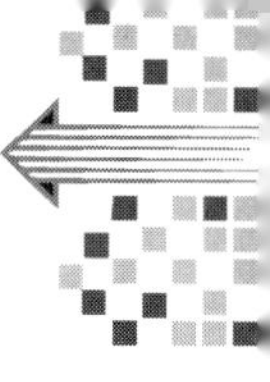

续表

名称	作 用	归口部门
合理化建议小组	负责评估通过各平台收集的对于公司各方面管理的合理化建议申请，采纳推行可执行的建议项并申请合理化建议奖项	人力资源部
体系领导小组	负责体系建立实施的决策和协调，由最高管理者和部门负责人组成	行政部
体系工作小组	负责体系策划阶段的组织和实施，由企业管理人员和专业人员组成	品质部

14.5.1.2　部门职责分配

在企业管理体系的实施过程中，有关部门职责分配方面，主要涉及组织架构、部门职责和岗位职责的确定。组织架构的确定，是弄清楚组织内部有哪些工作职责，应该划分哪些部门，设置哪些岗位；部门职责的确定，是明确各部门和岗位之间的关系，是从属关系还是并列关系，从属关系该如何有效管理，并列关系该如何协调和配合，并且明确部门职责；岗位职责的确定，是明确各个部门、每个岗位的工作职责。

如图 66 所示，根据战略目标、资源评估形成经营目标，再经过组织效率、绩效以及岗位效率、绩效的评估，确定了对组织与岗位的调整。

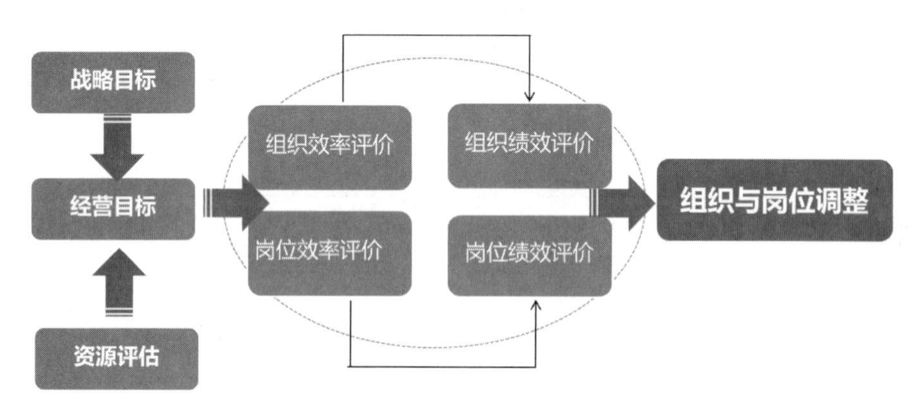

图 66　组织与岗位管理流程

落实和完善质量、环境、能源、碳排放管理的组织结构关系，主要涉及以下内容：①各职能部门所涉及的管理要素；②各管理要素的主管部门及相关部门；③管理要素中的主要职责和权限；④管理要素“职责分配”中应包含有监督机制。

调整和明确企业原有管理机构和职责，以适应质量、环境、能源、碳排放管理体系标准的需要，要设置体系运行的管理部门，主要负责以下内容：①负责初始质量、环境、能源和碳排放评审的组织、策划和实施；②负责体系文件的编制与发布；③负责体系运行中的组织协调；④负责企业实施体系的监视和测量；⑤协助质量、环境、能源、碳排放管理负责人组织内部审核；⑥协助质量、环境、能源、碳排放管理负责人进行管理评审工作的准备。

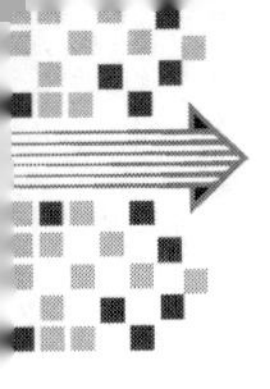

明确企业各个岗位人员的职责，如质量、环境、能源、碳排放管理负责人的主要职责为：①协助最高管理者进行管理体系及全部改进方案的组织实施；②协助最高管理者提供并保证充分的资源；③确保实践最高管理者的价值观、核心责任和承诺；④评估和改善质量、环境、能源、碳排放管理绩效；⑤创建和领导质量、环境、能源、碳排放管理队伍；⑥识别管理体系的改进机会并确保其实施；⑦及时向最高管理者报告和沟通体系的运行情况；⑧跟踪、测量、评估和沟通管理体系及节能改进方案实施的结果。

14.5.2　资源管理

14.5.2.1　资源管理框架

战略通过过程而实施，过程的运行有赖于资源，也就是“上承战略、下接过程”。GB/T 19580—2012《卓越绩效评价准则》提出了6类资源管理：人力资源、财务资源、信息和知识资源、技术资源、基础设施和相关方关系。

资源管理框架如图67所示，从人、机、料、法、环5个方面进行管理整合。人，建立两个体系（岗位分析体系和人才评价体系）；机，依托预警系统数据交互能力，实现数据化运行管控，从基础管理、维修保养、计量管理、运行分析、改进提升5个部分出发，完善以产品质量为导向的设备管理模式；料，实施整体信息资源规划，进行数据采集和分析，完成车间的要料、退料、废料回收，实现多品种、单品种灵活入库；法，优化管理制度，建立职工监督监视、稳健资金管理、高效培养成才整合化管

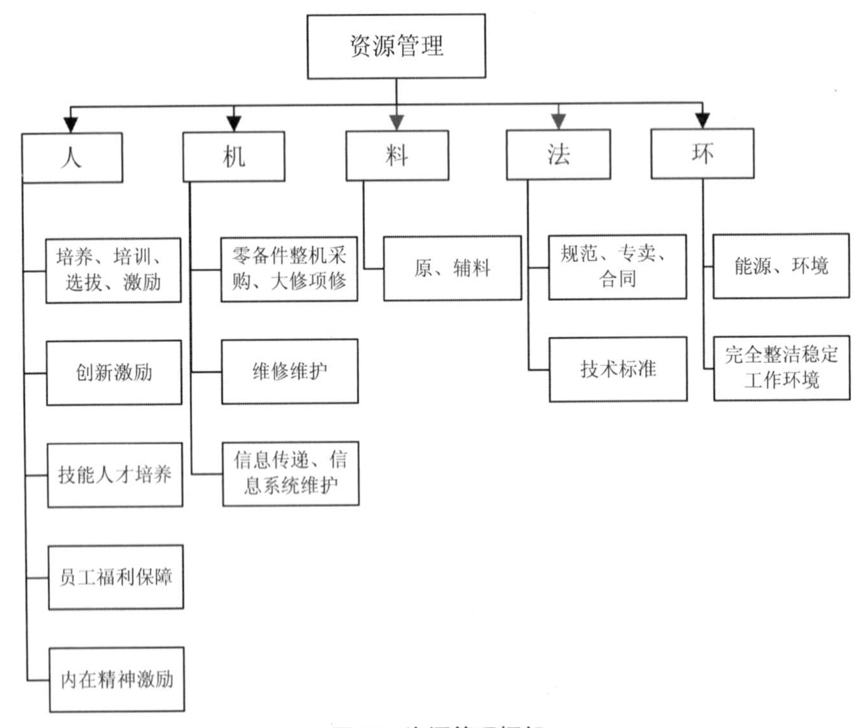

图67　资源管理框架

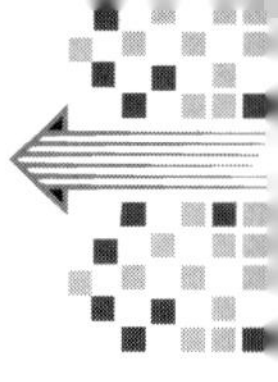

理法则；环，推进“双重预防机制”建设和绿色工厂建设。

14.5.2.2　人力资源

管理体系建立需要提前做好相应的人力、知识和技能储备。在第10.2.1节“人力资源管理发展”中，图29给出了人力资源能力、意识、培训的相互关系。

为了更好地管理和组织，明确促使员工工作的完成，公司根据发展需求、组织架构和部门职责，合理地设置岗位，并编制职位说明书。

职位说明书明确了各职位的职责、工作内容、工作权限及职位关系，以及任职者的资格要求等，是对员工工作进行管理的重要依据。职位说明书的建立促进了权责分明、相互协作，调动了员工的主动性、积极性，超越了绩效预期。

公司制定了一系列的行为规范或管理职责，如《员工行为管理规范》、流程文件和操作指导书等，在职位说明书的基础上进一步规范了各类岗位的员工行为，以便约束员工的行为。

员工的教育与培训内容包括：学习和发展系统、培训制度建设、培训需求与培训计划、培训IT管理系统。

对碳排放管理相关的人员进行专项培训，培训内容包括但不限于：碳减排法律法规、政策、标准和其他要求；碳排放管理体系标准及体系文件；碳排放核算和报告指南；配额清缴与履约；碳排放权交易；碳资产管理；碳足迹与碳信息披露和交流；碳减排技术；碳达峰和碳中和。

碳排放审核员和碳排放核查员的要求分别见第10.2.2节“审核员的能力需求”和第10.2.3节“核查员的能力需求”。碳交易和碳资产管理员的要求参见标准T/GDES 2034—2022《碳资产管理体系要求》和T/GDES 2033—2022《碳预算管理规范》，主要内容包括：碳排放核算、碳配额管理、碳排放权交易、年度清缴履约、低碳解决方案、碳信息披露和交流。

14.5.2.3　信息系统资源

优化业务流程，引入信息管理系统，可提高办公效率，节约办公资源。建立先进的计算机软硬件系统以及网络系统来支持数据的获取、传递、分析和发布软件管理系统，是数字化转型的方向和需要。贯穿研发、生产、管理、市场、销售、财务、人力资源的信息管理系统群，如表114所示，整合各核心业务系统的ERP、MES、PLM等系统，是开展一体化管理体系的重要基础。

表114　某公司信息化系统举例

名称	功能描述	存储的数据和信息
ERP系统	公司的核心信息平台，管理订单、计划、制造、采购以及财务等业务	产品数据、BOM数据、订单数据、计划和制造信息、采购数据，以及财务数据

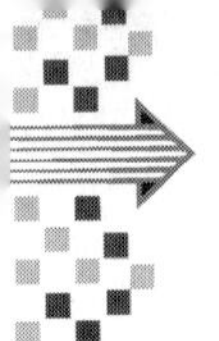

续表

名称	功能描述	存储的数据和信息
MES 制造执行系统	通过改善生产管理中的作业计划、基础设施、产品条码标准化等现场基础与流程，导入生产制造现场管理系统，实现从产品投入生产至下线入库包含品质在内的全过程跟踪，实时直观展示现场生产情况	生产数据、品质数据、能源数据、产品数据、物流数据和计划数据
PLM 产品数据管理系统	公司的产品数据管理平台，管理公司所有的研发产品的文档、BOM、工程变更单等	产品数据、ECO、BOM、产品文档
CRM 客户关系管理系统	公司的营销核心管理系统，全面管理从商机到合同的全过程	销售机会信息、产品配置数据、定价数据、报价信息、合同信息
IPMS 集成项目管理系统	公司的研发项目管理平台，管理项目过程中的所有文档和过程数据	研发项目文档和过程数据
PTS 产品追溯系统	公司的条码系统，管理从原材料到产品的信息链	原材料条码、半成品条码、成品条码等数据
OA 平台	公告栏、文件库、各种审批电子流均运作于该平台上	文件、流程指导书、电子流审批信息、公告栏等
文档管理平台	公司文档管理平台	各种文件信息
门户网站	公司对外发布信息的网站	公司最新产品发布信息、公司最新动态等
SRM 供应链管理系统	实时管理与互动的供应生态体系，供应商业务协同	供应商数据、零部件数据、采购数据
SCADA 数据采集与监视控制系统	以计算机为基础的生产过程数据采集控制与调度自动化系统，实现对现场的运行设备进行监视和控制，对生产、管理的自动化提供现场数据以及控制的技术手段，打造智能制造的核心环节	生产数据、现场数据

14.5.2.4 设施设备资源

在工业生产领域，从产品设计研发、原材料采购到产品生产过程控制再到产品质量检验等所有环节都需要计量，而生产中的材料损耗、能源消耗、环境污染和治理、碳排放核算、成本核算乃至所有量化数据的获取和分析都离不开计量。因此，计量是现代工业经济的重要基础，也被称为“工业的眼睛”。

在工业产品生产中，从产品设计、原料采购、生产加工、工艺过程控制、成品检验到包装入库，无论哪个过程或哪一个环节计量出现失准，都可能导致整批产品质量

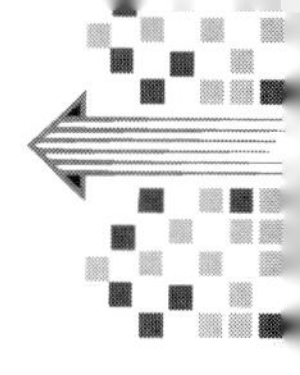

不合格甚至报废。因此，企业具备的计量能力可以反映其产品质量的真实水平与竞争力。

企业能源计量管理的主要责任是按国家标准 GB 17167—2006《用能单位能源计量器具配备和管理通则》的要求，用能单位应加装能源计量器具。用能量（产能量或输运能量）大于或等于表 115 中的一种或多种能源消耗量限定值的次级用能单位为主要次级用能单位。单台设备能源消耗量大于或等于表 116 中的一种或多种能源消耗量限定值的为主要用能设备。主要次级用能单位和主要用能设备应按表 117 的要求加装能源计量器具。用能单位能源计量器具的准确度等级应满足表 118 的要求。

表 115　主要次级用能单位的能源消耗量（或功率）限定值

项目	电力	煤炭、焦炭	原油、成品油、石油液化气	重油、渣油	煤气、天然气	蒸汽、热水	水	其他
单位	kW	t/a	t/a	t/a	m^3/h	GJ/a	t/a	GJ/a
限定值	10	100	40	80	10000	5000	5000	2926

注 1：表中 a 是法定计量单位中“年”的符号。

注 2：表中 m^3 指在标准状态下，表 116 同。

注 3：2926 GJ 相当于 100 t 标准煤，其他能源应按等价热值折算，表 116 类推。

表 116　主要用能设备的能源消耗量（或功率）限定值

项目	电力	煤炭、焦炭	原油、成品油、石油液化气	重油、渣油	煤气、天然气	蒸汽、热水	水	其他
单位	kW	t/h	t/h	t/h	m^3/h	MW	t/h	GJ/h
限定值	100	1	0.5	1	100	7	1	29.26

注 1：对于可单独进行能源计量考核的用能单元（装置、系统、工序、工段等），如果用能单元已配备了能源计量器具，用能单元中的主要用能设备可以不再单独配备能源计量器具。

注 2：对于集中管理同类用能设备的用能单元（锅炉房、泵房等），如果用能单元已配备了能源计量器具，用能单元中的主要用能设备可以不再单独配备能源计量器具。

表 117　能源计量器具配备率要求

能源种类		进出用能单位/%	进出主要次级用能单位/%	主要用能设备/%
电力		100	100	95
固态能源	煤炭	100	100	90
	焦炭	100	100	90
液态能源	原油	100	100	90
	成品油	100	100	95
	重油	100	100	90
	渣油	100	100	90

续表

能源种类		进出用能单位/%	进出主要次级用能单位/%	主要用能设备/%
气态能源	天然气	100	100	90
	液化气	100	100	90
	煤气	100	90	80
载能工质	蒸汽	100	80	70
	水	100	95	80
可回收利用的余能		90	80	—

注1：进出用能单位的季节性供暖用蒸汽（热水），可采用非直接计量载能工质流量的其他计量结算方式。

注2：进出主要次级用能单位的季节性供暖用蒸汽（热水），可以不配备能源计量器具。

注3：在主要用能设备上作为辅助能源使用的电力和蒸汽、水等载能工质，其耗能量很小（低于表116的要求），可以不配备能源计量器具。

表118　用能单位能源计量器具的准确度等级要求

计量器具类别	计量目的		准确度等级要求
衡器	进出用能单位燃料的静态计量		0.1
	进出用能单位燃料的动态计量		0.5
电能表	进出用能单位有功交流电能计量	Ⅰ类用户	0.5
		Ⅱ类用户	0.5
		Ⅲ类用户	1.0
		Ⅳ类用户	2.0
		Ⅴ类用户	2.0
	进出用能单位的直流电能计量		2.0
油流量表（装置）	进出用能单位的液体能源计量		成品油0.5
			重油、渣油1.0
气体流量表（装置）	进出用能单位的液体能源计量		煤气2.0
			天然气2.0
			蒸汽2.5
水流量表（装置）	进出用能单位的水量计量	管径不大于250 mm	2.5
		管径大于250 mm	1.5
温度仪表	用于液态、气态能源的温度计量		2.0
	与气体、蒸汽质量计算相关的温度计量		1.0
压力仪表	用于气态、液态能源的压力计量		2.0
	与气体、蒸汽质量计算相关的压力计量		1.0

注1：当计量器具是由传感器（变送器）、二次仪表组成的测量装置或系统时，表中给出的准确度等级应是装置或系统的准确度等级。装置或系统未明确给出其准确度等级时，可用传感器与二次仪表的准确度等级按误

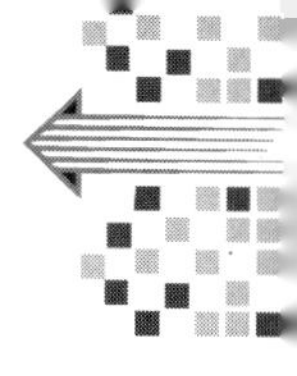

差合成方法合成。

注2：运行中的电能计量装置按其所计量电能量的多少，将用户分为5类。Ⅰ类用户为月平均用电量 5×10^6 kW·h及以上或变压器容量为 10^4kV·A及以上的高压计费用户；Ⅱ类用户为小于Ⅰ类用户用电量（或变压器容量）但月平均用电量 10^6 kW·h及以上或变压器容量为 2×10^3 kV·A及以上的高压计费用户；Ⅲ类用户为小于Ⅱ类用户用电量（或变压器容量）但月平均用电量 10^5 kW·h及以上或变压器容量为315 kV·A及以上的计费用户；Ⅳ类用户为负荷容量为315 kV·A以下的计费用户；Ⅴ类用户为单相供电的计费用户。

注3：用于成品油贸易结算的计量器具的准确度等级应不低于0.2。

注4：用于天然气贸易结算的计量器具的准确度等级应符合GB/T 18603—2001附录A和附录B的要求。

用能单位能源计量的主要工作包括：①建立文件化的程序来规范能源计量人员的行为、能源计量器具的管理和能源计量数据的采集、处理和汇总，并保持和持续改进；能源计量管理人员经相关部门培训考核，并持证上岗，负责能源计量器具的配备、使用、检定（校准）、维修、报废等管理工作。建立和保存能源计量管理人员的技术档案。②建立完整的能源计量器具一览表和能源计量器具档案；凡属自行校准且自行确定校准间隔的，应有现行有效的受控文件；能源计量器具定期检定（校准）。应在明显位置粘贴与能源计量器具一览表编号对应的标签，以备查验和管理。③建立能源统计报表制度，能源统计报表数据应能追溯至计量测试记录。能源计量数据记录应采用规范的表格式样，计量测试记录表格应便于数据的汇总与分析，应说明被测量数据与记录数据之间的转换方法或关系。④重点用能单位可根据需要建立能源计量数据中心，利用计算机技术实现能源计量数据的网络化管理。可根据需要按生产周期及时统计并计算出其单位产品的各种主要能源消耗量。

在企业用能设施设备管理方面，根据技术上先进、经济上合理的原则，考虑企业能源的供应情况，正确地选购用能设施设备，同时要管好、用好企业现有的用能设施设备。根据需要，要有计划、有步骤、有重点地做好现有设施设备的技术改造工作。

用能设施设备的管理工作主要包括：①用能设施装备的选择和评价；②用能设施设备的合理使用；③用能设施设备的维护与修理；④用能设施设备的技术改造。

14.5.2.5　能源管控中心

能源管控中心是指采用自动化、信息化技术和集中管理模式建立的管控一体化的系统性能源管控系统，对企业能源系统的生产、输配和消耗环节实施集中、扁平化的动态监控和数字化管理，在实现节能目标管理、能效对标管理、节约机会识别、能源计量和统计、能效分析等功能，改进和优化能源平衡、能源规划的同时，还能够有效地支撑企业实施节能技术改造、可再生资源替代等静态技术改造工作的可行性辨识。

企业能源管理中心系统需要集成动力能源现场控制系统（水、电、风、气/汽）和各主工艺单元DCS系统等第三方系统。具体包括：①综合过程监控系统。综合过程监控系统包括过程监控系统软硬件平台、调度中心监控软件、在线调度工具等。②预测与能源平衡调度模型及软件。预测与能源平衡模型及软件是实现企业能源管理中心重要应用的基本组成部分。③基础能源管理系统。基础能源管理系统作为企业能源管理中心的离线应用功能，可实现实绩和计划管理、能源质量和量值管理、专业管理报表子系统、运行和决策支持、数据分析及考核等管理应用。基础能源管理系统是

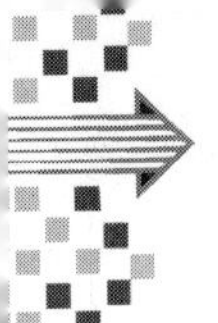

在自动化和综合过程监控系统基础上的数据分析和管理平台，是实现以过程数据为依据进行能源管理的重要子系统。④管控中心工程子系统（基础设施配套）。管控中心子系统作为系统应用和展示平台，是能源调度指挥中心的基础设施平台。它包括控制室工程、机房工程、弱电智能化工程、大屏幕工程、视频及通信工程等基础系统。⑤工业及管理网络系统。工业及管理网络系统主要包括工业网络和中央管理网络。企业能源管理中心的工业网络根据企业物理规模的不同，一般可达 35 km ～ 80 km 不等，采用工业级交换机设备。⑥现场控制系统改造。对现场控制系统及数据处理等方面进行适应性改造，以确保信息集合满足能源管理中心的应用功能规划要求。⑦数据采集装置改造。为满足企业能源管理中心的运行要求，实现基于客户过程的数据的分析和管理，实现精细化能源管理，需要对数据采集仪表和电气设施进行规模化改造，尤其是对二、三级计量装置的完善。⑧配套管理模式和机制建设。企业能源管理中心的配套管理模式和机制建设是相对于硬件设施建设的“软件”建设，其关键是建立企业能源管理中心的理念和定位，把项目建设和管理体制建设有机地结合起来，做到同步规划、同步建成并实现良性互动，以提高企业能源系统调度运行管理的效率，使企业能源管理中心发挥出最佳效果。

通过能源管控中心的运行，可以起到以下作用：①通过对能源系统的集中监控，大幅度提高企业能源系统的劳动生产率；②对各能源介质实现有效在线调控，充分利用工厂的二次能源，确保系统经济合理运行，节能和环保效益的贡献突出；③在能源系统异常和事故时，通过集中监控做出及时、快速和准确的处置，把能源系统故障所造成的影响控制在最低限度，确保能源系统稳定运行；④基础能源管理从管理的角度，实现对能源的质量、工序能耗和运行管理的前端控制和评估，从而为能源管理的持续改进提供方向；⑤能源工艺参数、计量数据的实时数据采集和处理功能；⑥能源基础历史数据的存储、查询、统计、分析功能；⑦能源生产、供应动态系统的平衡调度；⑧能源消耗计划、核算管理；⑨碳排放源的数据采集、统计和核算功能；⑩碳排放数据的在线采集和处理功能。

14.5.2.6 节能低碳技术

优先采用国家有关部门发布的节能低碳技术，如国家发改委发布的《国家重点节能低碳技术推广目录》，交通运输部发布的《交通运输行业重点节能低碳技术推广目录（2019 年度）》，工业和信息化部发布的《国家工业节能技术推荐目录（2021）》《“能效之星”装备产品目录（2021）》《国家通信业节能技术产品推荐目录（2021）》，以及各省市政府发布的有关节能低碳技术推广目录。

在通用设备运行方面，如电力变压器、电动机、泵、风机、空调装置、电焊机等，加强技术人员与维修人员的培训，加强机电设备的巡检与管理力度。开展机电设备节能改造工程，通过合理确定供电电压、扩大使用无功补偿装置等方式优化配电系统，实现余热余压利用和空压机节能，以及锅炉节能。开展合同能源管理、碳交易、中国自愿性碳减排 CCER、碳普惠、碳中和等工作，自愿性碳汇和碳减排项目可参考 T/GDES 2034—2022《企业自愿减排项目（ECER）开发指南》。

15 体系文件

15.1 体系文件的作用

体系文件是管理体系的信息媒体，管理体系文件是管理要求具体化的载体、是管理体系的基础，有助于组织内部沟通意图、统一行动，可提供客观证据，使过程活动更加规范、可追溯，从而进一步提高管理体系的适宜性、充分性和有效性。

尽管形成文件本身不是目的，但是文件形成是一项增值的活动。ISO 在其发布的质量、环境等国际管理体系标准中，都强调了文件的价值和作用，指出组织建立管理体系必须文件化，并明确规定了体系文件的类别、形成文件程序的准则等。

一体化管理体系是系统化、结构化、程序化的管理体系，它采用 PDCA 循环的科学管理模式，是以文件为支持的管理制度和管理方法的代表。文件的价值在于能够沟通意图、统一行动，具有重复性和可追溯性，并可提供客观证据。

一体化管理体系文件是组织进行管理、策划和运作的基础性文件，以多层次文件形式对管理体系的内容、运行准则进行充分的描述。其目的是使组织的管理手段和方法制度化、法规化，使各项管理活动有所遵循，从而提高组织的管理水平和管理效率，是一项动态的、高增值的活动，也是建立一体化管理体系的目的所在。

管理体系文件的作用体现在以下几个方面：①阐明组织的宗旨、方针、目标和承诺；②提供明晰的工作规范和运行准则；③提供要求已被满足的证据；④是体系运行和评价的依据；⑤使员工了解其职责和工作重要性；⑥提供培训的教材；⑦提供查询相关文件的途径；⑧向相关方证明组织的能力。

15.2 体系文件的结构

15.2.1 体系文件结构的变化

2015 版 ISO 9001 标准对保持和保存文件化信息的程度要求为：程序、制度要能够支持质量管理体系过程的运行，保留的记录可以证实过程已经按照策划实施。在满足要求的基础上，可以结合组织实际需要，灵活设置体系文件结构，建立真正与业务相融合的质量管理体系。

结合当前管理体系实施的实践经验，管理体系文件结构可以分为 3 种类型：典型层次体系文件结构、简易使用体系文件结构、信息化模型体系文件结构。

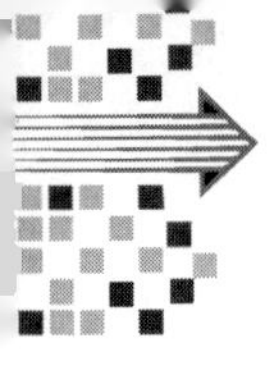

15.2.2 典型层次体系文件结构

典型层次体系文件结构，是在2015版以前标准建立的“管理手册＋程序文件＋作业指导文件＋记录”体系文件结构的基础上，进行优化设置，分为四级、三级和二级体系文件结构。

15.2.2.1 四级层次体系文件结构

2015版标准中对文件化信息的要求大部分已在2008版体系文件中得到了不同形式的体现，为了顺利对接以前版本，可采用“质量手册＋程序文件＋作业文件＋记录”的传统四级层次体系文件结构，如图68所示。这种文件结构已使用20多年，帮助建立了清晰、严谨的管理文件体系，可以根据实际需要，对原有体系文件进行优化，增加标准的新要求，如增加与“组织的知识”相关的程序、制度及规定，删减现有实际运行中没有效果并且新版标准中不再要求的文件，形成符合标准、贴切实际且简明有效的体系文件。

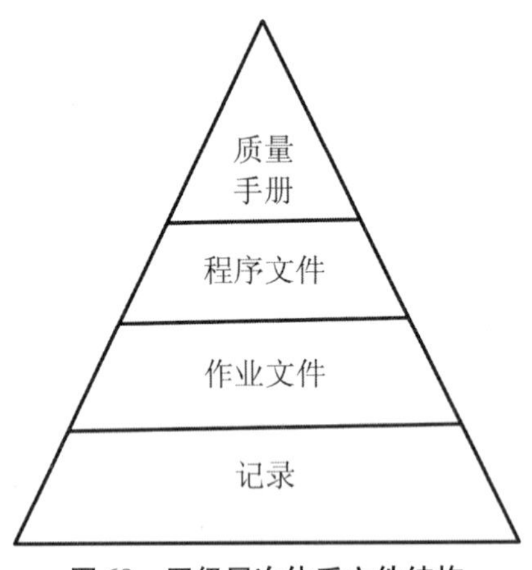

图68 四级层次体系文件结构

15.2.2.2 三级层次体系文件结构

建立三级层次体系文件结构，是对四级层次体系文件结构进行调整，将第二层“程序文件”和第三层“作业文件”合并，构成组织各项工作的规定要求，这样的结构更加适用于非质量管理专业人员，方便一线使用者。三级层次体系文件结构如图69所示。

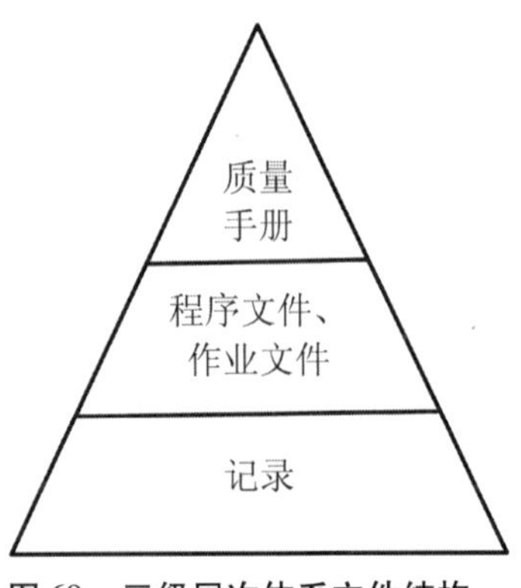

图69 三级层次体系文件结构

15.2.2.3 二级层次体系文件结构

二级层次体系文件结构为四级层次体系文件结构的扁平化的结果。扁平化体系文件结构分为规范层和执行层，如图70所示。第一层规范层的文件包括方针、目标、工作程序文件、法律法规和相关技术标准、

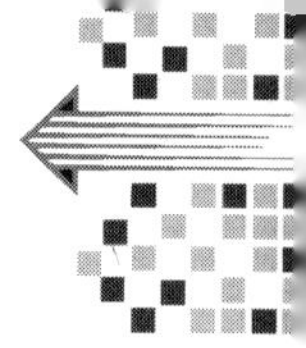

部门及岗位职责规定、报告模板等所有相关的工作要求。第二层执行层的文件为工作信息证据。方针、目标、组织的战略规划、组织结构图、部门和岗位职责一般以红头文件的形式发布；组织及产品类型介绍可在单位简介及产品宣传册中体现；员工的岗位职责在岗位说明书中规定。管理手册中所有的内容都可以找到出处和替代文件，可将“管理手册”用另外一种形式表现出来。在实践中，可以准备一份“文件清单”代替“管理手册”，只需向外部相关方和广大员工提供清单里面的文件即可；或者将质量、环境、能源、碳排放等管理体系的“管理手册”与“宣传册”合并，构成一本全面且统一的组织介绍手册。

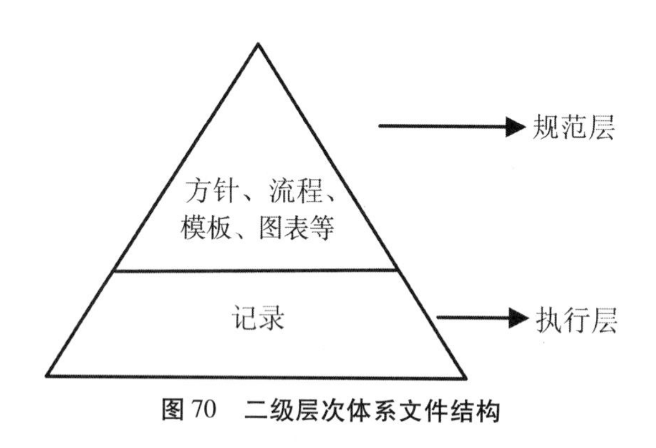

图 70　二级层次体系文件结构

15.2.3　简易使用体系文件结构

质量、环境、能源、碳排放管理体系不是单一的、孤立的，而是有交集的，需要综合体系的支撑，是综合因素的结晶。2008 版标准体系文件受各种限制，在一定程度上存在“只纳入部分相关技术标准和制度文件”的问题。2015 版标准则给予了足够的灵活性，不要求用“程序文件”“作业文件”等统一的命名和文件形式，“制度”“规定”等各种文件形式只要能够把要求表达清楚，均可使用。因此，体系文件结构可考虑以体系文件为主线，把与之相关的子系统中的相关制度文件、规定等都纳入到体系文件中，使体系文件的脉络更清晰、流畅，并贴合工作实际。体系文件中引用“制度”“规定”时，应尽量避免内容重述，只需列出被引用文件题目、条款等信息即可，以免出现内容缺漏、指标不一致及版本变化无法识别等问题，且对“制度”“规定”的修改也不影响引用。

15.2.4　信息化模型体系文件结构

管理系统信息化正在迅速发展，推动着质量管理体系文件朝着信息化与电子化的方向发展。在四级层次体系文件结构的基础上，建立统一的企业管理体系信息化模型，管理手册、程序文件、作业文件和记录经过结构化、规范化和标准化处理，存储于企业管理体系信息化模型。根据需要，以不同的视角和方式，从企业管理体

系信息化模型中抽取对应的文件化信息，如管理手册、程序文件、作业文件和记录等。

在文件表现形式上，除了国家、行业、上级机关、顾客等相关方规定的格式文件外，其他文件完全可以采用图形、图像、表格和照片等更加灵活、简明、直观及易操作的表现形式。例如：在作业文件中，可以应用现场操作的照片；对于程序文件，可不拘泥于“标准类”格式，以效率和结果为目的，将其改变为易读且易上手的形式，如将审批类相关的程序文件简化为电子审批表格的说明或注释，即电子化的流程审批表格就是“程序文件”。应进一步改进这些“电子化”表格，并按标准要求实现流程化的控制，提高工作效率，以便相关部门领导了解和控制工作进度。

15.3 体系文件编制的原则和方法

2015 版质量管理体系标准淡化了质量管理体系文件在形式上的要求，文件化的要求更加灵活和务实，对扭转质量管理体系就是“文件驱动”的观念起到了重要作用。

文件化信息（documented information）的定义与解释为“组织需要加以控制和保持的信息及其承载”。文件化信息可以任何格式和载体存在，并可为任何来源。文件化信息可涉及：管理体系及相关的过程、为组织运行产生的信息（一组文件）和结果实现的证据。其作用是用于信息沟通，提供策划实际完成情况的证据，实现知识共享，并达到传播和保存经验的目的。

组织还可结合其特点和过程需要等因素，自行决定文件数量的多少以及何处需要文件，可根据管理需要选用原有管理手册、程序文件、作业文件的方式进行表述，也可根据企业或单位的特点，选用其他术语命名管理体系运行所需的文件化信息，如“管理制度汇编”。这样的组织体系文件更加通俗易懂，与生产实践贴合得更加紧密，也可引导人们摆脱文件形式的束缚，从而建立一个文件化的管理体系，而非文件体系。

取消对记录控制的强制性要求，更加突出了记录的证据性、灵活性和多样性。2015 版标准提出，只要证据可令人相信，任何形式或类型的媒体，如纸张、磁介质、电子或光学的计算机光盘、照片、原样本等都可成为证据，不用刻意去“做”记录。这种务实的要求，给予组织极大的灵活运用空间，也符合信息技术快速发展的特点。随着各种高清摄像头的普及应用，视频资料或手机 App 在线监控在实际生产中被迅速推广，这些记录都可作为证据保存。

编制体系文件的原则主要有：法规性、系统性、协调性、可操作性、适宜性、继承性、唯一性、确定性、制衡性和创新性。

编制体系文件的方法主要分为 3 种方式。第一种是自上而下的方式，就是从管理手册开始编写，然后是程序文件、作业文件到记录。第二种是自下而上的方式，就是从记录开始，然后是作业文件、程序文件到管理手册。第三种是中间到两边的方式，从程序文件开始，然后是同时管理手册和作业文件与记录。

体系文件编写的基本要求如下：①写所做的，做所写的。体系文件是组织在某管理方面的规章制度，是组织制定的自我约束机制，通常要依组织的实际情况编写。②前后一致，相互呼应。体系文件是一个有机的整体，每份文件都与其他文件相关联，因此必须前后一致，相互呼应。名称要始终一致，手册中已有的讲法、规定，如时间、频率、职责等，在程序文件和作业指导书中必须与其相一致，不能出现矛盾。③手册、程序、作业指导书各有侧重，不宜重复。手册注重写原则规定，不写具体做法，对具体规定采取引用程序文件的办法处理。对没有编写程序文件的要素，在手册中应适当详细论述。程序文件注重写体系的运行规定，写主要要素的实施过程而不写行为的操作过程，但要与手册相一致，涉及某种管理活动或行为的具体操作办法时，采取引用作业指导书的办法处理。作业指导书则应根据特定的管理活动或行为，写详细的操作过程、具体做法、注意的问题等规定，且与程序文件相一致。④表格设计要清晰醒目、容易理解、方便填写，但不能过于简单或诸事格式化。⑤三级文件各有侧重，不宜过分重复。

15.4　管理手册

管理手册是阐明组织的管理方针和目标、描述管理体系的范围，并向组织内部和外部提供关于体系一致性信息的文件。

管理手册系统且又纲领性地阐述了组织的质量、环境、能源、碳排放管理体系各个过程之间的相互关系，反映了组织一体化管理体系的总貌。

管理手册为编制程序文件提供依据或被其引用。管理手册可以是程序文件的汇编，也可以是针对特定的设施或职能、过程或合同要求的一系列核心文件的组合。

顶层管理手册强调一体化管理，重点描述企业一体化管理体系的基本组成内容与规范的做法，解决的是一体化管理中的普遍性、规范性与共性问题。

管理手册按“共性兼容、个性互补、就高不就低”的原则进行整合，将各管理体系、各项业务领域管控要求融入一体化管理体系框架。

根据管理模块的划分，编制管理模块分手册。分手册强调可执行，描述各管理领域的具体做法与内容，实施过程与方式描述得更为细致、具体，解决体系具体做成什么样的问题，支撑管理领域战略目标的实现。

管理手册一般由封面、目次、概述和正文 4 部分组成。封面包括组织名称、管理手册标题、版本编号、受控状态、手册编号（受控号）、发布与实施时间。概述部分主要包括批准页（颁布令）、管理方针和目标声明、前言、手册的控制与管理说明。

正文内容可参考第 2 章“管理体系通用框架”，表 119 为一体化管理体系管理手册示例。

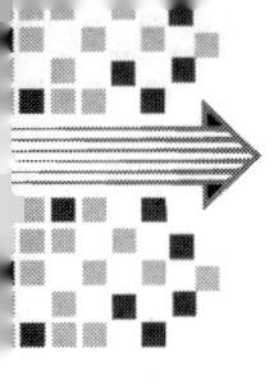

表 119　一体化管理体系管理手册示例

1 范围 2 规范性引用文件 3 术语和定义 4 组织背景 4.1 组织概况 4.2 相关方要求和期望 4.3 管理体系总要求 5 管理职责 5.1 领导承诺 5.2 管理方针 5.3 职责、权限 5.4 沟通 5.5 文件控制 6 管理体系策划 6.1 风险与机遇分析 6.1.1 质量风险 6.1.2 环境因素及其风险 6.1.3 安全危险源及其风险 6.2 管理目标 6.2.1 质量目标 6.2.2 环境目标 6.2.3 职业健康安全目标 6.3 实现目标的措施	7 资源管理 7.1 人力资源 7.2 基础设施 7.3 过程运作环境 7.4 监视和测量资源 8 运行控制 8.1 运行的策划 8.2 与顾客有关的过程 8.3 产品和服务的设计和开发 8.4 外部供应产品和服务的控制 8.5 产品和服务提供 8.5.1 标识和可追溯性 8.5.2 产品防护、交付、放行 8.5.3 不合格品控制 9 绩效评估 9.1 监视、测量、分析和评价 9.2 顾客满意度 9.3 合规性评价 9.4 内部审核 9.5 管理评审 10 改进 10.1 纠正措施 10.2 持续改进

15.5　程序文件

15.5.1　程序文件的概念和作用

程序是“为进行某项活动或过程所规定的途径”。程序可以形成文件，通常称为“书面程序”或“形成文件的程序”，也可以不形成文件，即口头程序。凡含有程序的文件可称为“程序文件”。

程序的定义中所说的“规定的途径”，也可以理解为：为了完成某项活动而规定的“方法”。如果把这些活动的方法和要求写成文件，就成为程序文件。

程序文件的内容通常包括活动的范围、职责、程序方法，即“5W1H”，文件应回答为什么做（Why）、做什么（What）、谁来做（Who）、何时做（When）、何处做（Where）以及如何做（How）的问题。

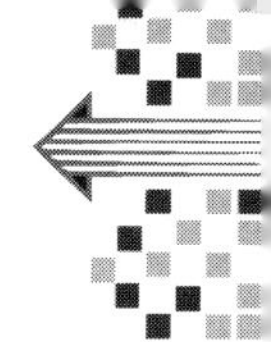

程序文件的作用主要体现在6点：①程序文件是管理手册的支持性、基础性文件，是管理体系策划的内容之一；②程序文件是组织正式发布的文件，具有约束力，应用程序文件能使管理规范化、系统化；③执行程序文件，能恰当且连续地使各项管理活动处于受控状态；④程序文件可作为验证、审核的依据；⑤程序文件具有针对性和可操作性，各项要求明晰，职责分明；⑥能使管理体系具有预防控制和纠偏的能力。

15.5.2　程序文件的策划

将一个管理要素的基本要求写在一个程序文件中，这种程序文件一般有一个主管部门，其他为相关部门，职责明确。

将各个管理要素中的相关要求写在一个程序文件中，这较多地适用于组织机构比较简单的中、小型企业，组织机构比较简单主要是为了便于管理、明确职责，多数有一定规模的组织较少采用多个管理要素写在一个程序文件中的方式。

依据企业的特点及管理工作的需要，有时一个管理要素写成多个程序文件，如环境因素管理要素。由于企业规模比较大，生产工艺流程也比较复杂，按管理要素的基本要求，往往将其写成3个程序文件，如“识别、更新和评价环境因素”程序文件的方式。

关于程序文件的策划和组成，标准条款中没有具体的规定，标准所列的管理要素中只明确规定了严格按照“标准要求的，文件要写到”的原则，如此即达到了基本要求。

15.5.3　程序文件的分类和内容

一体化程序文件可分为通用、共用和专用3种类型。

15.5.3.1　质量、环境、能源和碳排放管理通用的程序文件

包括：①文件控制程序；②记录控制程序；③内部审核控制程序；④不合格、事故、事件控制程序；⑤纠正和预防措施控制程序；⑥与顾客及相关方有关的控制程序；⑦管理评审控制程序；⑧人力资源与培训控制程序；⑨信息沟通控制程序。

15.5.3.2　质量管理的程序文件

包括：①生产/服务过程控制程序；②设计和开发控制程序；③设备维护控制程序；④产品标识和可追溯性控制程序；⑤采购控制程序；⑥监视和测量控制程序；⑦数据分析控制程序。

15.5.3.3　环境管理的程序文件

包括：①法律法规及其他要求控制程序；②环境因素识别与评价控制程序；③“三废”排放控制程序；④节能降耗控制程序；⑤油品及化学品控制程序；⑥燃料控制程序；⑦噪声控制程序；⑧应急预案与响应控制程序；⑨事故调查处理控制程序；⑩环境及职业健康安全运行控制程序；⑪环境因子及安全绩效监测控制程序。

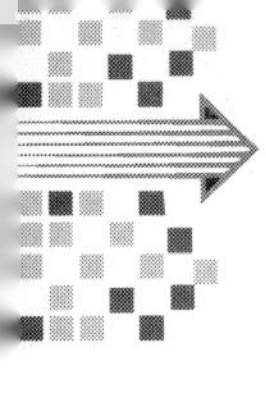

15.5.3.4 能源管理的程序文件

包括：①能源基准与能源绩效参数设定控制程序；②能源因素识别与评价控制程序；③能源评审程序；④能源运行控制程序；⑤能源采购和审批管理程序；⑥能源监视和测量控制程序；⑦能源绩效测量控制程序。

15.5.3.5 碳排放管理的程序文件

包括：①碳排放基准年与碳排放绩效参数设定控制程序；②碳排放因素识别与评价控制程序；③碳排放统计和核算管理控制程序；④碳排放评审程序；⑤碳排放运行控制程序；⑥碳排放设计和开发控制程序；⑦碳排放采购和审批管理控制程序；⑧碳资产管理控制程序；⑨碳排放信息披露管理控制程序；⑩碳绩效测量控制程序。

程序文件正文内容主要包括：目的和范围、规范性引用文件、术语和定义、职责、工作流程、相关文件和支持性文件、报告与记录表格。

15.5.4 流程文件编制

按“一图两表＋一清单”形式编制各流程文件，包括流程图、工作分解表、职能分配表和记录清单。

流程图用于规范各管理事项开展工作的流程，使各部门/岗位能清晰了解管理事项涉及的相关活动和流程。

工作分解表用于说明流程中各项活动做什么、如何做、谁做、输入和输出、需执行的标准，可有效规范和指导各项管理评审活动的开展。

职能分配表用于明确流程中各项活动的职责分布，明晰展现各项活动的管理界面。

记录清单用于确保管理事项的过程记录完整。

15.5.5 构建绩效评价指标体系

根据一体化管理视图和流程架构，沿“使命、愿景和价值观→战略和战略目标→企业绩效评价指标 KPI→部门绩效评价指标 KPI→流程绩效评价指标 KPI”的路线，建立一体化管理的绩效评价指标体系，覆盖一体化管理体系范围内所有领域和相关方。

按照第 14.4 节“建立方针、目标和指标”后，进一步根据战略实施计划确定绩效评价指标，并采用目标管理或平衡计分卡等方法逐层分解、细化到流程，实现战略目标到流程绩效指标的有效转化，使企业运营活动与战略要求相匹配，使各层级人员了解实现战略目标所需进行的日常经营活动，以确保战略的顺利执行和一体化管理的有效落地。

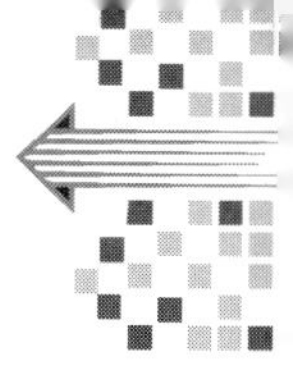

15.6　作业文件

15.6.1　作业文件的编制

作业文件经常称为作业规范、作业指导文件，包括规程规范、技术标准、管理标准、图样等，最常见的是作业指导书。作业指导书是规定基层作业活动的操作性文件，为具体的操作人员提供作业要求的详细信息，以指导操作人员做好规定的工作。

作业指导书是程序文件的支持性文件，是对程序文件的细化。即当程序文件不能满足某些具体活动的特定要求时，才有必要编制作业指导书。

作业指导书内容既有技术性的也有管理性的，主要阐述工艺、技术方面的要求，故也称“工艺规程”。它包括作业项目内容、使用的材料、设备、工艺装备、实施步骤、操作要领、质量判定准则、控制要求、检验与试验方法等，并明确谁来做、什么时间做等相应的职责。

作业指导书的格式与程序文件大体相同，包括标题、范围、职责、关键活动的操作要求和记录要求等。

15.6.2　记录的收集与保持

记录是“阐明所取得的结果或提供所完成活动的证据的文件”。因此，记录是一种特殊类型的文件，但记录不需要控制版本。

记录的用途主要体现在以下5点：①记录是管理体系文件的有机组成部分，是各项职能活动的反映和载体；②记录是重要的证明文件，是验证体系运行是否达到预期结果的主要证据；③记录是信息的基础资料；④记录可为采取预防和纠正措施提供依据；⑤有利于产品的标识和可追溯性。

记录内容应真实、书写清晰、数据可靠、填写及时、签署完整、易于识别和检索。

记录可以是任何一种媒体形式，但大量是以表格形式出现，也有文字形式，必要时还有实物样品、照片、录像、计算机磁光盘等形式。通常，在程序文件或作业文件后面附录的记录表式是指定的标准格式，便于规范、统一，填写了内容就成为记录。

碳排放管理体系主要记录包括但不限于：

—— 碳排放源清单；

—— 法律法规、政策、标准及其他要求识别与合规性评价记录；

—— 碳排放基准和先进值；

—— 碳排放管理目标和指标；

—— 碳排放管理实施方案的实施过程与结果评价记录；

—— 监测计量装置检验校准记录；

—— 信息交流记录；

—— 文件控制的相关记录；
—— 碳排放监测记录；
—— 碳排放管理体系评审记录；
—— 二氧化碳排放报告；
—— 二氧化碳排放核查报告等。

15.7 管理实施方案

管理实施方案实际上是质量、环境、能源、碳排放管理体系规划（策划）阶段的最后结果；是质量、环境、能源、碳排放目标和指标的实施方案；是需立项解决的组织在初始评审当中识别和评价出的重要因素；是有效实施质量、环境、能源、碳排放管理体系，改善组织质量、环境、能源、碳排放绩效的关键管理要素。

管理实施方案的基本要求有：①依据组织所制定的目标和指标的要求及技术措施，编制管理实施方案，根据任务的需要制定目标和指标的实施计划设计书，以指导管理方案的实施；②配备实施管理方案的人力、物力及财力资源；③确定实施管理方案的责任人及其职责和权限；④落实实施管理方案的财务预算，确保资金按计划到位；⑤确定实施管理方案的时间进度表；⑥建立管理方案实施的监督与管理制度。

16　体系实施

16.1　理论基础

企业在建立一体化管理体系时，必须使之与企业的整个标准体系相协调，需要统筹策划并理清企业中各类标准的作用和相互关系，切实防止那种“干什么强调什么重要”、以偏概全、只见树木不见森林的管理方法。

企业整合两个及以上管理体系时，应将通用要求合并，保留特定要求，减少文件化信息的重复编制，提高实施效率，避免管理体系与业务运作两张皮。应运用系统方法对管理体系进行整合策划，需满足以下整合原则：符合实际原则、统筹一致原则、兼容高效原则、关注过程原则。

程序文件应包括响应标准所确定的各事项的责任部门和实施的程序等。管理制度是对具体事项的要求细则和约束性文件，包括减排考核管理制度、人员培训管理制度、碳排放监测与统计管理制度等。

16.1.1　管理体系和管理体系标准

ISO 给出的体系定义是“一组相互关联或相互作用的要素”。牛津字典中的定义是“若干相关事物或某些意识相互联系而构成的一个整体”。

ISO 9000 标准在 2000 年时变成了 ISO 9001 标准，《质量管理体系要求》首次作为“管理体系”标准出现。这代表着质量从质量保证时代迈入了质量管理时代，是从以运行过程活动为主到涉及组织各个部门的更为全面的方法。

质量管理和质量保证标准的形成有一个较长的发展过程，如图 71 所示。在产业革命以后，企业管理逐渐由经验管理发展为科学管理。20 世纪初期，由于企业规模的扩大和内部分工的细化，工厂出现了独立于一定生产过程的产品检验机构，以评估产品质量。但产品检验实质上是事后把关，而且工作量大、成本高。后来又应用概率论和数理统计原理发展了统计检验和工序控制，把控制点往前移。20 世纪 60 年代，美国的菲根堡姆提出了“全面质量管理”的概念，强调过程控制、全员参与，以预防为主。质量管理的理论方法，按照演进的发展，分为适用于单件或小批量产品质量管理的产品检验阶段、适用于批量产品质量控制的统计技术阶段和适用于现代批量复杂产品和服务的全面质量管理阶段这 3 个阶段。这些都为质量管理标准的产生提供了理论和实践的基础。

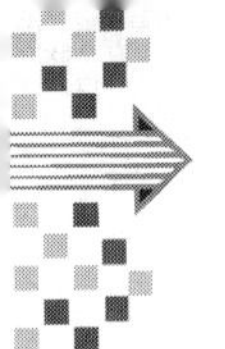

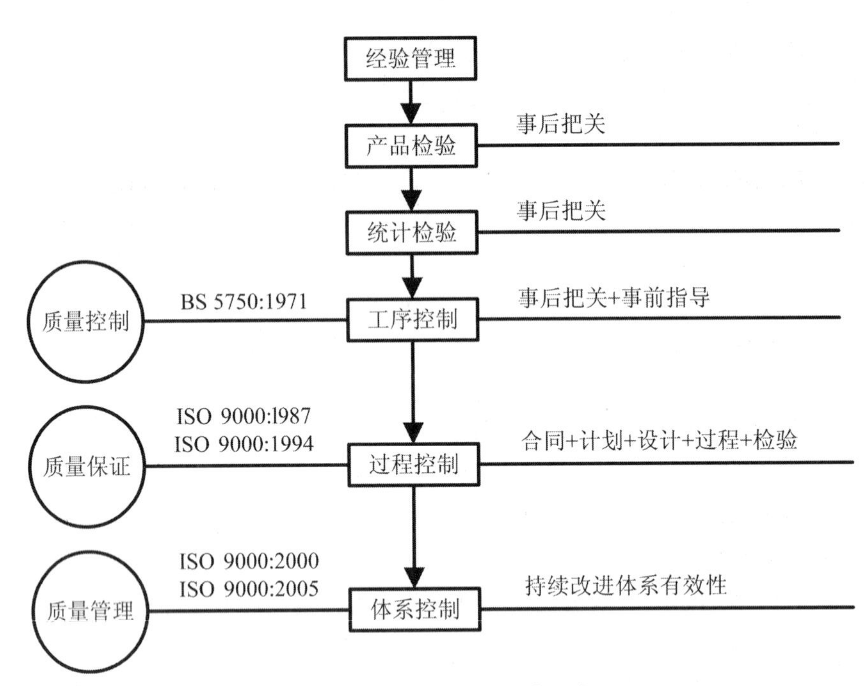

图 71　质量管理标准的由来和发展

16.1.2　过程理论和方法

16.1.2.1　过程的定义和演化

在 ISO 9000:2015《质量管理体系　基础和术语》标准中，过程的定义为：“利用输入实现预期结果的相互关联或相互作用的一组活动”。

在 ISO 9000:2000 和 ISO 9000:2008 标准中，过程的定义是：“将输入转化为输出的相互关联或相互作用的一组活动”。

从国际标准的过程定义变化可以看到，其侧重强调过程是有目的的一组活动，而不是指含有时间特征的事情发生的经过或先后次序。

在质量管理方法上，1987 版和 1994 版的 ISO 9001 标准并没有提出过程方法，2000 版和 2008 版的 ISO 9001 标准提出“本标准鼓励在建立、实施质量管理体系以及改进其有效性时采用过程方法，通过满足顾客要求，增强顾客满意”。2015 版 ISO 9001 标准改为“倡导”采用过程方法，并在标准条文 4.4 中提出了明确要求，使过程方法成为建立、实施、保持和改进质量管理体系必须采用的方法，同时 ISO 14001:2015、ISO 50001:2018 等也都有采用过程方法进行管理的类似要求。

在第 2.2.3.1 节“质量管理原则”中，阐述了 ISO 9001:2015 质量管理体系标准，将 2008 版标准的“八项原则”压缩为“七项原则”，其中重要的改动就是将原来的“过程方法”和“管理的系统方法”两个原则整合为“过程方法”这一原则，从而突出强调“过程方法”在质量管理体系中的重要作用。

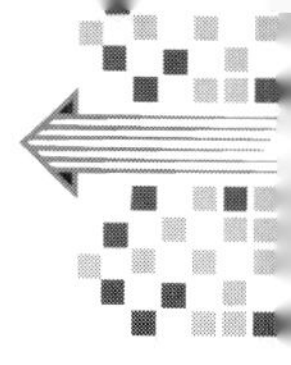

16.1.2.2　基本原理

ISO 9001 标准的1987 版和 1994 版的基本思路是将影响产品质量的要素组成质量体系，通过对这些要素的控制和管理，预防不合格，以使顾客满意。要素管理法侧重各要素控制的符合性和有效性，对各要素之间的相互关系和相互作用，以及各要素在管理体系中的功能和作用关注不够，各要素管理的系统性、目标协同性要求不足，加上标准对形成文件和记录的强制性要求过多，实施中易形成点对点的僵化教条、一刀切式的碎片化管理、文件和记录形式化等现象，影响管理体系的有效性。

提供的质量管理方法是要素管理法，受计划经济和行政管理体制的影响，通常是按预定的结果规定部门职责，进行垂直管理，内部各方面的管理仍以科层制威权式的行政管理模式为基础，主要管理方式是定职责、定岗位、定目标、定任务、下计划、听汇报、监督检查、年终总结考核等行政式管理，各相关部门、岗位之间相互关联且协作配合、关注满足顾客要求的总体目标。

各部门通常关注的是自己的职能和目标，而不是组织的最终目标。各自在质量管理体系中的功能和作用等要求不够系统、充分、完整，工作中容易出现推诿扯皮、各自为政、效率低下、产品和服务质量不高、顾客不满意等问题。

相比之下，“过程方法”则要求跨越不同职能部门间的屏障，将各部门的关注点统一于组织的主要目标，通力协作实现共同的目标。

一些单位应用 ISO 9001 标准进行质量管理时，相关人员生搬硬套标准条款，单独“制造”出一套所谓符合标准要求的质量管理体系和相关过程，未与自身的现有管理方式方法和实际情况有机整合，实施中难以长期坚持，逐渐形成了“鸡肋式”“两张皮”的管理体系，这也是过程方法没有真正得到有效理解和应用的必然结果。

“过程方法”是一种按照组织的质量方针和战略方向，对各过程及其相互作用进行系统规定和管理，从而高效、稳定地实现预期结果的方法。相比于传统的“要素控制”，过程方法中的“过程控制”更注重对面的控制，而不是对孤立点的控制，关注有效性而不仅仅是符合性。要素控制与过程控制的比较如图 72 所示。

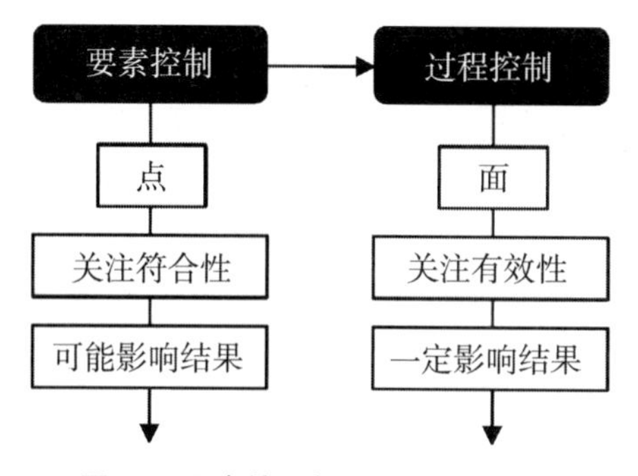

图 72　要素控制与过程控制的比较

过程方法的基本原理就是明确和控制过程，确保结果。管理体系由相互关联的过程组成，过程由相互关联的活动组成，过程的结果来自于诸多活动的相互作用，

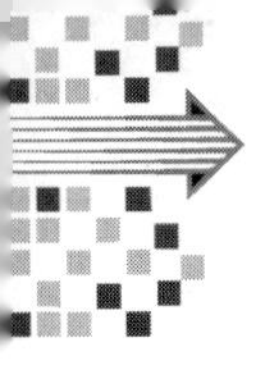

管理体系的结果来自于诸多过程的相互作用。结果来自于过程，将活动作为相互关联、功能连贯的过程系统来理解和管理时，可更加有效和高效地得到一致的、可预知的结果。要取得什么样的结果，就需要有相应的过程，结果有问题则其过程一定有问题。

管理过程主要包括对过程的策划、实施、绩效评价和改进。每个组织都客观存在着一系列过程和管理体系，能否确保有效且高效地得到预期结果，实现其方针和目标，取决于对这些过程系统的规定和管理是否适宜、充分、有效。规定过程（过程策划）包括确定过程的功能、目标、职责、输入源、输入、主要活动、输出、输出接收方、准则和方法、所需的资源等过程要素，详见第 2.2.3.2 节“过程方法”。

过程方法的应用包括策划、执行、测量、分析和持续改进 5 个环节，如图 73 所示。其中，过程策划是组织为了增值而对过程的要素进行识别和定义的系统工作，是过程方法应用于组织管理体系的基础。设定组织每个过程的关键绩效指标 KPI，是组织后续监视测量过程运行并获得改进的状态基线。

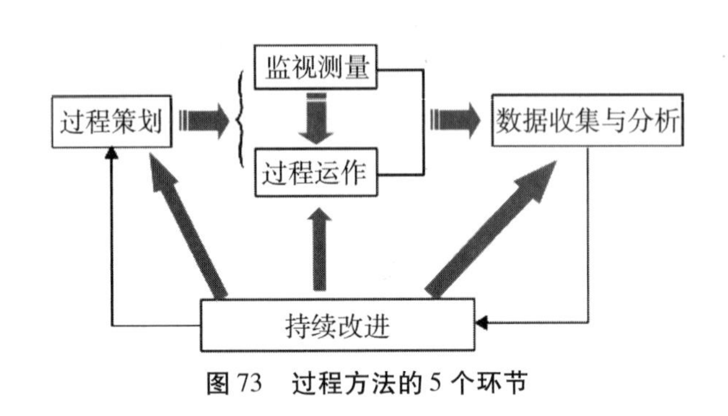

图 73　过程方法的 5 个环节

过程是否形成文件及文件的详略程度，取决于组织管理的需要，组织应综合考虑过程的目标、复杂性、有效性和效率要求、人员能力、过程改进等因素，特别是过程的风险和机遇识别，在评价结果的基础上确定文件编写需求。

16.1.3　流程管理

16.1.3.1　流程概念

流程是具体的过程，关于流程，不同的人有不同的看法。有人认为，流程就是程序，其实，“流程”和“程序”是两个互相关联但绝不等同的概念。“程序”体现出一件工作中若干作业项目哪个在前、哪个在后，即先做什么、后做什么。而在“流程”中，除了体现出先做什么、后做什么之外，还体现出每一项具体任务是由谁来做，即甲项工作由谁负责、乙项工作由谁负责等，从而反映出他们之间的工作关系。

只有通过流程，才能把一件工作的若干作业项目或工作环节，以及责任人之间的相互工作关系清晰地表示出来。

一般情况下，企业流程有以下五大特征：①流程是为达成某一结果所必需的一系列活动；②流程活动是可以被准确重复的过程；③流程活动集合了所需的人员、设

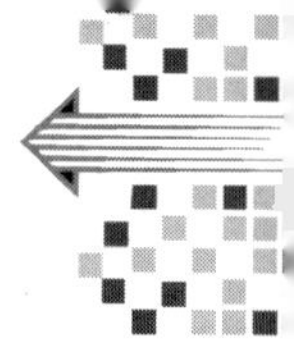

备、物料等；④流程活动的投入、产出、品质和成本可以被衡量的；⑤流程活动的目标是为服务对象创造更多的价值。

流程就是为特定的服务对象或特定的市场提供特定的产品或服务而精心设计的一系列活动。流程包括六大要素，即输入的资源、活动、活动的相互作用（结构）、输出的结果、服务对象和价值。流程的基本模式如图 74 所示。

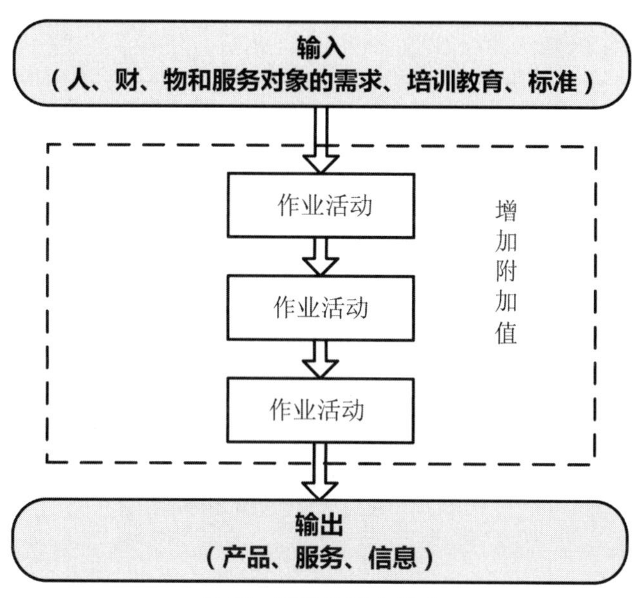

图 74　流程的基本模式

16. 1. 3. 2　流程分类

企业流程可分为决策流程、管理流程和业务流程三大类，具体内容如表 120 所示。

表 120　企业流程的分类

序号	类别	定义	特点/构成
1	决策流程	能确保企业达到战略目标的流程，确定企业的发展方向和战略目标，整合、发展和分配企业资源的过程	股东、董事、监事会等确定流程战略、重大问题及投资流程。企业决策流程的构成如图 75 所示
2	管理流程	企业开展各种管理活动的相关流程，通过管理活动对企业业务的开展进行监督、控制、协调、服务，间接为企业创造价值	上级组织对下级组织的管控流程，资源配置流程（人、财、物以及信息）。企业管理流程的构成如图 76 所示

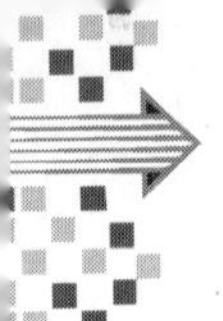

续表

序号	类别	定义	特点/构成
3	业务流程	直接参与企业经营运作的相关流程，安排完成某项工作的先后顺序，对每一步工作的标准、作业方式等内容做出明确规定，主要解决“如何完成工作”这一问题	涉及企业“产、供、销”环节，包括核心流程和支持流程。企业业务流程的构成如图 77 所示

注：从企业经营活动角度来说，企业流程又可分为战略流程、经营流程和支持流程。

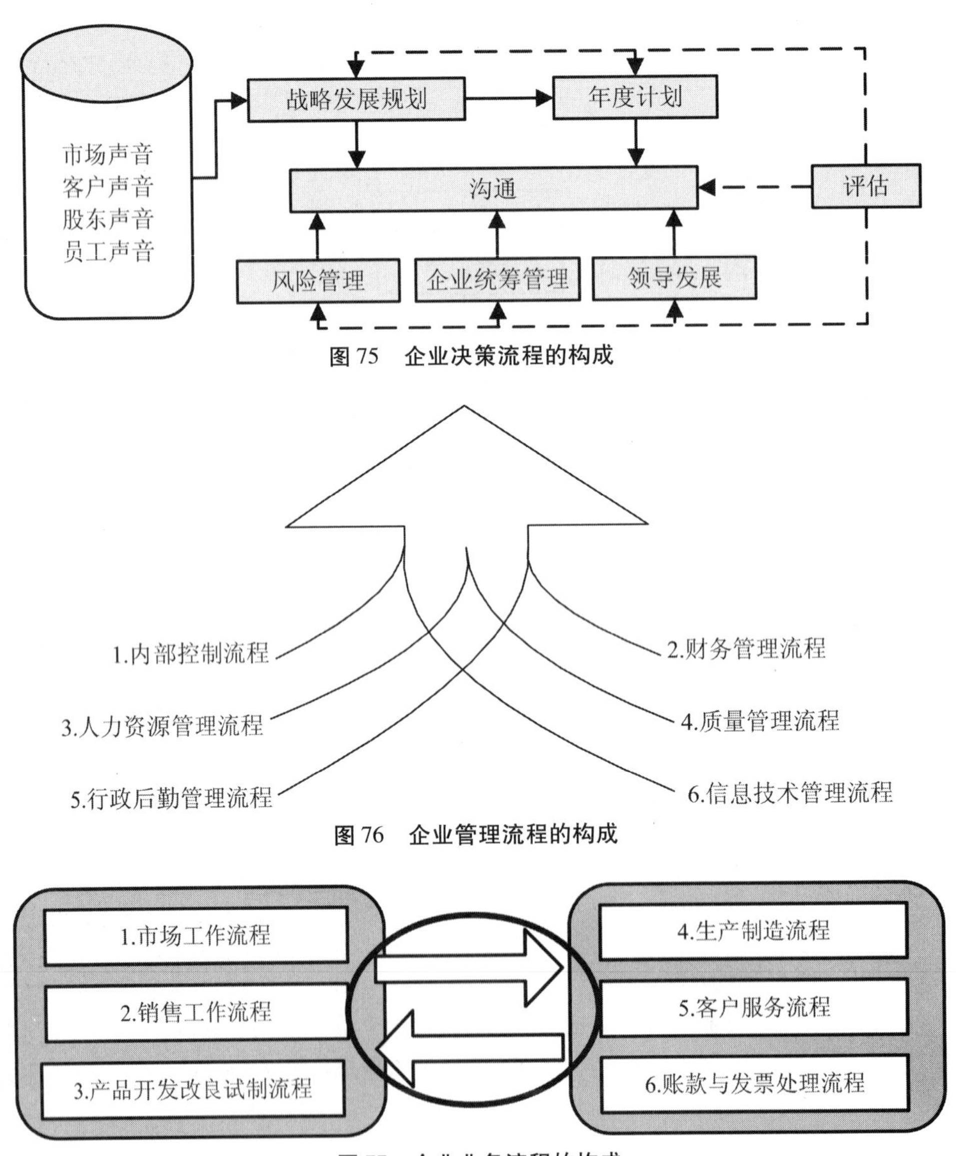

图 75　企业决策流程的构成

图 76　企业管理流程的构成

图 77　企业业务流程的构成

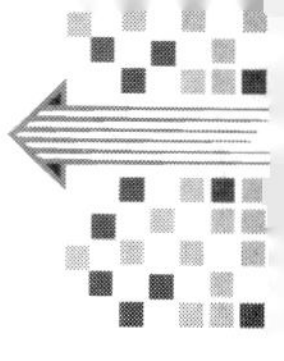

16.1.3.3　流程层级

为便于对各类流程进行管理，通常将企业内部流程分为 3 个层级，即企业级流程、部门级流程和岗位级流程，具体如图 78 所示。

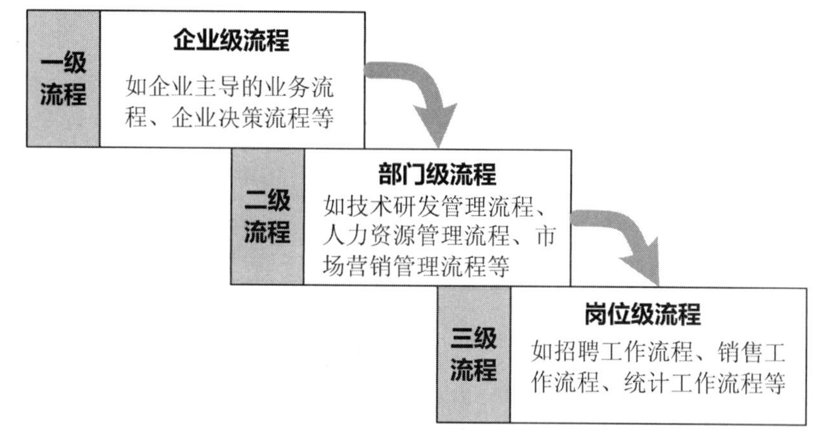

图 78　企业内部流程的层级

企业内部各级流程之间的关系是环环相扣的，上一级别流程中的某个节点在下一级别可能就会演化成另一个流程。

例如，在二级流程的人力资源管理流程中，招聘工作只是其中的一个节点，而它又会演化成三级流程中的招聘工作流程。

16.1.3.4　流程管理分析

（1）流程管理的含义分析。企业进行流程管理是为了优化企业内部的各级流程，帮助企业提高管理水平，并通过优化的流程创造更多效益。因此，流程管理可被理解为是从流程角度出发，关注流程能否“为企业实现增值”的一套管理体系。

从客户角度来说，客户愿意付费/购买就能带来增值。但从企业角度来说，“增值”可以被理解为但不限于以下 6 种情况：①效益提升，投资回报率上升；②工作效率提高，业绩提升；③工作质量、产品/服务质量提升；④各种浪费减少，经营成本降低；⑤沟通顺畅，办公氛围和谐、向上；⑥品牌价值提升，知名度提升。

企业流程管理主要是对企业内部进行革新，解决职能重叠、中间层次多、流程堵塞等问题，使每个流程从头至尾责任界定清晰，职能不重叠、业务不重复，达到缩短流程周期、节约运作成本的目的。

（2）流程管理的目标分析。流程管理是按业务流程标准，在职能管理系统授权下进行的一种横向例行管理，是一种以目标和服务对象为导向的责任人推动式管理。流程管理的目标分析说明如表 121 所示。

表 121　流程管理的目标分析说明

项次	分析项	具体描述
1	流程管理的最终目的	提升客户满意度，提高企业的市场竞争能力，提升企业绩效
2	流程管理的宗旨	通过精细化管理提高管控程度，通过流程优化提高工作效率，通过流程管理提高资源的合理配置程度，快速实现管理复制
3	流程管理的总体目标	管理者依据企业的发展状况制定流程改善的总体目标
4	总体目标分解	在总体目标的指导下，制定每类业务或单位流程的改善目标
5	流程管理的工作标准与要求	保证业务流程面向客户，管理流程面向企业，目标流程中的活动都是增值的活动，员工的每一项活动都是实现企业目标的一部分，流程持续改进
6	流程管理在企业发展各阶段的具体目的	企业需要根据自身发展阶段和遇到的具体问题对流程管理有所侧重梳理：工作顺畅，信息畅通显化；建立工作准则，便于查阅、了解流程，便于沟通并发现问题，便于复制流程以及对流程进行管理监控；找到监测点，进行流程绩效监督，便于上级对工作进行监督优化；不断改善工作，提升工作效率

（3）流程管理工作的 3 个层级。总体来说，企业流程管理工作包括 3 个层级，即流程规范、流程优化和流程再造。各个层级的主要内容及适用情况如表 122 所示。

表 122　流程管理工作 3 个层级的主要内容及适用情况

层级划分	主要内容	关键输出	适用时机/阶段
第一层级流程规范	整理企业流程，界定流程各环节的工作内容及相互之间的关系，形成业务的无缝衔接	流程清单，流程体系框架图，各流程图	适合所有企业的正常运营时期
第二层级流程优化	流程的持续优化过程，持续审视企业的流程，不断完善和强化企业的流程体系	流程诊断表，流程清单（新），流程体系框架图（新），各流程图（新）	适合企业任何时期

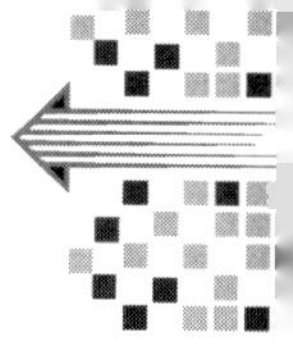

续表

层级划分	主要内容	关键输出	适用时机/阶段
第三层级流程再造	重新审视企业的流程和再设计	流程再造分析报告，流程清单（新），流程体系框架图（新），各流程图（新）	适合企业变革时期，以适应企业变革阶段治理结构的变化、战略的改变、商业模式的变化，以及出现的新技术、新工艺、新产品、新市场等情况

需要注意的是，在流程建设管理工作中，企业应遵循“点面结合”的原则，在加强流程管理体系整体建设（面）的同时持续改进具体流程内容（点）。

16.2　建设流程的策划

16.2.1　界定范围

首先要界定企业一体化管理体系的产品和服务范围。参考迈克尔·波特价值链分析法，构建核心价值链。业务活动范围主要有项目开发和管理，市场推广和开发，生产过程控制，外协外包及采购控制；管理要素范围主要有文化、战略、体系、质量、工艺、技术、环境、资产、财务、人力、法务、审计、行政、保密、党团、信息化等职能部门。

16.2.2　确定顶层管理框架

根据梳理确定的核心价值链，在综合考虑各部门业务职能，强调顶层牵引的基础上，将一体化管理活动划分为：决策管理、运营管理和支持保障管理 3 部分。

其中决策管理决定企业的经营方向，是在战略和企业文化层面对管理体系进行管理的核心过程；运营管理决定企业的持续经营与发展，是端对端的以用户为导向，为企业自身取得影响力提升、经营持续增长，实现产品和服务的预期结果及卓越运营的所有过程（包括由外部供方提供的产品、服务和过程）；支持保障管理支撑企业组织管理和经营发展的效率和质量，为运营系统提供支撑服务，体现管理的效率性，是支持和改进企业各核心业务和管理过程的运行所需的支撑性过程与资源。

在进一步梳理识别决策管理涉及的牵引性活动、运营管理涉及的增值性活动、支持保障管理涉及的支持性活动的基础上，构建一体化管理顶层框架，如图 79 所示。

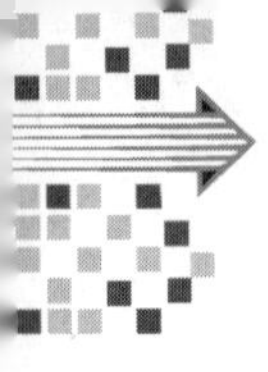

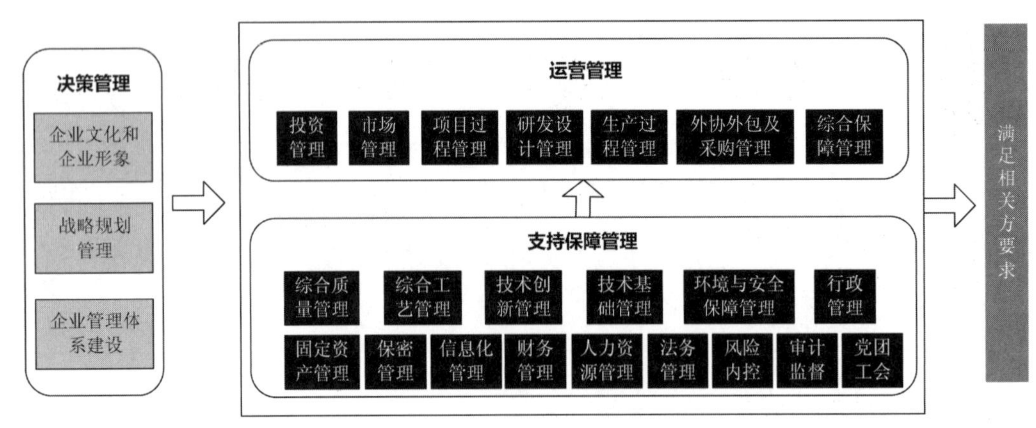

图 79　企业一体化管理顶层框架

16.2.3　梳理管理模块

针对各管理模块，结合各职能部门的业务工作，逐级分解，梳理各级管理子模块。各管理模块至少划为两级，并汇总形成一体化管理视图。管理模块分级分类梳理遵循以下原则：①不重复原则。针对任意管理子模块，在本管理模块内及各管理模块间，存在且仅出现一次。如果管理模块中同时存在涉及价值创造与管理支撑的业务，则应将其拆分开，分别纳入不同层次呈现并管理。②不遗漏原则。界定一体化管理体系范围内的所有管理事项均得到体现。③划分一致原则。各层级管理模块分类粗细度应尽量保持在近似水平。④内部相关原则。一个管理模块分类内部的各项之间应具备较高相关性，如流程环节上的先后关系、同一管理对象的不同管理内容、同一管理职能下的不同管理内容。⑤外部互斥原则。同一级别的管理模块分类之间，应不存在一个分类能够包含另一个分类的情况。⑥前瞻性原则。企业中长期发展战略中所提及的业务以及重点工作内容应在管理模块分类中有相应管理事项进行覆盖。

16.2.4　构建管理流程框架

首先，根据一体化管理视图，针对各底层管理事项自上而下地展开相对独立的流程、子流程，细化到业务的每项过程，如图 80 所示。

然后，进行流程优化和再造。结合实际业务工作，对各级管理流程进行梳理，并对存在运作复杂、不顺畅、不合理、效率低、管控不足等问题的流程，通过取消不必要的工作环节和内容、合并必要的工作、程序的合理重排、简化或增加必需的工作环节等方式对现有流程进行优化和再造。

最后，实现业务流程构建。根据各管理子模块或管理事项、流程或子流程间的关联逻辑关系，建立“端到端”流程链。

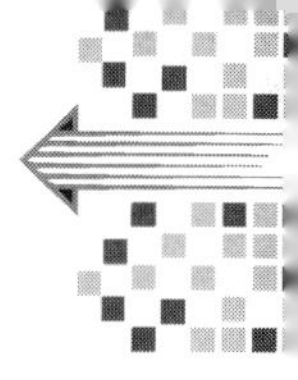

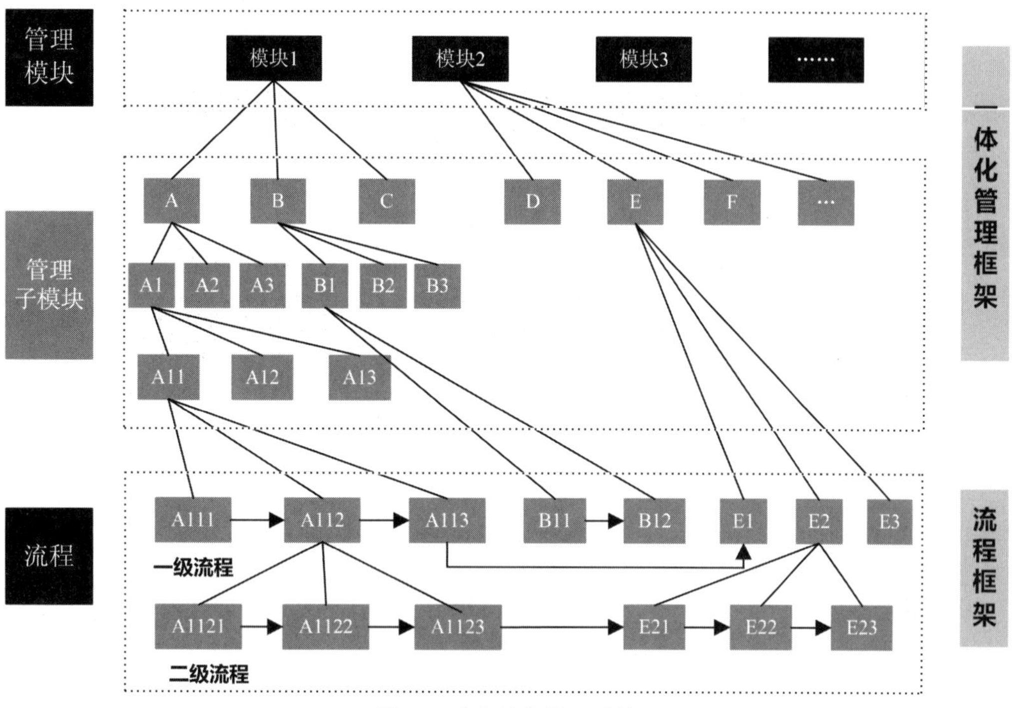

图80　业务流程展开设计

管理流程框架构建应满足以下要求：①流程设计目的。流程应实现管理过程的“端到端”，并且关注流程之间的接口，设计流程时应从需求产生的起点分析到需求满足的终点。②流程展开原则。管理流程展开时以纵向为主，紧密围绕企业战略目标，切实帮助组织高质量、高效率、高效益地做事；以横向为辅，按流程的先后展开并检查完整性。③流程层次划分。纵向展开的内容要严格按层次内容定位，不同模块同一层次的展开内容属性必须一致，以保证同层内容属性相同和颗粒度均衡，支撑同层内容关联逻辑的建立。④流程划分原则。对于简单工作（一个岗位或一个部门内部可以完成的或者不超过5个步骤可以完成的），通过流程活动描述即可交代清楚的，一般不需要低阶的流程。⑤流程接口要求。流程中应关注各职能管理间的相互作用和接口关系，以及企业总部与下属单位、外包单位的纵向管理界面衔接，识别业务输入输出间的逻辑关系，突出管控重点。⑥流程优化要求。围绕流程的适应性、健全性、可执行性、合理性4个维度，对流程环节控制要素“全不全、对不对、准不准、优不优”进行效果评估，根据评估结果开展流程优化或再造。优化后的流程必须和原相关流程衔接紧密，且与企业战略目标一致。

16.2.5　编制文件化信息

在政策性文件层面，需要保持强调一体化管理，重点描述企业一体化管理体系基本组成内容与规范的做法，解决一体化管理中的普遍性、规范性与共性问题。按

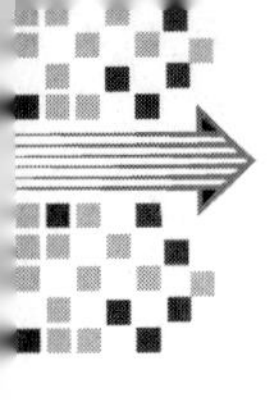

“共性兼容、个性互补、就高不就低”的原则进行整合，将各管理体系、各项业务领域管控要求融入一体化管理体系框架。根据管理模块的划分编制管理模块分手册，分手册强调可执行，描述各管理领域的具体做法与内容，实施过程与方式的描述更为细致、具体，解决体系具体做成什么样的问题，支撑管理领域战略目标的实现。

在流程性文件层面，按15.5.4节提出的“一图两表＋一清单”形式编制各流程文件，包括流程图、工作分解表、职能分配表和记录清单。然后，系统地梳理各管理模块的职能分配，明确对应的流程，形成一体化管理职能分配及流程对应关系，如表123所示。

表123　一体化管理职能分配及流程对应关系

管理分类	职能分配								流程
	组织本级部门				附属单位		外部供方		
	部门1	部门2	……	部门 n	—	—	—	—	
管理模块	—	—	—	—	—	—	—	—	—
一级子模块	—	—	—	—	—	—	—	—	—
二级子模块	—	—	—	—	—	—	—	—	—
……	—	—	—	—	—	—	—	—	—
—	★主管部门（单位）□相关责任部门（单位）▲执行部门（单位）								—

16.2.6　构建绩效评价指标体系

根据一体化管理视图和流程架构，参照第14.4.2节“战略目标”，依据“使命、愿景和价值观→战略和战略目标→企业绩效评价指标KPI→部门（含企业附属单位、外部供方）绩效评价指标KPI→流程绩效评价指标KPI”的路线，建立一体化管理绩效评价指标体系，覆盖一体化管理体系范围内的所有领域和相关方。

建立的战略和战略目标应与组织使命、愿景和价值观相一致。根据战略实施计划和战略举措，确定绩效评价指标，并采用目标管理或平衡计分卡等方法逐层分解、细化到流程，实现战略目标到流程绩效指标的有效转化，使组织运营活动与战略要求相匹配，使各层级人员了解实现战略目标所需进行的日常经营活动，以确保战略执行顺利进行、一体化管理有效落地。

16.3　流程识别和设计

16.3.1　流程识别

在流程识别阶段，企业需要做的是识别本企业有哪些流程、编制流程清单、界定

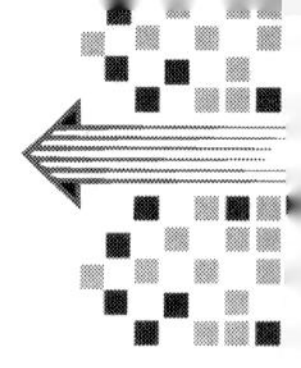

流程之间的界限以及为流程命名，帮助企业从流程的视角弄清企业管理现状，为后续的流程建设、每个流程的具体描述提供良好的基础。

由于各部门流程识别、流程清单的梳理对之后的工作至关重要，因此这项工作一般应由各部门领导牵头组织，先整理出部门业务流程主线，明确本部门的关键环节和核心业务，进而确定主要业务流程及流程之间的关系。流程识别阶段的工作指引，如表 124 所示。

表 124　流程识别阶段的工作指引

<table>
<tr><th>步骤</th><th>步骤细分</th><th>具体说明</th><th>责任主体</th><th>输出</th></tr>
<tr><td rowspan="3">流程识别</td><td>流程建设培训</td><td>流程管理部门对各部门进行流程建设方面的培训，培训的重点是如何使用各种表格等，具体内容包括项目简介、涉及的概念、目的和产出、职责划分、建设步骤、表格编制、工作计划、答疑等</td><td>流程管理部门</td><td rowspan="3">培训课程
培训计划
部门流程清单
企业流程清单
（参见表 125）</td></tr>
<tr><td>各部门流程识别</td><td>进行部门内岗位分析、业务线分析；将职责分解，细化到岗位、业务活动，并按活动的先后顺序排列，提炼出流程；界定流程的上下接口、输入/输出及责任主体；汇总部门内流程，编制部门流程清单</td><td>各部门，包括岗位代表人员、部门负责人</td></tr>
<tr><td>编制企业流程清单</td><td>流程管理部门汇总各部门流程清单，与各部门充分沟通，删除重复流程，查漏补缺，形成企业流程清单</td><td>流程管理部门</td></tr>
</table>

注：本阶段常用的工具及方法有战略地图、业务单元分析法、部门职能分析法、岗位工作分析法等。

流程建设项目小组在本阶段的主要任务是与各部门进行沟通、讨论，对企业流程进行分类和分级，构建企业流程框架，输出企业流程清单，具体如表 125 所示。

表 125　输出企业流程清单

序号	一级流程	二级流程	三级流程	归口管理部门	流程状态
—	—	—	—	—	—

流程状态的填写说明：1—流程已有且有效；2—流程已有，待梳理；3—无文件，待设计梳理。

16.3.2　流程设计

企业在进行流程设计时，可遵循以下 7 个步骤。

第一步：界定流程范围。

流程设计的第一步是界定流程范围，即确定信息的输入和输出。在这一环节，企业需要回答以下几个问题：①有哪些流程业务活动？②流程从何处开始、在何处终

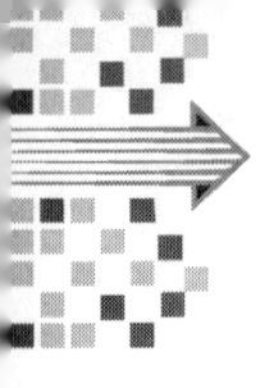

止？③流程的输入和输出是什么？④输出的成果交给谁（客户）？⑤客户有何要求？

第二步：确定流程活动的主要步骤。

流程设计人员在界定完流程范围后，接下来需要进行调查分析，确定本流程活动的主要步骤，操作方法如图 81 所示。

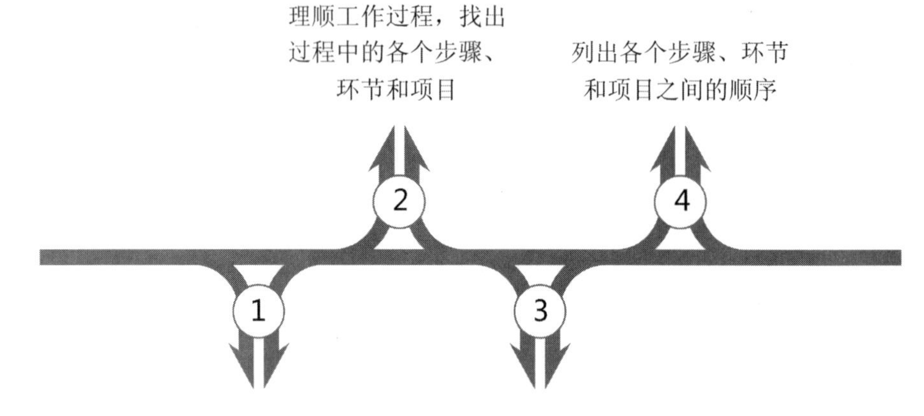

图 81　确定流程活动的主要步骤

第三步：步骤详细说明。

本阶段应针对已确定的流程活动的主要步骤进行分析和描述，需要完成的工作如下：①分析每一个步骤的输入、输出（成果）；②明确后续步骤的客户要求；③确定每一个步骤工作/活动的检查、考核、评估指标；④确定每一个步骤涉及的部门/人员，明确其责任、权限和资源需求；⑤确定本流程的层次及与上下层级之间的关系。

第四步：选择流程形式。

根据流程的分类、层级、复杂程度，以及流程活动的内部关联性等因素，选择企业流程的展现形式。流程的展现形式主要有 4 种：箭头式流程图、业务流程图、矩阵式流程图和泳道式流程图。

第五步：绘制流程草图。

流程图的绘制是指流程设计人员将流程设计或流程再造的成果以书面形式呈现出来。

第六步：流程意见反馈。

流程图绘制完成后，需要通过意见征询、试运行等方式获得相关意见和建议，及时发现不足和纰漏，以便对其做出进一步的修改和完善，直至最终定稿。

针对初步绘制的流程图，流程设计人员可通过以下 3 种方式征求各方的意见，具体如图 82 所示。

第七步：流程调整修正。

通过上述方式进行意见征询后，流程设计人员应综合分析意见征询结果，并汇总

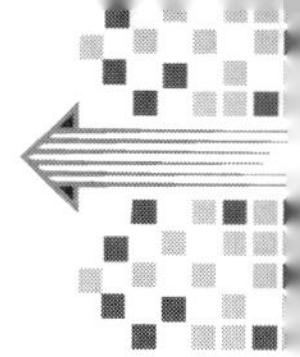

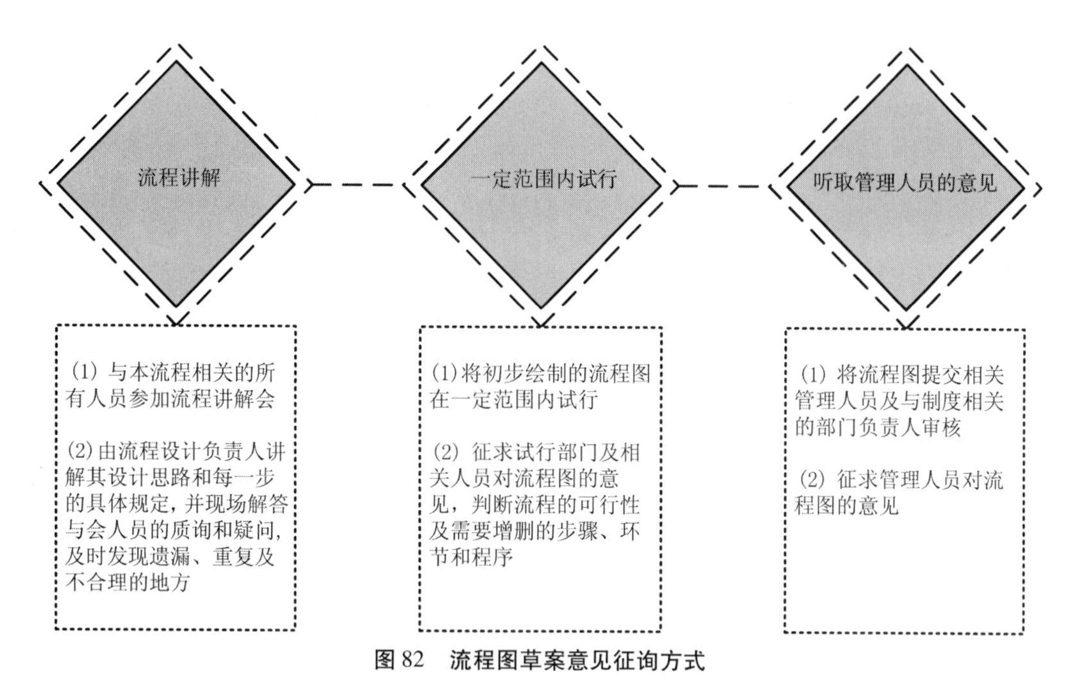

图 82　流程图草案意见征询方式

各种修改意见，对流程图进行修改和完善，将其提交权限主管领导审核后再呈交总经理批准，或董事会审议通过后公示执行。

16.3.3　流程执行章程设计

16.3.3.1　配套制度设计

制度是规范员工行为的标尺之一，是企业进行规范化、制度化管理的基础。只有不断推进规范化、制度化管理，企业才能逐步发展壮大。

（1）制度设计步骤。企业在设计流程配套制度时，要明确需要解决的问题及要达到的目的，为制度准确定位，并开展内外部调研，明确制度规范化的程度，统一制度格式，等等。制度设计的步骤如表 126 所示。

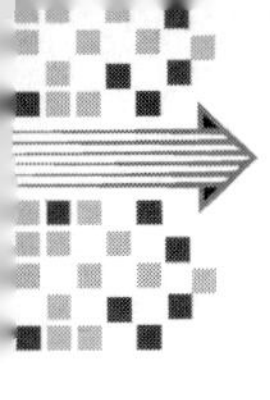

表 126　制度设计的步骤

序号	步骤	内容
1	明确问题	企业制定各项管理制度的主要目的在于规避可能出现的问题，或将已出现的问题及其危害控制在一定范围内，以避免或减少不必要的损失，保证企业经营活动正常、有序运行
2	准确定位	制度设计人员在设计或修订制度时要明确制度设计的立足点，如战略角度、企业管理角度、部门管理角度、业务管理角度、人员角度等
3	调研访谈	制度设计人员应进行调研访谈，了解企业实际存在的、业务运行过程中出现的需要解决的问题，从而设计出符合企业实际情况和能够真正满足企业需求的制度
4	统一规范	一套体系完整、内容合理、行之有效的企业管理制度应达到“三符合”“三规范”及其他要求
5	制度起草	制度起草工作包括明确制度类别，确定制度风格和写作方法，明确制度目的，在调研的基础上进行制度内容规划并形成纲要，拟定条文并形成草案，使制度格式标准化
6	制度定稿	制度草案制定完成后，应通过意见征询、试运行等方式获得相关反馈，发现不足和纰漏后进行修改与完善，直至最终定稿
7	制度公示	制度要为企业运营和发展服务，企业应以适当的方式向全体员工公示制度内容，以示制度生效

（2）制度设计规范及要求。要想设计一套体系完整、内容合理、行之有效的企业管理制度，制度设计人员必须遵循一定的规范及要求，具体内容如表 127 所示。

表 127　制度设计的规范及要求

设计规范	具体要求	
三符合	符合企业管理者最初设想的状态	
	符合企业管理科学原理	
	符合客观事物发展规律或规则	
三规范	规范制度制定者	√ 品行好，能做到公正、客观，有较强的文字表达能力和分析能力，熟悉企业各部门的业务及具体工作方法； √ 了解国家相关法律法规、社会公序良俗和员工习惯，了解制度的制定、修改、废止等程序及审批权限； √ 制度所依资料全面、准确，能反映企业经营活动的真实面貌

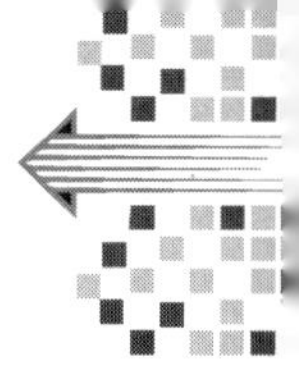

续表

设计规范	具体要求	
三规范	规范制度内容	√ 合法合规，制度内容不能违反国家法律法规，要遵守公德民俗，确保制度有效、内容完善； √ 形式美观、格式统一、简明扼要、易操作、无缺漏； √ 语言简洁、条例清晰、前后一致、符合逻辑； √ 制度可操作性强，能与其他规章制度有效衔接； √ 说明制度涉及的各种文本的效力，并用书面或电子文件的形式向员工公示或向员工提供接触标准文本的机会
	规范制度实施过程	√ 明确培训及实施过程、公示及管理、定期修订等内容； √ 营造规范的执行环境，减少制度执行过程中可能遇到的阻力； √ 规范全体员工的职责、工作行为及工作程序； √ 制度的制定、执行与监督应由不同人员完成； √ 监督并记录制度执行的情况

（3）制度框架设计。制度的内容结构常采用“一般规定—具体制度—附则”的模式。一个规范、完整的制度所需具备的内容包括制度名称、总则/通则、正文/分则、附则与落款、附件这五大部分。制度设计人员应注意每一部分，使所制定的制度内容完备、合规、合法。

根据制度的内容结构，表128给出了常用的制度内容框架及设计规范，对于针对性强、内容单一、业务操作性强的制度，正文中不用分章，可直接分条列出，但总则与附则中的有关条目不可省略。

表128　制度结构及内容规范

序号	结构	内容规范
1	制度名称拟定	√ 制度名称要清晰、简洁、醒目； √ 受约单位/个人（可省略）+内容+文种
2	制度总则设计	√ 制度总则的内容包括制度目的、依据的法律法规及内部制度文件、适用范围、受约对象或其行为界定、重要术语解释和职责描述等
3	制度正文设计	√ 制度的主体部分包括对受约对象或具体事项的详细约束条目； √ 正文分章，所列条目全面、合乎逻辑，语言表述清晰、没有歧义； √ 既可以按对人员的行为要求分章分条，也可以按具体事项的流程分章分条

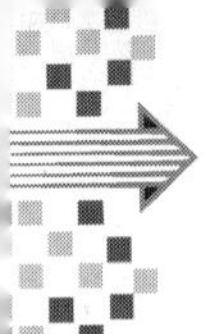

续表

序号	结构	内容规范
4	制度附则设计	√ 说明制度制定、审批、实施要求与日期、修订事项等，保证制度的严肃性； √ 包括未尽事宜解释，制定、修订、审批单位或人员，以及生效条件、日期等
5	制度附件设计	√ 包括制度执行过程中需要用到的表单、附表、文件，以及相关制度和资料等

（4）制度修订。企业在发展过程中，有些制度可能会成为制约其发展的主要因素，因此企业需要不断修订、完善甚至废止这些制度。总之，不断推进制度化管理伴随着企业发展的整个过程。

制度设计人员或修订人员需要根据实际情况，及时修订与企业发展不相适应的规范、规则和程序，以满足企业日常经营及长远发展的需要。配套制度修订时间的选择如表 129 所示。

表 129　配套制度修订时间的选择

状况类别	修订时间
企业外部	国家或地方修订或新颁布相关法律法规，导致企业某些制度或条款不合法、有缺陷或多余等，企业所处的外部环境、市场条件等发生了重大变化，影响了企业的日常经营活动
企业内部	配套的流程发生了变化，企业定期统一复审制度，如机构调整、岗位设置发生了变化等，企业各部门或各岗位通过工作实践认为已有制度存在问题

注：在上述情况下，如果制度确实不符合企业当前的实际情况，可撤销或合并到其他制度中。

制度修订就是在现存相关制度的基础上，对制度的内容进行添加、删减、合并等处理，以及对制度的体系结构进行再设计。制度设计人员可根据图 83 所示的流程修订制度。

在制度修订的过程中，制度设计人员要注意以下几点：①要适应企业新的机构运行模式与流程管理的要求；②要发挥各制度管理部门的主动性和制度执行部门的能动性；③要强化各项工作的管理责任要求；④要强调各职能部门的管理服务标准；⑤要规范制度的编制格式，为制度的再修订和日后的统稿工作制定标准。

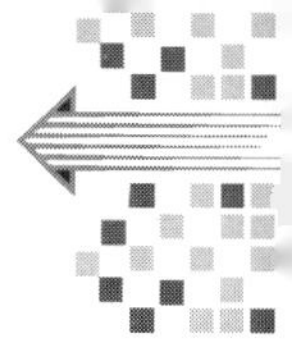

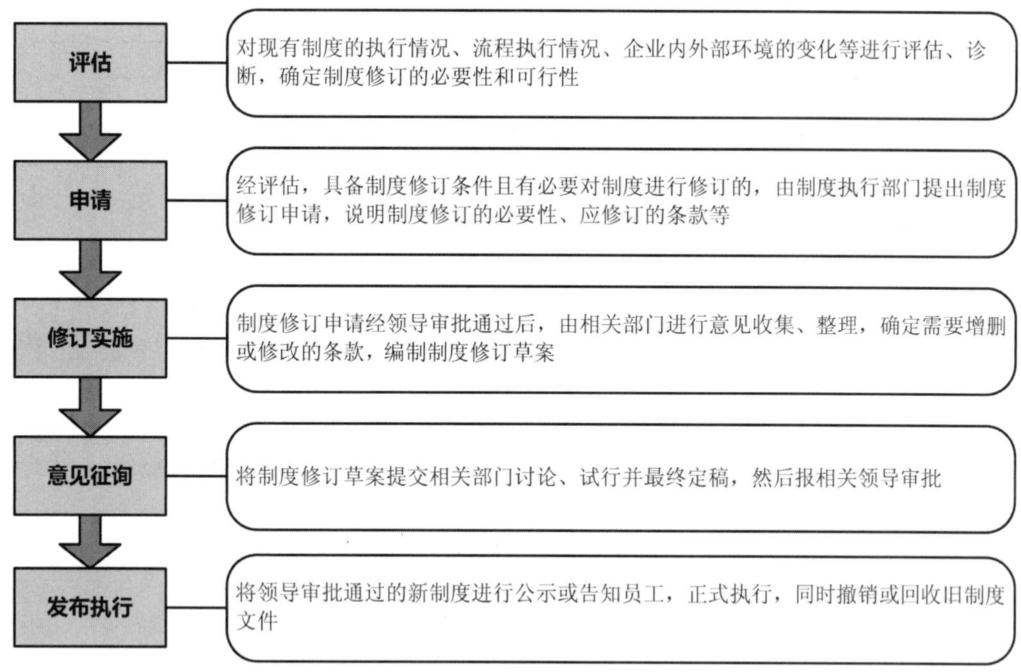

图 83　制度修订流程

16.3.3.2　辅助方案设计

方案是指某一项工作或行动的具体计划或针对某一问题制定的规划，撰写工作方案是员工必须掌握的一项技能。

（1）方案设计的步骤。方案设计的步骤如表 130 所示。

表 130　方案设计的步骤

步骤	主要内容
第 1 步 确定方案目标主题	将方案的目标主题确立在一定范围内，力求主题明晰、重点突出
第 2 步 收集相关资料	围绕目标主题收集相关资料
第 3 步 调查外部环境态势	围绕目标主题进行全面的外部环境调查，掌握第一手资料
第 4 步 整理与分析资料	综合调查获得的第一手资料和手中的其他资料，整理出对目标主题有用的信息
第 5 步 提出具体的创意/措施	根据企业的实际需要提出方案策划的创意/措施，并将其具体化
第 6 步 选择、编制可行方案	将符合目标主题的创意细化成具体的执行方案
第 7 步 制定方案实施细则	根据选定的方案，将具体的任务分配到各职能部门，分头实施，并按进度表与预算表进行监控
第 8 步 制定检查、评估办法	对选定的方案制定出详细可行的检查办法、评估标准及成果巩固措施

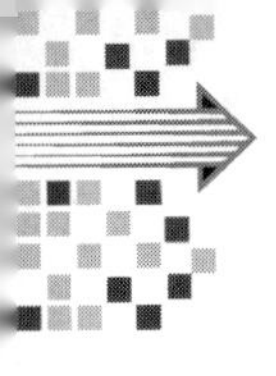

（2）方案的内容结构。方案一般包括指导思想、主要目标、工作重点、实施步骤、政策措施和具体要求等内容，其结构如表131所示。

表131　方案的内容结构

序号	结构	内容
1	目标和目的	效益提升、成本降低、管理提升、效率提升、目标达成、问题解决等
2	适用范围	包括时间范围、人员范围、部门范围等
3	现状分析	企业内外部环境分析、企业面临的问题分析
4	具体措施	制订什么计划、采取什么措施，强调解决对策和具体建议是什么，会产生什么效果，需要哪些资源给予支持，资源支持包括财力、人力和物力的支持等
5	实施和管理	负责人、实施时间、实施步骤、实施成果，实施中需要注意哪些事项
6	考核和评估	考核和评估主题、内容、标准和指标、步骤、结果
7	参考附件	本方案涉及的相关制度、表单、文书等文件

16.3.3.3　附带文书设计

文书是用于记录信息、交流信息和发布信息的一种工具。企业管理文书是指企业为了某种需要，按照一定的体例和要求形成的书面文字材料，包括各类文书、公文、文件等。

（1）企业管理文书分类。企业管理文书分类如表132所示。

表132　企业管理文书分类

文书分类	具体文书种类
通用类文书	请示、批复、批示、通知、决定等，由企业统一规定编写格式与编号
合同类文书	劳动合同、业务合同等
会务类文书	企业各类会议的开幕词、闭幕词、演讲稿、会议记录、会议纪要、会议报告和会议提案等
社交类文书	介绍信、感谢信、慰问信、表扬信、祝贺信和邀请函等
法务类文书	纠纷报告书、申诉书、仲裁申请书、起诉书和答辩书等
事务类文书	计划、总结、建议、报告、倡议、简报、启事、消息、号召书、意向书、企划书、调查报告等
制度规范类文书	制度、守则、规定、办法、细则、方案、手册等

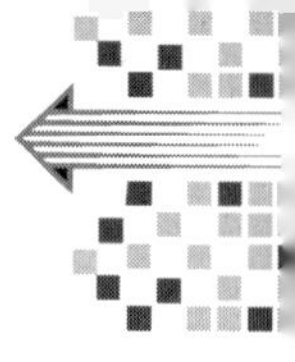

续表

文书分类	具体文书种类
与业务工作相关的文书	各项职能及日常事务相关的文书，如内部竞聘公告、招聘广告、营销广告等

（2）文书设计的注意事项。遵循企业规定的文书格式、编写要求和编号规范。语言应表述规范、完整、准确，避免表达残缺、出现歧义等错误。语言应简明精炼、言简意赅，行文流畅，主题明确。

（3）文书设计规范。以工作计划为例，对文书的设计规范进行说明。工作计划是对即将开展的工作的设想和安排，如提出任务指标、任务完成时间和实施方法等。工作计划既是明确工作目标、推进工作开展的有效指导，也是对工作进度和工作质量进行考核的依据之一。工作计划的内容结构如表 133 所示。

表 133　工作计划的内容结构

结构	要素	内容要求
标题	企业、部门名称	应采用正式、规范的名称
	计划时限	写明时限，便于实施和对过程进行控制
	计划主题	在计划标题部分应标明本计划所针对的问题
	计划名称	提炼计划的主要内容，准确地对计划进行命名
正文	计划内容	通过阐述、分析现状，表明制订计划的根据
	计划目标、任务和要求	内容应具体明确，并落实责任
	方法、步骤和措施	提出计划实施的指导性意见和方向

16. 3. 3. 4　表单设计

表单种类主要分为文字表单、工具表单和数量表单 3 种。文字表单就是将文字信息按要求整理成表单，借以说明某一概念或事项；工具表单是企业员工经常使用的一种表单；数量表单用于呈现数据，以便相关人员进行统计。

表单的编制要求为：表单的内容要与标题相符；表单的内容应言简意赅；表单的格式应简洁明了且前后连贯。

设计表单就是将表单的行、列看作一个坐标的横轴、纵轴，将需要表达的内容清晰简洁、直观地置入坐标中予以展现。绘制表单的步骤如图 84 所示。

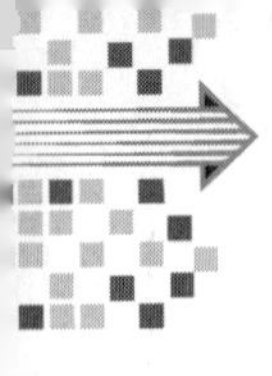

步骤1 创建表单	步骤2 输入表单内容	步骤3 设置表单属性	步骤4 表单形式的编辑与修饰
运用设定插入法、选择插入法、手绘法、复制法和文本转换法等创建所需的表单	在表单中输入内容时，要使用关键词，这样既能简明扼要地表达主要意思，又能实现表述工整的目的	包括选用表单的样式，设置表单的边框、底纹、列与行的属性、单元格的属性等	包括插入或删除单元格、行、列和表格，改变单元格的行高和列宽，移动、复制行和列，合并、拆分单元格，表格的拆分，表单标题行的重复、对齐和调整，表头的绘制等

图 84　绘制表单的步骤

16.4　流程实施和改进

16.4.1　流程实施

16.4.1.1　流程的确定与发布

流程设计人员将经过实践检验的流程图提交企业领导审核签字后，以适当的方式向全体员工公示，并自公示之日起生效，便于员工遵照执行。

一般情况下，常用的流程公示方式有 4 种，企业可根据实际情况选择运用，具体做法如表 134 所示。

表 134　流程公示的 4 种方式及操作说明

序号	公示方式	操作说明
1	全文公告公示	在企业公共区域将流程图及相关说明全文公告，并将公告现场以拍照、录像等方式记录备案
2	集中学习	召开员工会议或组织员工进行集中学习、培训，并让员工签到确认参与了学习或培训
3	员工阅读并签字确认	将流程及相关说明做成电子或纸质文件交由员工阅读并签字确认。确认方式包括在流程文件的尾页签名、另行制作表格登记、制作单页的“声明”或“保证”等
4	作为劳动合同附件	将流程文件作为劳动合同的附件，在劳动合同专项条款中约定“劳动者已经详细阅读，并自愿遵守本企业的各项规定”等内容

企业的经营管理人员或人力资源管理人员，对流程公示工作要细心谨慎，建议应用信息化工具提高效率，需要注意以下两大事项。

事项 1：让当事人知晓。务必将相关通知、决定等送到当事人手中，而不是“通

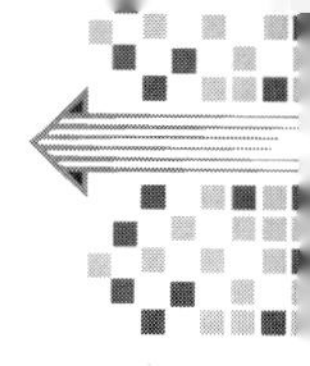

告一贴，高高挂起”，要确保能够达到公示与告知的目的。

事项2：注意留存公示的证据。不同的公示方式有不同的证据留存方式。例如，让员工在“签阅确认函”上签字确认，可签“已经阅读、明了，并且承诺遵守”等。

16.4.1.2　优化流程实施的环境

设计了流程并不意味着企业的运行效率和经济效益必然会有大幅度的提高，更重要的工作是抓好流程管理的落实。

在管理和实施流程的过程中，企业不能忽视对流程实施环境的管理，应该注意以下几点。

（1）建立合适的企业文化。企业流程设计或再造一般均以流程为中心、以追求客户满意度最大化为目标，这就要求企业从传统的职能管理向过程管理转变。

企业在实施流程管理时，需要改变过去的传统观念和习惯做法，建立一种能够适应这种转变的、以“积极向上、追求变革、崇尚效率”为特征的企业文化，以使每个流程中的各项活动都能实现最大化增值的目标，为企业经济效益的提高做贡献。

（2）提高企业领导对流程管理的认识。提高企业领导，特别是企业高层领导对流程管理的认识是企业发展中的重要问题，是企业提高运营效率和经济效益的重要措施，是企业战胜竞争对手的主要手段，是企业发展战略的重要因素。

只有企业的高层领导重视流程管理，才能推动企业的流程再造，实施才能见到效果。

（3）加强培训，使企业上下共同提高对流程的认识。在实施流程管理的过程中，企业高、中层管理人员是推动流程管理的骨干，广大员工则是推动流程管理的重要力量。

通过培训，使企业的管理团队与员工提高对流程设计或再造的认识，共同认识到流程的意义，认识到流程再造对企业生存和发展的作用，只有这样推动与实施流程再造，才能达到良好的效果。

此外，通过培训，可以提高员工的自觉性，使员工自觉遵守新的流程。

16.4.1.3　实现流程的有效落实

企业的流程图绘制完毕、装订成册后，应发给企业各部门，以便员工遵照执行。流程图实际上是企业的一项规章制度，它可以帮助企业建立正常的工作规则和工作秩序。

流程有效落实的4种思路具体如图85所示。

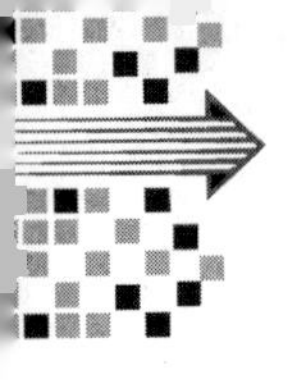

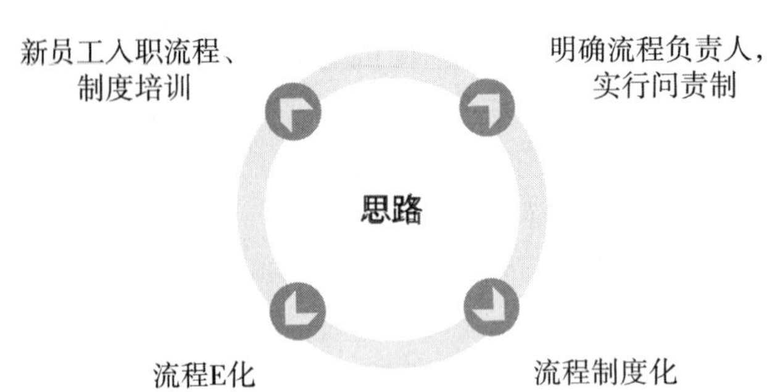

注：流程 E 化是指应用现有的 IT 技术，实现企业各项管理和业务流程的电子化。

图 85　流程有效落实的 4 种思路

16.4.1.4　开展有针对性的流程检查

流程检查的目的是提高企业的效益，保证流程目标的最终实现。

控制流程检查的成本投入。流程检查成本投入需要与该流程的产出价值相匹配，否则既浪费资源，又不能创造价值。企业在流程检查工作中要有成本意识，强化“投资回报”的概念。

把握好流程检查的度。在设计流程检查方案时，需要确定流程检查的精细度、频次及抽样方法，控制检查成本。流程检查工作要抓住关键流程，抓住流程的关键环节，结合实际情况和流程的运转时间确定流程检查的频次和抽样方式。

16.4.1.5　流程检查重点的选取

流程检查需要与流程实际执行情况相匹配，合理设置流程关键控制点。

对于流程成熟度高（流程绩效表现合理且稳定）、人员能力较强的流程，企业可降低检查投入，也可取消相关的关键控制点。

对于成熟度较低（流程绩效波动较大）的流程，企业需要加强对该流程的检查力度或新增关键控制点，以稳定流程绩效。

16.4.1.6　流程检查工作的实施程序

流程检查工作的实施程序如图 86 所示。

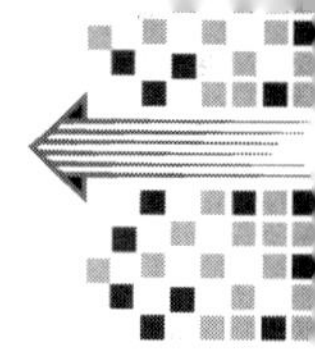

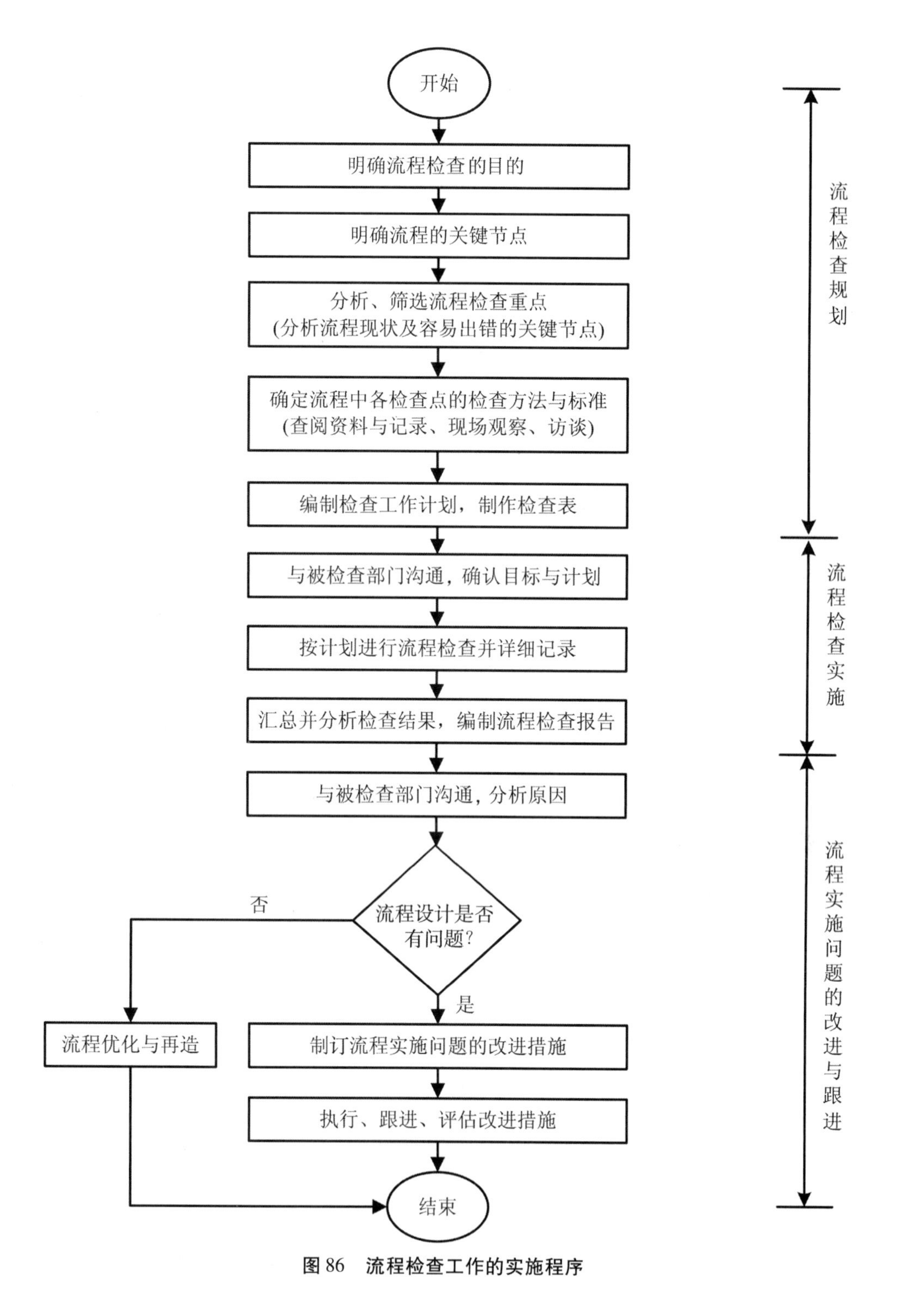

图 86　流程检查工作的实施程序

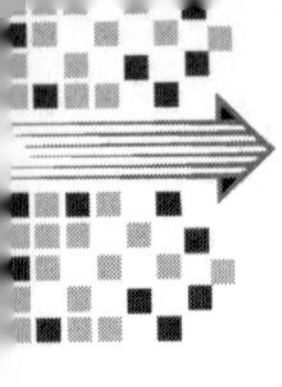

16.4.2 流程改进

16.4.2.1 流程绩效评估

从本质上看，流程绩效评估是为企业战略与经营服务的，企业需要对某些关键的流程进行绩效评估，将流程绩效作为企业绩效管理的一个重要维度。

（1）确定流程的绩效目标。企业战略目标被分解为部门绩效目标与岗位绩效目标，并被包含在关键流程中，即流程被赋予绩效目标。因此，流程的绩效评估需围绕目标展开，实行目标导向的流程绩效评估。

（2）流程绩效评估维度。企业流程绩效评估的维度及指标如表135所示。

表135 企业流程绩效评估的维度及指标

评估维度	详细说明	指标举例
效果	流程的产出满足客户（包括内部客户和外部客户）需求和期望的程度	产量、产值、计划目标完成率、外部客户满意度、内部客户满意度等
效率	通过效果评估，确认资源节约与浪费的情况	处理时间、投入产出比、增值时间比、质量成本等
弹性	流程应具备调整能力，以便满足客户当前的特殊要求和未来的要求	处理客户特殊要求的时间、被拒绝的特殊要求所占的比例、特殊要求递交上级处理的比例等

（3）流程实施绩效评估的标准及方法。流程实施绩效评估的标准及方法如下：①流程绩效目标达成情况。对比流程实际绩效与流程绩效目标，找出实际绩效与流程绩效目标之间的差距，分析差距产生的原因并加以改进。②内部流程绩效排名情况。企业内部可以作横向比较，这适用于不同区域的业务流程竞争、成功经验分享等。③外部同类竞争对比情况。与同行业主要竞争对手的流程绩效进行对比，以了解企业在该方面的市场表现。④流程绩效稳定性情况。对流程绩效评估结果的稳定性进行分析，确认流程是否处于受控状态。⑤流程客户满意度评估。有些流程（如售后服务流程）的绩效管理需要客户与市场的评估，此时需要一个好的客户沟通与信息管理平台，其要能够记录与客户的日常沟通信息、投诉信息、回访信息、满意度调查信息等，并可将这些信息作为客户满意度评估的依据。

（4）流程绩效评估结果的运用。企业流程绩效评估结果可运用于5个方面，具体如图87所示。

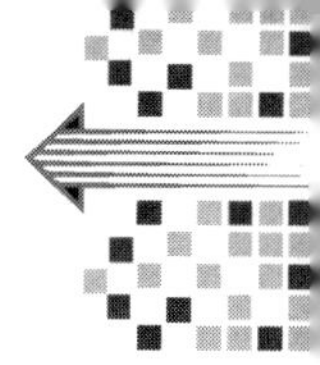

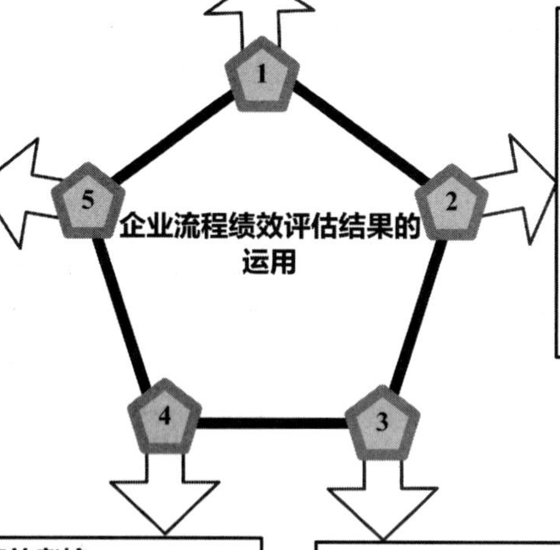

图 87　企业流程绩效评估结果的运用

16.4.2.2　流程诊断

流程优化的前提是对现有流程进行调查和研究，分析流程中存在的问题，即流程诊断。流程诊断分析工作的步骤如表 136 所示。

表 136　流程诊断分析工作的步骤

步骤	工作内容	采用的方法
1. 流程信息收集	√收集信息/数据，了解企业流程执行现状 √找出流程建设、管理中存在的问题 √了解企业员工所关心的问题 √加强企业员工之间的沟通，让所有员工树立流程管理意识	内部调查、专家访谈、讨论会、外部客户访谈和座谈会等
2. 问题查找与分析	√清晰地阐述需要解决的问题 √将大问题细分成若干小问题，这样更容易解决 √分析、探究问题的根源，提出解决方案	NVA/VA 分析法、5Why 分析法、鱼骨图法和逻辑树法等
3. 编制诊断报告	√根据问题的根源，结合企业的实际情况，编制诊断报告 √提出问题解决方案，提供创意，优化/再造流程	—

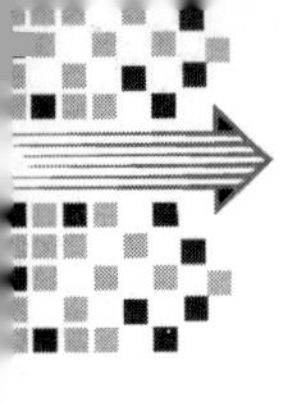

在流程诊断分析过程中，流程管理人员要重视以下要求，提高诊断工作的科学性、合理性和有效性：①不要拘泥于数据；②要探究“我试图回答什么问题”；③不要在一个问题上绕圈子；④要开阔视野，避免钻牛角尖；⑤假设也可能被推翻；⑥反复检验观点；⑦细心观察。

企业常用的流程诊断分析方法有 NVA/VA 分析法、5Why 分析法等。NVA/VA 分析法是指将构成某一个流程的各项工作任务分为 3 类，即非增值活动、增值活动和浪费。NVA/VA 分析法的说明如图 88 所示。

VA		步骤 2	步骤 3		步骤 5			步骤 8
NVA	步骤 1			步骤 4		步骤 6	步骤 7	

注：了解增值活动（VA）在流程的全部活动中所占的比重，找出需要改进的重点，制定切实可行的目标。

非增值活动（NVA）指不增加附加值，但却是实现增值不可缺少的活动，是各项增值活动的重要衔接；增值活动（VA）指能提高产品或服务的附加值的活动；浪费（Waste）指既不能增值，也不是必需的活动。

图 88　NVA/VA 分析法的说明

5Why 分析法是指在对某一个流程进行诊断、分析和改进时，需针对其提出以下问题并给出答案：①为什么确定这样的工作内容？②为什么在这个时间和这个地点做？③为什么由这个人来做？④为什么采用这种方式做？⑤为什么需要这么长时间？

流程管理人员根据以上 5 个问题的答案，找出企业流程在实际运行过程中存在的问题，分析问题的根源，从而制订流程优化或再造方案。

16.4.2.3　流程优化

企业流程优化工作应抓住重点，找出最急迫和最重要的需求点。流程优化的具体程序如表 137 所示。

表 137　流程优化的具体程序

步骤	内容
1. 总体规划	得到企业管理层的支持与委托，设定基本方向，明确战略目标和内部需求，确定流程优化目标和范围、项目组成员、项目预算和计划
2. 流程优化项目启动	召开项目启动大会，进行全体动员，宣传造势；开展内部流程优化理念培训
3. 流程描述诊断分析	通过内外部环境分析及客户满意度调查，了解流程现状；描述和分析现有流程，进行问题归集并分析，编制诊断报告
4. 流程优化设计	设定目标，确认关键流程，明确改进方向，制订流程优化设计方案；初步形成配套辅助信息，确定优化方案

续表

步骤	内容
5. 配套方案设计	收集与整理配套辅助信息，调整职能方案，设计配套方案
6. 方案实施	制订详细的优化工作计划，组织实施计划，并完善配套方案

简单地说，流程优化工作包括三步：第一步是了解现在何处，进行流程现状分析；第二步是明确应在何处，确定流程优化目标；第三步是找到如何到达该处，确定流程优化方法和途径。

流程优化的注意事项如下：①优化那些不能给企业带来利润或者效率、效益较差的流程，或者在日常运行中容易出现问题的流程；②优化那些对企业运营非常重要且急需改造的流程；③优化流程必须先易后难；④经过优化的流程必须和原有流程紧密衔接，确保流程管理的系统性和全面性；⑤经过优化的流程必须具有可操作性和稳定性。

企业流程优化可以从清除（eliminate）、简化（simplify）、整合（integrate）和自动化（automate）4 个方面入手，该方法简称为“ESIA 法”，如表 138 所示，它可以帮助企业减少流程中的非增值活动和调整流程的核心增值活动。

表 138　流程优化 ESIA 法

主体	主要内容	问题诊断和解决方法
1. 清除	清除主要指对企业现有流程内的非增值活动予以清除	浪费现象包括但不限于以下几种： （1）过量产出； （2）活动间的等待； （3）不必要的运输； （4）反复的作业； （5）过量的库存（包括流程运行过程中大量文件和信息的淤积）； （6）缺陷、失误； （7）重复的活动，如信息重复录入； （8）活动的重组； （9）不必要的跨部门协调。 判断某一活动环节是属于增值还是非增值： （1）这个环节存在的意义？ （2）这个环节的成果是整个流程完成的必要条件吗？ （3）这个环节有哪些直接或间接的影响？ （4）清除该环节可以解决哪些问题？ （5）清除该环节可行吗？

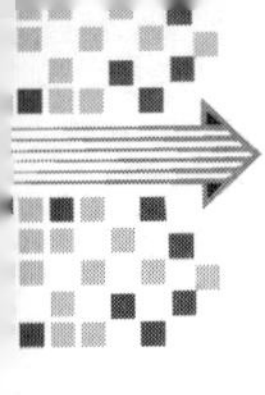

续表

主体	主要内容	问题诊断和解决方法
2. 简化	简化是指在尽可能清除非必要的非增值环节后，对剩下的活动进一步简化	简化的方法包括但不限于以下几种。 (1) 简化表单：消除表单设计上的重复内容，借助相关技术，梳理表单的流转，从而减少工作量和一些不必要的活动环节。 (2) 简化流程步骤/环节：运用 IT 技术，提高员工处理信息的能力，简化流程步骤，整合工作内容，提高流程结构效率。 (3) 简化沟通。 (4) 简化物流：如调整任务顺序或增加信息的提供
3. 整合	整合，即对分解的流程进行整合，以使流程顺畅、连贯，更好地满足客户的需求	(1) 活动整合：将活动进行整合，授权一个人完成一系列简单活动，减少活动转交过程中的出错率，缩短工作处理时间。 (2) 团队整合：合并专家组成团队，形成“个案团队”或“责任团队”，缩短物料、信息和文件传递的距离，改善在同一流程中工作的人与人之间的沟通。 (3) 供应商（流程的上游）整合：减少企业和供应商之间的一些不必要的业务手续，建立信任和伙伴关系，整合双方流程。 (4) 客户（流程的下游）整合：面向客户，与客户建立良好的合作关系，整合企业和客户的各种关系
4. 自动化	流程管理自动化	(1) 简单、重复与乏味的工作自动化。 (2) 数据的采集与传输自动化。减少反复的数据采集，并缩短单次采集的时间。 (3) 数据的分析自动化。通过分析软件，对数据进行收集、整理与分析，提高信息利用率

16.4.2.4 流程再造

企业流程再造也叫作“企业再造”，或简称为“再造”。它是 20 世纪 90 年代初期兴起的一种新的管理理念和管理方法，被誉为继“科学管理”和全面质量管理（TQC）之后的“第三次管理革命”。

流程再造的核心不是单纯地对企业的管理与业务流程进行再造，而是将以职能为核心的传统企业改造成以流程为核心的新型企业，这也就是我们所说的企业再造。通过不断的变革与创新（从广义上讲，这里不仅包括流程再造，还包括企业组织的再造和变革），使原来趋向衰落的企业重新焕发生机，并且永远充满朝气和活力。

当前，市场竞争越来越激烈，企业要想在激烈的市场竞争中求得生存和发展，且立于不败之地，就必须全面、彻底地了解客户的需求，最大限度地满足客户的需求，并且不断适应外部市场环境的变化。企业进行流程设计与流程再造的目的是使内部管理流程规范化，并对其不断加以改造，只有这样企业才能适应不断变化的市场形势。

通常情况下，现代企业所面临的外部挑战主要来自客户（customer）、变化（change）、竞争（competition）3 个方面。由于这 3 个英文单词的首字母都是 C，只

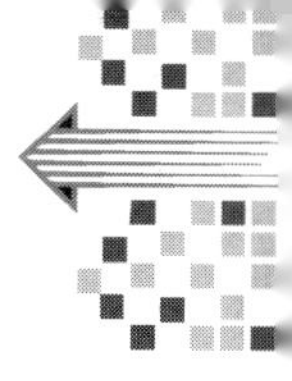

有外部挑战时又称为“3C”。企业在进行流程设计与流程再造时，切记要把握好“3C”。这样，企业所设计或再造的流程才能够适应自身的发展和市场的变化，满足客户的需求。

以上是企业进行流程设计或流程再造时的外部条件。

就企业内部而言，企业中长期发展战略规划是流程设计与流程再造的基础条件。因此，企业应先制定出发展战略，再着手开展流程设计与流程再造工作。

企业流程再造的一般程序如表139所示。

表139 企业流程再造的一般程序

一般程序	具体事项
1. 设定基本方向	（1）得到高层管理者的支持；（2）项目准备与启动；（3）分析流程再造的可行性；（4）设定流程再造的出发点
2. 项目准备与启动	（1）成立流程再造小组；（2）设立具体工作目标；（3）宣传流程再造工作；（4）设计与落实相关的培训
3. 流程问题诊断	（1）进行现状分析，包括内外部环境分析、现行流程状态分析等；（2）发现问题
4. 确定再造方案，重设流程	（1）明确流程方案设计与工作重点；（2）确认工作计划目标、时间以及预算计划等；（3）分解责任、任务；（4）明确监督与考核办法；（5）制订具体行动策略
5. 实施流程再造方案	（1）成立实施小组；（2）对参加人员进行培训；（3）发动全员配合；（4）新流程实验性启动
6. 流程监测与改善	（1）观察流程运作状况；（2）与预定再造目标进行比较分析；（3）对不足之处进行修正与改善

企业流程评估及流程再造的操作要点对照如表140所示，流程再造的技巧如图89所示。

表140 企业流程评估及流程再造的操作要点对照

项目	操作要点
流程评估	确定企业与上下游互动关系的流程。 定义企业核心流程绩效评估的指标。 分析企业现有流程运作模式的优势和劣势。 确认企业流程的现有运作模式。 确认企业流程的客户价值点。 确认企业流程与组织的关系。 确认企业流程的资源及成本。 分析决定企业流程再造的优先级别

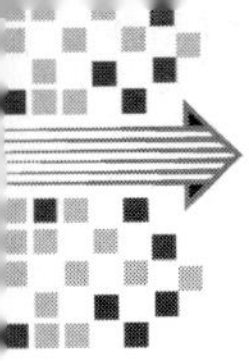

续表

项目	操作要点
流程再造	了解现有流程及其目标、范围。 对比现有流程结构的优势和劣势。 分析流程各活动环节的责任归属。 确认与流程相匹配的绩效指标。 分析流程的瓶颈及再造切入点。 确定是否对流程控制点重新设计。 确认经重新设计的新流程系统。 建立评估体系，对新流程进行监测

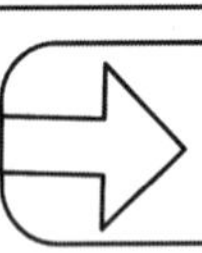

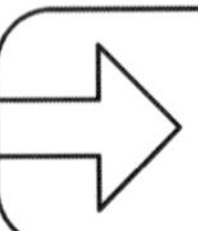

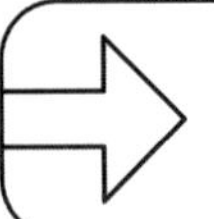

图 89　流程再造的技巧

17 体系评审

17.1 体系评审方式

管理体系评审有 4 种典型方式：过程评价、体系审核、体系评审和自我评定，如图 90 所示。

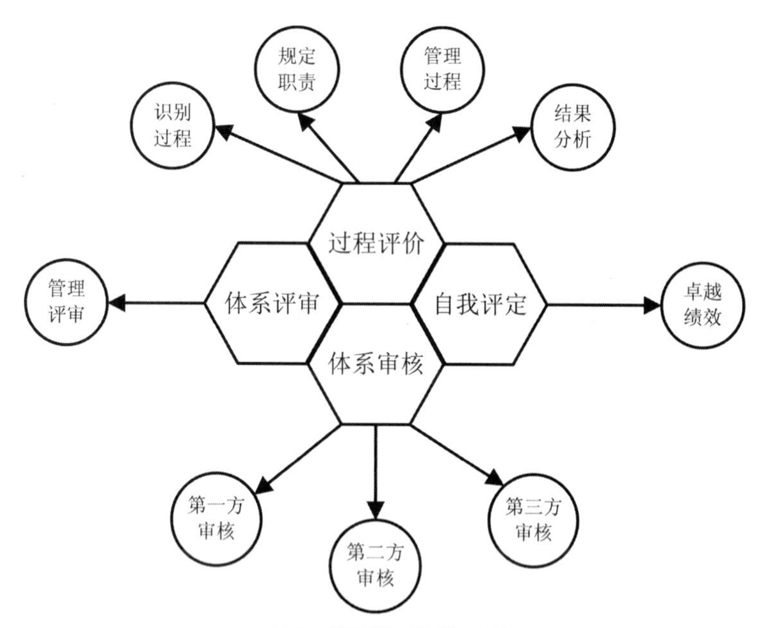

图 90　管理体系评价方法

当需要时，对设计、采购、生产、检验、服务等过程或某些子过程进行过程评价，在评价中提出以下 4 个基本问题：①过程是否已被识别，实现过程的方法是否有明确规定？②是否对每个过程分配了职责和权限并提供了资源？③是否按程序的要求实施和管理了过程并予以保持？④过程实施的结果是否有效？

以上问题涵盖过程识别和设计、过程实施和改进内容，综合上述问题的答案，可以确定管理体系的评价结果。

审核用于确定符合管理体系要求的程度，据以评定管理体系的有效性，并识别改进的机会，详见第 17.2 节。

管理体系评审是由最高管理者主持的管理评审。宜定期和系统地评价组织管理体系的适宜性、充分性、有效性和一致性，并就方针、目标更改的需求和应采取的措施做出决策，如表 141 所示。

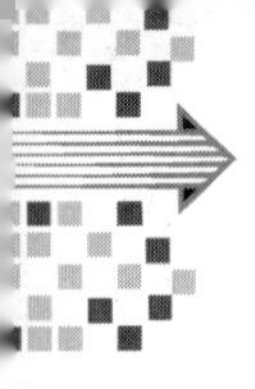

表 141　管理评审的内容

评审项目	评审内容
适宜性	质量方针、质量目标与质量管理体系的过程及文件要求是否符合当前组织的现状？特别是在组织的内、外部环境变化时是否仍能符合组织的实际？适宜性方面需要进行哪些改进和变更？
充分性	组织是否已在质量管理体系建立时识别了与质量有关的全部过程？随组织内、外部环境的变化而进行的改进中是否考虑了对过程的补充与完善？过程是否充分细化展开？过程职责特别是过程的接口职责是否都已明确？资源（人员、资金、设施、设备、技术、方法、工作环境等）的配置是否充分？文件是否充分？顾客的需求和期望，特别是顾客潜在的需求和未来的需求是否充分识别清楚了？在组织内、外部环境变化引发产品、过程、资源需求增加时，原来系统、全面的体系是否还能保持充分性？充分性方面需要进行哪些改进和变更？
有效性	质量方针是否得到了有效贯彻？质量目标是否实现？对产品质量的控制是否有效？质量管理体系过程及其相互关系是否得到了有效控制？产品质量是否得到改善和提高？顾客是否满意？顾客满意度是否提高？员工的能力、质量意识有无改善和提高？员工是否自觉遵守与本职工作有关的文件规定？组织自我监督、自我改进和自我完善的机制是否运行有效（可以监测结果为依据，通过监测和测量、不合格品控制、纠正措施、内部审核、管理评审等活动的实施状况和效果来判断）？风险控制措施是否有效？有效性方面需要进行哪些改进和变更？
一致性	质量管理体系与其他管理体系是否具有兼容性？质量管理体系的实施是否有助于组织战略目标的实现？一致性方面需要进行哪些改进和变更？

自我评定是一种水平对比方法，可以对照管理体系卓越模式，对组织的活动和结果进行全面、系统的评价，提供组织业绩和管理体系成熟程度的全面情况。通过横向水平对比，有助于组织识别自己的弱项和强项，作为持续改进的依据。

通常依据 ISO 9004:2018 和 GB/T 19580—2012 标准进行管理成熟度评价。

内部审核、管理评审和自我评定对照如表 142 所示。

表 142　内部审核、管理评审和自我评定对照

项目	内部审核	管理评审	自我评定
目的	检查各项活动的符合性、有效性	评价体系的持续适宜性、充分性、有效性	对照优秀模式自我评定，寻求改进
范围	管理体系覆盖的部门、区域、活动	管理体系、方针、目标	管理体系

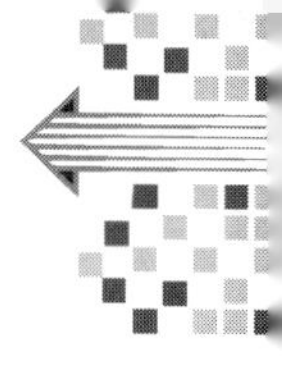

续表

项目	内部审核	管理评审	自我评定
准则	管理手册、程序文件、相关的法规	标准、质量方针	三项指南、评奖标准
执行者	内审员	最高管理者	最高管理者
方法	审核组独立进行	会议评审	按组织的评奖办法
结果	识别问题，采取纠正措施	持续改进	提高组织业绩

17.2　审核的定义与分类

审核术语见第 6.2 节。GB/T 19011—2021《管理体系审核指南》中关于审核的定义为："为获得审核证据并对其进行客观的评价，以确定满足审核准则的程度所进行的系统的、独立的并形式文件的过程。"一体化管理体系审核也可以定义为：为获得审核证据，确定质量、环境、能源、碳排放等管理体系及其各项活动和有关结果是否符合标准、组织的管理体系文件中的各项规定，是否有效地实施，并适合于达到目标的系统的、独立的审查。即一体化管理体系审核是评价质量、环境、能源、碳排放等管理体系的符合性和有效性并形成文件的过程。

上述定义中所谓的"准则"，就是 ISO 9001、ISO 14001、ISO 50001、T/GDES 2030 4 个标准和组织的管理体系文件中的规定和要求。

所谓"系统的"，是指审核后活动必须是一项正式的、有序的审核活动。"正式"是指外部审核是按合同进行的，内部审核是由组织最高管理者授权进行的。"有序"是指有组织、有计划地按规定程序进行。

所谓"独立的"，是指应保持审核的独立性和公正性，应由与被审核领域无直接责任的人员进行，审核员在审核中应尊重客观事实，不迁就任何方面的需要。在第三方审核的情况下，不得对受审方既提供咨询又进行审核。

从审核的定义出发，审核结论的得出是基于审核证据并对照审核准则进行评价的结果，图 91 可清晰地看出审核证据、审核发现和审核结论之间的逻辑关系。

一体化管理体系审核就其目的的不同可分为 3 种类型。

第一方审核：即内部审核。主要目的是验证组织自身的管理体系是否持续满足规定的要求，它作为自我改进的机制使体系不断完善而发挥作用。

第二方审核：在合同情况下，由客户或其代表对组织进行的审核。旨在确立对组织的信任，可在合同签订前进行，也可以在合同签订后实施一次或多次审核。另一种情况是，组织对供方或承包方进行审核，目的是寻找优秀的合作伙伴。

第三方审核：由认证机构或其委托的审核机构进行的审核。这种审核按照规定的程序进行，其结果是对受审方的管理体系是否符合标准和组织的体系文件的规定给予书面保证（合格证书），又叫认证或注册。

第二方、第三方审核，又可称为外部审核。三种审核方审核的区别如表 143 所

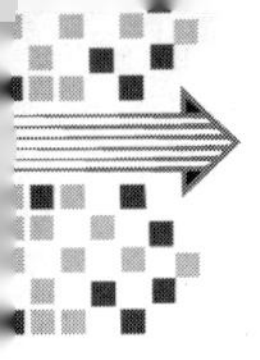

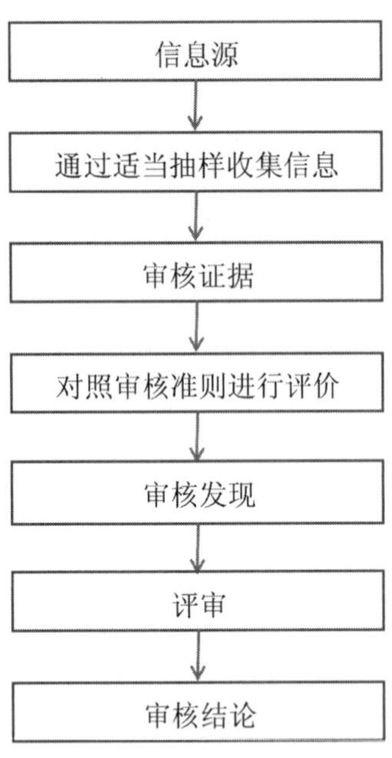

图 91　收集验证信息的过程

示，审核员的能力要求见第 10.2.2 节“审核员的能力需求”。

表 143　3 种审核方审核的区别

比较项目	审核方		
	第一方审核	第二方审核	第三方审核
审核类型	内部审核	顾客对组织的审核，组织对供方的审核	独立的第三方机构对组织的审核
执行者	组织内部审核员或聘请外部人员	客户或组织	第三方认证机构派出的注册审核员
审核目的	查证体系的符合性；寻求改进的机会	选择、评定或控制供方	认证注册，为潜在顾客提供信任
审核准则（依据）	适用的法律法规、标准、组织质量管理体系文件	合同、约定的标准	质量、环境、职业健康安全管理标准，适用的法律法规，组织的体系文件
审核范围	内部管理所有部门、场所	限于顾客和组织关心的场所及要求	限于申请的产品
纠正措施	审核时针对不合格制订纠正措施	审核时可提出纠正措施的建议	审核时通常不提供纠正措施建议

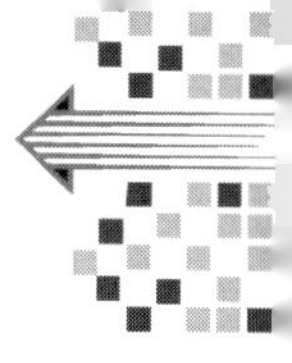

17.3　内部审核

17.3.1　内部审核的目的和特点

一个组织为了改进自身的质量、环境、能源、碳排放等管理体系，由领导组织，由自己的内部审核员或是委托、聘请外部有审核资格的机构或专家，站在本组织的立场上进行的审核就是内部审核。审核员应对审核过程中发现的问题和不符合项进行分析并提出改进意见。

体系运行是一个动态过程。一个组织如果不对其质量、环境、能源、碳排放等管理体系进行审核和有效的管理，就不能及时发现和纠正存在的问题，组织的经营管理就会处于松散或混乱的状态，管理体系也会名存实亡，绩效也就无从谈起。反之，定期或不定期地进行内部审核，查找体系中存在的薄弱环节、产品和服务中的问题，然后分析原因，提出纠正预防措施，进行整改，并监督纠正措施的实施，就可以提高组织的一体化管理体系的有效性和效率，这是一项反复循环的改进活动。通过有计划的、系统的内审活动，可持续改进、不断自我完善管理体系，提高管理水平。

内审的目的如下。

（1）验证方针目标的实施。检查一体化管理体系运行是否有效地满足组织的方针和目标指标实施的要求。

（2）建立一种管理手段。作为一种管理手段，通过内审，可以及时发现过程、接口、资源和部门职责存在的问题和薄弱环节，组织力量进行纠正和预防。

（3）提供质量保证。使管理体系满足标准或其他约定的文件（如合同）要求，为顾客提供质量保证，这是内部审核的一项直接目的。

（4）为外审做准备。在第二方、第三方审核前，通过内审发现问题，纠正不足，为顺利通过外部审核做好准备。

（5）自我改进需要。内审作为一种自我改进的机制而长期存在，使质量、环境、能源、碳排放等管理体系持续保持有效性，并不断改进完善，是内部审核的根本目的。

内审的特点如下。

（1）着重于体系本身。内部审核是对质量、环境、能源、碳排放等管理体系以及过程和活动的评估，决定是否需要改进。它着重于体系本身，而不是着重于产品检查，但与产品有密切关系。

（2）组织领导。内审必须得到最高管理者的全面支持，在管理者代表的领导下，管理部门组织实施。

（3）系统性的活动。内审是一项系统性的活动，依据书面文件和程序进行。需明确审核范围，制订审核计划，组织审核组，编制检查表，召开首末次会议，进行现场审核查证，编写审核报告，对不合格项采取纠正措施，并跟踪检查实施结果。这表明审核活动是连贯的、系统的。

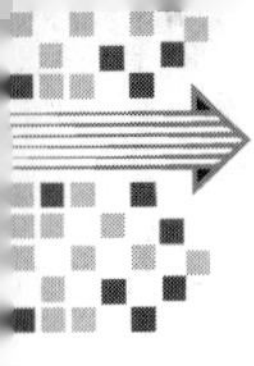

（4）审核的独立性。内审员不能审核自己的工作，也不能审核与自己有利益关系的部门，这反映了审核的独立性。

（5）抽样过程。内审是个抽样检验过程，存在一定的局限性。通常有两类风险概率：一是“弃真”，好的当成坏的；二是“存伪”，坏的当成好的。这与抽样的不确定性有关。为了减少风险，审核应随机抽样、均衡抽样，保证足够的样本数量，使审核具有客观性。

GB/T 19011—2021《管理体系审核指南》对审核工作规定了7项审核原则。这些原则是审核人员和实施审核工作所必须遵循的基本原则，是对审核员道德行为、思想作风、业务水平的明确要求，这对确保审核的客观性、公正性和有效性具有重要的作用，如表144所示。

表144　审核工作的7项审核原则

序号	相关方面	原则
1	与审核员有关的原则	诚实正直：职业的基础
2		公正表达：真实、准确地报告的义务
3		职业素养：在审核中尽责并具有判断力
4		保密性：信息安全
5	与审核的独立性和系统性有关的原则	独立性：审核公正性和审核结论客观性的基础
6		基于证据的方法：在一个系统的审核过程中得出可信和可重现的审核结论的合理方法
7		基于风险的方法：考虑风险和机遇的审核方法

17.3.2　审核方案和审核流程

GB/T 19011—2021关于审核方案的定义为：针对特定时间段所策划并具有特定目标的一组（一次或多次）审核安排。审核方案是对某一段时间内进行的一组审核的总体策划的结果。根据组织的规模、产品性质和复杂程度，一组审核可以包括一次或多次审核。一组审核目标可以不同，如内审、外审，可采用一体化审核、联合审核、结合审核等多种审核形式。审核方案将规定审核类型、审核目标、审核范围、审核频次、时间安排、组织工作、资源配置、审核的程序及文件记录、审核活动的监视、审核方案的评审、内审员的评价与管理等。

内部审核是一项正式的、系统的活动，因此，组织应制订内部审核形成文件的程序。程序对审核管理的职责、审核方案内容、审核准备工作、现场审核要求、审核报告编写以及跟踪审核和记录的保持做出规定。内部审核一般可分为准备、实施、总结、检查4个阶段，内部审核流程如图92所示。

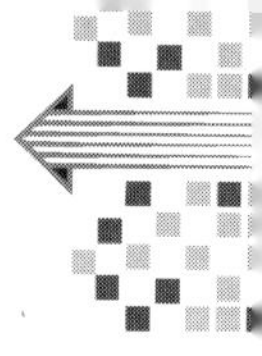

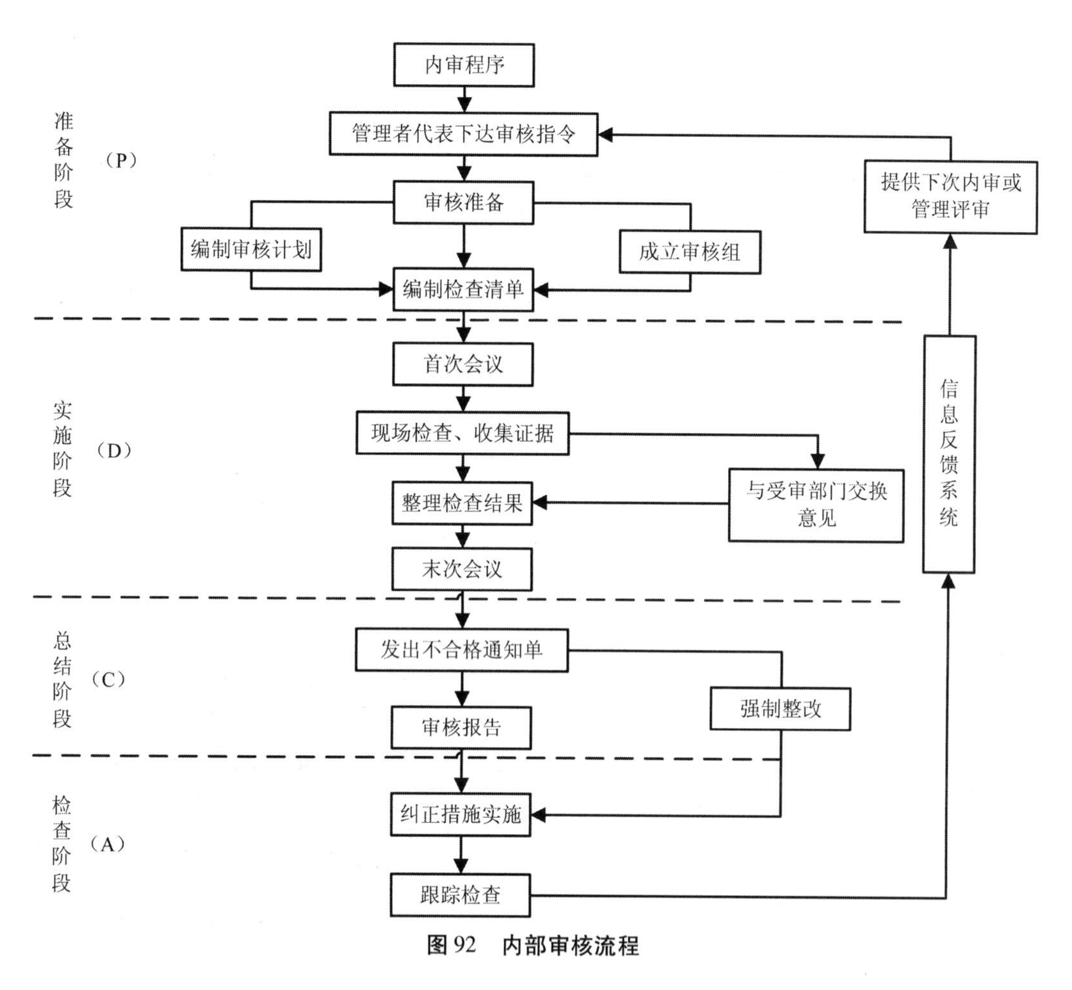

图 92　内部审核流程

17.3.3　审核目标、准则和范围

17.3.3.1　审核目标

审核目标规定了一次审核需要完成的任务，一次审核目标一般包括：①评价一体化管理体系与审核准则的符合程度；②评价一体化管理体系运行有效性及与适用的法律法规的符合程度；③评价组织的目标和管理方案的实现程度；④寻求一体化管理体系需要改进的环节。

17.3.3.2　审核准则

审核准则是内审时评价质量、环境、能源、碳排放等管理体系符合性和有效性的依据。审核准则包括适用的方针、程序、标准、法律法规、行业规范、体系文件等，由审核方案和内审程序规定。一体化管理体系审核准则主要有：ISO 9001:2015《质量管理体系　要求》；ISO 14001:2015《环境管理体系　要求及使用指南》；ISO 50001:2018《能源管理体系　要求及使用指南》；T/GDES 2030—2021《碳排放管理

体系要求》；管理手册；程序文件、作业文件；国家和行业部门发布的有关法律法规、技术标准；合同。

17.3.3.3 审核范围

审核范围是指一次审核活动所覆盖的内容和界限，即审核活动所涉及的实际位置、区域、组织单元、场所、过程、活动、产品以及所覆盖的时间。

场所：包括部门和地区，如生产、管理、服务部门，分支机构，野外现场等。

过程：手册中表述的管理体系范围的管理职责、资源提供、产品实现、测量、分析和改进过程及其子过程。

活动：指与产品质量、环境、职业健康安全有关的各项活动。

产品：指手册中阐述的组织现有的产品类别。新产品尚未正式投产之前，亦可不列入内审范围。

17.3.4 检查表和不符合项

17.3.4.1 检查表

检查表是审核员进行审核的工具，也是内部审核的重要原始资料之一。检查表由审核员按照分工的要求进行编写，由审核组组长指导并统一协调，避免遗漏或重复。

检查表是依据标准、组织的管理体系文件，按部门的职能分配和过程/活动特点进行编制。部门、项目的职责涉及哪些要素，哪些是主控要素，哪些是相关要素，过程的输入、输出和活动的内容是什么，都需要在检查表中列出审核要点。因此，检查表就是“查什么”“如何查”，后者指抽样的步骤和抽样方法。

合理抽样是设计检查表的一个关键问题。审核员在现场需要看多少份文件、记录和观察多少实物，难以做出统一的规定。通常是抽取 3 ～ 12 个样本。但样本种类要有代表性，注意分层抽样、适当均衡，由审核员独立随机抽样，样本要有一定的数量。只有考虑了这些抽样原则，才能保证审核结果的客观性和公正性。

内审员通过现场调查，获取了大量的审核证据，将这些客观证据与审核准则进行比较评价，得出审核发现。审核发现有符合审核准则的，即符合项，要予以总结肯定。也有不符合审核准则的，对这样的审核发现可确定为不符合项，如图 93 所示。

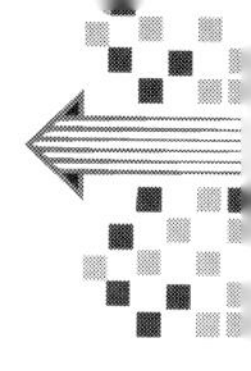

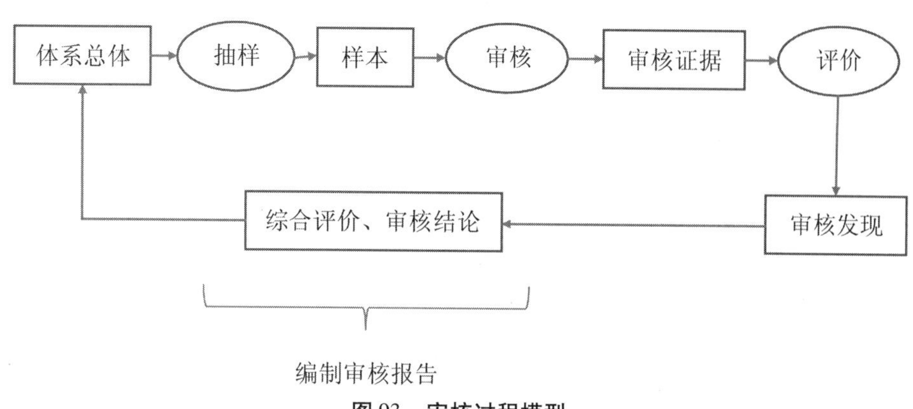

图 93　审核过程模型

17.3.4.2　不符合项

不符合项要有事实、证据和记录，便于查证，要得到受审核部门负责人的确认。审核组经过协商研究和综合评价分析后，对不符合项开出“不符合通知单”。

所谓不符合就是“未满足要求”，“不符合”与“不合格”同义。在管理体系审核中，“要求”包括“明示的、通常隐含的或必须履行的需求和期望”。要求来自有关的法律法规、标准和质量体系文件、合同等。没有满足要求即构成不合格。

按符合性和有效性分类：①文件性不符合。组织的管理体系文件与有关法律法规、标准的要求不符合。②实施性不符合。未按管理体系文件的规定执行，或实施了但不符合文件规定的要求。③效果性不符合。虽然按规定的要求实施了，但实施不认真，没有达到预期效果；或未找准不合格的原因，纠正措施不到位，缺乏有效性。

按严重程度分为以下几类。

（1）严重不符合。有下列情况之一，即构成严重不符合：

—— 系统性失效或失控，某些关键过程发生量大面广的不符合，如对大部分销售合同未进行评审、一年内未做过内审等；

—— 区域性失效或失控，某个场所、部门游离于体系以外，严重影响组织的体系运行有效性；

—— 明知故犯，造成严重后果的，如产品经检验为不合格品，但未采取措施仍按合格品出厂。

（2）一般不符合（轻微不符合）。有下列情况之一者，可定为一般不符合：

—— 出现个别的、孤立的不符合项，未对产品质量造成明显影响；

—— 文件偶尔没被遵守，后果不太严重；

—— 对系统不会产生重大影响的不符合。

（3）观察项。有下列情况之一者，可定为观察项：

—— 已发生了问题或出现了潜在苗头，但尚未构成不符合，继续发展有可能成为不符合，需要提醒的注意事项；

—— 事实已构成不符合项，但性质较轻微。

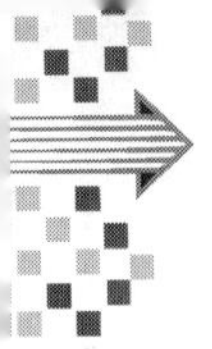

17.4 审核方法

17.4.1 条款审核与过程审核

目前常见的审核方法是条款审核，指针对部门按照相关的管理体系标准条款寻找审核证据，并逐条给予符合性评价的审核模式。这种模式只关注体系对标准的符合性，而较少关注组织管理体系的有效性。按照条款审核更加直观清晰、简单方便，且不会遗漏条款，是目前大部分认证机构常用的审核方式。条款审核的特点如下：

（1）条款审核的优点就是直观简洁，审核员可以从受审核方各项活动中提炼出共性的判断。

（2）关注的是要求、记录，更多的是“点”上的问题。

（3）在受审核方的角度，这种审核是离散的、跳跃式的，关联性不强。条款审核通常来自于审核计划的安排，审核员的审核思路是围绕单个条款展开的，旨在寻找符合条款要求的相关证据，进而判断是否符合标准要求。

（4）存在把专业条款分给专业审核员、非专业条款分给其他审核员的情况，然后各审各的，等所有条款审完了才发现很多审核盲点。

所谓过程方法审核就是用过程方法对质量管理体系实施审核，它强调以过程（子过程）为单位，而非以部门为单位。一个过程的完成可能涉及多个部门的参与，每个过程（包含组成过程的子过程）都有该过程的顾客要求，按照顾客要求建立过程目标（过程的有效性和效率方面的目标）；监视这些目标的实现情况，以不断提高有效性和效率；过程的运行绩效（即过程目标完成情况）由过程责任人负责。按过程实施审核要求组织的管理体系按过程建立，审核计划按过程编制，审核中按过程对输入、输出、接口进行抽样验证。过程审核的特点如下：

（1）过程方法审核是把视线转向受审核方的生产服务流程，把条款回归于受审核方的各项活动（过程）之中，在流程运转中关注并判断其是否符合标准要求，旨在将组织在活动和相关资源中作为过程进行管理，以期达到更为高效的审核结果。

（2）从“过程”视角，关注过程的所有要素、过程风险和过程接口。对认证机构和审核员来说，只有将视角从标准条款转向过程方式，才能够符合受审核方实际生产和服务的管理思维，才能够收集到构成管理体系的过程及其相互联系的完整信息。

（3）组织的过程千差万别，审核员只有让标准在组织和各项流程中得到运用和体现，而不是强加程式化的要求给组织，才能促进标准与组织运作的实际结合，让审核员与组织有更多的共同语言和契合点，并以此提高审核活动的有效性，为受审核方提供真正的增值服务。

（4）过程方法审核让审核员更加关注生产服务各项流程或子流程，关注工作本身的质量目标、绩效指标、资源配置及工作标准，并结合实际运行情况、部门间的接口传递等进行系统的综合判定。

（5）在过程审核中关注标准的符合性依然是审核员的基本素养，要善于依照组

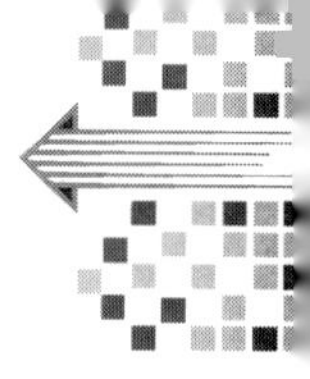

织实际生产服务活动的次序进行审核，并从中发现活动与标准的相关性，判断其是否满足标准要求等。

（6）运用过程方式审核，审核员验证更多的是“How（怎么做）”，并从中得出是否满足要求的判断，而非直接“索要”标准要求的证据，让审核更加真实与有效。

条款审核内审与基于过程方法的内审的差异对照如表145所示。

表145　条款审核内审与基于过程方法的内审的差异对照

项目	传统质量管理内审	基于过程方法的质量内审
审核思路	在某标准的各项条款的基础上进行审核，强调符合性	组织将具体识别各个过程、过程参与具体内容和活动范围、输入输出的活动内容、过程关键指标及是否能够按预期实现等，未能达到过程目标需要阐述原因并给出相应的措施，后续检查措施实施效果，并根据未能达到过程目标的情况举一反三，不断改进，以满足产品需求
审核计划	按照众多的部门进行编制，容易重复审查或遗漏某项，是只限于固定条款的一种内部审核	以产品的实现作为主线，考虑按照组织已识别的过程，以顾客要求为导向、以产品实现为主线来策划审核活动
审核方法	基于符合某种文件规定或条款：是否贯彻标准、规范等要求；是否按要求建立文件体系；文件是否归档保存；是否进行设计评审；是否有评审记录；等等。容易忽视过程间的关联性和相互作用	其现场审核包括审查组织各个过程及顺序和相互作用、对过程要求及采取措施的效果；审查过程目标、目标值，重点关注目标未完成时采取的纠正措施及跟踪实施效果；审查制订的保证实现业绩目标的计划等
审核发现	部门＋问题	过程＋问题＋涉及主责单位和相关人员
审核结论	注重局部或单一符合性，审核结论中不能对过程进行系统的分析，尤其是在不同过程之间的相互联系方面，较难实现过程的对接管控	注重整个过程中的业绩和有效性，要求在审核完成后进行综合评价

运用过程方法进行管理体系审核，可以很好地找到多类管理体系结合审核的切入点，从审核的原理、路径上予以整合，同时组织两个或两个以上的管理体系一起审核，优化管理资源，减轻基层负担，提高审核效能。

17.4.2　过程方法审核的方法

作为审核依据之一的标准是按照过程方法的模式展开的，并要求组织的管理体系

按照过程方法建立，因而实施过程审核时要对管理体系的每一个过程在过程识别、职责分配、程序实施和保持、结果实现和过程有效性等方面进行评价，如表146所示。

表146　过程确定和实施有效的问题

序号	审核目的	提出并验证问题
1	确认过程是否被确定	（1）该过程的目标是什么？ （2）该过程的输入和输出是什么？ （3）完成该过程需要开展哪些活动？ （4）控制这些活动采用什么方法，使用哪些程序？ （5）这些活动由谁实施，职责是否明确？ （6）为了实施这些活动，还需要使用其他哪些资源（如设备、工作环境）？ （7）需进行哪些验证、检验或检查活动，使用的准则是什么？
2	确认过程是否按规定实施	（1）过程的输入和输出是否与规定的相一致？ （2）控制过程的活动所使用的程序文件是现行有效的吗？ （3）是否按规定的程序实施过程中的各项活动？ （4）为了实施过程所提供的资源是否能确保满足该过程的需求（如人员的能力、设备的适宜性和维修、工作环境等）？
3	确认过程实施的结果是否有效	（1）做了哪些验证、检验或检查，与准则的要求是否一致？ （2）过程完成的结果是否达到了过程的目标要求？ （3）该过程存在哪些问题，对过程能力的影响程序如何？ （4）需要向受审核方提出哪些纠正措施的要求？

按组织已识别的固有流程（过程）及过程间的相互关联和相互作用策划审核活动。策划审核活动时，要收集整理近几年的相关审核资料，根据以往的审核情况，找出管理体系运行中的薄弱环节，并把薄弱环节作为审核重点，增加审核频次及抽样量。

通过编制过程矩阵表，识别各个过程的输入、输出、主要活动、所需资源、涉及单位。根据过程矩阵表中的职责分配、主要活动、输入、输出情况，可以使审核员确定该过程的审核对象、审核内容，进而编制检查表。

17.4.3　过程方法审核的思路

17.4.3.1　CAPD审核方法

实施基于过程的现场审核的有效途径之一是采用CAPD审核方法，如表147所示。其方法是从过程的绩效切入审核（先从结果入手，重点关注结果薄弱的过程），关注的是过程的管理与过程间的接口和相互联系，并关注过程结果及其影响因素之间的关系，在审核中随时进行判断，根据审核活动的发展追溯管理上的原因。

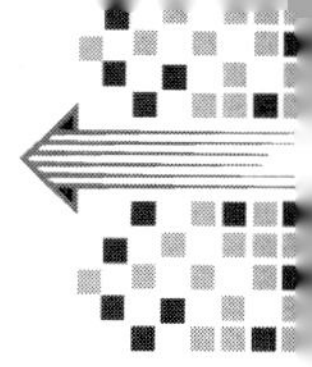

表 147 CAPD 审核方法

审核思路	审核问题	审核措施	审核要点
C（Check，检查）：审核过程的监视测量情况	（1）谁是我的顾客？ （2）它的真实要求是什么？ （3）我的过程结果如何？ （4）满足要求吗？	根据组织的测量结果，将该过程的实际绩效指标与组织的预期绩效指标进行比较（找出审核的切入点）	（1）了解过程概况与主要活动； （2）了解过程的 KPI 项目和指标的设定情况； （3）了解 KPI 测量方法和周期、频率； （4）了解过程 KPI 实现情况与趋势； （5）特别关注与顾客有关的绩效指标
A（Action，措施）：审核过程改进情况	（1）如果不满足要求，纠正/预防措施是什么？ （2）如果满足要求，改进措施是什么？	根据指标的比较结果追溯组织是否已经进行了指标分析比较，并采取了相应的措施或进行了持续改进，以及了解它们的实施结果	（1）当绩效指标或趋势显示不良时，是否分析了根本原因，是否采取了措施。 （2）采取措施的效果如何？当效果不佳时，是否重新进行了原因分析与改进。 （3）当绩效指标满足预期要求时，是否设定了新的目标
P（Plan，策划）：审核过程的策划情况	（1）过程是如何策划的？ （2）文件（流程）如何规定的？ （3）它能导致满足要求吗？	针对原有的已确定的过程，检查组织的策划情况，并评估该过程能否确保组织满足预期绩效目标	（1）过程按什么程序或作业文件运作； （2）文件是否符合标准要求、是否适用法规要求以及顾客的要求； （3）对过程职责、资源等是否作出明确规定； （4）文件规定的可操作性、适宜性，是否存在策划问题导致过程结果没有达成预期的目标、指标
D（Do，实施）：审核过程的实施情况	是按文件（流程）执行吗？	按照组织的策划要求，检查过程的实施情况并关注其有效性	（1）过程是否按程序或作业文件运作； （2）输入是否满足策划要求； （3）资源（人力、设备、工装、信息等）是否满足策划要求； （4）过程运作存在什么问题，导致过程结果没有达成预期的目标或指标

在审核的过程中，审核员应随时对审核过程中获取的信息进行分析和判断，不断地调整审核的路径和方向，并追溯到组织管理体系上存在的问题。

CAPD 审核方法是适用于每一个过程的通用的审核思路和路径，而在某一特定的审核中，还应根据具体过程的特征，选择不同的侧重点和审核路径。

17.4.3.2 关注过程中的风险和过程接口

过程方法强调按照组织的质量方针和战略方向，对各过程及其相互作用进行系统

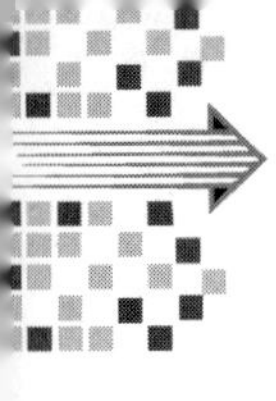

的规定和管理，从而实现预期结果。运用过程方法审核更多地需要关注“线和面”上的问题。

每个业务过程涉及众多的管理要素，如“人、机、物、法、环、测”，每项要素都有“要求”，如果与要求出现偏差，可能会给预期结果带来不确定性，也就是带来了风险。

管理体系结合审核需要从企业的业务过程着手，把审核的重点统一到“基于风险的思维”。

不同的管理体系对风险的类型有着不同的管理要求，但都需要结合企业的业务过程，依据过程方法去识别、评价和控制。

关注过程的接口，需要融合“上道工序为下道工序负责，下道工序为上道工序把关”的理念，不传递、不接收不合格品。

（1）过程之间接口的应用。一个过程的输出可以是另一个过程的输入，并与整个管理网络关联。企业各种过程之间有着密切而又复杂的相互关系、影响，审核这些业务过程应特别关注过程与过程之间的接口，接口是上一个过程的输出和下一个过程的输入之间的连接处。如果接口不相容或不协调，过程的运作就会出问题。

（2）接口相容确保整体最优。运用过程方法审核强调的是管理的系统性，需要理清各个过程之间的相互作用和关系，以确保整体最优，而不是局部优化。从整体的角度去审核体系，能验证控制的连续性。因为在实际工作中，会经常性地发生由于局部功能失效或局部功能问题导致的系统失效，所以要确保整体的管控以及控制的连续性。

17.4.4　基于企业价值链分析的过程审核方法

17.4.4.1　体系审核存在的不足

体系审核工作按照策划时间间隔开展，已经成为体系日常工作的一部分，在具体实施方式上不拘一格。常见的审核方式大致分为两种：一种是按照体系条款逐条审核；另一种是按照部门主要业务逐项审核。虽然每种方式都各有优势，但是随着体系工作重心由符合性向有效性转移，对体系审核工作也提出了更高的要求，审核工作中的不足也逐渐凸显。

在体系审核中，无论是从条款出发还是从主要业务模块出发，都是将体系范围内的若干活动按照一定的原则划分为几个模块由审核组分头审核，受审的模块之间在关系上大都被视为彼此并列，没有采用科学的管理手段对模块划分原则、模块在企业运行中的作用、模块之间的相互关系进行分析。因此，在审核工作中，难以站在企业整体的高度分析审核模块的完善空间，各个模块之间相互配合的能力和效果无法得到评估。最终，通过审核工作我们或许在单个模块工作的完善方面有所成就，但是在质量管理体系思想指导下的企业整体运转优化方面难以实现突破。

综上所述，对审核模块划分的分析不足，缺乏全局性思考，重视单个模块的运行效果，对接口管理的关注不足。

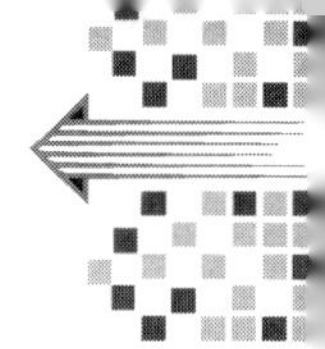

17.4.4.2　基于企业价值链分析的过程审核方法

（1）基于波特价值链的过程类别划分及特点分析。按照波特价值链的分析模型，企业的所有过程可以归结为两类：一类是涉及产品的物质创造及其销售、转移买方和售后服务的基本活动；另一类是提供采购投入、技术、人力资源以及各种职能支撑的支持性活动。

（2）基于以“顾客”为关注焦点的逆向审核顺序。对于基本活动，起点是原材料，终点是产品在市场的反馈，消费者是企业的顾客，但在产品销售到市场之前的生产过程中，同样可以将下游工序视为上游工序的“顾客”，从顾客的需求出发，根据“顾客”的反馈寻找改进空间。在审核基本活动时，根据基本活动中各过程的顺序关系，逆向审核，先审核末端过程，带着末端过程中提出的由上游过程造成的问题审核上游过程，识别造成问题的原因，见第 17.4.3.1 节“CAPD 审核方法”。

对于支持性活动，存在的目的是服务于基本活动，它的策划往往在职能部门，但策划的实施体现在基本活动的各个环节，并分散在各个实施部门。根据这种情况，同样可以将实施部门视为策划部门的“顾客”，审视“顾客”情况，收集“顾客”意见，寻找支持性活动的改进空间。某项支持性活动的实施情况不理想无外乎归结于两方面原因：一方面是策划不切合实际，可执行性差；另一方面是策划科学合理，但部门执行力差。因此，在审核支持性活动时，应先审核实施部门，收集实施部门对该支持性活动的意见，同时汇总审核发现的问题，再审核职能部门，审视策划工作的科学性及职能部门对策划工作的落实情况进行监控的有效性。

（3）基于过程特点选取样本标记的审核过程实现。基于以“顾客”为关注焦点的逆向审核顺序，提供了一种可以收集接口部门问题及建议的渠道，为审核员增加了一条新的审核线索。但除了人为地收集过程接口中存在的问题之外，还有另一种信息/物料自然流动线索，帮助审核员在审核过程中判别过程有效性的同时梳理过程接口，审视各过程横向接口和纵向接口的顺畅性。

对于基本活动，这条自然流动线索为物料的状态变化过程。在审核过程中，抽取一个样本，跟踪该样本在不同生产过程中的流转及状态变化，比如对于电镀生产企业，可以以一批电镀原料为样本，审视入库、在库、出库、备料、进入电镀过程、在电镀生产过程中的各类在线检验。通过采用同一个样本，标记串联基本活动中的各个过程，可以通过审视该样本在不同过程接口环节的顺畅性，识别横向接口的改善空间。

对于支持性活动，这条自然流动线索为某项具体支持性活动的执行过程。在审核过程中，抽取某项具体支持性活动，跟踪该项活动的 PDCA 循环各个阶段运转的顺畅性，比如对于电镀生产企业，抽取设备日常维护的支持性活动，审视在预处理、电镀等车间的具体设备维护工作的执行情况，在设备管理部门审视设备日常维护工作的整体规划，通过对同一项支持性活动不同环节的审视，判断信息在不同部门传递时是否发生了扭曲，是否得到了有效传递，识别执行部门与策划部门之间纵向接口的改善空间。

（4）基于企业价值链分析过程审核方法优势。

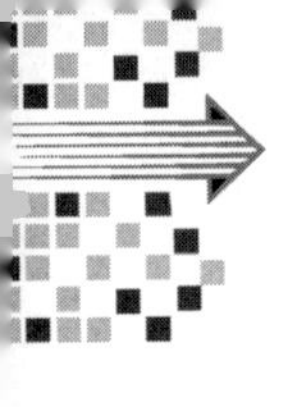

第一，梳理过程特点，识别作用方式，提高审核效果。基于企业价值链分析过程审核方法，是将企业整体设定为一个审核对象，利用管理的系统方法，审视组成该企业的若干复杂过程网络。通过波特价值链分析模型，将企业内复杂的过程网络分类为基本活动和支持性活动，并通过不同类别活动特点的梳理，识别属于不同类别活动的过程之间的作用方式，确定两类过程 PDCA 循环之间的关系，明确横向与纵向两类接口。以此为基础，在后续的分析中根据不同类别过程特点，在审核顺序和样本选取上制订不同的方案，与不加区分统一采用同一审核策略的方法相比，该方案更具针对性；与单纯以部门为单位的审核方式相比，该方案更具有全局性。

第二，采用逆向审核，关注顾客反馈，提高顾客满意度。基于企业价值链分析过程的 CAPD 审核方法，将下游环节/执行部门视为上游环节/策划部门的“顾客”，将上游环节/策划部门视为下游环节/执行部门的“供应商”。按照以“顾客”为关注焦点的逆向审核思路，从下游环节入手，先审视下游环节的工作情况，通过收集“顾客”对“供应商”所提供产品的意见和建议，为“供应商”的审核工作提供多方位的输入信息，引导各环节从提高“顾客”满意度的角度寻找空间、改进工作。与正向审核及不区分顺序的审核方法相比，以“顾客”反馈的问题为线索，倒推问题背后的根源更具针对性，能更加有效地提高内外部顾客的满意度。

第三，通过样本标记，追踪完整过程，清除接口障碍。基于企业价值链分析过程审核方法，采用同一个样本标记追踪该样本生命周期下的完整过程，以该样本为线索，审视伴随着该样本的物流和信息流。通过这种方法，一方面，当涉及物流/信息流在不同部门之间流转时，或对于需要多个部门共同完成的作业，采用样本追踪，可以有效识别不同部门之间、不同作业之间是否存在障碍；另一方面，用同一个样本作为标记，可以让审核员不再局限于某个部门，通过看到整体的作业过程，打开视野，从全局的角度发现问题，并提出建议，追求整体的最优而不是某一环节的完善。

18　基于模型的企业管理体系

18.1　企业管理体系的发展需求

任正非曾经指出，所有的公司都是管理第一、技术第二。没有一流的管理，领先的技术就会退化；有一流的管理，即使技术二流也会进步。

20 世纪 90 年代以来，随着信息化技术的迅猛发展，在企业管理领域如雨后春笋般冒出来一批“英语三字经”，比如 MRP、ERP、CRM、PLM、SCM、APO 等，这一批“英语三字经”很多都是同时代表了一个管理理念和一套管理软件。而从传统的靠人工填写表单、报表等管理记录为手段的工作方式，转向以集成的信息化系统为平台的工作方式，绝大部分人是很难迅速适应的，系统实施的阻力也是巨大的。比如，某公司实施 ERP 套装软件时，为了适应原有的工作流程，通过投入大量客户化开发的成本和时间，硬生生地将套装软件中一个信息高度集成的界面，拆成了 4 个界面和 4 个流程环节，仅仅是因为“如果一个界面就完活了，那我们部门的 4 个人怎么分工”。

对企业来说，从人工管理体系切换到信息化管理体系，将其称为一场“变革”，甚至是一场“革命”，也确实不为过。但是，企业信息化管理系统上线之后该如何持续优化，这正是业务流程管理（business process management，BPM）的理念和方法要解决的问题。这也是 BPM 的理念和方法被企业管理者们越来越多地想到并提及的原因之一。

企业内部越来越多的管理体系如何整合优化的问题，以及企业面对迅速变化的内外部环境，如何与时俱进地调整和优化管理体系的问题都不是实施一套信息化管理系统就能轻易解决的，即使这套系统号称凝聚了世界 500 强的管理智慧。

解决企业管理问题，主要有两种途径：第一种是各级管理者提升管理能力、改进管理行为；第二种是从整体角度构建企业管理体系，形成基础性的管理平台。这两种途径是相互关联、相辅相成的：平台需要人来搭建；有了好的平台，人可以创造更多的价值。而构建企业管理体系的主体则是管理架构师，他们是体系的规划者和设计者，也是体系落地实施的推动者和监督者。

企业管理体系是企业规则的集成。企业规则包括组织结构设计、责权利机制设计、运行流程设计以及其他各类制度规范、管理方法、技术工具等。

在现实的企业管理体系运行过程中，管理者需要了解：企业的管理是过严了还是过松了？现有流程是否存在断点？哪些岗位的工作负荷可能过重，哪些岗位又可能无所事事？哪些流程是企业的关键流程或关键能力？目前的授权体系是否有风险？哪些节点是整个管理体系运营的瓶颈所在？哪些管理要素其实根本没有存在的必要？回答这些问题需要对管理体系进行更为精细的分析和优化。而这些问题主要源于传统的基

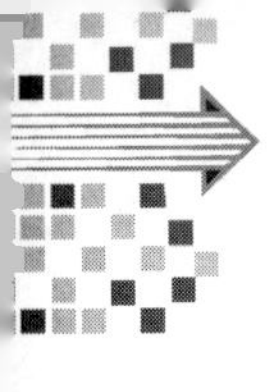

于文档运行的企业管理体系，由此提出了如何基于管理要素构建一套结构化、一体化和精益化的企业管理体系模型，以及如何基于这套模型实现企业管理体系的持续优化，也就是如何建立基于模型运行的企业管理体系。基于文档运行的企业管理体系和基于模型运行的企业管理体系对比如表148所示。

表148　基于文档运行和基于模型运行的企业管理体系对比

显著特征	基于文档运行的企业管理体系	基于模型运行的企业管理体系
企业管理体系的表现	企业的管理体系是由流程图和管理文档承载的。比如，这些存在于不同文档中的流程图，很难将它们之间的逻辑关系描述清楚。如何将几百甚至上千条流程之间的关系梳理清楚并显性化，是流程管理领域的一个技术难题。每一次的修撰，且不说质量如何，都会耗费大量的人力和时间	构建了一个“结构化”和“一体化”的管理体系模型，立体且多视角地呈现了企业管理体系的全景
管理体系建立的基础	在管理体系的设计、执行、治理和优化的各个阶段都基于管理文档建立	在管理体系的设计、执行、治理和优化的各个阶段都必须基于一套“一体化”的“管理模型”展开，实现全过程的要素化、数字化和信息化，真正实现管理体系的精益化管理
管理体系PDCA的闭环构建	基于管理文档来构建管理体系PDCA闭环	基于“管理要素”来构建管理体系PDCA闭环，分析细化到了要素级别
某个管理体系的建立途径	编制管理手册、程序文件、作业指导书等文档，然后发布实施	在管理要素标准化模型基础上，对应某个管理体系标准要素，增加、补充或修改对应的模型管理要素，自动生成某个管理体系文档，实现某个管理体系的建立
企业管理体系的运行依据	企业管理体系由文档规定并建立，运行时所有管理信息均依据文档发布	基于管理要素构建企业管理体系模型。各类管理文档均通过此模型自动生成，所有管理信息均通过此模型自动发布

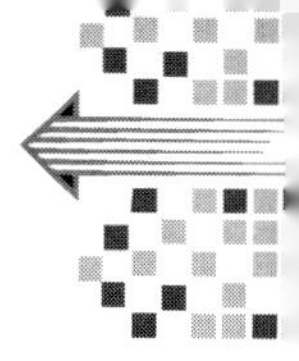

续表

显著特征	基于文档运行的企业管理体系	基于模型运行的企业管理体系
企业管理体系的整合	以文档为纽带，实现多管理体系的整合，这个整合发生在宏观的文档级别。比如整合性的管理手册、程序文件、作业指导书、记录等，需要人工撰写，当需要某一个管理体系的文档时，提供的是整合性文档	以业务流程为纽带实现多管理体系的整合，这个整合发生在微观要素级别。比如，将“流程步骤”与“管理要求条款”在微观层面相关联，而在宏观层面展现出来的则是“一体化”的管理体系。即企业不管引入了多少管理体系，都必须融合成一套“一体化”的管理体系，企业最终只有一套“一体化”的“管理体系模型”。 企业管理体系的构建将迈入数字化建模阶段，大部分管理文档将由模型自动生成，不再需要人工撰写
管理者主要的工作重点	撰写各类管理文档	管理体系的分析和优化。如果再结合六西格玛、约束理论等优化技术，企业对于管理体系的设计和优化水平必将达到一个新的高度
管理体系对员工的要求	管理体系对员工的要求分散在各类相关文档中，需要汇总编写岗位要求，当某个管理体系的文件变化时，对应的员工要求也要进行相应的修改，常常出现更新不一致，内容交叉、重复、矛盾等问题	员工应知道的管理要求将由模型自动抽取并精准推送给员工
管理体系的运行特征	文档的版本控制	模型的平台软件，持续运行，实时自动更新
构建管理体系的技术手段	撰写管理文档来描述企业管理体系，处于文本时代	构建一个“结构化”和“一体化”的管理模型来描述企业管理体系，将管理理念和思路在此模型中体现，迈入数字化建模时代

18.2　基于管理要素的企业管理体系模型

18.2.1　基本原则和方法

（1）科学原则。

企业管理既是科学也是艺术，BPM-ME 方法只研究和解决科学性问题。所谓艺术问题，是指无法进行定性定量分析或通过业务逻辑推导的问题。

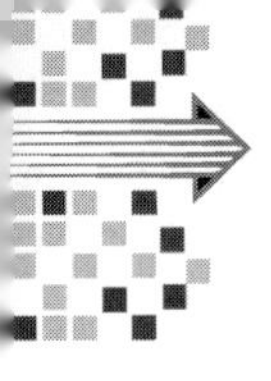

例如，在职能流程中，“审批”和“审核”类活动占了60%左右，一般同类企业的参考数据是40%，从这个角度来说，该企业的管控偏严。对于每一个“审批”和“审核”类活动，问的是“审什么”和“审的依据是什么”这两个问题。“审什么”就是每个环节的审批人或审核人回答自己的这个环节是在审必要性、合规性、经济性、技术参数还是别的什么内容。“审的依据是什么”就是每个环节的审批人或审核人回答自己这个环节的审核依据是某规章制度、技术标准、个人经验和专业知识还是其他什么方面。对于不知道“审什么”或者“审的依据是什么”的流程步骤要考虑进行精简。精简掉的那部分属于“科学性”范畴；对于保留的，如把一把手放在最后一道进行审批，会提升流程的整体效率和质量，避免出现重大的风险，类似这样而保留的那部分属于管理的“艺术性”范畴。

（2）痕迹原则。

显性化即留下管理痕迹，这是科学管理的前提，只有留有管理痕迹的业务活动才有可能被“管起来”。如果业务活动没有留下任何管理痕迹，不是说此业务活动不存在，而是表明此业务活动没有“显性化”，因此不可能被有效地“管起来”。

全面流程梳理的范围，不应该因为归属于不同的流程类别而有所区别。一个流程是否纳入“全面流程梳理”的范围，取决于这条流程所包含的活动即流程步骤是否留下了相应的“管理痕迹”。只要留下“管理痕迹”，活动就应纳入“流程管理”的范围，因为只有留下“管理痕迹”才可能被“管起来”；而且，只要留下了“管理痕迹”就应该被“管起来”，因为任何留下“管理痕迹”的活动都会增加管理成本，如果不需要“管起来”，就没有必要留下这些“管理痕迹”。

（3）平衡原则。

企业管理是“管理成本”和“管理目标”的平衡，脱离这个“平衡原则”，就无法评估管理体系的好坏优劣。管得越深越细，管理成本就越高；管得越浅越粗，管理成本就越低。企业管理就是在“管理目标”和“管理成本”之间寻找最佳平衡点。另外，信息技术的进步使得管理不断精细化但管理成本不会上升太快成为可能。所以，IT 技术是企业提升管理水平且同时控制管理成本的有效技术手段。

（4）基于管理要素的业务流程管理建模方法。

基于管理要素的业务流程管理（business process management based management element，BPM-ME）建模理论主要研究如何基于“管理要素”，以“业务流程”为纽带，构建“结构化”“一体化”和“精益化”的管理体系模型。这套方法在实践中落实到管理要素架构、二维流程架构和管理体系一体化架构这三大架构上。

（5）全生命周期管理方法。

所谓全生命周期管理方法，即以“管理体系模型”为基础，实现对管理体系设计、执行、治理和优化各阶段的“全生命周期”管理，并使之成为企业持续的能力。即在设计阶段完成“企业管理体系模型”之后，如何在执行阶段基于模型进行信息化的内容发布和落地执行；如何在治理阶段基于模型进行体系监控和常态化治理；如何在优化阶段基于模型进行优化分析。

全生命周期管理方法主要包括以下七部分的内容：基于模型的一体化发布、基于

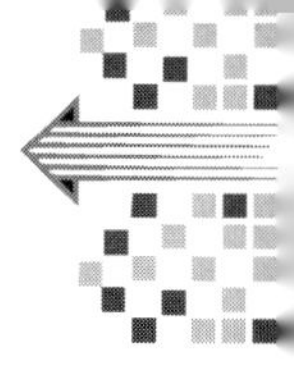

模型的管理文档生成、模型至执行（M2E）方法、流程治理体系、流程监控体系、流程结构性优化和流程绩效性优化。

18.2.2　基于管理要素的业务流程管理理论

BPM-ME 理论从整体上可以细分为战略体系架构（战略视图）和运营体系架构（数据视图、规则视图、流程视图、功能视图和组织视图）两大架构体系，并由 4 条路径实现两大体系的对接，如表 149 所示。

BPM-ME 架构中的“管理要素”可以分为“战略要素”和“运营要素”两大部分。“战略要素”用来构建企业的战略体系架构，而“运营要素”则是对接“战略要素”构建企业的运营体系架构。“战略要素”包括战略视图中的战略目标、KSF（关键成功因素）、商业模式、价值链、服务树、业务能力和管控模式这 7 类要素。

“运营要素”又分为数据视图、规则视图、流程视图、功能视图和组织视图这 5 个细分类别，总共包含 19 类管理要素。总之，整个 BPM-ME 架构包括 26 类管理要素。

从关联性角度，BPM-ME 架构中的“管理要素”又可以分为“独立要素”和“复合要素”两大类。“独立要素”作为一个对象是完全独立存在的，构建“独立要素”时，不需要关联别的要素。“独立要素”自身构建完成后，通过与其他要素的关联来构建“一体化”的管理体系。“复合要素”指要素本身是独立存在的管理要素和其他管理要素的结合体。

独立要素也就是管理要素架构的组分，包括战略目标、KSF（关键成功因素）、商业模式、价值链、服务树、业务能力、管控模式、职责、组织、角色、授权、场景、活动、风控、系统、绩效、记录、术语和事件这 19 类要素。BPM-ME 理论将这部分“独立要素”组成的架构称为“管理要素架构”。

流程视图也就是二维流程架构，流程视图中的“职能流程”由“活动”这个管理要素相互关联而成；“端到端流程”则由“职能流程”这个管理要素相互关联而成，所以这两类流程是典型的“复合要素”。另外，“作业流程”也可能会引用术语等其他要素，也属于“复合要素”。

规则视图也就是管理体系一体化架构的组分，规则视图中的制度、标准、程序和指导要素是较为典型的“复合要素”。一份管理制度，其本身作为一个要素存在于管理体系中，它较为常见的载体是制度文件。制度文件中的制度条款等规则性要素是这份制度中独立存在的要素。同时，这份制度文件中可能还会描述相关的组织、术语、职责、角色和授权等内容，这些内容则引用自其他类别的管理要素，而不是在这份制度文件中新建这些要素。所以，制度文件模型作为一个整体，是由自身独立存在的要素与其他要素结合而成的，是“复合要素”。这部分“复合要素”组成的架构单独命名为“管理体系一体化架构”。另外，规则视图是一个开放性的视图，除了管理制度、标准体系、程序体系和工作指导外，企业还可以根据自身管理的需求及所建管理体系的多少增加相应的要素，比如上游文件、国标行标和法律法规之类。

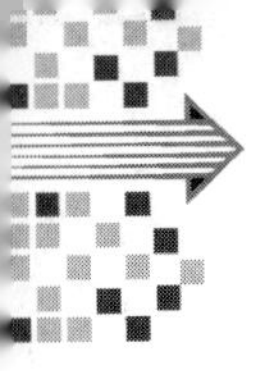

从本质上来说，BPM-ME 架构整体上也是一套开放性的架构，这套架构对存在于企业管理体系中的所有管理要素进行归纳和总结。随着企业管理思想和管理体系的不断发展，如果有新的要素出现，BPM-ME 架构也会及时纳入这些新的要素，不断进行自我修正和完善。

表 149 BPM-ME 企业管理体系架构

架构	视图	管理要素	要素分类	架构类型
战略体系架构	战略视图	战略目标	独立要素	独立管理要素架构
		KSF（关键成功因素）		
		商业模式		
		价值链		
		服务树		
		业务能力		
		管控模式		
运营体系架构	组织视图	职责		
		组织		
		角色		
		授权		
	功能视图	场景		
		活动		
		风控		
		系统		
	数据视图	绩效		
		记录		
		术语		
		事件		
	流程视图	职能流程	复合要素	二维流程架构
		作业流程		
		端到端流程		
	规则视图	制度		管理体系一体化架构
		标准		
		程序		
		指导		

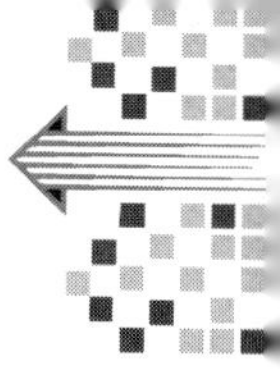

18.2.3　传统做法和存在的问题

企业管理者要制定一套管理制度或流程时，如果是基于 Office 进行工作，那么一般会先创建一个文件夹，文件夹的名字即为制度或流程的名称。在此文件夹中，一般会用 Visio 画一张流程图，但流程图并不能完全讲清楚一个流程的所有详细信息，因此还会用 Word 写一份制度或流程说明文档。同时，管理者还会建立一个子文件夹，这个子文件夹中有此制度和流程所用到的流转表单的模板。做完上述三件事，管理者就认为制定了一套制度或流程。也就是说，流程图、制度或流程文档、表单模板三者构成了一套制度或流程。这就是典型的以离散型的管理文件为技术手段构建企业管理体系的方法。

出现的问题是同一业务内容在多个文档中进行描述从而表现得不一致，如可能采用的术语和描述的方法等不同。也可能不同的人在描述相同的制度或流程时，或者同一批人在不同的时间点描述同一个制度或流程时，没有一套强制性的描述规范，因此会出现描述的差异。管理要素间没有实现关联，修改和分析都很困难。基于文档化的管理文件构建的管理体系，没有体现管理要素间的关联关系，没有真正细化到要素级别来构建管理体系，这给管理体系的维护和分析都带来了很大的困难。

从技术层面上来说，基于一套“管理要素”构建“模型化”企业管理体系。所谓“模型化”是相对于以 Word、Excel 和 Visio 为代表制定出“文档化”的制度和流程而言的。模型化的技术手段，具体来说就是利用 BPM-ME 方法为管理体系的描述事先定义一套规则和方法，并基于这套标准的规则和方法搭建一个完整的企业管理体系模型。这套模型具有多维度、多视图、多层次和多格式的特点，从而为不同层次、不同部门的人员提供一个可以协同进行管理体系设计、分析以及治理的工作平台。企业的制度和流程都在此“模型化”的软件平台上建立、修改和发布；企业的制度和流程文档可以通过这套软件上的模型自动生成，而不再靠人工去撰写。

从管理层面上来说，BPM-ME 方法提供了一套梳理和优化企业制度和流程的思路及方法，并能有效地进行持续管理。更为重要的是，此方法可以确保企业的流程、制度、绩效、职责和岗位等管理要素实现规范化、精细化、一体化的管理。

参考文献

[1] 刘华. 碳中和知识学 [M]. 广州：华南理工大学出版社，2022.

[2] 张潇文. 对于全球气候治理机制碎片化创新发展的研究 [J]. 大众标准化，2021 (19)：186－188.

[3] Willetts P. The Cardoso Report on the UN and Civil Society: Functionalism, Global Corporatism, or Global Democracy? [J]. Global Governance: A Review of Multilateralism and International Organizations, 2006, 12 (3): 305－324.

[4] 庄贵阳，周伟铎. 非国家行为体参与和全球气候治理体系转型——城市与城市网络的角色 [J]. 外交评论：外交学院学报，2016，33 (3)：133－156.

[5] 李昕蕾. 非国家行为体参与全球气候治理的网络化发展：模式、动因及影响 [J]. 国际论坛，2018，20 (2)：17－26.

[6] Schroeder H, Lovell H. The Role of Non-Nation-State Actors and Side Events in the International Climate Negotiations [J]. Climate Policy, 2012, 12 (1): 23－37.

[7] Washington G. Our Global Neighborhood: The Report of the Commission on Global Governance [J]. Journal of International Law & Economics, 1995 (3): 754－756.

[8] 徐秀军. 规则内化与规则外溢——中美参与全球治理的内在逻辑 [J]. 世界经济与政治，2017 (9)：62－83.

[9] 梁秀英，朱春雁. 中国终端用能产品能效领跑者制度核心内容解析与国外相关政策对比研究 [J]. 标准科学，2018 (10)：38－45.

[10] 于文轩，冯瀚元. "双碳"目标下能效"领跑者"制度的完善路径 [J]. 行政管理改革，2021 (10)：40－49.

[11] 何建坤.《巴黎协定》后全球气候治理的形势与中国的引领作用 [J]. 中国环境管理，2018，10 (1)：9－14.

[12] 丁少华. 重塑：数字化转型范式 [M]. 北京：机械工业出版社，2020.

[13] 于海澜，唐凌遥. 企业架构的数字化转型 [M]. 北京：清华大学出版社，2019.

[14] 魏江，刘洋. 数字创新 [M]. 北京：机械工业出版社，2021.

[15] 付晓岩. 企业级业务架构设计：方法论与实践 [M]. 北京：机械工业出版社，2019.

[16] 钟华. 数字化转型的道与术 [M]. 北京：机械工业出版社，2020.

[17] 涂扬举. 智慧企业概论 [M]. 北京：科学出版社，2019.

[18] 王磊. 流程管理风暴 [M]. 北京：机械工业出版社，2019.

[19] 中国信息通信研究院. 数字经济概论：理论、实践与战略 [M]. 北京：人民邮电出版社，2022.

[20] 中国证券监督管理委员会. 碳金融产品：JR/T 0244—2022 [S]. 北京：中国标准出版社，2022－04－12.